深度學習實務應用
雲端、行動與邊緣裝置

Practical Deep Learning for Cloud, Mobile, and Edge
Real-World AI and Computer-Vision Projects
Using Python, Keras, and TensorFlow

Anirudh Koul, Siddha Ganju, and Meher Kasam 著

楊新章 譯

O'REILLY®

前言

我們正在經歷人工智慧的復興，每個人和他們週遭的人都想要參與這個行動。這大概就是您正在翻閱這本書的原因。坊間已經有了無數的深度學習書籍了，所以您大概會問一個合理的問題：本書為何還會問市呢？我們只需要一秒就能回答這個問題。

自 2013 年起我們開始了深度學習的旅程（藉由在 Microsoft、NVIDIA、Amazon 及 Square 這些公司製作產品）並見證了這個環境的劇烈變化。不斷進化的研究成果貢獻良多，不過缺乏成熟的工具則是我們必須面對的現實。

從社群的成長與學習中我們注意到，對於要將學術研究轉換為所有使用者都可用的產品這件事來說，經常缺少明確的指引。終究使用者總是會處在瀏覽器、智慧型手機，或者邊緣裝置前的某處。這過程常常涉及了無數的破解與實驗、部落格搜尋、GitHub 討論串、Stack Overflow 的回覆、寄給套件作者的電子郵件以取得內行人才懂的知識，還有偶爾會出現的「原來如此！」時刻。即使坊間的書籍試圖聚焦於理論或工具的運用，但我們從現有的書中能學到的最多只是建立虛構的範例。

要彌平理論與實務的鴻溝，一開始我們以演講方式來將人工智慧從研究帶到人群中，並聚焦於實際應用。這些演講被組織成引人入勝的範例，並依不同的技巧能力（從業餘愛好者到 Google 等級的工程師）以及在產品上部署深度學習的勞心程度來調整複雜度。我們發現不論初學者還是專家都從這些演講中找到有價值之處。

還好隨著時間進展，環境對使用者是友善的，同時也出現了更多的工具。像是 Fast.ai 以及 DeepLearning.ai 這樣的優良線上資源，讓訓練人工智慧模型這件事比以往容易多了。使用像是 TensorFlow 和 PyTorch 這類深度學習架構來教導基礎知識的書也出現在市面上。即使如此，介於理論與產品間的深淵還是沒有被提及。我們想要彌補其間的差距，因此出現了您正在看的書。

藉由使用友善的語言以及立即可用的有趣電腦視覺專案，本書會從不需要任何機器學習與人工智慧背景知識的簡單分類器開始，逐步的增加複雜度、改善準確度與速度、調整至百萬使用者規模、部署至不同的軟硬體，最後會以增強式學習建立一個迷你型自駕車來結束。

幾乎每一章都會從具啟發性的範例開始，透過建構解答的過程來建立問題，並討論解決問題的多種方式，而每一種方式都有不同層次的複雜度與勞力付出。如果您想找的是快速的解決方案，您可能只需要讀某一章的前幾頁就夠了。想要對主題進行深入了解的人就應該讀完整章。當然，基於兩個理由每個人都應該瀏覽每章中的案例探討──它們讀起來很有趣，而且介紹了現實生活中人們如何利用本書所討論的概念來建立真實產品。

我們也討論了深度學習實務人士與產業專家在使用雲端、瀏覽器、行動與邊緣裝置（edge device）來建立真實世界應用時所面臨的實務考量。我們整理了一些實用的「提示與技巧」以及生活故事，來鼓勵讀者建立可以讓某些人過得更好的應用。

給後端 / 前端 / 行動軟體開發人員的話

您應該已經精通程式設計了。即使 Python 對您而言還是一種陌生的語言，我們還是期望您能很快的學會並立即開始使用它。最棒的是，我們沒有期望您已經具有機器學習和人工智慧的背景知識；那就是我們在這裡的原因！我們相信您會從本書下列的焦點中獲益：

- 如何建立直接面對使用者的人工智慧產品？

- 如何快速的訓練模型？

- 如何節省程式碼以及原型設計所需的努力？

- 如何讓模型表現得更好且更節省能源？

- 如何營運與調整規模，以及預估成本？

- 在超過 40 個案例探討以及真實世界範例中發掘如何運用人工智慧。

- 發展深度學習的廣泛知識。

- 發展可應用於新架構（例如 PyTorch）、領域（例如健康照顧、機器人學）、輸入形式（例如視訊、音訊、文字）與任務（例如影像分割、單樣本學習（one-shot learning））的通用技巧。

給資料科學家的話

您應該已經精通機器學習並可能知道如何訓練深度學習模型。好消息！您可以進一步豐富您的技能，並深化您在這領域的知識以建立真實產品。本書會教您如何進行下列任務，以幫助您的日常以及其他的工作：

- 加速您的訓練，包括在多節點群集（multinode cluster）上的作法
- 建立發展模型和對模型進行除錯的直覺，其中包括超參數調整（hyperparameter tuning），因而可以大幅改善模型的準確度
- 了解您模型的運作原理、揭露資料中的偏見、使用 AutoML 來自動決定最佳的超參數以及模型架構
- 學習其他資料科學家所用的提示與技巧，包括更快的資料蒐集、組織化的追蹤實驗、與他人分享模型，以及獲得您的任務目前最新且最佳的模型資訊
- 使用工具甚至自動的（不用透過 DevOps 團隊）來部署並調整您最佳的模型給真實的使用者

給學生的話

現在是考慮以人工智慧為志業的好時機——它是繼網際網路和智慧型手機之後最重要的技術革命。目前已經有了許多進展，但還有很多尚待開發。我們希望這本書可以成為您在人工智慧職涯的第一步，或者能更進一步的發展更深層的理論知識。最好的一件事是您不用花大錢來購買昂貴的硬體設備。事實上，您可以在瀏覽器上免費的使用威力強大的硬體（感謝您！Google Colab！）來進行訓練。藉由此書，我們希望您會：

- 藉由開發有趣的專案來開啟人工智慧的職涯
- 藉由學習產業實務來幫助您進行實習與工作機會上的準備
- 藉由建立像是自駕車這樣有趣的應用來發揮您的創造力
- 藉由發揮您的創意來解決人類所面臨的迫切問題，以成為 AI for Good 的優勝者

給教師的話

我們相信本書所提供的有趣且真實的專案可以成為您課程的補充教材。我們詳細的敘述了深度學習生產線中的每一個步驟,並且說明了如何有效且快速的執行每一步驟的技術。我們在本書中所呈現的每個專案可作為一學期中的個人或群組專案。未來我們會在 *http://PracticalDeepLearning.ai* 上釋出課程的 PowerPoint 投影片。

給機器人學愛好者的話

機器人學很有趣。如果您是機器人學的愛好者,我們應該不用說服您為機器人加上智能會是應該要走的路。日益強大的硬體——例如 Raspberry Pi、NVIDIA Jetson Nano、Google Coral、Intel Movidius、PYNQ-Z2 及其他類似硬體——導引了機器人學的創新。在往工業 4.0 前進的路上,這些平台會愈來愈重要與普及。藉由此書,您可以:

* 學習如何建立與訓練人工智慧模型,以及將它應用在邊緣裝置上
* 評測與比較邊緣裝置之效能、大小、威力、電池,以及成本
* 了解如何選出適用於某一場景之最佳人工智慧演算法以及裝置
* 學習其他自造者建立創新的機器人和機器的方法
* 學習如何在此領域中有更多進展並展示您的作品

本書內容

第 1 章,探索人工智慧的景色

我們將對 1950 年代至今日的持續進展進行導覽、分析成為深度學習完美菜單的那些成份、熟悉常見的人工智慧術語與資料集,以及了解人工智慧(responsible AI)的世界。

第 2 章,畫中所言為何:用 *Keras* 進行影像分類

我們只需要使用五行 Keras 程式碼就可以深入研究影像分類的世界。然後我們會在將熱圖與視訊重疊並進行預測時,把注意力放在類神經網路上。額外的紅利:我們聽到了來自 Keras 的創造者 François Chollet 激勵人心的故事,了解他對人類所帶來的影響力。

第 3 章，貓狗大戰：用 *Keras* 在 30 行內搞定遷移學習

透過遷移學習（transfer learning），我們在新的分類任務上重新使用先前所訓練的網路，進而在極短時間內獲得最好的準確度。接著我們會深入觀察結果，來了解它分類的成效。在此過程中，我們將建立一個會在本書中重複使用的機器學習生產線。額外的紅利：藉由 fast.ai 共同創辦人 Jeremy Howard 的故事，了解數十萬個學生如何使用遷移學習進入人工智慧的領域。

第 4 章，建立反向影像搜尋引擎：了解嵌入

如同 Google 反向影像搜尋（Google Reverse Image Search），我們會探討如何使用嵌入（embedding）——影像的內容表達法——以不到十行的程式碼來找出相似的影像，接著會發現當我們探索不同的策略和演算法來加速運算時變有趣了，因為數以千計甚至百萬張的影像能在微秒內得以被搜尋。

第 5 章，從菜鳥到大師級預測器：最大化捲積類神經網路的準確度

我們會使用包含 TensorBoard、What-If Tool、tf-explain、TensorFlow Datasets、AutoKeras 及 AutoAugment 等工具來探討可以讓分類器的準確度最大化的策略。其中我們還會以實驗來建立您對人工智慧任務中重要參數的直覺。

第 6 章，最大化 *TensorFlow* 之速度與效能：便利的清單

我們藉由一個包含 30 個能夠盡可能提升效率和技巧的清單，將訓練與推論的速度推到極致並最大化您目前硬體的價值。

第 7 章，實用工具、提示與技巧

我們將實用技能分散為各種主題與工具，範圍涵蓋安裝、資料蒐集、實驗管理、視覺化及追蹤最先進的研究成果，以建立深度學習的理論基礎。

第 8 章，電腦視覺雲端 *API*：15 分鐘內開始運行

要聰明的工作，而不是辛勤的工作。我們會在 15 分鐘內學會使用來自 Google、Microsoft、Amazon、IBM 及 ClarifaiWork 的雲端人工智慧平台的強大功能。對於那些無法運用既有 API 來解決的問題，我們也會再使用客製化的分類服務來訓練分類器，並且不需要寫程式。然後我們會讓它們彼此廝殺一番——您會很訝異獲勝者是誰。

第 9 章，使用 *TensorFlow Serving* 與 *KubeFlow* 進行雲端可擴展推論服務

我們將客製化訓練的模型帶到雲端／區域電腦上，以服務數百到數百萬規模之需求。還會探討 Flask、Google Cloud ML Engine、TensorFlow Serving 及 KubeFlow，並展示它們的效果、應用情境及性價分析。

第 10 章，使用 *TensorFlow.js* 與 *ml5.js* 在瀏覽器上運行人工智慧

每個使用電腦或智慧型手機的人都應該使用過一個軟體程式——瀏覽器。透過基於瀏覽器之深度學習程式庫——包括 TensorFlow.js 和 ml5.js —— 來觸及所有的使用者。客座作者 Zaid Alyafeai 陪伴我們經歷像是姿態預測、生成對抗網路（generative adversarial network，GAN）、運用 Pix2Pix 進行影像對影像的翻譯，以及其他更多的技術和任務，但這些並不是在伺服器中而是在瀏覽器中執行。額外的紅利：聽 TensorFlow.js 與 ml5.js 的重要貢獻者談談這些專案的起源。

第 11 章，使用 *Core ML* 在 *iOS* 上進行即時物件分類

我們會探討行動裝置上的深度學習，並聚焦於使用 Core ML 的 Apple 生態系。我們在各種的 iPhone 上測試模型效能、探討可以降低應用大小與能源衝擊的策略，並且探討動態模型部署、裝置上訓練，以及如何建立專業應用。

第 12 章，使用 *Core ML* 與 *Create ML* 建立 *iOS* 上的 *Not Hotdog*

矽谷的 Not Hotdog 應用程式（來自 HBO）被看作是行動人工智慧界的「Hello World」，所以我們用三種不同的方式建立一個即時版本來向它致敬。

第 13 章，食物界的 *Shazam*：使用 *TensorFlow Lite* 和 *ML Kit* 來開發 *Android* 應用程式

我們利用 TensorFlow Lite 結合人工智慧和 Android。接著我們使用 ML Kit（它建立在 TensorFlow Lite 之上）來進行跨平台開發，並用 Fritz 來探討建立自我改善人工智慧應用程式的開發生命週期。在其中我們會檢視模型版本控制、A/B 測試、量測成功率、動態更新、模型優化，以及其他主題。額外的紅利：我們會聽到來自 Pete Warden（行動與嵌入式 TensorFlow 技術長）將人工智慧帶到邊緣裝置的豐富經驗。

第 14 章，使用 *TensorFlow* 物件偵測 *API* 建立完美的喵星人定位應用程式

我們會探討四種在影像中找到物件位置的方法。看看這些年來物件偵測的進展，並分析速度與準確度間的取捨。這可以建立像是群眾計數（crowd counting）、臉部偵測及自駕車等案例探討的基礎。

第 *15* 章，成為自造者：探索邊緣裝置上的嵌入式人工智慧

客座作者 Sam Sterckval 將深度學習導入低耗能裝置上並展示了具有人工智慧能力與不同處理效能的邊緣裝置，包括 Raspberry Pi、NVIDIA Jetson Nano、Google Coral、Intel Movidius 及 PYNQ-Z2 FPGA，開啟了通往機器人學與自造者專案之門。額外的紅利：NVIDIA Jetson Nano 團隊分享人們如何使用他們的開源烹飪書快速的建立具有創意的機器人。

第 *16* 章，使用 *Keras* 進行端到端深度學習模擬自駕車

客座作者 Aditya Sharma 與 Mitchell Spryn 在本章使用了逼近真實的微軟 AirSim 模擬環境，藉由先在此環境中駕駛一遍後再教導人工智慧模型重複此行為，來導引我們訓練一台虛擬汽車。在此過程中，本章涵蓋了數個可應用於自駕車產業的概念。

第 *17* 章，一小時內建造一部自駕車：在 *AWS DeepRacer* 使用增強式學習

由虛擬步入現實，客座作者 Sunil Mallya 展示了如何在一小時內組合、訓練及運行迷你汽車 AWS DeepRacer。再藉由增強式學習的幫助，讓這台車學會自己開車、懲罰犯錯，以及最大化成功率。我們會學到如何應用這個知識在從 Olympics of AI Driving 到 RoboRace（使用全尺寸自駕車）這樣的競賽上。額外的紅利：分享來自 Anima Anandkumar（NVIDIA）及 Chris Anderson（DIY Robocars 的創辦人）對自駕車產業的前景及看法。

本書編排慣例

本書使用以下的字體慣例：

斜體（*Italic*）

指出新字、網址、電子郵件地址、檔名，以及副檔名。中文以楷體表示。

定寬字（`Constant width`）

用於程式列表和在段落中提及的程式元素，例如變數或函數名稱、資料庫、資料型別、環境變數、敘述，以及關鍵字。

定寬粗體字（**`Constant width bold`**）

顯示命令或其他應由使用者輸入的文字。

定寬斜體字（*Constant width italic*）

顯示應該由使用者所提供或由上下文決定的值所取代的文字。

 這個圖示表示提示或建議。

 這個圖示表示一般性注意事項。

 這個圖示表示警告或警示事項。

使用程式碼範例

您可以在 *http://PracticalDeepLearning.ai* 中下載補充資料（程式碼範例、習題等）。如果您有技術上的問題或程式碼範例問題，請發送電子郵件到 *PracticalDLBook@gmail.com*。

本書是用來幫您完成工作的。一般而言，您可以在程式及文件說明中使用本書所提供的程式碼。您不用聯絡我們來獲得許可，除非您重製大部分的程式碼。例如，在您的程式中使用書中的數段程式碼並不需要獲得我們的許可。但是販售或散佈歐萊禮的範例光碟則必須獲得授權。引用本書或書中範例來回答問題不需要獲得許可，但在您的產品文件中使用大量的本書範例則應獲得許可。

我們會感謝您註明出處。一般出處說明包含有書名、作者、出版商與 ISBN。例如：「*Practical Deep Learning for Cloud, Mobile, and Edge* by Anirudh Koul, Siddha Ganju, and Meher Kasam (O'Reilly). Copyright 2020 Anirudh Koul, Siddha Ganju, Meher Kasam, 978-1-492-03486-5.」。

若您認為對範例程式碼的使用已超過合理使用或上述許可範圍，請透過 *permissions@oreilly.com* 與我們聯繫。

致謝

全體致謝

我們想要感謝以下的人們,因為他們在我們寫這本書的過程中提供了莫大的幫助。沒有他們,就不會有本書。

本書能問世,大部分要感謝我們的編輯 Nicole Taché。她在整個過程中為我們加油並提供每個步驟中的重要指引。她幫我們排定優先內容(信不信由您,這本書本來會更厚!)並確保我們走在正確的路上。她是我們寫的任何草稿的頭號讀者,所以我們最優先的目標就是確保她能夠了解內容,儘管她對人工智慧還是新手。我們對她的支持仍萬分感激。

我們還要感謝其他的歐萊禮團隊成員,包括我們的製作編輯 Christopher Faucher,他不辭辛勞地工作以確保本書能及時付梓。我們也感謝審稿編輯 Bob Russell,因為他快如閃電的審稿以及對細節的專注,讓我們理解到在學校裡英文文法課的重要(雖然對我們來說為時已晚)。我們也想感謝 Rachel Roumeliotis(Content Strategy 的副總裁)和 Olivia MacDonald(總編)相信這個專案並提供持續的協助。

我們也要向我們的客座作者表達萬分的感謝,他們帶來了專業技術,並和讀者分享他們在這個領域的熱情。Aditya Sharma 和 Mitchell Spryn(來自 Microsoft)展示了我們對電動賽車遊戲的愛好可以被善用在訓練自駕車上。Sunil Mallya(來自 Amazon)幫忙將這個知識帶入真實世界,藉由示範只需要一小時就能組裝一台迷你自駕車(AWS DeepRacer),並透過增強式學習讓它在賽道上奔馳。Sam Sterckval(來自 Edgise)則統整了絕大部分市面上的嵌入式人工智慧硬體,這讓我們在下一個機器人專案上有了優勢。最後,Zaid Alyafeai(來自法赫德國王大學)示範了瀏覽器也可以運行嚴肅的互動式人工智慧模型(藉由 TensorFlow.js 和 ml5js 的幫助)。

本書可以成為現在的樣子,是因為來自於那些令人驚嘆的審查者的及時回饋。他們對於草稿指出他們發現的技術錯誤,並在想法的表達上給予我們建議。由於他們的回饋(以及持續改變的 TensorFlow API),我們最終幾乎重寫了原來的預發行版本。我們感謝 Margaret Maynard-Reid(Google 機器學習開發專家,您可能在閱讀 TensorFlow 文件時讀過她的作品)、Paco Nathan(Derwin Inc. 超過 35 年的產業老手,他將 Anirudh 介紹給世人)、Andy Petrella(Kensu 的總裁與創辦人以及 SparkNotebook 的創造者)及 Nikhita Koul(Adobe 資深資料科學家,在每次修正後閱讀並提出改善建議、實質上閱

讀了好幾千頁的內容，而使得內容變得更可親）對每一章提供了詳細的審查意見。此外，我們也得到來自於人工智慧特定主題（瀏覽器中的人工智慧、行動開發或自駕車）專業審查者的大力幫忙。每一章的審查者（依字母順序）臚列於下：

- 第 1 章：Dharini Chandrasekaran、Sherin Thomas
- 第 2 章：Anuj Sharma、Charles Kozierok、Manoj Parihar、Pankesh Bamotra、Pranav Kant
- 第 3 章：Anuj Sharma、Charles Kozierok、Manoj Parihar、Pankesh Bamotra、Pranav Kant
- 第 4 章：Anuj Sharma、Manoj Parihar、Pankesh Bamotra、Pranav Kant
- 第 6 章：Gabriel Ibagon、Jiri Simsa、Max Katz、Pankesh Bamotra
- 第 7 章：Pankesh Bamotra
- 第 8 章：Deepesh Aggarwal
- 第 9 章：Pankesh Bamotra
- 第 10 章：Brett Burley、Laurent Denoue、Manraj Singh
- 第 11 章：David Apgar、James Webb
- 第 12 章：David Apgar
- 第 13 章：Jesse Wilson、Salman Gadit
- 第 14 章：Akshit Arora、Pranav Kant、Rohit Taneja、Ronay Ak
- 第 15 章：Geertrui Van Lommel、Joke Decubber、Jolien De Cock、Marianne Van Lommel、Sam Hendrickx
- 第 16 章：Dario Salischiker、Kurt Niebuhr、Matthew Chan、Praveen Palanisamy
- 第 17 章：Kirtesh Garg、Larry Pizette、Pierre Dumas、Ricardo Sueiras、Segolene Dessertine-panhard、Sri Elaprolu、Tatsuya Arai

本書中處處可見的摘記讓我們可以窺視創造者的世界，以及他們如何與為何建立眾所周知的專案。我們感謝 François Chollet、Jeremy Howard、Pete Warden, Anima Anandkumar、Chris Anderson、Shanqing Cai、Daniel Smilkov、Cristobal Valenzuela、Daniel Shiffman、Hart Woolery、Dan Abdinoor、Chitoku Yato、John Welsh，以及 Danny Atsmon。

個人致謝

「我想要感謝我的家庭——Arbind、Saroj 和 Nikhita——他們給我追求熱情的支援、資源、時間及自由。也要謝謝 Microsoft、Aira 及 Yahoo 的專家和研究者，他們陪我將想法轉換為原型再轉換為產品，讓我們受惠良多的並不是最後的成功，而是過程中所遇到的問題。我們所經歷的試煉與苦難為本書提供了完美的素材，比我們原先所預估的足足超出了 250 頁！謝謝我在 Carnegie Mellon、Dalhousie 及 Thapar 大學的學術家族，你們教會我的不只有學術而已（和我的成績所呈現的不太一樣）。感謝盲目的社群，你們示範了只要配備適當工具，人類的潛能無限。這件事激勵我每天在人工智慧領域持續地工作。」

—Anirudh

「我的祖父也是一位作家，有一次他告訴我『寫一本書比我想的還要難，而它的回報比我想的還多。』我永遠感激我的祖父母和家庭、母親、父親及 Shriya，他們支持我對知識的搜尋並幫助我成為現在的樣子。感謝我在 Carnegie Mellon 大學、CERN、NASA FDL、Deep Vision、NITH 及 NVIDIA 的伙伴和導師們，他們陪我經歷整個旅程，我感激他們教導和幫忙我發展出科學的氣質。感謝我的朋友們，希望他們仍然記得我，因為最近我近乎隱形，我想要為他們不可思議的耐心大聲地說聲謝謝。我希望能見到你們。感謝那些無私的審查本書的朋友們，大大的感謝——沒有你們，本書不可能成形。」

—Siddha

「我感激我的父母 Rajagopal 和 Lakshmi，他們從一開始就給我無窮的愛與支持，並且強烈的想要提供我美好的生活與教育。我感激我在 UF 和 VNIT 的教授們，他們把我教得很好並讓我慶幸唸了計算機科學。我感謝對我萬分支持的伙伴 Julia Tanner，她在兩年間的晚上與週末必須忍受來自我的共同作者不斷地用 Skype 通話，以及我那些可怕的笑話（其中有些不幸的被放入本書中）。我也要感謝我那令人驚嘆的經紀人 Joel Kustka，對他在寫作本書過程中對我的支持。我要大聲地感謝我的朋友們，謝謝他們貼心的理解我不能給他們想要的陪伴。」

—Meher

最後，但並非最不重要的是，謝謝 Grammarly 的建立者，他讓只有中等英語程度的人成為了出版作家！

目錄

第十一章　使用 Core ML 在 iOS 上進行即時物件分類 283

探索人工智慧的景色

以下是來自 May Carson 博士（圖 1-1）深具影響力的論文，說明人工智慧（artificial intelligence，AI）在二十一世紀人類生活中角色不斷轉變的一段話：

> 人工智慧常被稱為 21 世紀的電力。現在人工智慧程式具有推動各項產業（包括健康）、設計醫療器材以及建立新型產品與服務的能力，包括機器人和汽車。隨著人工智慧的進展，各組織已致力於確保那些人工智慧程式可以完成它們應該做的事，還有更重要的是，避免錯誤與危險的意外發生。組織需要人工智慧，不過他們也認知到不是所有可以用人工智慧做的事都是好的。

> 我們對要使用這些技術和政策來運行人工智慧所要做的事已經進行了廣泛的研究。主要的結論是，每年、每個人在人工智慧程式上的花費與花在研究、建立和產出它們的經費應該大約相等。這看來似乎很明顯，不過不見得完全正確。

> 首先，人工智慧系統需要支援與維護來協助它們發揮功能。為了要能完全可靠，它們需要具有運行它們的能力並能幫它們執行某些任務的人。人工智慧組織必須提供人力來做那些服務所需要的複雜任務。有一件也很重要的事是要能了解做那些事的人，尤其是當人工智慧比人類還複雜的時候。例如，人們經常做的是需要進階知識，而不是需要建構和維護系統技能的工作。

圖 1-1 May Carson 博士

致歉

我們現在必須坦誠一切並承認本章到目前為止看到的所有東西都是假的。確實是所有東西！所有的文字（除了第一句之外，那是我們寫來作為種子之用的）都是使用 *TalkToTransformer.com* 網站上的 GPT-2 模型（由 Adam King 建立）產生的。作者的姓名是用 *Onitools.moe* 網站上的「Nado Name Generator」產生的。不過至少那張作者照片是真的吧？不對！那張照片是從 *ThisPersonDoesNotExist.com* 網站產生的，它每次重載都會顯示一個不存在的人的相片，用的是生成對抗網路（Generative Adversarial Network，GAN）魔法。

雖然我們對用一段不誠實的內容來開啟整本書有點矛盾，我們還是認為在您（也就是讀者）還沒預期到之前就先展現出人工智慧最先進的技術是很重要的。坦白說，看到人工智慧已經具備的能力的確很令人難以想像、驚人，並且令人恐懼的。可以憑空產出比某些世界領袖更聰明且具說服力的文句這個事實是⋯這麼說好了，優越的。

即使如此，人工智慧還無法獲得讚賞的一件事就是變成有趣。我們希望前面那三段文字是本書中最無聊的部分。我們終究不想被認為是「比機器還無聊的作者」。

真的簡介

回想您之前被魔術表演中的技巧所震驚並想著「他們到底是怎麼辦到的？」的那時候。您是否在看到人工智慧應用的新聞報導時也會同樣地感到震驚？本書中，我們想帶給您知識和工具，讓您不但可以解構，也可以建立類似的東西。

透過易懂的、循序漸近的說明，我們仔細分析使用了人工智慧的應用程式並展示如何在不同的平台上建立它們——從雲端到瀏覽器、到智慧型手機、再到邊緣人工智慧裝置，最後停在人工智慧目前的終極挑戰上：自駕車。

在大部分的章節中，我們會以一段激發想法的問題開始，然後一步步的建立它的解決方案。在本書前面部分，我們會發展建立人工智慧大腦的必要技能。不過那只是成功的一半。建構人工智慧真正的價值是建立有用的應用。這裡我們說的可不只是虛構的原型而已，我們想要讓您建立可以被真實世界的人用來改善他們生活的軟體。因此，本書的標題中包含了「實用」這兩個字。為此，我們討論了各種選擇方案，並根據效能、能源消耗、可調整性、可靠性及隱私取捨來選出合適的方案。

在本章中，我們將退一步來領會人工智慧歷史中的這個時刻。我們會探討人工智慧的意義，特別是在深度學習的語境（context）之下，以及將深度學習變成二十一世紀初期最具開創性領域的一系列事件。我們也會檢視完整深度學習解決方案的核心成份，讓我們可以為接下來的實作章節做好準備。

我們的旅程會從一個非常基本的問題開始。

人工智慧是什麼？

本書從頭到尾都頻繁的使用「人工智慧」、「機器學習（machine learning）」及「深度學習（deep learning）」這些詞彙，有時還會互換使用。不過以嚴格的術語來說，它們有不同的含義。以下是每一個詞彙的概要（參見圖 1-2）：

AI

這使機器具有模仿人類行為的能力。IBM 的深藍（Deep Blue）是 AI 廣為人知的範例。

機器學習

這是 AI 的分支，它的機器會使用統計技術來從先前的資訊和經驗中學習。目標是讓機器可以根據過去的觀察結果在未來採取行動。如果您看到 IBM 的 Watson 在*危險邊緣*（*Jeopardy!*）節目中打敗 Ken Jennings 和 Brad Rutter，就代表機器學習發揮作用了。另一個和您比較相關的例子是，下次當有一封垃圾郵件沒有進到您的信箱時，您應該要感謝機器學習。

深度學習

這是機器學習的次領域，其中深度、多層的類神經網路被用來進行預測，尤其擅長於電腦視覺、語音辨識、自然語言理解等任務上。

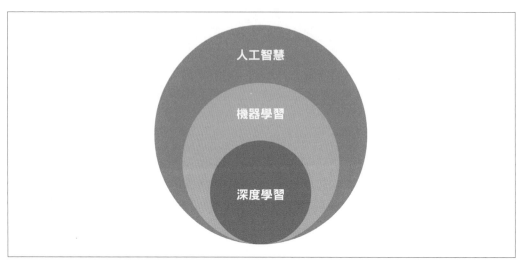

圖 1-2　人工智慧、機器學習，以及深度學習的關聯

本書主要聚焦在深度學習上。

激勵想法的範例

讓我們切入正題。是什麼迫使我們寫了這本書？為什麼您要花辛苦錢[1]來買這本書？我們的動機很簡單：讓更多的人進入到人工智慧的世界中。您會閱讀本書代表我們的工作已經完成一半了。

不過，為了實際引起您的興趣，我們先來看看一些展現了人工智慧能力的閃亮範例：

- 「DeepMind 的人工智慧代理人在 StarCraft II 中征服了人類高手」：*The Verge*，2019

- 「人工智慧產生的藝術在佳士得以大約五十萬美金售出」：*AdWeek*，2018

- 「人工智慧在偵測肺癌上打敗放射科醫生」：*American Journal of Managed Care*，2019

- 「Boston Dynamics Atlas 機器人可以跑酷」：*ExtremeTech*，2018

1　如果您正在閱讀盜版，我們會對您很失望。

- 「Facebook 與 Carnegie Mellon 建立了第一個在 6 人撲克中打敗專家的人工智慧」：*ai.facebook.com*，2019

- 「盲人現在可以藉由 Microsoft 的 Seeing AI 來探索照片了」：*TechCrunch*，2019

- 「IBM 的 Watson 超級電腦在危險邊緣最終賽中打敗人類」：*VentureBeat*， 2011

- 「Google's ML-Jam 挑戰音樂家來即興創作並和人工智慧協同工作」：*VentureBeat*，2019

- 「不需人類知識就可以精通圍棋」：*Nature*，2017

- 「中國的人工智慧在診斷腦瘤上打敗了醫生」：*Popular Mechanics*，2018

- 「使用人工智慧發現了兩顆新行星」：*Phys.org*，2019

- 「Nvidia 最新的人工智慧軟體將粗糙的塗鴉變成真實的風景」：*The Verge*，2019

這些人工智慧的應用就是我們的北極星。這些成就的等級就像是奧運金牌的表現。然而，能夠解決真實世界中許多問題的應用程式就像在跑 5,000 公尺一樣。開發這些應用並不需要好幾年的訓練，不過做到這些會讓開發人員感受到衝線的滿足感。我們在此教您怎麼跑完這 5,000 公尺。

在本書中我們刻意強調廣度。人工智慧領域變化得如此之快，我們只能期望讓您具有合適的心態與工具。除了克服個別的問題外，我們也會看看那些看來既不同又無關的問題會是如何的相似並且能為我們所用。例如，作為現代電腦視覺基礎的捲積類神經網路（Convolutional Neural Network，CNN）也能使用在聲音辨識上。我們會觸及不同領域的實際面向，讓您可以很快的從 0 分到達 80 分來解決真實世界的問題。如果我們讓您產生足夠多的興趣，而使您決定要從 80 分到 95 分，那麼就已經達成我們的目標了。就像常會聽到的老話，我們想要「民主化人工智慧（democratize AI）」。

值得重視的是人工智慧的許多進展是在過去這幾年才發生的。要能描述我們已經走了多遠，舉例來說：五年前，您必須要有博士學位才能進入這個產業的大門；五年後，您不需要博士學位就可以對此主題寫出一整本書。（是真的，請看看我們的簡歷！）

雖然深度學習在現在的應用看來十分令人驚喜，但它們並不是自己走到這一步的。它們站在許多巨人的肩膀上。的確，要讚賞現在的顯著成果，我們不能不先看看這整個歷史。

人工智慧簡史

讓我們倒轉一點點時光:當我們的宇宙還處於一個熱密狀態。然後,在 140 億年前擴張開始了,等等…好吧,我們不用回到那麼久之前。其實大概只在 70 年前第一顆人工智慧的種子就被種下了。1950 年,Alan Turing 在他的論文「Computing Machinery and Intelligence」中首次提出了這個問題:「電腦可以思考嗎?」這確實引起了有關知覺以及它對人類意義較大的規模哲學辯論。Turing 發現那個架構的限制很大並且提出一個測試:如果一個人類無法分辨機器和另一個人類的不同,那會很重要嗎?一個可以模仿人類的人工智慧在本質上就是人類。

令人興奮的開始

「人工智慧」這個詞是在 1956 年由 John McCarthy 在 Dartmouth Summer Research Project 中提出來的。當時實體電腦甚至還未成形呢!他們竟然已經討論到像是語言模擬、自我改善學習機器、感官資料抽象化等這些領域了,實在是令人驚嘆。當然,大多還是理論上的探討而已。這是人工智慧首次成為研究領域,而不只是一個專案而已。

由 Frank Rosenblatt 於 1957 年發表的論文「Perceptron: A Perceiving and Recognizing Automaton」奠定了深度類神經網路的基礎。他假定建構一個可以學習辨識光學、電流或音調資訊間樣式差異的電子或機電系統是可行的。這個系統的功能會和人類大腦相似。他提出了使用統計模型來進行預測,而不是使用基於規則(rule-based)的模型(這是當時的標準)。

 本書中我們一直重複的使用類神經網路(*neural network*)這個詞。類神經網路是什麼呢?它是人腦的簡化模型。就像大腦一樣,它包含了在碰到熟悉事物時會被激發的神經元(*neuron*)。不同的神經元間會有連結(對應至我們大腦中的神經鍵(synapse))將它們連接,這些連結會幫忙將資訊從一個神經元流向另一個神經元。

在圖 1-3 中,我們可以看到一個最簡單的類神經網路範例:感知機(perceptron)。在數學上,感知機可以表示成:

$$output = f(x_1, x_2, x_3) = x_1 w_1 + x_2 w_2 + x_3 w_3 + b$$

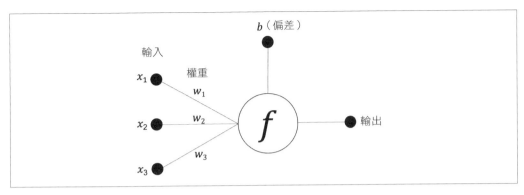

圖 1-3　感知機的範例

1965 年時，Ivakhnenko 和 Lapa 在 他 們 的 論 文「Group Method of Data Handling—A Rival Method of Stochastic Approximation」中發表了第一個可以運作的類神經網路。在這方面還存在著一些爭議，不過 Ivakhnenko 被某些人稱為深度學習之父。

大約在此時，人們對機器能夠做到什麼事進行了大膽的預測。在機器翻譯、語音辨識，以及其他許多事情上機器會表現得比人類更好。各國政府非常興奮並開始資助這些計畫。這個淘金熱開始於 1950 年代末期，並一直持續到 1970 年代中期。

陰冷又黑暗的日子

投資了數以百萬美元的經費後，首批系統問市了。事實證明，一大堆原來的預言都是不切實際的。語音辨識只有以特定方式說話時才有用，更甚者，只能用在有限的字詞上。語言翻譯的結果錯誤百出，而且花費比人工翻譯更高。在能夠進行可靠預測的這件事上，感知機（實質上就是單層類神經網路）很快的就被打臉了。這限制了它們在解決真實世界大部分問題上的有用性。這是因為它們都是線性函數，然而真實世界的問題常常都需要非線性分類器才能正確的預測。想像一下怎麼用一條直線來適配一個曲線！

所以在無法達成這些過度的期待時會發生什麼事呢？您會失去經費資助。美國的國防高等研究計劃署（Defense Advanced Research Project Agency），簡稱為 DARPA（沒錯，就是他們，那些建立 ARPANET 而後來成為互聯網的人），資助了許多美國的原創計畫。然而，在將近 20 年的成效不彰後激怒了當局。讓人類登入月球比得到一個可用的語音辨識器還簡單！

類似的情況是，1974 年 Lighthill 報告在大西洋彼岸被發表出來，其中提到了「通用型機器人只是一個幻象」。想像一個英國人在 1974 年的 BBC 中，看著一些電腦科學的大人物爭論著人工智慧是否是一種資源浪費。結果是，人工智慧的研究在英國被大幅削減，隨後再延伸到全世界，而在此過程中摧毀了許多工作機會。這個對人工智慧失去信心的階段一直持續了大約 20 年，被稱為「人工智慧之冬」。除非權力遊戲（A Game of Thrones）中的艾德・史塔克（Ned Stark）回去警告他們。

希望的曙光

即使在那冰冷的日子裡，在這個領域還是有些突破性的進展。當然，感知機──使用線性函數──的能力有限。要怎麼解決這個問題呢？作法是將它們串起來，讓一個（或多個）感知機的輸出成為一個（或多個）感知機的輸入。換句話說，就是多層類神經網路，如圖 1-4 所示。層數愈多，它能學的非線性（nonlinearity）愈多，結果就是預測得更好。只是有一個問題：我們要怎麼訓練它呢？Geoffrey Hinton 與朋友們登場囉！他們在 1986 年的論文「Learning representations by back-propagating errors」中發表了一個稱之為**倒傳遞**（*backpropagation*）的技術。它是如何運作的呢？先進行預測，看看預測結果和現實間的差距，再將誤差的大小傳回網路以便它能學著修正它。一直重複這個過程直到誤差變得很小為止。這個想法很簡單卻很強大。在本書中我們會不斷提到倒傳遞這個詞。

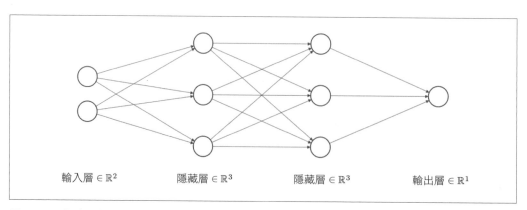

輸入層 $\in \mathbb{R}^2$　　隱藏層 $\in \mathbb{R}^3$　　隱藏層 $\in \mathbb{R}^3$　　輸出層 $\in \mathbb{R}^1$

圖 1-4　一個多層類神經網路範例（影像來源：*https://oreil.ly/Jn-T6*）

1989 年時，George Cybenko 首次證明了**通用近似定理**（*Universal Approximation Theorem*），其指出具有單一隱藏層的類神經網路在理論上可以建立任何問題的模型。這是很令人驚嘆的，因為它代表類神經網路（至少在理論上）可以超越任何機器學習方法。那有什麼問題呢？它甚至可以模仿人腦啊！不過，這只是紙上談兵而已。這個網路

的大小在真實世界中很快就造成限制。這可以用多重隱藏層以及用…等一下…倒傳遞訓練來克服！

在實務面上，Carnegie Mellon 大學的團隊在 1986 年建立了第一部自駕車 NavLab 1（圖 1-5）。一開始它使用一個單層類神經網路來控制方向盤角度。在 1995 年時發展到 NavLab 5。在一次示範中，一輛車自己從匹茲堡一路開到聖地牙哥，共開了 2,850 英哩（除了其中的 50 英哩之外）。NavLab 在許多特斯拉（Tesla）的工程師還沒出生前就拿到駕照了！

圖 1-5　1986 年自動駕駛的 NavLab 1（影像來源：*https://oreil.ly/b2Bnn*）

另一個 1980 年代的傑出範例是美國郵政署（United States Postal Service，USPS）。這項服務需要根據收信地址的郵遞區號（ZIP code）來自動分類郵件。由於許多郵件都是手寫的，所以無法使用光學文字辨識（optical character recognition，OCR）。為了要解決這個問題，Yann LeCun 等人在他們的論文「Backpropagation Applied to Handwritten Zip Code Recognition」中使用美國國家標準暨技術研究院（National Institute of Standards and Technology，NIST）的手寫字資料來展示類神經網路可以辨識這些手寫數字。該署的網路 LeNet 成為 USPS 幾十年來自動掃描和分類郵件的工具。這十分令人驚嘆，因為它是第一個實際被應用的捲積類神經網路。實際上，在 1990 年代，銀行界就已經用了這個模型的演進版（稱為 LeNet-5）來讀取支票上的手寫數字，為現代電腦視覺奠定了基礎。

曾經讀到過 MNIST 資料集的人可能已經注意到它和我們所提到的 NIST 間的關聯，這是因為 MNIST 資料集實質上包含了部分原始 NIST 資料集修正後的影像（「MNIST」中的「M」代表修正）。這些修正是為了簡化類神網路的訓練與測試過程。這修正——其中部分您會在圖 1-6 中看到——包括將大小調整成 28×28 像素、數字置中、抗混淆（antialiasing）等。

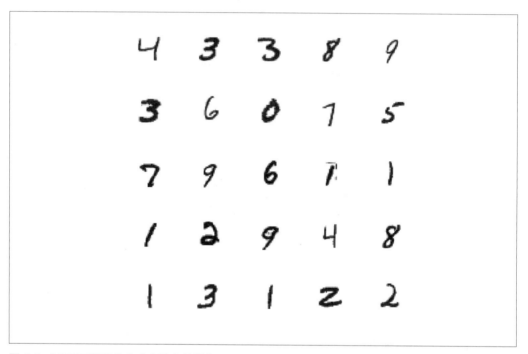

圖 1-6　MNIST 資料集中手寫數字的樣本

還有一些人也持續進行研究，包括 Jürgen Schmidhuber，他提出了像是長短期記憶（LSTM）這類在文字和語音應用上有前景的網路。

即使此時理論已經足夠先進了，其結果還是無法實際的展現。主要的原因是它對當時硬體的計算能力要求太高了，要應用在大型任務上會是一個挑戰。即使奇蹟發生讓我們有合適的硬體可用，要取得能夠完全實現它的潛能的資料也不容易。畢竟網際網路還在撥接的階段。支撐向量機（Support Vector Machine，SVM）是在 1995 年針對分類問題所引入的機器學習技術，速度比較快，而且在少量資料上就可以提供良好的結果，因此成為標準。

結果，人工智慧和深度學習的名聲不佳。研究生被警告不要進行深度學習研究，因為這是「聰明的科學家會結束他們職業生涯」的領域。在這個領域工作的人們和公司會使用替代的詞彙，像是資訊學（informatics）、認知系統（cognitive system）、智慧代理人（intelligent agent）、機器學習，以及其他會讓他們與人工智慧脫勾的詞彙。這有點像是將美國戰爭部重新命名為國防部好讓民眾比較可以接受一樣。

深度學習如何成為一號人物？

我們很幸運，在 2000 年代有了高速網際網路、智慧型手機、電腦遊戲，以及像是 Flickr 和 Creative Commons（它讓我們可以合法的重新使用其他人的相片）這樣的相片分享網站。許多人可以使用口袋裡的行動裝置快速照相並立即上傳。資料湖泊很快的被填滿，漸漸的有了許多機會可以去小游一下。含有 1,400 萬張影像的 ImageNet 資料集正是因為這種匯流以及在（後來在 Princeton 的）李飛飛與她的公司的努力下而出現的。

在同一個時期，個人電腦和遊戲機成為重要的事物。遊戲玩家對他們的遊戲繪圖效果要求愈來愈高。這導致像是 NVIDIA 這樣的圖形處理器（Graphics Processing Unit，GPU）製造者必須持續改善它們的硬體。這裡要記住的關鍵是 GPU 十分擅長於矩陣運算。怎麼說呢？因為數學需要它！在電腦繪圖中，像是移動物件、旋轉物件、改變形狀、調整照明等等常見任務都會用到矩陣運算。而 GPU 專門在做這些事。您知道還有什麼其他的事會需要用到大量的矩陣運算嗎？類神經網路！真是令人高興的巧合。

準備好 ImageNet 之後，2010 年舉辦了年度 ImageNet 大型視覺辨識挑戰賽（ImageNet Large Scale Visual Recognition Challenge，ILSVRC），公開的挑戰研究者去發展用以分類這個資料的更好技術。為了推動研究，有包含大約 120 萬張屬於 1,000 個類別的影像被釋出。像是尺度不變特徵轉換（Scale-Invariant Feature Transform，SIFT）+ SVM 這類的最先進電腦視覺技術產出了 28%（2010 年）和 25%（2011 年）的前五錯誤率（也就是依機率排行的前五名中，只要有一張符合就算是正確的）。

到了 2012 年，排行榜中的其中一個參賽作品將錯誤率減半到 16%。來自多倫多大學的 Alex Krizhevsky、Ilya Sutskever（隨後創辦了 OpenAI）及 Geoffrey Hinton 提交了這個參賽作品。它被命名為 AlexNet，是由 LeNet-5 引發靈感的一個 CNN。即使只有八層，AlexNet 擁有驚人的 6 千萬個參數與 65 萬個神經元，產生了一個 240MB 大小的模型。它用了兩顆 NVIDIA 的 GPU 花了二星期來訓練。這個事件嚇到了所有人，證明在現代深度學習世代中像滾雪球般成長的 CNN 之潛力。

圖 1-7 將 CNN 在過去十年中的進展進行量化。我們看到自從 2012 年深度學習進入後，ImageNet LSVRC 獲勝作品的分類錯誤率以 40% 的幅度逐年在遞減。隨著 CNN 的深入，錯誤也持續地減少。

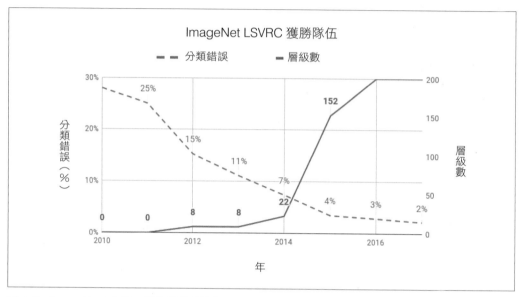

圖 1-7　ImageNet LSVRC 獲勝作品的演化

要知道，我們大量簡化了人工智慧的歷史，而且還掩飾了一些細節。實質上，資料、GPU 及更佳技術的合流導致了深度學習的摩登時代。而此進展持續擴展至更新的領域。就如表 1-1 所呈現的，曾經是科幻小說中的情節已然成真。

表 1-1　現代深度學習時代重要事項選輯

2012	來自 Google Brain 團隊的類神經網路在看了 YouTube 影片後開始辨識貓咪
2013	• 研究者開始在不同任務上導入深度學習 • word2vec 將語境帶入字詞與片語中，對意義的了解更近一步 • 語音辨識的錯誤率下降至 25%
2014	• GAN 被發明了 • Skype 可以進行語音即時翻譯 • 聊天機器人（chatbot）Eugene Goostman 通過圖靈測試（Turing Test） • 發明了類神經網路之序列到序列學習（Sequence-to-sequence learning） • 影像圖說將影像翻譯為文句

2015	• Microsoft ResNet 在影像準確度上打敗人類，它訓練了 1000 層的網路
	• 百度的 Deep Speech 2 達成端到端（end-to-end）語音辨識
	• Gmail 發表 Smart Reply
	• YOLO（You Only Look Once）即時進行物件偵測
	• Visual Question Answering 可以依據影像來問題
2016	• AlphaGo 打敗了職業圍棋手
	• Google WaveNets 幫忙產生寫實的音訊
	• Microsoft 在對話式語音辨識中達到人類等級
2017	• AlphaGo Zero 在三天內學會和自己下圍棋
	• Capsule Nets 修正了 CNN 的缺陷
	• Tensor Processing Units（TPU）問世
	• 加州准許銷售自駕車
	• Pix2Pix 可以從素描產生影像
2018	• 人工智慧透過 Neural Architecture Search 可以設計出比人設計還好的人工智慧
	• Google Duplex 展示了可以替我們訂餐廳的能力
	• Deepfakes 將影片的一張臉換成另一張臉
	• Google 的 BERT 在語言理解任務中超越人類
	• DawnBench 和 MLPerf 被建立來評測人工智慧之訓練
2019	• OpenAI Five 擊垮 Dota2 世界冠軍
	• StyleGan 產生如照片般真實的影像
	• OpenAI GPT-2 產生具有真實感的文字片段
	• 富士通（Fujitsu）在 75 秒內完成 ImageNet 的訓練
	• Microsoft 投資了十億美金在 OpenAI
	• Allen Institute 的人工智慧以 80 分通過 12 年級科學測驗

希望您現在對人工智慧和深度學習的歷史背景有些概念，而且了解了為什麼現在是如此耀眼。認知到這個領域正在迅速發展是很重要的。不過就如我們目前所見，事實並不總是如此。

根據這個領域的兩個先鋒在 1960 年代的預估，要達成真實世界的電腦視覺所需要的時間是「一個夏天」。他們只不過晚了半世紀而已！要作為一個未來學家並不容易。一份由 Alexander Wissner-Gross 所完成的報告指出，一個演算法從被提出到獲得突破性進展平均得要花上 18 年。另一方面，一個資料集從公開到其協助達成突破性進展的平均時間只有 3 年！看看過去十年來的任何突破性進展，使得這些進展成為可能的資料集僅僅在那幾年前才出現。

資源絕對是限制因子。這展現出好的資料集在深度學習中所扮演的關鍵角色。然而，資料不只是因子而已。讓我們來看看建立完美深度學習解決方案基礎的其他重要支柱。

完美深度學習解決方案的配方

在「地獄廚神」Gordon Ramsay 開始烹調前，他會確保所有的材料都準備好了。用深度學習來解決問題也是一樣（圖 1-8）。

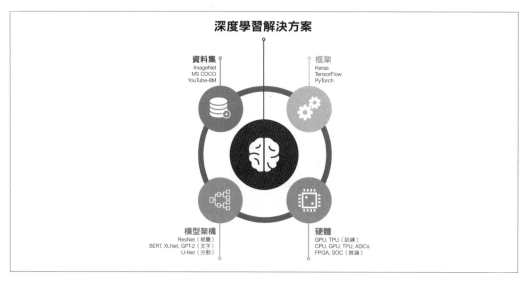

圖 1-8　完美深度學習解決方案的材料

以下就是深度學習的**各就各位**（*mise en place*）！

　　資料集 + 模型 + 框架 + 硬體 = 深度學習解決方案

讓我們一一查看它們的細節。

資料集

就像小精靈（Pac-Man）渴求點點一樣，深度學習渴求資料——很多資料。它需要大量的資料才能偵測出有用的樣式，以建立可靠的預測。傳統的機器學習在 1980 年代及 1990 年代是一個標準作法，因為即使只有數百到數千筆資料它也可以運作。而相對地，深度類神經網路（Deep Neural Network，DNN）從一開始建構時，就需要更多的資料來進行典型的預測任務。好處是它可以得到明顯較佳的預測結果。

在本世紀，我們面臨資料爆炸，每天都有數以百京（quintillion，10 的 18 次方）計的位元組的資料被產生出來——包括影像、文字、視訊、感測資料，甚至更多。不過要有效的使用這些資料，我們需要標籤（label）。要建立一個情感分類器來分辨一則 Amazon 中的評論是正面還是負面，我們需要數以千計的句子以及指派給每一句的情緒。要為 Snapchat 鏡頭訓練一個臉部分割系統，我們需要數千張影像中的眼睛、嘴唇、鼻子等器官的精確位置。要訓練一台自駕車，我們則需要許多視訊片段，標示著人類駕駛對控制的反應，例如煞車、加速、轉方向盤等等。這些標籤對人工智慧的角色來說就相當於是教師，它們比沒有標籤的資料有價值多了。

要產生標籤可能要付出很高的代價。這也難怪有一整個產業使用了數千位工作者以群眾外包的方式進行貼標籤任務。每份標籤要花上幾美分到幾美元的成本，根據所要花的時間而定。例如，在 Microsoft COCO（Common Objects in Context）資料集的開發過程中，要標記影像中一個物件的名稱大概要花三秒鐘、在物件周圍加上定界框（bounding box）大概要三十秒鐘、畫出物件的輪廓大概要 79 秒鐘。將這些估計重複幾十萬次後，您應該能夠捉摸到某些大型資料集所要花的成本。某些貼標籤公司，例如 Appen 和 Scale AI 的市值已經被估計為超過十億美元。

我們的銀行戶頭中可能沒有百萬美元。不過我們很幸運，在這個深度學習革命中發生了二件好事：

- 主要企業與大學慷慨的釋出了極巨大的已標記資料集。

- **遷移學習**（*transfer learning*）的技術允許我們調整模型到能夠只使用幾百個範例的資料集，只要我們的模型原先是以類似的較大資料集訓練的。本書中重複的使用這個技術，包括在第 5 章我們用實驗來證明即使只有幾十筆範例也可以使用這個技術得到不錯的效能。遷移學習打破了一個迷思，那就是巨量資料對於訓練出好的模型而言是必要的。歡迎來到微量資料的世界！

表 1-2 展示了各種深度學習任務中一些目前常見的資料集。

表 1-2　各式各樣的公開資料集

資料類型	名稱	詳細說明
影像	Open Images V4（來自 Google）	• 900 萬張影像，19,700 個類別 • 來自 600 個類別的 174 萬張影像（定界框）
	Microsoft COCO	• 330,000 張影像，80 個物件類別 • 包含定界框、分割及每張影像的 5 種圖說

資料類型	名稱	詳細說明
視訊	YouTube-8M	• 610 萬則視訊，3,862 個類別，26 億個音訊－視訊特徵 • 3.0 個標籤／視訊 • 1.53TB 的隨機採樣視訊
視訊、影像	BDD100K（來自 UC Berkeley）	• 超過 1,100 小時的 10 萬則駕駛視訊 • 10 個類別的具有定界框的 10 萬張影像 • 具有車道標記的 10 萬張影像 • 具有可駕駛區域分割資訊的 10 萬張影像 • 具有像素層級案例分割資訊的 10 萬張影像
	Waymo Open Dataset	3,000 個駕駛場景的 16.7 小時視訊資料，60 萬個畫格（frame）、大約 2,500 萬個 3D 定界框，以及 2,200 個 2D 定界框
文字	SQuAD	來自維基百科的 15 萬則問答片段
	Yelp Reviews	5 百萬則 Yelp 評論
衛星資料	Landsat Data	數百萬張衛星影像（長寬各 100 海哩），還有 8 個光譜帶（15 到 60 公尺解析度）
音訊	Google AudioSet	來自 YouTube 的 2,084,320 則 10 秒長度聲音片段，包含 632 個類別
	LibriSpeech	1,000 小時的英文演講

模型架構

用比較高階的角度來看，模型就是一個函數。它會接受一或多個輸入並給出一個輸出。輸入的型式可能是文字、影像、音訊、視訊或者更多。輸出則是一個預測結果。一個好的模型預測結果會可靠的符合我們所期望的現實。模型對資料集的準確度（accuracy）是，它是否適合用在真實世界應用的一個主要決定因子。對許多人而言，這就是他們對深度學習模型唯一需要知道的事。不過要等到我們真正去查看模型的內部運作時，事情才會真的變得有趣（圖 1-9）。

$f($ $) \rightarrow cat, probability = 0.96$

圖 1-9　深度學習模型的黑盒子觀點

在那模型內是一張包含節點（node）和邊（edge）的圖（graph）。節點代表數學運算，而邊代表資料是如何從一個節點流向另一個節點。換句話說，如果一個節點的輸出可以成為一或多個節點的輸入，這些節點間的關聯就會用邊來表達。這張圖的結構決定了準確度、速度、消耗的資源（記憶體、計算與能源），以及它可以處理的輸入類型的潛力。

節點和邊的佈局被稱為模型的**架構**（*architecture*）。它實質上是一張藍圖。目前這藍圖只是半張圖畫。我們仍然需要真正的建築。訓練就是使用這張藍圖去建造建築物的過程。我們藉由重複下列步驟來訓練模型：1）將輸入資料餵給它、2）取得輸出、3）監看這些預測結果和期望現實（也就是賦予資料的標籤）間的距離、4）將誤差的大小傳回給模型，以使它可以逐步的自我學習修正。這個訓練過程會迭代式的執行直到我們對預測的準確度感到滿意為止。

此訓練的結果是一組指振給每個節點的數字（也稱為權重（weight））。這些權重對圖中的節點而言是必要的參數，以使它們可以在給它們的輸入上進行運算。在訓練開始之前，我們通常會用亂數來設定權重。訓練過程的目標實質上就是漸漸的調整這些權重的值，直到產生令人滿意的預測結果。

為了能更進一步了解權重，讓我們檢視下列具有兩個輸入和一個輸出的資料集：

表 1-3　範例資料集

輸入$_1$	輸入$_2$	輸出
1	6	20
2	5	19
3	4	18
4	3	17
5	2	16
6	1	15

使用線性代數（或您心中的猜測），我們可以推導出這個資料集的方程式是：

$$輸出 = f(\ 輸入_1,\ 輸入_2) = 2 \times 輸入_1 + 3 \times 輸入_2$$

在這個案例中，對這個數學運算的權重是 2 和 3。一個深度類神經網路包含了數百萬個這樣的權重參數。

根據所使用的節點類型不同，不同的模型架構也會適用於不同的輸入資料。例如，CNN 被用在影像和音訊上，而遞歸類神經網路（Recurrent Neural Networks，RNN）與 LSTM 則常被用在文字處理上。

一般而言，從頭開始訓練這些模型會花費大量的時間，可能長達數個星期。幸運的是，許多研究者已經完成了訓練通用資料集（像是 ImageNet）這件困難的工作，並且公開給大家使用。更棒的是我們可以使用這些可用模型並將它們調整成適用於我們的資料集。這個過程稱為遷移學習，足以解決實務工作者絕大部分的需求。

和從頭開始訓練相比，遷移學習具有兩個優點：顯著的降低訓練時間（幾分鐘到幾小時，而不是幾星期），以及可以運作在很小的資料集上（數百到數千，而不是數百萬個資料樣本）。表 1-4 顯示了模型架構的一些有名的範例。

表 1-4　多年來的範例模型架構

任務	範例模型架構
影像分類	ResNet-152 (2015)、MobileNet (2017)
文本分類	BERT (2018)、XLNet (2019)
影像分割	U-Net (2015)、DeepLabV3 (2018)
影像翻譯	Pix2Pix (2017)
物件偵測	YOLO9000 (2016)、Mask R-CNN (2017)
語音產生	WaveNet (2016)

表 4-1 中的每一個模型在參考資料集（例如分類的 ImageNet、偵測的 MS COCO）上都有已發表的準確度度量值。此外，這些架構都有它們自己的特殊資源需求（以 MB 為單位的模型大小、以浮點數運算（或稱為 FLOPS）為單位的計算需求）。

我們會在接下來的章節中對遷移學習進行深入探討。現在，讓我們看看可以使用的深度學習架構與服務的種類。

當 Kaiming He（何愷明）等人在 2015 年發表了具有 152 層的 ResNet 架構時（當考量到之前最大的 GoogLeNet 模型只有 22 層時，這簡直是當時的壯舉），大家心裡只有一個問題：「為什麼不是 153 層？」原來是因為 Kaiming 用完了 GPU 的記憶體！

框架

現存有好幾個深度學習程式庫來幫我們訓練模型。此外，還有一些框架（framework）專門使用那些訓練好的模型來進行預測（或推論（inference）），並針對應用領域進行優化。

就像一般軟體一樣，在歷史上有許多程式庫出現又消失了——Torch（2002）、Theano（2007）、Caffe（2013）、Microsoft Cognitive Toolkit（2015）、Caffe2（2017）——而且環境的變化非常快。不論初學者或專家都一樣，從任何一種程式庫學到的東西都會讓您更容易學會其他的程式庫並產生興趣，還有改善生產力。表 1-5 列出了一些常用的框架。

表 1-5　常用的深度學習框架

框架	最適合用於	典型目標平台
TensorFlow（包含 Keras）	訓練	桌上型電腦、伺服器
PyTorch	訓練	桌上型電腦、伺服器
MXNet	訓練	桌上型電腦、伺服器
TensorFlow Serving	推論	伺服器
TensorFlow Lite	推論	行動與嵌入式裝置
TensorFlow.js	推論	瀏覽器
ml5.js	推論	瀏覽器
Core ML	推論	Apple 裝置
Xnor AI2GO	推論	嵌入式裝置

TensorFlow

2011 年時，Google Brain 開發了深度類神經網路程式庫 DistBelief 以作為內部研究與工程之用。它用來幫忙訓練 Inception（2014 年 ImageNet Large Scale Visual Recognition Challenge 獲勝作品），還有幫忙改善 Google 產品內的語音辨識品質。由於和 Google 的基礎架構緊密結合，因此它不太容易設定以及分享給外部的機器學習愛好者使用。了解這些限制之後，Google 開始進行第二代分散式機器學習架構，並承諾它會是一般用途、可調整、高效能，而且可攜至許多硬體平台。最好的部分是它是開源的。Google 稱它為 TensorFlow 並在 2015 年 11 月發行。

TensorFlow 交付了許多前述的承諾、開發了一個從開發到部署的端到端生態系統，並且在過程中獲得大量的擁護者。在 GitHub 中已經獲得超過 10 萬顆星的評價，而且還在繼續增加中。然而，隨著愈來愈多人採用，程式庫的使用者義正辭嚴的批評它不夠容易使用。有個笑話是，TensorFlow 是 Google 工程師之所有、Google 工程師之所治、Google 工程師之所享。而且如果您聰明到會使用 TensorFlow，那麼您就聰明到可以被 Google 所雇。

不過 Google 並不寂寞。我們坦白說吧！即使時間晚到 2015 年，使用深度學習程式庫不可避免的還是一個不愉快的經驗。不需要去用它，光是安裝某些框架就會讓人想拔掉頭髮。（那邊的 Caffe 使用者——是不是聽起來很熟悉？）

Keras

對於深度學習從業人員所面臨的艱難，有了以下的回應，François Chollet 在 2015 年 3 月釋出了開源框架 Keras，從此之後世界不再一樣了。這個解決方案突然間讓初學者可以親近深度學習。Keras 提供了直覺又容易使用的撰寫程式介面，其後還可以使用其他的深度學習程式庫作為後端計算框架。Keras 先用了 Theano 作為第一個後端，並鼓勵快速原型建立以及降低程式碼行數。最終這種抽象化擴張至其他的框架中，包括 Cognitive Toolkit、MXNet、PlaidML，還有 TensorFlow。

PyTorch

同一期間，PyTorch 於 2016 年初期在 Facebook 啟動了，此時工程師已經感受到 TensorFlow 的限制。PyTorch 立即支援原生 Python 建構以及 Python 除錯機制，讓它具有彈性且容易使用，很快就成為人工智慧研究者的最愛。它是第二大的端到端深度學習系統。Facebook 另外又建立了 Caffe2 來採用 PyTorch 模型，並將其部署到生產中以服務超過 10 億個使用者。PyTorch 是用來推動研究之用，而 Caffe2 主要是用在生產上。在 2018 年時，Caffe2 被併入 PyTorch 中以建立一個完整的框架。

持續演化的景色

如果故事是以 Keras 以及 PyTorch 的方便性告終，本書的副標題不會包含「TensorFlow」這個字。TensorFlow 團隊認知到，如果真的想要擴展此工具的接觸面和將人工智慧民主化的話，它必須更容易使用。因此，當 Keras 正式成為 TensorFlow 的一部分以同時提供兩者的好處時，那可真是個好消息。這允許開發人員使用 Keras 來定義模型並訓練它，並把 TensorFlow 當作核心，因為它具有高效能資料管線，包括分散式訓練以及給部署用的生態系統。真是天生一對！最重要的是，TensorFlow 2.0（於 2019 年發佈）包含了對 Python 原生建構以及急切執行（eager execution）的支援，就如我們在 PyTorch 所看到的。

既然有這麼多彼此競爭的框架存在，就免不了會發生可攜性的問題。請想像有一篇新的研究論文發表了目前最先進的模型並用 PyTorch 公開。如果我們不是用 PyTorch，就會被排除在這個研究之外並且需要重新實作和訓練它。開發人員喜歡自由的分享模型，而不是受限於特定的生態系統。許多開發人員編寫了程式庫來轉換不同程式庫的模型

格式。這是一個簡單的解決方案,不過它會導致轉換工具的組合爆炸性增加,而使得它缺乏官方支援且品質也不夠好。為了解決這個問題,Microsoft 與 Facebook,以及產業的主要玩家都支持開放類神經網路交換(Open Neural Network Exchange,ONNX)。ONNX 提供了一個共通模型格式規範,讓常見的程式庫都可以正式進行讀寫。此外,它也提供了轉換程式給尚未支援此格式的程式庫使用。這可以讓開發人員在一個框架上進行訓練後,再到不同的框架上進行推論。

除了這些框架外,還有好幾個圖形化使用者介面(Graphical User Interface,GUI)系統可以進行無程式碼訓練。使用遷移學習,它們可以用好幾種對推論有用的格式快速產生已訓練模型。藉由點擊介面,甚至連您的祖母都可以訓練一個類神經網路了!

表 1-6　受歡迎的基於 GUI 之模型訓練工具

服務	平台
Microsoft CustomVision.AI	網站
Google AutoML	網站
Clarifai	網站
IBM Visual Recognition	網站
Apple Create ML	macOS
NVIDIA DIGITS	桌上型電腦
Runway ML	桌上型電腦

那麼為何我們選擇 TensorFlow 以及 Keras 作為本書的主要框架?考慮一下現有的大量素材,包括文件說明、Stack Overflow 的回答、線上課程、貢獻者社群、平台與裝置支援、產業採用,還有工作機會(在美國 TensorFlow 相關的工作機會是 PyTorch 的大約三倍),而在框架方面,TensorFlow 和 Keras 目前還是主宰了市場。這讓我們選擇了這個組合。不過本書所討論的技術也可以通用到其他程式庫。學習一個新的框架應該不用花費您太多的時間。所以如果您是真的想要跳槽到只使用 PyTorch 的公司,請您不用猶豫。

硬體

當 1848 年 James W. Marshall 在加州發現金礦時,這則新聞就已經像野火般燒遍整個美國。數十萬人為了發財火速趕往那裡並開始挖礦。這個現象稱為加州淘金熱(California Gold Rush)。早一點到的人可以挖到不少,而晚來的人就沒有那麼幸運了。不過熱潮還是持續了好多年。您猜得到是誰在這波熱潮中賺到最多錢嗎?答案是鏟子製造商!

而雲端和硬體公司就是二十一世紀的鏟子製造商。不相信嗎？您可以看看過去十年間 Microsoft 和 NVIDIA 的股價表現。1849 年和現在唯一的差別是，現在有令人難以置信的多種鏟子可以選擇。

在有了不同的硬體可用後，很重要的是根據應用的資源、延遲時間（latency）、預算、隱私，以及法律要求限制來選出正確的硬體。

根據您的應用程式與使用者的互動方式，推論階段通常會有一個使用者在另一端等待回應。這會限制了可以使用的硬體類型以及硬體的位置。例如，Snapchat 鏡頭因為網路延遲的因素無法在雲端上運作。還有，它必須以近似即時的方式執行以提供好的使用者經驗（user experience，UX），因此會設定一個每秒最少處理圖框（frame）數（一般是大於 15 fps）的要求。另一方面，上傳至像 Google 相簿這樣的影像庫的照片並不需要立即進行影像分類。幾秒鐘或幾分鐘的延遲是可被接受的。

談到另一個極端，訓練會遠遠花上更多的時間；從幾分鐘到幾小時，甚至幾天都有可能。根據我們訓練的情境，使用更好硬體的真正價值在於可以更快的進行實驗和更多次的迭代。對於超越基本類神經網路的任何事物而言，更好的硬體會產生極為明顯的差異。一般而言，GPU 會比 CPU 快 10 到 15 倍，每瓦特電力所能產生的效能也更高，這會讓等待實驗結束的時間從一週縮減到幾個小時。這樣的差距就像看一段大峽谷的記錄片（2 小時）vs. 實際去大峽谷走一趟（4 天）一樣。

以下是一些可以選擇的基本硬體類別以及它們典型的特性（亦參見圖 1-10）：

中央處理器（*Central Processing Unit*，*CPU*）

便宜、有彈性、速度慢。例如 Intel Core i9-9900K。

GPU

高產出量、適合批次使用以運用平行處理、價格高昂。例如 NVIDIA GeForce RTX 2080 Ti。

現場可程式閘陣列（*Field-Programmable Gate Array*，*FPGA*）

快速、低耗能、可依客製方案重新編程、價格高昂。知名公司包括 Xilinx、Lattice Semiconductor、Altera（Intel）。因為擁有可以在幾秒內執行完畢並可對任何人工智慧模型重新配置的能力，Microsoft 的 Bing 在 FPGA 上執行其大部分的人工智慧任務。

應用特定積體電路（*Application-Specific Integrated Circuit*，*ASIC*）

客製化晶片。設計價格極為昂貴，不過量產很便宜。就像在製藥產業一樣，第一個產品花費最高，因為要加上設計與製造的研發過程。大量製造則相當便宜。

張量處理器（*Tensor Processing Unit*，*TPU*）

為類神經網路運算特製的 ASIC，只適用於 Google Cloud。

邊緣（*Edge*）TPU

比美元的十分硬幣還小，可加速邊緣裝置的推論過程。

類神經處理器（*Neural Processing Unit*，*NPU*）

常被智慧型手機製造商使用，這是專門為了加速類神經網路推論過程用的。

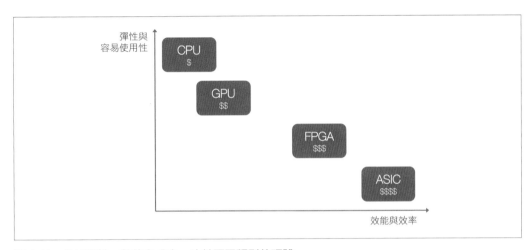

圖 1-10　依據彈性、效能與成本，比較不同類型的硬體

以下是各種情況可使用的硬體：

- 初步學習 → CPU
- 訓練大型網路 → GPU 和 TPU
- 在智慧型手機上推論 → 行動 CPU、GPU、數位信號處理器（Digital Signal Processor，DSP）、NPU
- 穿戴式裝置（例如智慧眼鏡、智慧手錶）→ 邊緣 TPU、NPU
- 嵌入式人工智慧專案（例如洪水調查無人機、自動輪椅）→ 如 Google Coral、具有 Raspberry Pi 的 Intel Movidius 之加速器，或 NVIDIA Jetson Nano 之 GPU

在我們閱讀本書時，將會密切探索這些硬體。

負責任的人工智慧

到目前為止，我們已經探索了人工智慧的威力與潛力。幾乎可以確定的是，它能提高我們的能力、使我們更有生產力，甚至造就超級大國。

不過能力愈大，責任也愈大。

人工智慧對人類的幫助愈大的同時，如果我們不小心的（不論是有意的或無心的）設計它們的話，它同樣也可能會傷害我們。要責怪的不是人工智慧；而是人工智慧的設計者。

看一下這幾年來，一些上了新聞的真實事件：

- 「_____ 據稱可以只靠著分析您的臉來決定您是否是恐怖份子」（圖 1-11）： *Computer World*，2016

- 「人工智慧送人入獄──還搞錯了」：*MIT Tech Review*，2019

- 「內部文件顯示，_____ 超級電腦推薦了『不安全且不正確的』癌症療法」：*STAT News*，2018

- 「_____ 建立了一個人工智慧工具來雇人，但因為它會歧視女性而必須停止使用」： *Business Insider*，2018

- 「_____ 人工智慧研究：主要的物件辨識系統偏好有錢人」：*VentureBeat*，2019

- 「_____ 將黑人標記為『大猩猩』」：*USA Today*，2015。「兩年後，_____ 藉由刪除影像分類器中的『大猩猩』標籤而解決了這個『種族歧視演算法』問題」：*Boing Boing*，2018

- 「在 Twitter 的使用者教它種族歧視後，_____ 關閉了它的新人工智慧機器人 Tay」： *TechCrunch*，2016

- 「人工智慧誤判了公車廣告為知名 CEO，告她亂穿越馬路」：*Caixin Global*，2018

- 「在員工抗議為『戰爭企業』後 _____ 放棄五角大廈人工智慧合約」：*Washington Post*，2018

- 「自動駕駛的_____ 死亡汽車『在六秒前偵測到行人並輾死她』」：*The Sun*，2018

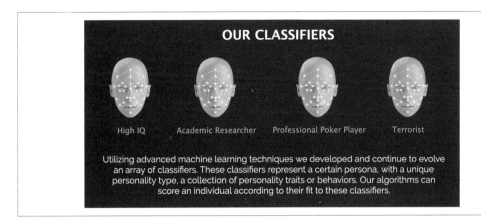

OUR CLASSIFIERS

High IQ　　　Academic Researcher　　　Professional Poker Player　　　Terrorist

Utilizing advanced machine learning techniques we developed and continue to evolve an array of classifiers. These classifiers represent a certain persona, with a unique personality type, a collection of personality traits or behaviors. Our algorithms can score an individual according to their fit to these classifiers.

圖 1-11　新創公司聲稱可以根據臉部結構來分類人們

您可以填入這些空白嗎？我們給您一些選項—— Amazon、Microsoft、Google、IBM，以及 Uber。去填空吧！我們會等您。

我們保留空格是有理由的，我們認知到這並不是特定個人或公司的問題，而是大家的問題。雖然這些事發生在過去，而且可能無法反映現狀，但我們還是可以從它們當中學習並試著不要再犯同樣的錯誤。希望每個人都可以從這些錯誤中學到東西。

我們身為開發人員、設計者、建築師及人工智慧領袖，在面對價值時有責任去想一些超越技術問題的事。以下只是一小部分和我們解決過（不論是否用人工智慧）的問題其相關的主題。它們不能被漠視。

偏見

在日常生活中，我們常常容易帶入自己的偏見，無論是刻意的還是無心的。這是許多因素共同造成的，包括環境、教養、文化規範，甚至是天生的本質。畢竟人工智慧和賦予它威力的資料集並不是憑空冒出來的——它們是由具有偏見的人類建立的。電腦不會神奇的自己創造自己的偏見，它們只是反映和放大了已經存在的偏見。

以早期的 YouTube 應用程式為例，開發人員注意到有大約 10% 的上傳影片是上下顛倒的。這個數字如果更低的話，像是 1%，或許它就會被歸咎於使用者錯誤。但是 10% 是不能被忽視的數字。你知道誰剛好會是這 10% 的人口嗎？是左撇子！這些使用者握手機的方向和右撇子相反。然而 YouTube 的工程師在開發和測試應用程式時並沒有考慮到這個情況，因此 YouTube 將來自左撇子和右撇子使用者的影像都用同樣的方向上傳到伺服器。

只要開發團隊中有一個是左撇子，這個問題就可以更早被發現。這個簡單的範例中展示了多樣性的重要性。慣用手只是定義一個人的一個小屬性。還有無數的其他因子（經常不會被注意到）會出現。像是性別、膚色、經濟狀況、失能、原生國家、語言樣式，或甚至小到頭髮長度這樣的因子都可以改變某人的生活，包括演算法對待他們的方式。

Google 的機器學習詞彙表（*https://oreil.ly/ySfNv*）列出了會影響機器學習生產線的偏見樣態。以下只是一部分：

選擇偏見

資料集對真實世界問題的分布不具有代表性並且偏向特定的類別。例如，在許多虛擬助手和智慧型家庭揚聲器中，某些腔調被過度呈現，而某些腔調則完全沒有訓練資料，這使得世界上一大部分的人產生低劣的使用者經驗。

選擇偏見也可能因為概念的共現（co-occurrence）而發生。例如，當使用 Google Translate 來翻譯句子「She is a doctor. He is a nurse.」為不分性別的語言，像是土耳其語，再翻譯回來時，性別會相反，如圖 1-12 所示。這很有可能是因為資料集中包含了許多男性代名詞和「doctor」以及女性代名詞和「nurse」共現的樣本。

圖 1-12　Google Translate 反映了資料本身的偏見（取例於 2019 年 9 月）

隱性偏見

這類型的偏見是潛藏的，因為當我們看到東西時都會運用隱性的假設。看一下圖 1-13 中高亮的部分。任何看到它的人都會十分確定那些條紋是斑馬的。事實上，不管 ImageNet 訓練出的網路是多麼偏向紋理（texture）[2]，它們大部分都會將整張影像分類為斑馬。除了我們都知道那張影像是鋪了斑馬紋布的沙發。

2　Robert Geirhos 等人（*https://arxiv.org/pdf/1811.12231.pdf*）。

圖 1-13　Glen Edelson 的斑馬沙發（影像來源：*https://oreil.ly/Xg4MP*）

報導偏見

　　有時房間內最大的聲音來自於最極端的人，而且他們還主導了整個會談。看 Twitter 有時會讓我們覺得世界末日要來了，儘管大部分的人都還忙著過平凡的生活。不幸的是，無聊不受到重視。

群組內外偏見

　　來自東亞的註解者可能會看著自由女神像的照片後，給它貼上像是「America」或「United States」這樣的標籤，但來自美國的人卻可能會對同樣的照片貼上更細緻的標籤，像是「New York」或「Liberty Island」。用細節看自己群組的事物、用同質性看不同群組的事物是人類的天性，而這也反映在我們的資料集中。

可歸責性與可解釋性

想像在 18 世紀晚期，Karl Benz 先生說他發明了可以用比任何東西更快的速度來載運您的四輪裝置。只是他還不知道它是怎麼運作的，只知道它會消耗高度可燃液體並在內部產生爆燃來推動它前進。是什麼讓它前進？是什麼讓它停止？又是什麼讓它不會燒到坐在裡面的人？他都沒有答案。如果這是汽車原來的故事，那您大概不會想進入那個裝置去吧！

這就是目前發生在人工智慧的事。之前在傳統機器學習中，資料科學家必須從資料中手動挑選特徵（預測性變數），再從中學習機器學習模型。這個手動選擇過程雖然繁瑣又受限，卻可以讓他們對預測是如何產生的這件事有了更多的控制和洞察。然而，在深度學習中這些特徵都是自動選出來的。資料科學家可以藉由提供大量資料來建立模型，而這些模型終究都會建立可靠的預測結果——在大部分情況下。不過資料科學家並無法完全明瞭模型是如何運作的、它學到什麼特徵、在什麼情況下模型可以運作，以及更重要的，在什麼情況下它不能運作。當 Netflix 根據我們曾經看過的節目來推薦電視節目（雖然我們很確定他們的程式碼中會有 recommendations.append("Stranger Things") 這一行程式）給我們時，或許我們還能接受這種作法。不過人工智慧最近所做的可不只是推薦而已。警方和法院開始仰賴演算法來決定某人是否會對社會造成危害，以及是否應該在審判前進行拘留。許多人的生命與自由危在旦夕。我們絕對不能將重要決策外包給不可歸責的黑盒子。幸好，透過**可解釋的人工智慧**（*Explainable AI*）的投入改變了這種情況。可解釋的人工智慧是指模型不僅提供預測，它也可以描述讓它進行某個預測的因子，以及揭露它的限制領域。

此外，有些城市（例如紐約）開始認知到大眾有權利知道進行重要決策時所用的演算法是什麼，以及是如何運作的。因此為了使演算法能對大眾負責，進而允許專家的審查和稽核、改善政府機關的專業以利評估所新增的系統，並提供對演算法所做的決策提出異議的機制。

重現性

在科學領域進行的研究只有在能重現（reproducible）時才能被社群廣泛接受；也就是說，任何研讀此研究的人都應該可以複製測試的條件並得到同樣的結果。除非我們能重現模型過去的結果，否則我們無法在未來使用它時對它歸責。

當缺乏重現性（reproducibility）時，研究者很容易受到 *p* 值操縱（*p-hacking*）——扭曲實驗的參數直到得到想要的結果——的傷害。對於研究者來說，詳盡的記錄他們的實驗條件是至關重要的，其中包括資料集、評測及演算法，並在實驗前先聲明所要測試的假說。對機構的信任度空前的低下、不切實際的研究，以及媒體誇大的報導之下更加腐蝕了對大眾的信任。傳統上複製研究論文被認為是一種暗藝術，因為許多實作細節被忽略不提。令人興奮的消息是，研究者漸漸開始使用公開透明的評測資料（相對於私人建立的資料集）並開放他們用在研究上的原始碼。社群的成員可以將這些程式碼儲存、證明其可行性，並改善它，進而快速的導致創新。

強固性

有一整個研究領域在研究對捲積類神經網路的單像素攻擊（one-pixel attack）。實質上的目標是找出並修改影像中的一個像素，以使 CNN 將某事物預測為其他事物。例如，將一張拍攝蘋果的照片中的一個像素改變後，讓 CNN 將它分類為一隻狗。當然，還有許多其他因子會影響預測結果，例如雜訊、照明條件、拍攝角度，甚至更多，不過它們並不會影響人類在同樣情況下的能力。這和自駕車尤其相關，因為有可能在路上會有某個壞傢伙修改了給汽車的輸入以操縱它來做壞事。事實上，騰訊（Tencent）的 Keen Security Lab 可以藉由有計畫的在路上放置小貼紙來曝露特斯拉的 AutoPilot 弱點，讓它改變車道到對向車道。如果我們想要信任人工智慧的話，能夠承受雜訊、小變化及刻意操縱強大的人工智慧（robust AI）是必要的。

隱私

在追求好又更好的人工智慧路程中，企業需要蒐集大量的資料。不幸的是，有時他們越線了，並且過於狂熱的蒐集超出手上任務需求的資訊。企業可能會相信它只會將蒐集到的資訊用在好的地方。但是，如果這些資訊是被沒有同樣道德界線的公司得到呢？客戶的資訊可能會被用在其他用途上。此外，將所有蒐集到的資料放在同一個地方也會成為吸引駭客的目標，他們能夠竊取個人資訊並在黑市販售給犯罪企業。更遑論政府竟然還大言不慚地想要追蹤每一個人！

所有這些都涉及到了隱私權。消費者要的是清楚知道企業從他們身上蒐集到什麼資料、誰可以存取它、如何利用它以及退出資料蒐集過程，或者刪除已蒐集資料的機制。

作為開發人員，我們應該要對所有我們蒐集的資料有所警覺，並在一開始時就問自己蒐集這份資料是否有其必要。為了簡化我們蒐集到的資料，我們可以實作隱私感知機器學習（privacy-aware machine learning）技術，例如聯合學習（Federated Learning）（用於 Google Keyboard）允許我們在使用者的裝置中訓練網路，而不用將任何的個人可識別資訊（Personally Identifiable Information，PII）送給伺服器。

結果發現在許多本節一開始所提到的新聞標題中，不好的公關惡果將大眾的吸引力帶入這些主題、導出了可歸責性，並讓整個產業的想法改變以預防將來重蹈覆轍。我們必須持續的讓我們自己、學術圈、產業領袖及政治人物，對每個錯誤課責並迅速地修正錯誤。每個我們所做的決策和採取的行動都有可能是導致數十年後的後果的前因。當人工智慧變成無所不在，如果我們想要將可能的傷害降到最小並獲得最大的利益時，我們必須共同去面臨那些艱難的問題並找到答案。

總結

本章探索了令人興奮的人工智慧以及深度學習世界的樣貌。我們跟隨著人工智慧的時間軸，從它卑微的起源、充滿希望的時期、一直到人工智慧的黑暗冬天，以及目前的重生。在這路上，我們回答了「為什麼現在是不同的」這個問題。然後我們看了建立深度學習解決方案的必要材料，包括資料集、模型架構、框架，以及硬體。這讓我們準備好探索後續的章節。我們希望您能享受本書其餘的內容。開始挖寶吧！

常見問題

1. 我才剛開始學。我需要花大把鈔票來購買高階硬體嗎？

   您很幸運，其實您只需要用網頁瀏覽器就夠了。我們所有的腳本（script）都放在線上，而且可以在由 Google Colab 的善心人士（圖 1-14）所提供的免費 GPU 上執行。他們慷慨提供了免費的 GPU（一次最多 12 小時），這應該足以幫助您入門了。當您因為做了更多實驗（特別是以職業角色或在大型資料集上）而愈來愈擅長此事時，您可能會想要從雲端租一個（Microsoft Azure、Amazon Web Services（AWS）、Google Cloud Platform（GCP）及其他）或者買一個 GPU。不過要小心電費帳單！

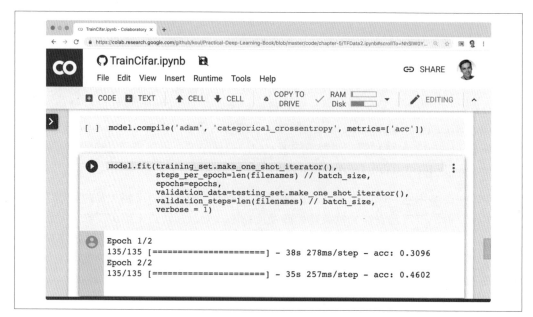

圖 1-14　在 Chrome 中執行 Colab 的一個 GitHub 筆記本的螢幕截圖

2. Colab 很棒，不過我已經有了一台買來玩＜在此插入遊戲名稱＞的威力強大的電腦。
   我要怎麼設定我的環境呢？

   理想的設置會涉及 Linux，不過 Windows 和 macOS 也可以運作。針對本書中大部分
   的章節，您還需要以下環境：

   • Python 3 和 PIP

   • tensorflow 或 tensorflow-gpu PIP 套件（版本 2 以後）

   • Pillow

     我們喜歡保持乾淨而且能夠獨立作業，因此我們推薦使用 Python 虛擬環境。您
     應該使用虛擬環境來安裝套件，以及執行腳本或筆記本。

     如果您沒有 GPU，那麼您已經完成設置了。

     如果您有一顆 NVIDIA GPU，您會想要安裝合適的驅動程式，然後是 CUDA，
     接著是 cuDNN，最後是 tensorflow-gpu 套件。如果您正在使用 Ubuntu，有一個比
     手動安裝更簡單的方案：使用 Lambda Stack（*https://oreil.ly/93oon*）只需一行就
     可以安裝整個環境。

     另一種替代方案是，您可以使用 Anaconda Distribution 來安裝所有套件，它在
     Windows、Mac 及 Linux 中都運作得一樣好。

3. 在哪裡可以找到本書中的程式碼？

   您可以在 *http://PracticalDeepLearning.ai* 找到所有可運行範例。

4. 閱讀本書前至少必須具備什麼知識？

   微積分、統計分析、變分自動編碼器、作業研究等等的博士學位…通通都不需要
   就能來讀這本書（我們讓您有點緊張了，對嗎？）。了解一些基本程式技能、熟悉
   Python、適度的好奇心及幽默感就可以讓您吸收內容。儘管對行動開發（使用 Swift
   和 / 或 Kotlin）初學者等級的了解會有幫助，不過我們是將範例設計成自給自足
   的，而且容易到可以讓那些從沒寫過行動應用程式的人都可以部署。

5. 我們會使用什麼框架？

   Keras + TensorFlow 用來訓練。在不同的章節中我們會探索不同的推論框架。

6. 讀完後我會成為專家嗎？

   當您閱讀完整本書後，您會具備從訓練到推論、再到效能最大化的各種知識。即使
   本書主要聚焦在電腦視覺，您也可以將同樣的知識帶入其他領域，例如文字、音訊
   等等，並很快的進入狀況。

7. 本章一開始的那隻貓是誰的？

那是 Meher 的貓 Vader。牠在本書中會客串出現許多次。不用擔心，牠已經簽署了模特兒經紀合約。

8. 我可以聯繫你們嗎？

當然可以。有任何問題、修正或任何事，請丟封信到 *PracticalDLBook@gmail.com* 給我們。或者推文到 @PracticalDLBook（*https://www.twitter.com/PracticalDLBook*）。

## 第二章

畫中所言為何：
用 Keras 進行影像分類

如果您瀏覽了深度學習文獻，可能會偶然發現一連串帶有令人生畏的數學的學術解釋。別擔心！我們會用一個只需要幾行程式碼的影像分類範例，來引導您輕鬆進入深度學習實務。

在本章中，我們會仔細研究 Keras 框架、討論它在深度學習領域中的位置，再透過它利用目前最先進的分類器來分類一些影像。我們會用**熱圖**（*heatmap*）來以視覺化的方式檢視這些分類器的運作成效。透過這些熱圖，我們會製作一個有趣的專案以分類視訊中的物件。

在第 14 頁的「完美深度學習解決方案的配方」中曾提到，我們需要四個材料來建立我們的深度學習配方：硬體、資料集、框架及模型。讓我們看看它們在本章中的角色：

- 我們從最簡單的開始：**硬體**。即便是便宜的筆記型電腦也足以執行本章要做的事。您也可以開啟一個 GitHub 筆記本（參見 *http://PracticalDeepLearning.ai*）來在 Colab 中執行本章的程式碼。這只需要點擊幾次滑鼠即可。

- 因為我們還不想要訓練類神經網路，所以目前還不需要**資料集**（除了幾張用來測試的樣本照片）。

- 接著是**框架**。本章的標題中有 Keras 這個字，所以那就是我們現在會用到的。事實上，我們在本書中只要有訓練需求的話，大多會使用 Keras。

- 接近深度學習問題的一種方式是取得一個資料集、寫程式訓練它、花上一大堆時間和能源（人類和電力都是）來訓練這個模型，再使用它進行預測。不過我們不是懲罰魔人。因此，我們會使用**預先訓練好的模型**。畢竟研究社群已經花了無數心血來訓練且發表許多已經公開可用的標準模型了。我們會重新使用一種名為 ResNet-50 的知名模型，它是 2015 年的 ILSVRC 獲勝者 ResNet-152 的兄弟。

本章中您會取得一些包含程式碼的實作練習。我們都知道，最好的學習方式就是動手做。雖然您可能會覺得奇怪，這背後的理論是什麼？我們將會在後面的章節中說明，並以本章作為基礎深入發掘 CNN 的基本要領。

Keras 出場

就如第 1 章所討論的，2015 年 Keras 開始時是作為在其他程式庫之上易於使用的抽象層，它讓快速原型設計變為可能。這會使深度學習的初學者比較容易學習。在此同時，它也藉由幫助深度學習專家快速的重複實驗來提高生產力。事實上，*Kaggle.com*（主辦資料科學競賽）主要的獲勝團隊多數都使用 Keras。終於在 2017 年時 TensorFlow 直接包含了完整的 Keras 實作，因而結合了高可調性、效能，以及 TensorFlow 的巨大生態系與 Keras 的方便性。在網路上，我們經常看到把 TensorFlow 的 Keras 稱之為 tf.keras。

在本章與第 3 章中，我們只用 Keras 來寫程式。這包含模組化函數（boilerplate function），像是檔案讀取、影像操作（擴增）等等。我們這麼做主要是為了學習方便。從第 5 章以後，我們會漸漸開始直接使用更多的原生高效能 TensorFlow 函數，以獲得更多的可設定性以及控制。

創造者的話

François Chollet，Keras 的創造者、人工智慧研究者，以及 *Deep Learning with Python* 的作者

我本來是為了要自己用才開始接觸 Keras 的。當時是 2014 年末和 2015 年初，尚未具有紮實可用性並強烈支援 RNN 以及 convnet 的深度學習框架可以選擇。那時我並沒有刻意民主化深度學習，只是建立自己想要的工具而已。不過隨著時間過去，我看到有很多人透過 Keras 來接觸深度學習，還用它來解決一些我從來不知道的問題。對我來說，這實在是太美妙了。它讓我理解到深度學習可以用顛覆性的方式部署到許多機器學習研究者意想不到的領域。有這麼多人可以經由使用這些技術而在他們的工作中受益。因此，我開始關心如何盡可能讓

更多人可以懂得深度學習。那是讓人工智慧可以完全發揮潛力的唯一方式——讓它到處可用。如今在 TensorFlow 2.0 中，Keras API 加強了深度學習的威力，憑藉的是具有生產力與有趣的工作流程、適用從研究者到應用程式的不同特性使用者，也包含部署。我很期待看到您使用它來建立東西！

預測影像的類別

以外行的話來說，影像分類回答了這個問題：「這張影像包含什麼物件？」更精確的說，「這張影像有多少機率包含 X 物件？」其中 X 來自於事先定義的物件類別串列。如果此機率高於一個最小閾值（threshold），那麼這個影像就很有可能包含一或多個 X 實例。

一個簡單的影像分類生產線會包含下列步驟：

1. 載入一張影像。

2. 將它的大小調整成事先決定的大小，例如 224×224 像素。

3. 將像素值縮放到範圍 [0,1] 或 [–1,1]，也被叫作正規化（normalization）。

4. 選擇一個預先訓練好的模型。

5. 在影像上執行此預先訓練好的模型，以獲得一串列的類別預測以及其對應機率。

6. 顯示一些具有最高機率的類別。

GitHub 連結放在網站 *http://PracticalDeepLearning.ai* 上。在 code/chapter-2 您就能找到包含所有步驟細節的 Jupyter 筆記本 1-predict-class.ipynb。

我們從 Keras 以及 Python 套件匯入所有必要的模組開始：

```
import tensorflow as tf
from tf.keras.applications.resnet50 import preprocess_input, decode_predictions
from tf.keras.preprocessing import image
import numpy as np
import matplotlib.pyplot as plt
```

接下來，我們載入並顯示想要分類的影像（參見圖 2-1）：

```
img_path = "../../sample-images/cat.jpg"
img = image.load_img(img_path, target_size=(224, 224))
plt.imshow(img)
plt.show()
```

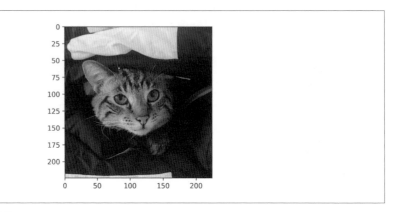

圖 2-1　顯示輸入檔的圖表

沒錯，它是一隻貓（雖然檔名已經透露這件事）。那正是我們的模型理想的預測結果。

影像的簡單複習

在我們深入介紹影像是如何處理之前，最好先來了解一下影像是如何儲存資訊的。在最基本的層次上，影像是排列在矩形格柵的像素集合。根據影像類型的不同，每個像素可以包含 1 到 4 個部分（也稱為**成份**（*component*）或**頻道**（*channel*））。對我們要用的影像而言，這些成份代表紅、綠、藍（RGB）三種顏色的亮度。它們一般的長度都是 8 位元，所以值會落在 0 到 255（也就是 2^8 − 1）之間。

在將影像餵給 Keras 前，我們想先將它轉換為標準格式。這是因為那個預先訓練好的模型所期待的是具有特定大小的輸入。而在我們的案例中，標準化指的是將影像調整成 224×224 像素的大小。

大多數的深度學習演算法會期望輸入一堆影像。不過，當我們只有一張影像時該怎麼辦呢？當然，我們要建立一批次（batch）的影像！實際上就是建立包含同一個物件的影像陣列。另一種處理方式是將維度的數量由 3（代表影像的 3 個頻道（channel））擴展到 4（多出來的一個是陣列的長度）。

如果這樣還是不夠清楚，請看看以下情境：對於一批次包含 64 張大小為 224×224 像素的影像，每個像素都包含 3 個頻道（RGB），代表這批次影像的物件的形狀會是 64×224×224×3。在下面的程式碼中，我們只用了一張 224×224×3 的影像，我們會藉由將維度從 3 擴展到 4 來建立一個只包含那張影像的批次。這個新建立的批次形狀會是 1×224×224×3：

```
img_array = image.img_to_array(img)
img_batch = np.expand_dims(img_array, axis=0) # 增加維度數量
```

在機器學習中，當餵給模型的資料是落在一致的範圍內時，模型的表現會最好。範圍一般是包含 [0,1] 和 [−1,1]。如果影像的像素值是在 0 到 255 之間，在輸入影像上執行 Keras 的 preprocess_input 函數會將每一個像素正規化到一個標準範圍內。**正規化**（*normalization*）或是**特徵縮放**（*feature scaling*）是影像前置處理的核心步驟，使影像可以適於深度學習。

現在模型進場了。我們會使用一個稱為 ResNet-50 的**捲積類神經網路**（*Convolutional Neural Network*，CNN）。我們應該要問的第一個問題是：「我要到哪裡去找到那個模型？」當然，我們可以在網際網路上搜尋以找到某個和我的深度學習框架（Keras）相容的東西。**不過不是所有人都有空做這件事！**幸運的是，Keras 喜歡把事情簡單化，將它以一個函數呼叫的方式提供給我們使用。在我們第一次呼叫這個函數後，會從一個遠端伺服器下載那個模型並儲存於區域儲存空間：

```
model = tf.keras.applications.resnet50.ResNet50()
```

用這個模型來進行預測時，其結果會包含每個類別的預測機率。Keras 也提供了 decode_predictions 函數，它會告訴我們影像中所包含的每個物件的機率。

現在讓我們來看一個好用函數的整段程式碼：

```
def classify(img_path):
    img = image.load_img(img_path, target_size=(224, 224))
    model = tf.keras.applications.resnet50.ResNet50()
    img_array = image.img_to_array(img)
    img_batch = np.expand_dims(img_array, axis=0)
    img_preprocessed = preprocess_input(img_batch)
    prediction = model.predict(img_preprocessed)
    print(decode_predictions(prediction, top=3)[0])

classify("../../sample-images/cat.jpg")

[('n02123045', 'tabby', 0.50009364),
 ('n02124075', 'Egyptian_cat', 0.21690978),
 ('n02123159', 'tiger_cat', 0.2061722)]
```

這張影像的預測類別是不同類型的貓科動物。為什麼它不會只簡單的預測為一個字詞「貓」呢？簡單的說，是因為 ResNet-50 模型是以具有細緻類別的資料集訓練的，其中並沒有包含更廣義的「貓」。稍後我們會更詳細的調查這個資料集，現在先讓我們載入另一張樣本影像（參見圖 2-2）：

```
img_path = '../../sample-images/dog.jpg'
img = image.load_img(img_path, target_size=(224, 224))
plt.imshow(img)
plt.show()
```

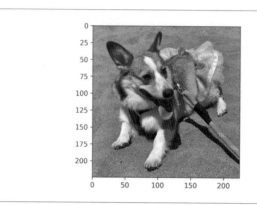

圖 2-2　顯示檔案 dog.jpg 內容的圖表

我們再一次執行剛才那個好用的函數：

```
classify("../../sample-images/dog.jpg")

[(u'n02113186', u'Cardigan', 0.809839),
 (u'n02113023', u'Pembroke', 0.17665945),
 (u'n02110806', u'basenji', 0.0042166105)]
```

就我們所預期的，我們會得到不同的犬科（而不是「狗」類別）的結果。如果您對科基（Corgi）犬不熟悉，「corgi」這個字其字面上的意思就是威爾斯語的「矮人狗」。卡提根（Cardigan）和潘布魯克（Pembroke）是柯基犬的子品種，所以彼此間看來很相似。難怪我們的模型也是這麼認為。

請注意每一個類別的預測機率。通常具有最高機率的預測會被視為答案。另一種選擇是將所有機率超過某個事先定義的閾值的類別也視為答案。在狗範例中，如果我們將閾值設為 0.5，卡提根柯基犬就會是我們的答案。

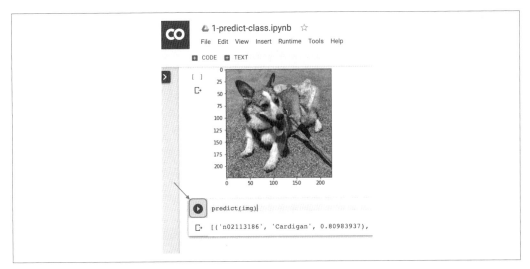

圖 2-3　使用瀏覽器在 Google Colab 上執行筆記本

 您不用安裝 Google Colab 就可以在瀏覽器中執行本章的程式碼。只要找到您想實驗的每個 GitHub 筆記本頂端的「Run on Colab」連結，然後點擊「Run Cell」按鈕，就會執行那個儲存格中的程式碼，如圖 2-3 所示。

模型的深入調查

我們從模型獲得預測結果了，太棒了！不過是哪些因子導致那些預測的？這裡我們有幾個問題必須先了解：

- 模型是用什麼資料集訓練的？

- 還有其他模型可以用嗎？它們有多好？我可以在哪裡找到它們？

- 我的模型為什麼會預測出那個結果？

在本節中我們會回答這些問題。

ImageNet 資料集

讓我們檢視一下用來訓練 ResNet-50 的 ImageNet 資料集。顧名思義，ImageNet（*http://www.image-net.org/*）是由影像所構成的網路；也就是說，由組織成網路的影像所構成的資料集，如圖 2-4 所展示的。它是以階層式排列（就像是 WordNet 階層），其中父節點涵蓋了所有在此階層中可能的影像集合。例如，在「動物」這個父節點中就包含魚、鳥、哺乳類動物、無脊椎動物等等。每個類別會有多個子類別，而它們又有子類別，依此類推。例如，類別「美國水獺犬（American water spaniel）」位於根節點之下的第八層。狗的類別包含了分布在五個階層的 189 個子類別。

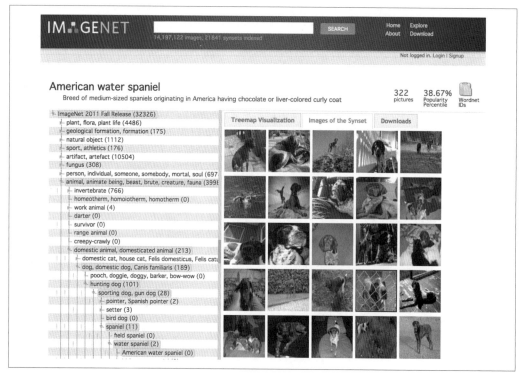

圖 2-4　ImageNet 資料集的類別和子類別

在視覺上，我們發展了圖 2-5 中的樹狀圖來幫您了解 ImageNet 資料集所包含的各式各樣高層實體。這個樹狀圖（treemap）也呈現了建立 ImageNet 資料集其不同類別的相對百分比。

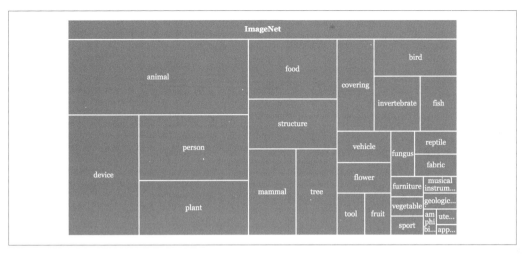

圖 2-5　ImageNet 及其類別的樹狀圖

ImageNet 資料集是知名的 ILSVRC 的基礎，它開始於 2010 年，用以評測電腦視覺的進展以及要求研究者在物件分類這類的任務上進行創新。回想第 1 章中曾提到，ImageNet 挑戰每年的參賽作品和準確度都大幅增加。一開始時，錯誤率將近 30%，現在則是 2.2%，已經比一般的人類在做同一件事時表現得更好。這個資料集以及挑戰被認為是電腦視覺最近進展的一個最大原因。

等一下，人工智慧表現得比人類還好？如果資料集是由人類所創造的，那麼人類的準確度不應該是 100% 嗎？好吧，資料集是由專家所創建的，每一張影像又由好幾個人驗證過。然後，史丹福大學的研究者（現在是特斯拉的人）Andrej Karpathy 企圖要指出一般人在 ImageNet-1000 的表現如何。結果發現他的準確度是 94.9%，比我們所預期的 100% 少。Andrej 花了一整個星期痛苦的看了超過 1,500 張影像，每張影像用了大約一分鐘來標註它。為什麼他會將 5.1% 的影像分類錯誤呢？答案有點微妙：

細緻辨識

對許多人來說，要分辨西伯利亞哈士奇犬和阿拉斯加愛斯基摩犬真的很困難。十分熟悉狗的品種的人，或許可以根據更細微的細節來分辨它們。但結果是，類神經網路比人類還容易學到這些更細微的細節。

類別未感知

不是所有的人都可以感知到 120 種狗，更不用說那 1,000 種類別中的每一個了。不過人工智慧可以，因為它是用那資料集訓練的。

和 ImageNet 一樣，像 Switchboard 這樣的語音資料集報告的語音轉譯錯誤率為 5.1%（恰好與 ImageNet 相同）。很明顯地，人類是有極限的，而人工智慧正逐漸擊敗我們。

另一個造成這種快速改善的關鍵原因是，研究者公開的分享了他們使用像是 ImageNet 這樣的資料集所訓練的模型。在下一節中，我們會更詳細的介紹模型重利用。

模型動物園

模型動物園（model zoo）是一個讓組織或個人可公開上傳他們所訓練的模型的地方，供其他人可以重利用並加以改善。這些模型可以用任何框架訓練（例如 Keras、TensorFlow、MXNet）、用在任何任務（分類、偵測等），或用任何資料集訓練（例如 ImageNet、Street View House Numbers（SVHN））。

模型動物園的傳統始於 Caffe，它是由加州大學柏克萊分校所發展最早的深度學習框架之一。用一個具有好幾百萬張影像的資料庫從無到有的訓練深度學習模型，將會需要好幾個星期的訓練時間以及大量的 GPU 計算能源，所以是件困難的任務。研究社群認知到這會是一個瓶頸，所以參與 ImageNet 競賽的組織們在 Caffe 的網站上開放了他們訓練模型的原始碼。其他的框架很快也跟進了。

當開始一個新的深度學習專案時，先探索一下是否有類似的模型已經用類似的資料庫訓練並用來執行類似的工作，會是一個好主意。

Keras 的模型動物園（*https://keras.io/applications/*）集合了使用 Keras 框架在 ImageNet 資料集上訓練完成的不同架構。請見表 2-1。

表 2-1　預先訓練之 ImageNet 模型的架構細節

模型	大小	前一準確度	前五準確度	參數	深度
VGG16	528 MB	0.713	0.901	138,357,544	23
VGG19	549 MB	0.713	0.9	143,667,240	26
ResNet-50	98 MB	0.749	0.921	25,636,712	50
ResNet-101	171 MB	0.764	0.928	44,707,176	101
ResNet-152	232 MB	0.766	0.931	60,419,944	152
InceptionV3	92 MB	0.779	0.937	23,851,784	159
InceptionResNetV2	215 MB	0.803	0.953	55,873,736	572
NASNetMobile	23 MB	0.744	0.919	5,326,716	—
NASNetLarge	343 MB	0.825	0.96	88,949,818	—
MobileNet	16 MB	0.704	0.895	4,253,864	88

模型	大小	前一準確度	前五準確度	參數	深度
MobileNetV2	14 MB	0.713	0.901	3,538,984	88

「前一準確度（top-1 accuracy）」那欄指出最好的預測結果就是正確答案的比例，「前五準確度」則是前五名中至少有一個是正確的比例。類神經網路的「深度」是指網路中包含多少層。「參數」欄則是指模型的大小；也就是說，模型中具有多少個權重：參數愈多，模型愈「重」，它預測速度也愈慢。在本書中我們經常使用 ResNet-50（因為高準確度而成為研究論文中最常被引用的架構）以及 MobileNet（在速度、大小與準確度上達到不錯的平衡）。

類別激發圖

在 UX 研究中知名的影像顯著性（saliency）會試著回答以下問題：「影像中的哪個部分是使用者會關注的？」眼動追蹤（eye-tracking）的研究以及熱圖表達法更突顯了這個問題。例如，大粗體字型或者人臉通常會比背景獲得更多的關注。我們很容易就可以猜到這些熱圖對設計師和廣告主會是很有用的，因為他們可以調整他們的內容來最大化使用者的關注。受到這個人類版的顯著性的啟發，如果能知道類神經網路正在關注影像的哪個部分不是很棒嗎？這正是接下來我們的實驗所要做的。

在我們的實驗中，我們會將一張類別激發圖（*class activation map*）（或者比較口語的說法叫熱圖）重疊在一段視訊上，以了解網路在關注什麼。熱圖告訴我們像是「在這張照片中，這些像素負責偵測 dog 類別」這樣的事情，其中「dog」是具有最高機率的類別。「熱的」像素會用較溫暖的顏色，像是紅色、橘色和黃色來代表，而「冷的」像素會用藍色來代表。像素愈「熱」，它提供給預測的信號愈強。圖 2-6 讓我們有更清楚的概念。（您可以參考本書的 GitHub 來取得原始彩色影像。）

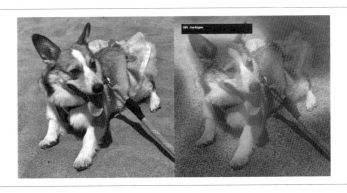

圖 2-6　狗的原始影像以及所產生的熱圖

在本書的 GitHub（參見 *http://PracticalDeepLearning.ai*）中，請您移至 *code/chapter-2* 資料夾，會找到一個方便的 Jupyter 筆記本 *2-class-activation-map-on-video.ipynb*，其中描述了下列步驟：

首先，我們需要用 pip 安裝 keras-vis：

```
$ pip install keras-vis --user
```

然後，在單一影像上執行視覺化腳本來產生它的熱圖：

```
$ python visualization.py --process image --path ../sample-images/dog.jpg
```

我們應該會看到一個名為 *dog-output.jpg* 的新增檔案，它會並列顯示原始影像和它的熱圖。如同在圖 2-6 所看到的，右半部的影像指出「熱區」以及正確的預測「卡提根」（也就是威爾斯柯基犬）。

接下來，我們想要視覺化視訊中畫面的熱圖。因此，我們需要開放原始碼的多媒框架 FFmpeg。您可以從 *https://www.ffmpeg.org* 下載符合您作業系統的版本以及安裝說明。

我們會使用 ffmpeg 來將一段視訊切成個別圖框（每秒 25 張圖框），然後再對每張圖框執行視覺化腳本。我們必須先建立一個目錄來儲存這些圖框，並將目錄名稱傳給 ffmpeg 作為命令的一部分：

```
$ mkdir kitchen
$ ffmpeg -i video/kitchen-input.mov -vf fps=25 kitchen/thumb%04d.jpg -hide_banner
```

接著，我們用上一步驟中包含畫面的目錄路徑來執行視覺化腳本：

```
$ python visualization.py --process video --path kitchen/
```

我們應該會看到新建立的 *kitchen-output* 目錄中包含了所有來自輸入目錄的畫面的熱圖。

最後，使用 ffmpeg 將畫面編成一段視訊：

```
$ ffmpeg -framerate 25 -i kitchen-output/result-%04d.jpg kitchen-output.mp4
```

太完美了！結果是原始影像以及它的熱圖疊在它複本上的並列畫面。這是一個很有用的工具，特別是用來發掘模型是否有學到正確的特徵，或者它是否在訓練過程中撿到流浪寶器。

想像一下，產生熱圖來分析我們的訓練模型或某個預先訓練模型的優缺點。

您應該用您自己的智慧型手機拍一段視訊並在此檔案上執行前述的腳本。別忘了將您的視訊發表在 Twitter 上並標註 @PracticalDLBook（*https://www.twitter.com/PracticalDLBook*）！

熱圖是一種用視覺方式偵測資料中偏見的好方法。模型預測的品質十分仰賴用來訓練它的資料。如果資料是有偏見的，那將會影響預測。一個好的範例（雖然可能只是都市傳說）是美國陸軍想要使用類神經網路來偵測偽裝在樹林的敵方坦克[1]。想要建立模型的研究者拍了照片──50% 包含了偽裝坦克，另外 50% 只有樹。模型訓練後的準確度是 100%。這樣就可以慶祝了嗎？不，遺憾的是，當美國陸軍測試時並不是那麼一回事。此模型的表現極差──和亂猜沒兩樣。調查後發現，有坦克的照片是在陰天拍的，而沒有坦克的照片是在晴天拍的。類神經網路所找的是天空而不是坦克。如果那些研究者有用熱圖來視覺化模型的話，他們可以在很早的時候就抓到問題。

當我們蒐集資料時，必須從一開始就要對那些會污染我們模型學習的潛藏偏見提高警覺。例如，當為了建立食物分類器而蒐集影像時，我們要確認其他的物品，例如盤子和餐具，不會被當作食物來學習。否則，出現在其中的筷子可能會被分類成炒麵。另一個用來定義這件事的詞是共現（*co-occurrence*）。食物經常和餐具共同出現，所以要小心這些器具溜進您分類器的訓練過程中。

總結

本章中，我們使用 Keras 簡單介紹了深度學習世界。它是一種容易使用卻威力強大的框架，在後面幾章中我們還會用到。我們觀察到，其實不需要蒐集數百萬張影像和使用威力強大的 GPU 來訓練客製化的模型，因為我們可以使用預先訓練的模型來預測影像的類別。深入研究像是 ImageNet 這樣的資料集後，我們了解這些預先訓練的模型可以預測出什麼樣的類別。我們也學到可以從模型動物園中找到這些模型。

在第 3 章中，將會探討如何調整既有的預先訓練模型來對它原先沒想到的輸入類別進行預測。而在本章，我們的做法是在不需數百萬張影像以及大量硬體資源上來得到輸出。

1　「Artificial Intelligence as a Positive and Negative Factor in Global Risk」（*https://oreil.ly/-svD0*）by Eliezer Yudkowsky in *Global Catastrophic Risks* (Oxford University Press).

## 第三章

貓狗大戰：用 Keras 在 30 行內搞定遷移學習

想像一下，如果我們想要學會吹口風琴，那是一種手持鍵盤形式的吹奏樂器。如果沒有音樂背景而手風琴又是我們學的第一種樂器的話，可能要花好幾個月才能熟練吹奏。相反地，如果我們已經熟悉了另一種樂器——像是鋼琴——的話，可能只需要幾天就夠了，這要依據兩種樂器之間有多相似而定。在日常生活中，我們經常會將從一件任務中學習到的知識進行微調後，來執行相似的任務（如圖 3-1 所示）。兩件任務愈相似，愈容易從一件任務調適至另一件任務。

我們可以將真實生活中的這個現象應用到深度學習世界。使用預訓練模型來開啟一個深度學習專案會相對較快，因為它可以重新利用預訓練模型在訓練時所學到的知識，並將它調適成可以應用在目前手上的任務。這個過程稱為**遷移學習**（*transfer learning*）。

本章中，我們會使用遷移學習來修改既有的模型。我們會使用 Keras 在幾分鐘內訓練出我們自己的分類器。在本章結束時，我們的武器庫中會有好幾個工具可以讓我們為任何任務建立高準確度的影像分類器。

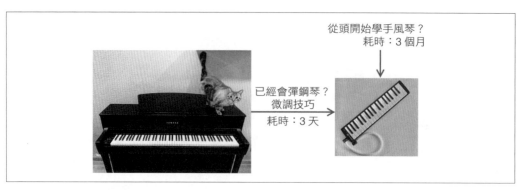

圖 3-1　真實生活中的遷移學習

調適預訓練模型到新任務

在我們討論遷移學習的過程之前，我們先回頭看看造成深度學習風潮的原因：

- 有了更大且品質更高的資料集（像是 ImageNet）可用

- 有了更好的計算硬體，也就是更快並且更便宜的 GPU

- 更好的演算法（模型架構、優化，以及訓練程序）

- 有了必須花上幾個月訓練但可以很快重複利用的預訓練模型可用

最後一點大概就是大眾會這麼快採用深度學習的最大原因之一。如果每次訓練都要花上一個月，那麼只有一些口袋很深的研究者才能在此領域工作。感謝遷移學習這個訓練模型的無名英雄，我們現在可以在幾分鐘內修改一個既有的模型來適配我們的任務。

例如，在第 2 章中我們看到以 ImageNet 預訓練的 ResNet-50 模型可以用來在千種類別中預測出貓科和犬科動物。所以，如果我們想要區分高階的「貓」和「狗」類別（而不是低階的品種），則可以從 ResNet-50 模型開始並快速重新訓練此模型來分類貓和狗。我們只需要在進行訓練時向其展示包含這兩個類別的資料集，而這應該只需要花上幾分鐘到幾小時。相較之下，如果我們不使用預訓練模型而要訓練一個貓狗大戰模型的話，就會花上好幾小時甚至好幾天。

淺潛入捲積類神經網路

我們一直用「模型」這個字來稱呼人工智慧中用來進行預測的那個部分。在電腦視覺的深度學習中，那個模型經常是一種稱為 CNN 的特殊類型類神經網路。然而我們會在本章後面深入深討 CNN，在此先來大略了解如何透過遷移學習來訓練它們。

在機器學習中，我們必須將資料轉換為一組可識別的特徵（feature）並加上一個分類演算法來分類它們。在 CNN 中也一樣。它包含兩個部分：捲積層（convolutional layer）和完全連接層（fully connected layer）。捲積層的工作是接受大量的影像像素並將其轉換成較小的表達法；也就是特徵。完全連接層則將這些特徵轉換為機率。完全連接層其實就是具有隱藏層的類神經網路，就如我們在第 1 章中所看過的。簡言之，捲積層扮演特徵萃取器的角色，而完全連接層則扮演分類器的角色。圖 3-2 展示了 CNN 的高階概觀。

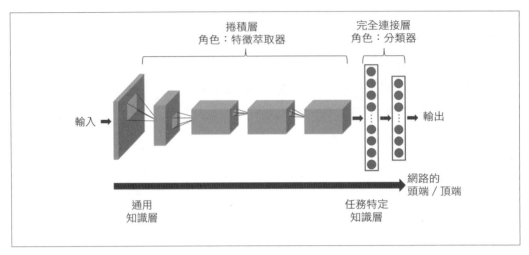

圖 3-2　CNN 的高階概觀

想像我們想要偵測人臉。我們可能會想用 CNN 來分類一張影像,以決定它是否包含一張人臉。這樣的 CNN 會由層層相連的神經元層所組成。這些層都代表數學運算。一層的輸出是下一層的輸入。第一(或最低)層是輸入層,輸入影像就是餵給這一層。最後(或最高)層是輸出層,它會產生預測結果。

它的工作方式是將影像餵入 CNN 並在不同層之間傳遞,其中每一層都會執行一個數學運算並將結果傳給下一層。輸出的結果會是由物件類別以及它們的機率所構成的串列。例如,類別為球－ 65%、草－ 20% 等等。如果影像輸出是「臉」類別的機率是 70%,我們便會下結論:這張影像有 70% 的可能性會包含一張人臉。

一種對 CNN 的直覺式(且過度簡化的)看法是,將它看成一連串的過濾器。就如同過濾器這個字所暗示的,每一層的表現就像是資訊的篩子一樣,只有它認得的東西才可以「通過」。(如果您曾經聽過電子學的高通與低通濾波器(high-pass and low-pass filter),應該會很熟悉。)我們會說這層被這個資訊所「激發(activate)」。每一層都會被貓、狗等事物的某個部分所激發。如果某一層無法辨識資訊(因為訓練中沒有學到),它的輸出會接近零。CNN 是深度學習世界的「守門的保鏢」!

在臉部偵測的範例中，低階層（圖 3-3(a)；靠近輸入影像的層）會被簡單形狀（例如邊和曲線）所「激發」。由於這些層只會對基本形狀激發，它們可以輕鬆的被用在和人臉辨識不同的用途上，例如汽車偵測（每張影像終究都是由邊和曲線所構成）。中間層（圖 3-3(b)）會被更複雜的形狀所激發，像是眼睛、鼻子和嘴唇。這些層就不像低階層那樣容易重新利用了。它們在偵測汽車上可能沒有那麼有用，不過可能對偵測動物還是有用的。而高階層（圖 3-3(c)）會被更複雜的形狀激發；例如大部分的人臉。這些層會是傾向任務特定的，因此對其他影像分類問題比較沒有用。

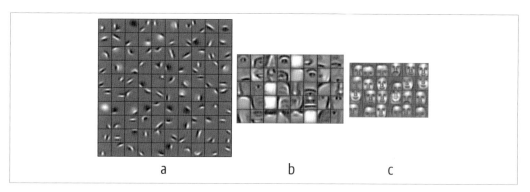

圖 3-3　(a) 低階激發，其後跟隨著 (b) 中階激發以及 (c) 高階激發（影像來源：Convolutional Deep Belief Networks for Scalable Unsupervised Learning of Hierarchical Representations, Lee et al., ICML 2009）

隨著我們愈來愈靠近最終層，每一層所能辨識的複雜度以及威力也隨著增加；相反地，每一層的可重用性也隨之降低。當我們檢視這些層所學到的東西時，這就會變得很明顯了。

遷移學習

如果我們想要將知識由一個模型遷移到另一個模型，我們會想要重新利用許多的**通用**層（接近輸入）以及少量的**任務特定**層（靠近輸出）。換句話說，我們會想要移除最後的幾層（通常是完全連接層）以讓我們可以重新利用更通用的層，並加上為我們的特定分類任務所特製的層。一旦開始訓練後，通用層（它會構成我們的新模型的主要部分）會被凍結住（也就是它們是不可修改的），而新增加的任務特定層則允許被修改。這就是遷移學習怎麼快速訓練模型的方法。圖 3-4 描繪了將由任務 X 所預先訓練的模型調適成任務 Y 的過程。

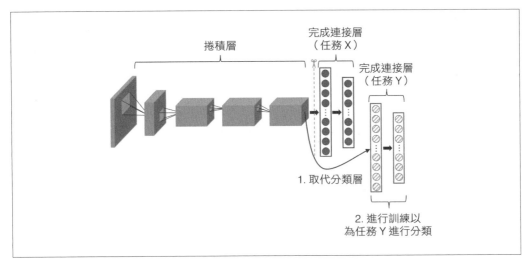

圖 3-4　遷移學習的概觀

微調

基本的遷移學習就到此為止。通常我們只會在通用層後加上二到三層的完全連接層來建立新的分類模型。如果我們想要更高的準確度，就必須訓練更多層。這代表我們必須解凍在遷移學習中被凍結的某些層。這個過程稱為微調（*fine tuning*）。圖 3-5 展示了一個範例，其中某些靠近頭端／頂端的捲積層被解凍了並為了目前的任務而進行訓練。

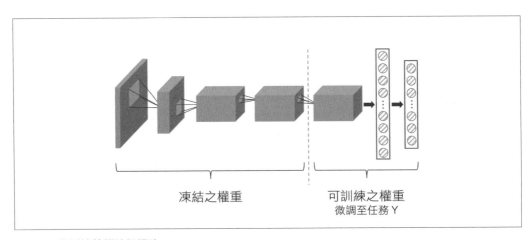

圖 3-5　微調捲積類神經網路

相較於基本遷移學習，很明顯在微調中會有更多層針對我們的資料集進行改善。由於會有更多層去適配我們的任務，因此可以達成更高的準確度。要決定微調多少層取決於資料的數量，以及目標任務和預先訓練模型所使用的原始資料集之間的相似度。

我們常常聽到資料科學家說「我微調了模型」，這代表他們採用了預訓練模型、移除任務特定層並加上新的任務特定層、凍結低階層，並用他們的新資料集訓練網路的高階部分。

 一般的術語中，遷移學習和微調是可以交換使用的。在口語中，遷移學習比較常被當作是一個通用概念，而微調則是指它的實作方式。

要微調多少？

我們要微調 CNN 裡的多少層才夠呢？我們可以根據下列兩個因子來決定：

我們有多少資料？

  如果我們只有幾百張已貼標籤的影像的話，要從頭訓練和測試一個全新定義的模型（也就是用亂數權重去定義一模型架構）會很困難，因為我們需要一大堆資料才行。用這麼少的資料來訓練的風險在於這些威力強大的網路可能只會死背它，而導致我們不想要的過度擬合（overfitting）（本章稍後會談到它）。取而代之的是，我們會借用一個預訓練網路並微調最後幾層。不過，如果我們有一百萬張已貼標籤的影像，則微調網路中所有的層是可行的，而且若有必要時也可以重新開始訓練。因此任務特定資料的數量會決定我們是否需要微調以及微調多少。

資料有多相似？

  如果任務特定資料和用在預訓練網路的資料類似的話，我們可以只微調後面幾層。不過，如果我們的任務是偵測 X 光影像中的不同骨頭，而我們卻想要從以 ImageNet 訓練的網路開始的話，一般的 ImageNet 影像和 X 光影像間的高差異性會使得我們幾乎所有的層都需要訓練。

表 3-1 提供了一份容易使用的小抄。

表 3-1　何時與如何進行微調的小抄

	資料集間具高相似度	資料集間具低相似度
大量訓練資料	微調所有層	從頭開始訓練，或微調所有層
少量訓練資料	微調最後幾層	倒霉！用重度擴增資料訓練小網路或以某種方式取得更多資料

理論夠多了，讓我們動手吧！

用 Keras 之遷移學習建立客製化的分類器

就如同之前承諾的，是時候利用 30 行或更少的程式碼來建立最先進的分類器了。用高層次的方式來說，我們會使用下列步驟：

1. 組織資料。下載貼上標籤的貓和狗影像，然後再把這些影像分成訓練與驗證資料夾。

2. 建立資料生產線。定義一個生產線以讀入資料，包括影像的前置處理（例如調整大小）以及將多個影像群組成批次。

3. 擴增資料。當沒有大量的訓練資料時，對它們進行小的改變（擴增，augmentation），例如旋轉、調焦（zooming）等以增加訓練資料的變化。

4. 定義模型。找一個預訓練模型，移除最後幾個任務特定層，再加上一個新的分類層。凍結原始層的權重（也就是讓它們無法被修改）。選擇一個優化器演算法以及一個量度來進行追蹤（例如準確度）。

5. 訓練與測試。重複訓練直到驗證準確度夠高。儲存模型以備後續任何預測應用之用。

我們很快就會了解這一切。讓我們更詳細的探索這個流程。

解決世界上最迫切的電腦視覺問題

在 2014 年初，Microsoft Research 找出了如何解決當時世界上最迫切的問題：「分辨貓和狗。」（不然您以為我們從哪裡找到本章的想法？）請記住在當時這還是一個十分困難的電腦視覺問題。為了促進這方面的努力，Microsoft Research 發佈了 Asirra（Animal Species Image Recognition for Restricting Access，用於限制存取之動物物種影像辨識）資料集。這個資料集背後的動機是想開發一個夠挑戰力的 CAPTCHA 系統。由 *Petfinder.com* 提供超過 300 張由美國各動物保護

組織所標記的影像給 Microsoft Research。最初進行這個問題時，最高的準確度大約是 80%。藉由使用深度學習，在幾週內它就達到了 98%！這個（現在是相對簡單的）任務展現了深度學習的威力。

組織資料

我們有必要先了解訓練（train）、驗證（validation）和測試（test）資料之間的差別。讓我們看一下真實世界的一個類比，有關學生準備標準化測驗（例如美國的 SAT、中國的高考、印度的 JEE、韓國的 CSAT 等等）的過程。在課堂上的教導和作業指派可以類比成訓練過程。小考、期中考及其他學校中的考試就等於驗證——學生可以依學習計畫經常進行、取得成績，還有進行改善。最終他們會優化他們的表現來面對那只有一次機會的標準化測驗。最終的測驗就等於測試集合——學生此時已經沒有機會再改善了（在不考慮重考的情況下）。這是展示他們所學的一次性機會。

同樣地，我們的目標是要在真實世界展現最佳的預測。為此，我們將資料分成三部分：訓練、驗證及測試。典型的分布是用 80% 來訓練、10% 來驗證，以及 10% 來測試。請注意，我們會隨機的將資料分成這三個集合，以避免最少的偏見被不小心的帶入資料中。模型最終的準確度是依測試集合的準確度而定，就像學生的分數是由他們在標準化測驗的表現而定一樣。

模型會從訓練資料來學習，並使用驗證資料來評估它的表現。機器學習的從業人員會持續的將這種表現當作是回饋來看看能否找到改善的機會，就像學生利用小考來改善他們的準備一樣。我們可以轉幾個鈕來改善效能；例如訓練的層數。

在許多研究競賽中（包括 *Kaggle.com*），參賽者會收到一份測試資料集，它和他們可以用來建立模型的資料不同。這樣可以確保整個競賽中所回報的準確度的一致性。要怎麼劃分訓練資料和驗證資料則是由參賽者自行決定。同樣地，在本書進行實驗時，我們也會持續將資料分成這兩個集合，並記得測試資料集對回報真實世界數字而言還是必要的。

那為何還要使用驗證集合呢？資料有時很難取得，那為何不把所有可用的資料都用在訓練，然後回報它的準確度呢？當然，當模型開始學習時，它會逐漸在訓練資料集上取得更高的準確度（稱之為訓練準確度）。但是，因為深度類神經網路是如此威力強大，它

們可能會記住所有的訓練資料，甚至有些時候可以到達 100% 的準確度。然而，它在真實世界的效能會很差，就像學生事先知道考試會考的問題一樣。這就是為何沒有用來訓練模型的驗證資料可以給我們更真實的評估。即使我們只指定了 10-15% 的資料作為驗證集合，但它在指引我們知道模型真實的表現時還是會很有用。

對於訓練過程，我們需要將資料集儲存於適當的資料夾結構中。我們會將影像分成兩個集合：訓練和驗證。Keras 會自動根據一張影像的父資料夾名稱來指派**類別**名稱。圖 3-6 顯示了該重新建立的理想結構。

圖 3-6　不同類別的訓練與驗證資料的範例目錄結構

以下的命令序列可以幫忙下載資料以及建立這種目錄結構：

```
$ wget https://www.kaggle.com/c/dogs-vs-cats-redux-kernels-edition/download/train.zip
$ unzip train.zip
$ mv train data
$ cd data
$ mkdir train val
$ mkdir train/cat train/dog
$ mkdir val/cat val/dog
```

在資料夾中的 25,000 個檔案都是以「cat」和「dog」開頭。現在將這些檔案移到它們各自的目錄去。為了要縮小一開始實驗的規模，我們對每個類別隨機選了 250 個檔案並將它們放入訓練和驗證資料夾。我們可以隨時增加／減少這個數字以實驗準確度和速度間的取捨：

```
$ ls | grep cat | sort -R | head -250 | xargs -I {} mv {} train/cat/
$ ls | grep dog | sort -R | head -250 | xargs -I {} mv {} train/dog/
$ ls | grep cat | sort -R | head -250 | xargs -I {} mv {} val/cat/
$ ls | grep dog | sort -R | head -250 | xargs -I {} mv {} val/dog/
```

建立資料生產線

我們以匯入必要的套件來開始 Python 程式：

```
import tensorflow as tf
from tf.keras.preprocessing.image import ImageDataGenerator
from tf.keras.models import Model
from tf.keras.layers import Input, Flatten, Dense, Dropout,
GlobalAveragePooling2D
from tf.keras.applications.mobilenet import MobileNet, preprocess_input
import math
```

接著在匯入指令之後放入以下的設置，我們可以根據我們的資料集來修改：

```
TRAIN_DATA_DIR = 'data/train_data/'
VALIDATION_DATA_DIR = 'data/val_data/'
TRAIN_SAMPLES = 500
VALIDATION_SAMPLES = 500
NUM_CLASSES = 2
IMG_WIDTH, IMG_HEIGHT = 224, 224
BATCH_SIZE = 64
```

類別數量

要區分兩個類別，我們可以把這個問題看作是以下兩者之一；

- 一個二元分類任務
- 一個多類別分類任務

二元分類

作為二元分類（binary classification）任務，很重要的是要記住「貓 vs. 狗」其實是「貓 vs. 不是貓」。一條狗會和書桌或球一樣被分類成「不是貓」。對於一張給定的影像，模型會對「貓」類別給一個對應的機率值——因此「不是貓」的機率就是 1 - *P(cat)*。如果這個機率高於 0.5，我們會預測它是「貓」；否則就「不是貓」。為了讓事情簡單點，我們假設測試集合中只會包含不是貓就是狗的影像。因為「貓 vs. 不是貓」是一個二元分類任務，我們設定類別數量為 1；也就是「貓」。任何無法被分類成「貓」的事物就會被分類成「不是貓」。

Keras 依資料夾名稱的字母順序處理輸入資料。因為「cat」依字母順序排在「dog」前面，我們預測的第一個類別是「貓」。對多類別任務來說，我們可以應用相同概念並根據資料夾排列順序來推論每個類別的識別碼（索引）。請注意，第一個類別的索引是從 0 開始。

多類別分類

在只有貓和狗存在的假想世界中，「不是貓」就一定是狗。因此「不是貓」這個標籤就可以直接換成「狗」這個標籤。然而，在真實世界中我們會有超過兩種類型的物件。就如之前解釋過的，球或沙發也會被分類成錯誤的「狗」。因此在真實世界情境中，將這種情況看作是多類別分類（multiclass classification）任務而不是二元分類任務會更有用。在多類別分類任務中，我們會預測每個類別的機率，其中最高的就是獲勝者。在「貓狗大戰」的案例中，我們會將類別數量設成二。為了讓未來的任務可以重新利用我們的程式碼，我們會把它看待成多類別分類問題。

批次大小

以高層次的角度來看，訓練過程包含下列步驟：

1. 為影像進行預測（**向前傳導**）。

2. 決定哪些預測結果是錯的，並將預測值和真實值間的差距傳遞回去（**倒傳遞**）。

3. 沖洗一下並重複進行，直到預測結果變成足夠準確為止。

一開始的迭代很有可能會產生接近 0% 的準確度。然而，將此過程重複好幾次後會產生高度準確的模型（> 90%）。

批次大小定義了模型一次會看到多少影像。很重要的是每個批次都要包含來自不同類別的各類影像，以避免在迭代間準確度產生大的震盪。夠大的批次大小應該就可以了。不過，重要的是不要將批次大小設的太大；太大的批次可能無法放入 GPU 的記憶體而導致「記憶體不足」並當機。批次大小通常是 2 的次方。對大部分的問題來說 64 會是不錯的開始，我們也可以增加或減少這個數字來玩一下。

資料擴增

通常我們聽到深度學習時會聯想到幾百萬張影像。所以 500 張影像看來對真實世界訓練來說數字是太低了。這些深度類神經網路威力強大,對少量資料來講太強大了,所以一小組訓練影像的危險在於類神經網路可能會記住所有的訓練資料,而在訓練資料上展現了很好的預測效能,但在驗證資料上的準確度卻很差。換句話說,模型被過度訓練了而不能通用到未曾看過的影像。這是我們最不樂見的。

當我們試圖要用少量的資料訓練一個類神經網路時,結果常常是一個在訓練資料本身表現得很完美、而在沒看過的資料上表現很差的模型。這樣的模型被描述成過度擬合的(*overfitted*)模型,而此問題本身稱之為過度擬合(*overfitting*)。

圖 3-7 用一些分布是接近正弦(sine)曲線的點(帶有少量雜訊)來描繪這個現象。這些點代表我們的網路可以看到的訓練資料,而交叉則代表訓練期間不會看到的測試資料。在一個極端狀況(擬合不足(underfitting))下,一個像是線性預測器這樣的不複雜模型無法完美的表達潛在的分布,而使訓練資料和測試資料上都得到高錯誤率。在另一個極端(過度擬合),一個強力模型(像是深度類神經網路)可能具有記住訓練資料的能力,而造成在訓練資料上的錯誤率極低,但在測試資料上的錯誤率還是很高。我們想要的其實是中庸表現,也就是訓練錯誤和測試錯誤都適度的低,以確保我們的模型在真實世界的表現和訓練時一樣好。

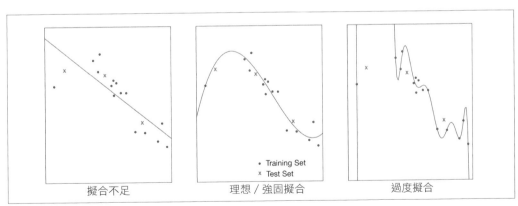

圖 3-7　接近正弦曲線的點之擬合不足、過度擬合,以及理想擬合

能力愈大，責任也愈大。確保那威力強大的深度類神經網路不會過度擬合是我們的責任。當我們只有少許訓練資料時，過度擬合是很常見的。我們可以用幾種方式降低它發生的可能性：

- 想辦法取得更多資料

- 重度的擴增既有資料

- 微調較少的層

常常就是沒有足夠多的可用資料。也許我們正在解決一個資料難以蒐集的利基問題。不過還是有些方法來手動擴增我們的資料集以利分類：

旋轉

　　在我們的範例中，我們可能想要將 500 張影像隨機往任一方向旋轉 20 度，產生多達 20,000 張可能的不重複影像。

隨機移動

　　將影像稍微往左移或往右移。

調焦

　　稍微放大或縮小影像。

藉由結合旋轉、移動及調焦，程式可以產生幾乎無限的不重複影像。這個重要步驟稱為**資料擴增**（*data augmentation*）。資料擴增不只是要增加更多的資料，也是要訓練出對真實世界情境更強固的模型。例如，不是所有影像中的貓都適合位於影像中間或有完美的 0 度角。Keras 提供了 `ImageDataGenerator` 函數來在影像從目錄中載入時擴增資料。為了描繪影像經過資料擴增後的樣子，圖 3-8 展示了一張樣本影像利用 imgaug（*https:// oreil.ly/KYA9O*）程式庫所產生的擴增範例。（請注意，在我們真實訓練中不會使用到 imgaug。）

彩色影像通常有三個頻道：紅色、綠色和藍色。每個頻道都有從 0 到 255 的亮度值。想要將它正規化（也就是將值縮減到 0 到 1 之間），我們會使用 `preprocess_input` 函數（所做的事情之一就是將每個像素除以 255）：

```
train_datagen = ImageDataGenerator(preprocessing_function=preprocess_input,
                                   rotation_range=20,
                                   width_shift_range=0.2,
                                   height_shift_range=0.2,
                                   zoom_range=0.2)
val_datagen = ImageDataGenerator(preprocessing_function=preprocess_input)
```

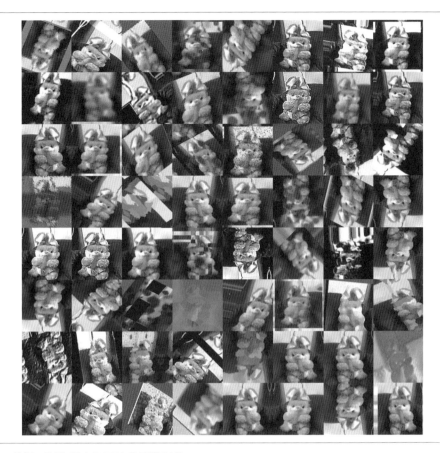

圖 3-8　從單一影像所產生可能的擴增影像

有時，知道訓練影像的標籤對決定合適的擴增方法會是有用的。例如，當訓練一個數字辨識器時，垂直翻轉數字「8」的影像來擴增它是沒有問題的，但是「6」和「9」就不行。

不像訓練集合一樣，我們並不想擴增驗證集合。其理由是在動態擴增下每個迭代的驗證集合會一直變化，這樣所產生出來的結果準確度度量也會變成不一致，而難以比較不同迭代的結果。

是時候從目錄中載入資料了。一次訓練一張影像很沒有效率，所以我們將它們批次成群組。為了在訓練過程中加上更多的隨機性，我們會一直重新排列每一批次的影像。要在多次的執行中保持可再現性，我們會給亂數產生器一個種子值：

```
train_generator = train_datagen.flow_from_directory(
                    TRAIN_DATA_DIR,
                    target_size=(IMG_WIDTH, IMG_HEIGHT),
                    batch_size=BATCH_SIZE,
                    shuffle=True,
                    seed=12345,
                    class_mode='categorical')
validation_generator = val_datagen.flow_from_directory(
                    VALIDATION_DATA_DIR,
                    target_size=(IMG_WIDTH, IMG_HEIGHT),
                    batch_size=BATCH_SIZE,
                    shuffle=False,
                    class_mode='categorical')
```

模型定義

現在資料已經準備好了，我們來到訓練過程中最重要的部分：模型。在以下的程式碼中，我們重新利用先前已經用 ImageNet 資料集（在我們的案例中是 MobileNet）訓練的 CNN，丟棄後面幾層完全連接層（也就是 ImageNet 特定分類層），再換成適合目前任務的（我們自己的）分類器。

為了進行遷移學習，我們「凍結」原始模型中的權重；也就是說，將那些層設成不可修改的，所以只有新分類器（由我們加入的）的那些層可以被修改。這裡我們採用 MobileNet 來節省時間，而此方法可以適用於任何類神經網路。以下的程式包括一些新詞，例如 Dense、Dropout 等等。雖然在本章中我們不會探討它們，但您可以在附錄 A 中找到它們的解釋。

```
def model_maker():
    base_model = MobileNet(include_top=False, input_shape =
(IMG_WIDTH,IMG_HEIGHT,3))
    for layer in base_model.layers[:]:
        layer.trainable = False # 凍結這些層
    input = Input(shape=(IMG_WIDTH, IMG_HEIGHT, 3))
    custom_model = base_model(input)
    custom_model = GlobalAveragePooling2D()(custom_model)
    custom_model = Dense(64, activation='relu')(custom_model)
    custom_model = Dropout(0.5)(custom_model)
    predictions = Dense(NUM_CLASSES, activation='softmax')(custom_model)
    return Model(inputs=input, outputs=predictions)
```

訓練模型

設定訓練參數

資料和模型都準備好後，我們只剩下訓練模型了。它也被稱作將模型擬合到資料。要訓練一個模型，我們需要選擇和修改一些不同的訓練參數。

損失函數（*loss function*）

> loss 函數是我們在訓練過程中為不正確的預測結果對模型所加的懲罰。我們想要最小化這個函數的值。例如，在一個預測房價的任務中，**損失**函數可以是均方根誤差（root-mean-square error）。

優化器（*optimizer*）

> 這是一個幫我們最小化損失函數的演算法。我們會使用 Adam，它是目前最快的優化器之一。

學習率（*learning rate*）

> 學習是漸進的。學習率告訴優化器要往解答（也就是損失最小的地方）跨出多大的一步。如果跨步過大，我們最後會一直震盪不休而達不到目標。跨步過小的話，會花上好長一段時間才能到達目標損失值。設一個最佳的學習率是很重要的，它可以確保我們在合理的時間內達成我們的學習目標。因此在範例中，我們要將學習率設成 0.001。

度量（*metric*）

> 選擇一個度量來評判已訓練模型的效能。準確度（accuracy）是一種容易解釋的好度量，尤其是當類別平衡的時候（也就是每一個類別的資料數量大約相等）。請注意這個度量和損失函數無關，它主要是用來報告結果，而不是用來回饋給模型。

在以下的程式碼中，我們使用之前所寫的 model_maker 函數來建立客製化模型。我們使用這裡所描述的參數來進一步為貓狗大戰任務客製化一個模型：

```
model = model_maker()
model.compile(loss='categorical_crossentropy',
            optimizer= tf.train.Adam(lr=0.001),
            metrics=['acc'])
num_steps = math.ceil(float(TRAIN_SAMPLES)/BATCH_SIZE)
model.fit_generator(train_generator,
                    steps_per_epoch = num_steps,
```

```
        epochs=10,
        validation_data = validation_generator,
        validation_steps = num_steps)
```

 您可能已經注意到上面程式碼中的週期（epoch）這個字。一個週期代表
一個完整的訓練步驟，在其中網路會走訪整個資料集。一個週期可能包含
數個微批次（minibatch）。

開始訓練

執行這個程式並開始變魔術吧！如果您沒有 GPU 可用，泡一杯咖啡等一下——它可能
要花上 5 到 10 分鐘。不過，等一下，您不是可以在 Colab 上免費使用 GPU 時間來執行
本章的筆記本（已發佈在 GitHub 上）嗎？

完成後，請注意會有四個統計資訊：訓練資料和驗證資料上的 loss 與 acc。我們支援
val_acc：

```
> Epoch 1/100 7/7 [====] - 5s -
loss: 0.6888 - acc: 0.6756 - val_loss: 0.2786 - val_acc: 0.9018
> Epoch 2/100 7/7 [====] - 5s -
loss: 0.2915 - acc: 0.9019 - val_loss: 0.2022 - val_acc: 0.9220
> Epoch 3/100 7/7 [====] - 4s -
loss: 0.1851 - acc: 0.9158 - val_loss: 0.1356 - val_acc: 0.9427
> Epoch 4/100 7/7 [====] - 4s -
loss: 0.1509 - acc: 0.9341 - val_loss: 0.1451 - val_acc: 0.9404
> Epoch 5/100 7/7 [====] - 4s -
loss: 0.1455 - acc: 0.9464 - val_loss: 0.1637 - val_acc: 0.9381
> Epoch 6/100 7/7 [====] - 4s -
loss: 0.1366 - acc: 0.9431 - val_loss: 0.2319 - val_acc: 0.9151
> Epoch 7/100 7/7 [====] - 4s -
loss: 0.0983 - acc: 0.9606 - val_loss: 0.1420 - val_acc: 0.9495
> Epoch 8/100 7/7 [====] - 4s -
loss: 0.0841 - acc: 0.9731 - val_loss: 0.1423 - val_acc: 0.9518
> Epoch 9/100 7/7 [====] - 4s -
loss: 0.0714 - acc: 0.9839 - val_loss: 0.1564 - val_acc: 0.9509
> Epoch 10/100 7/7 [====] - 5s -
loss: 0.0848 - acc: 0.9677 - val_loss: 0.0882 - val_acc: 0.9702
```

在第一個週期中它只花了 5 秒就達成了驗證資料 90% 的準確度，而且只用了 500 張影
像。還不錯吧！到第 10 個步驟時，我們可以觀察到約 97% 的 驗證準確度（*validation
accuracy*）了。這就是遷移學習的威力。

讓我們讚賞一下這裡發生的事。只用了 500 張影像,我們可以只用幾行程式在幾秒中內就達成高階的準確度。相對地,如果我沒有事先用 ImageNet 訓練好的模型,要得到一個準確的模型可能需要幾小時到幾天的時間,以及大量的資料。

那就是我們可以用來訓練任何問題的最先進分類器所需要的程式碼。將資料放在以類別為名的資料夾中,並且改變設置變數中對應的值。如果任務中有超過兩個以上的類別,我們會使用 categorical_crossentropy 作為 loss 函數並將最後一層的 activation 函數換成 softmax。請參見表 3-2。

表 3-2 根據任務決定 loss 與 activation 類型

分類類型	類別模式	loss	最後一層的 activation
1 或 2 個類別	二元	binary_crossentropy	sigmoid
多類別、單標籤	類別型	categorical_crossentropy	softmax
多類別、多標籤	類別型	binary_crossentropy	sigmoid

將您剛訓練好的模型存下來,以備日後使用:

```
model.save('model.h5')
```

測試模型

現在已經訓練完模型了,最終我們可能會想要在我們的應用上使用它。現在可以隨時載入這個模型來分類影像,就如同 load_model 名稱所暗示的,它會載入模型:

```
from tf.keras.models import load_model
model = load_model('model.h5')
```

我們嘗試載入原來的樣本影像並看看會得到什麼結果:

```
img_path = '../../sample_images/dog.jpg'
img = image.load_img(img_path, target_size=(224,224))
img_array = image.img_to_array(img)
expanded_img_array = np.expand_dims(img_array, axis=0)
preprocessed_img = preprocess_input(expanded_img_array) # 進行影像前置處理
prediction = model.predict(preprocessed_img)
print(prediction)
print(validation_generator.class_indices)
[[0.9967706]]
{'dog': 1, 'cat': 0}
```

印出機率的值後我們看到的結果是 0.996。這是那張影像屬於類別「1」，也就是狗的機率。因為機率大於 0.5，所以這張影像會被預測為狗。

這就是我們訓練自己的分類器所需要的全部工作。在本書中，您可以期待重新利用這段程式碼並在使用最小修正的情況下來進行訓練。您也可以在您的專案中重新利用這段程式碼。玩一下不同的週期數以及影像，並觀察它會怎麼影響影像準確度，而且我們也應該玩一下在網路上可以找到的其他影像。這再簡單不過了！

分析結果

我們可以分析我們訓練好的模型在驗證資料集上的效能。除了最直接的準確度之外，看看分錯的實際影像應該可以給我們一些直覺，告訴我們到底是那張影像真的很具有挑戰性，還是我們的模型還不夠精巧。

對每個類別（貓、狗）我們想要回答三個問題：

- 我們對哪些影像就是貓 / 狗最有信心？
- 我們對哪些影像就是貓 / 狗最沒信心？
- 我們對哪些影像有信心卻它們卻分錯了？

在我們回答這些問題前，先對整個驗證資料集進行預測。首先，我們要正確的設定生產線設置：

```
# 變數
IMG_WIDTH, IMG_HEIGHT = 224, 224
VALIDATION_DATA_DIR = 'data/val_data/'
VALIDATION_BATCH_SIZE = 64

# 資料運算子
validation_datagen = ImageDataGenerator(
        preprocessing_function=preprocess_input)
validation_generator = validation_datagen.flow_from_directory(
        VALIDATION_DATA_DIR,
        target_size=(IMG_WIDTH, IMG_HEIGHT),
        batch_size=VALIDATION_BATCH_SIZE,
        shuffle=False,
        class_mode='categorical')
ground_truth = validation_generator.classes
```

然後取得預測結果：

```
predictions = model.predict_generator(validation_generator)
```

為了簡化分析，我們建立一個字典，其中包含了影像的索引、預測的結果，以及每張影像的真實類別（期望的預測）：

```
# prediction_table 是一個包含索引、預測，以及真實類別的字典
prediction_table = {}
for index, val in enumerate(predictions):
    # 取得 argmax 索引
    index_of_highest_probability = np.argmax(val)
    value_of_highest_probability = val[index_of_highest_probability]
    prediction_table[index] = [value_of_highest_probability,
index_of_highest_probability, ground_truth[index]]
assert len(predictions) == len(ground_truth) == len(prediction_table)
```

對於接下來的兩段程式碼，我們提供了模組化程式碼（boilerplate code），我們會在本書中經常重新利用它們。

以下是我們用來找到某一類別中具有最高／最低機率的影像之幫手函數的簽名。此外，我們會用到另一個幫手函數—— display() ——來將影像輸出成螢幕上的格柵：

```
def display(sorted_indices, message):
    similar_image_paths = []
    distances = []
    for name, value in sorted_indices:
        [probability, predicted_index, gt] = value
        similar_image_paths.append(VALIDATION_DATA_DIR + fnames[name])
        distances.append(probability)
    plot_images(similar_image_paths, distances, message)
```

這個函數定義在本書的 Github 網站上（參見 *http://PracticalDeepLearning.ai* 的 *code/chapter-3*）。

開始玩樂吧！哪些我們最有信心的影像中有包含狗呢？讓我們找出那些預測類別是狗（也就是 1）且具有最高預測機率（也就是接近 1.0；參見圖 3-9）的影像：

```
# '狗' 的最有信心的預測
indices = get_images_with_sorted_probabilities(prediction_table,
get_highest_probability=True, label=1, number_of_items=10,
only_false_predictions=False)
message = 'Images with the highest probability of containing dogs'
display(indices[:10], message)
```

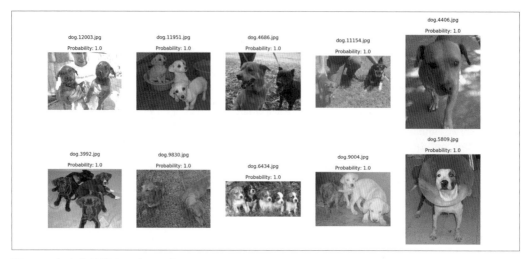

圖 3-9　包含狗的機率最高的影像

這些影像的確看來都很像狗。機率會這麼高的一個可能原因是影像中包含了很多隻狗，而且都很清晰且明確。現在，讓我們看看有哪些影像我們最不認為是狗（參見圖 3-10）：

```
# ' 狗 ' 的最沒有信心的預測
indices = get_images_with_sorted_probabilities(prediction_table,
get_highest_probability=False, label=1, number_of_items=10,
only_false_predictions=False)
message = 'Images with the lowest probability of containing dogs'
display(indices[:10], message)
```

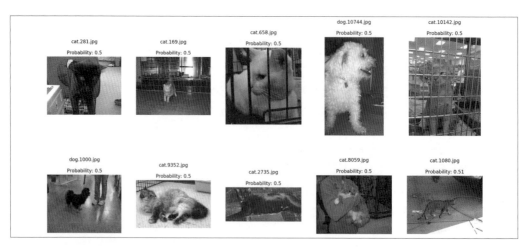

圖 3-10　包含狗的機率最低的影像

重複一次，這些是我們的分類器最不確定有包含狗的影像。這些預測大部分落在臨界點（也就是 0.5 機率）。請記住，它們會是貓的機率只是些微的小了一點，大約是 0.49。相較於前一組影像，這些影像常常是更小且更不清晰的。而且這些影像常會造成錯誤預測—— 10 張影像中只有 2 張被正確的預測。要做得更好的一個可能方式是用更大的影像集合來訓練。

如果您很關心這些分類錯誤的話，請不用擔心。要改善分類準確度的簡單技巧是讓類別接受影像的閾值變得更高，例如 0.75。如果分類器無法確定影像的類別，就先保留此結果。在第 5 章中，我們會看看如何找出最佳的閾值。

談到預測錯誤，當分類器具有低信賴度時（也就是兩類別問題中機率接近 0.5），這是可以預期的。不過，我們真的不想要的，是當分類器很有信心卻預測錯誤。讓我們看看有哪些影像分類器很有信心會包含狗，但實際上卻是貓（參見圖 3-11）：

```
# '狗' 的不正確預測
indices = get_images_with_sorted_probabilities(prediction_table,
get_highest_probability=True, label=1, number_of_items=10,
only_false_predictions=True)
message = 'Images of cats with the highest probability of containing dogs'
display(indices[:10], message)
```

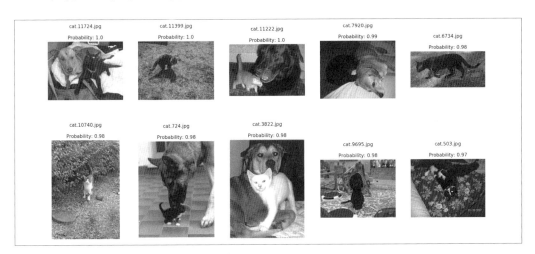

圖 3-11　具有很高的機率會包含狗的貓影像

嗯…結果是這裡有半數的影像同時包含了貓和狗，而我們的分類器正確的預測為狗類別，因為它們在這些影像中比較大。因此，錯不在分類器而是資料不正確。這在大型資料集中很常見。剩下來的半數常常包含了不清晰且相對較小的物件（不過在理想情況下，我們希望這些難以辨識的影像具有較低的可信度）。

對貓資料集重複同樣的三個問題，哪些影像是比較像貓的呢（參見圖 3-12）？

```
# '貓'的最有信心的預測
indices = get_images_with_sorted_probabilities(prediction_table,
get_highest_probability=True, label=0, number_of_items=10,
only_false_predictions=False)
message = 'Images with the highest probability of containing cats'
display(indices[:10], message)
```

圖 3-12　包含貓的機率最高的影像

有趣的是，這裡面有許多都是包含好幾隻貓的。這證實了我們之前的假說，也就是具多個清晰又明確的貓影像會得到較高的機率。另一方面，哪些影像是我們最不確定有包含貓的呢（參見圖 3-13）？

```
# '貓'的最不具信心的預測
indices = get_images_with_sorted_probabilities(prediction_table,
get_highest_probability=False, label=0, number_of_items=10,
only_false_predictions=False)
message = 'Images with the lowest probability of containing cats'
display(indices[:10], message)
```

就如之前看過的，關鍵物件的大小很小，且部分影像十分不清晰，代表某些案例中對比過高或物件過亮，和訓練影像中大部分的情況都不一樣。例如，圖 3-13 中的第八張（dog.6680）和第十張（dog.1625）影像中的閃光燈使得狗難以辨識。第六張影像則是一隻坐在同色沙發前的狗。另外，有兩張影像中有籠子。

圖 3-13　包含貓的機率最低的影像

最後，有哪些影像是我們分類器錯誤認定為有包含貓的呢（參見圖 3-14）？

```
# '貓'的不正確預測
indices = get_images_with_sorted_probabilities(prediction_table,
get_highest_probability=True, label=0, number_of_items=10,
only_false_predictions=True)
message = 'Images of dogs with the highest probability of containing cats'
display(indices[:10], message)
```

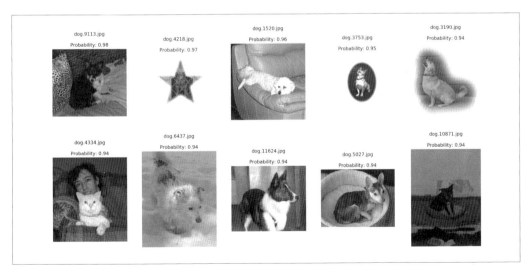

圖 3-14　具有很高的機率會包含貓的狗影像

這些錯誤的預測正是我們想要降低的。它們其中有些是明顯的錯誤，然而其他的則是可理解的混淆影像。圖 3-14 的第六張影像（dog.4334）看起來像是不當的標記成狗。第七和第十張影像很難和背景區分。第一和第十張影像則缺乏足夠的紋理來給分類器夠多的辨識能力。有些狗又太小了，像是第二和第四張。

經過各種分析之後，我們可以總結說預測錯誤是由低照明、不清晰、難以區分的背景、缺乏紋理，以及所佔面積較小等因素所造成。

分析我們的預測結果是了解我們模型學到了什麼以及不擅長什麼的好方法，並突顯了可以增強預測能力的機會。增加訓練範例的數量以及更強固的擴增可以幫忙改善分類效能。要注意一件事，提供真實世界影像（和我們的應用程式會被使用的情境類似的影像）給我們的模型能顯著改善它的準確度。第 5 章中我們會讓分類器更強固。

延伸閱讀

為了要幫助您更清楚的了解類神經網路以及 CNN，我們的網站（*http://PracticalDeepLearning.ai*）推出了一份學習指南，其中包含了各種推薦資源，例如影片教學、部落格，還有很有趣的互動式視覺工具，它們不需要安裝任何套裝軟體就可以在瀏覽器中玩弄各種情境。如果您是深度學習的初學者，我們極度推薦這份指南以加強您的基礎知識。它涵蓋了您在建立解決未來問題的直覺理論。我們使用 Google 的 TensorFlow Playground（圖 3-15）來建立類神經網路，CNN 則使用 Andrej Karpathy 的 ConvNetJS（圖 3-16）。

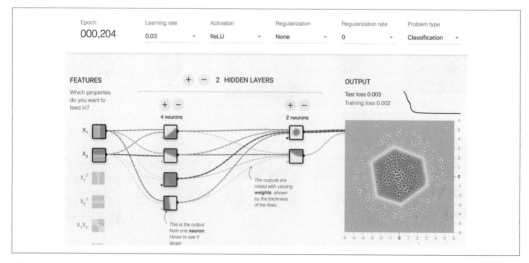

圖 3-15　在 TensorFlow Playground 建立類神經網路

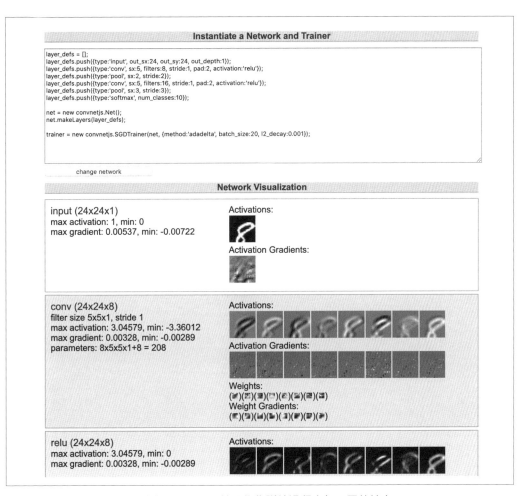

圖 3-16　在 ConvNetJS 中定義一個 CNN 並視覺化訓練過程中每一層的輸出

我們另外還在附錄 A 中提供一份簡短的指南作為立即可用的參考，它總結了捲積類神經網路。

總結

本章中我們介紹了遷移學習的概念。我們只用了不到 30 行程式碼以及僅僅 500 張影像，就可以使用預訓練模型來建立我們的貓狗大戰分類器，並且在幾分鐘內就達到了最先進的準確度。藉由寫作這段程式碼，我們也打破了需要數百萬張影像以及威力強大的 GPU 才能訓練分類器的迷思（雖然它們還是有幫助的）。

希望透過這些技巧您終於可以回答是誰放的狗（who let the dogs out，由 Baha Men 樂團所唱的洗腦神曲，曾獲得 2001 年葛萊美獎最佳舞曲唱片）這個陳年老問題。

在下面幾章中，我們會使用這種學習來更深入了解 CNN，並將準確度帶向另一個層次。

## 第四章

建立反向影像搜尋引擎：
了解嵌入

Bob 剛買了一個新家並且正在尋找一些新潮的傢俱。他翻閱了無數的傢俱型錄並且參觀了傢俱展場，還是沒有找到他喜歡的。然後在某一天，他瞄到了夢想中的沙發——在某辦公廳的接待處中的一張現代風格白色 L 型沙發。壞消息是他不知道要到哪裡去買。沙發上沒有品牌或型號。問了辦公廳的管理者也沒有得到結果。所以他拍了幾張不同角度的照片並帶著去詢問附近的傢俱店，不過很可惜，沒有人知道它的品牌。同時在網路上以「白色 L 型沙發」、「現代沙發」等關鍵字搜尋後傳回了數以千計的結果，也都不是他想要的。

Alice 聽到 Bob 的挫折並且問他：「為何不試試反向影像搜尋？」Bob 上傳了他的影像到 Google 和 Bing 的反向影像搜尋服務並且很快的在一間網路商店中看到了類似的影像。採用網站上這張更完美的影像再進行幾次搜尋後，他找到了以更便宜價格提供同樣沙發的其他網站。上線幾分鐘後，Bob 正式訂購了他夢想中的沙發！

反向影像搜尋（reverse image search）（或更技術性的講法是實例檢索（instance retrieval））讓開發人員和研究者可以建立超越簡單關鍵字搜尋的場景。在這個領域下很多類似的技術已經被採用了，例如在 Pinterest 中發掘視覺上相似的物件、在 Spotify 中推薦相似的歌曲，以及在 Amazon 中以拍攝的照片進行產品搜尋。像 TinEye 這樣的網站會在人們發佈攝影作品到網路時警告他們是否有侵犯版權。甚至有些保全系統的臉部辨識也採用類似的概念來查明人的身分。

最棒的是，只要透過正確的知識，您可以在幾小時內建立這些產品的可運作複製品。現在我們就開始吧！

以下是本章我們要做的事：

1. 在 Caltech101 以及 Caltech256 資料集上執行特徵萃取以及相似性搜尋

2. 學習如何縮放至大型資料庫（高達幾十億張影像）

3. 讓系統更準確並進行優化

4. 透過案例探討來看看這些概念如何被用在主流產品上

影像相似度

第一且最優先的問題是：給定兩張影像時，要怎麼判斷它們到底相不相似？

要解決這個問題有好幾種作法。其中一種是比較兩張影像間的斑塊（patch）。雖然這有助於找到完全精確或近乎精確的影像（它們可能有被裁剪過），不過即使是些許的旋轉就會產生不相似性。藉由儲存這些斑塊的雜湊（hash）可以找出重複的影像。這個作法的用途之一是偵測照片中的剽竊。

另一種單純的作法是計算 RGB 值的直方圖（histogram）並比較它們的相似度。這可能有助於找出由同一環境抓取且內容變化不大的近似影像。例如在圖 4-1 中，這個技術被用在影像反重複（deduplication）軟體中，它的目標是找出您硬碟中相似的影像以讓您可以選出其中最好的並刪除其他的。當然在您的資料集成長後有可能會增加偽陽性的可能性。這個方法的另一個缺陷是顏色、色調或白平衡的小變化都會讓辨識變得更困難。

圖 4-1　基於 RGB 直方圖之「相似影像偵測器」程式

一個更強固的傳統電腦視覺方法是使用像是尺度不變特徵變換（Scale-Invariant Feature Transform，SIFT）、加速強固特徵（Speeded Up Robust Features，SURF）、Oriented FAST and Rotated BRIEF（ORB）等演算法找出邊緣附近的視覺特徵，然後再比較兩張影像中相似特徵的數量。這也有助於您從一般性的影像層次理解進展到相對更強固的物件層次理解。雖然這對包含固定物件——例如看來總是差不多的麥片盒側邊——的影像很好用，它在比較會變形且可以調整姿勢的物件——例如人和動物——就沒有那麼有用了。作為範例說明，您可以看看 Amazon 應用程式上基於相機之產品搜尋所顯示的特徵。這個應用程式會用藍點來顯示這些特徵（圖 4-2）。當它看到足夠多的特徵後，會將它們送到 Amazon 的伺服器來檢索產品資訊。

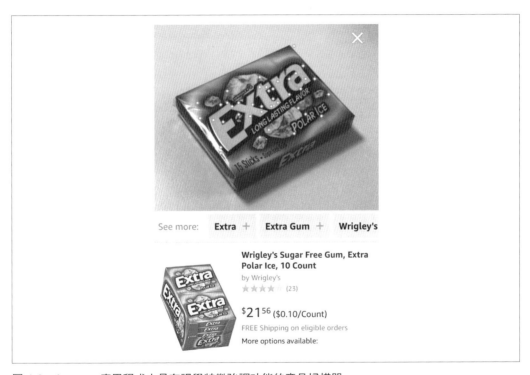

圖 4-2　Amazon 應用程式中具有視覺特徵強調功能的產品掃描器

更深入的作法是使用深度學習來找出影像的類別（例如沙發），然後再找出同一類別中的其他影像。這等同於萃取影像的後設資料（metadata）以便建立索引，並運用典型的文字搜尋技術來搜尋。這個方法可以很容易的藉由使用來自 ElasticSearch 這樣的開源搜尋引擎之後設資料來進行擴充。許多電子商務網站會使用由影像萃取出來的標記（tag）來進行內部搜尋，再使用搜尋的結果進行推薦。就如您所預期的，萃取標記後我們會喪

失像是顏色、姿態、物件間的關聯等資訊。此外，這個方法的主要缺陷是需要極大量的貼標籤資料來訓練分類器，以用來對新影像萃取標籤。而且每次要增加一個新的類別時，都必須重新訓練模型。

由於我們的目標是搜尋百萬張影像，我們真正要的是將一張影像中數百萬個像素所包含的資訊總結成一個更小的表達法（例如只有幾千個維度），而且要讓相似物件的表達法很接近、不相似物件的表達法離很遠。

幸好深度類神經網路來拯救我們了。就如同我們在第 2 章和第 3 章中看到的，CNN 可以接受一張影像作為輸入並將它轉換為一千個維度的特徵向量。這個向量會被當作分類器的輸入並輸出這張影像最有可能的身分（例如狗或貓）。**特徵向量**（*feature vector*）（或稱為**嵌入**（*embedding*）或**瓶頸特徵**（*bottleneck feature*））實質上就是一組由幾千個浮點數所構成的聚集。通過 CNN 的捲積層和池化（pooling）層基本上就是一種縮減動作，用來將影像中的資訊過濾成最重要且顯著的成份，再用來構成瓶頸特徵。訓練 CNN 會讓屬於相同類別的項目間具有較小的歐基里德距離（Euclidean distance）（對應值間的差的平方和之平方根），而不同類別的項目間的距離則會較大。這是一個很重要的特性，它解決了眾多不能使用分類器的問題，尤其是缺乏適當的已標記資料之非監督式（unsupervised）問題。

 找出相似影像的理想作法是使用**遷移學習**。例如將影像傳入像是 ResNet-50 這樣的預訓練捲積類神經網路、萃取特徵，然後再使用一個像是歐基里德距離這樣的量度來計算錯誤率。

說的夠多了，來寫程式吧！

特徵萃取

一張影像的價值等於一千個字詞特徵。

在本節中，我們會操作與了解特徵萃取（feature extraction）這個概念，主要是用 Caltech 101 資料集（131 MB，大約 9,000 張影像），然後再用 Caltech 256（1.2 GB，大約 30,000 張影像）。顧名思義，Caltech 101 也就是包含了 101 個類別的大約 9,000 張影像，每個類別包含大約 40 到 800 張影像。要注意還有稱為「BACKGROUND_Google」的第 102 個類別，它包含了不在前 101 個類別中的隨機影像，我們在實驗前會先刪掉它們。請記得，我們正在寫的程式都可以在 GitHub（*http://PracticalDeepLearning.ai*）中找到。

我們先下載資料集：

```
$ wget
http://www.vision.caltech.edu/Image_Datasets/Caltech101/
101_ObjectCategories.tar.gz
$ tar -xvf 101_ObjectCategories.tar.gz
$ mv 101_ObjectCategories caltech101
$ rm -rf caltech101/BACKGROUND_Google
```

現在，匯入所有必要的模組：

```
import numpy as np
from numpy.linalg import norm
import pickle
from tqdm import tqdm, tqdm_notebook
import os
import time
from tf.keras.preprocessing import image
from tf.keras.applications.resnet50 import ResNet50, preprocess_input
```

載入沒有位於最頂層分類層的 ResNet-50 模型來取得**瓶頸特徵**。接著定義一個函數來接受一個影像路徑、載入影像、調整成 ResNet-50 所支援的維度、萃取特徵，然後再正規化它們：

```
model = ResNet50(weights='imagenet', include_top=False,
                 input_shape=(224, 224, 3))
def extract_features(img_path, model):
    input_shape = (224, 224, 3)
    img = image.load_img(img_path, target_size=(
        input_shape[0], input_shape[1]))
    img_array = image.img_to_array(img)
    expanded_img_array = np.expand_dims(img_array, axis=0)
    preprocessed_img = preprocess_input(expanded_img_array)
    features = model.predict(preprocessed_img)
    flattened_features = features.flatten()
    normalized_features = flattened_features / norm(flattened_features)
    return normalized_features
```

 上一個範例所定義的函數，是我們幾乎每次在 Keras 中進行特徵萃取時都會用的關鍵函數。

完成了！我們來看一下模型產生的特徵長度：

```
features = extract_features('../../sample_images/cat.jpg', model)
print(len(features))
> 2048
```

ResNet-50 模型從我們提供的影像中產生了 2,048 個特徵。每個特徵都是介於 0 到 1 之間的浮點數。

如果您的模型是用一個不像 ImageNet 的資料集訓練或微調的，請適當的重新定義「preprocess_input(img)」步驟。函數中用到的平均值只適用於 ImageNet 資料集。Keras 的每個模型都有自己的前置處理函數，所以請確認您用對了。

現在可以從整個資料集萃取特徵了。首先，我們使用這個便利的函數來取得所有檔名，作法是遞迴式的找尋一個目錄下的所有影像檔（由副檔名（extension）來定義）：

```
extensions = ['.jpg', '.JPG', '.jpeg', '.JPEG', '.png', '.PNG']
def get_file_list(root_dir):
    file_list = []
    counter = 1
    for root, directories, filenames in os.walk(root_dir):
        for filename in filenames:
            if any(ext in filename for ext in extensions):
                file_list.append(os.path.join(root, filename))
                counter += 1
    return file_list
```

接著，提供資料集的路徑再呼叫函數：

```
# 資料集路徑
root_dir = '../../datasets/caltech101'
filenames = sorted(get_file_list(root_dir))
```

我們會定義一個變數來儲存所有特徵、走遍資料集中的所有檔名、萃取它們的特徵，再把它們加至先前定義的變數之後：

```
feature_list = []
for i in tqdm_notebook(range(len(filenames))):
    feature_list.append(extract_features(filenames[i], model))
```

在 CPU 上執行的話，這個過程應該不用一個小時。但在 GPU 上執行的話，只需要幾分鐘。

要對時間更有感，可以使用超級好用的工具 tqdm，它會顯示一個進度表（圖 4-3），以及每次迭代的速度、已經用掉的時間和預計完成時間。在 Python 中，只要用 tqdm 來包裹一個迭代子即可；例如 tqdm(range(10))。它的 Jupyter Notebook 版本為 tqdm_notebook。

圖 4-3　使用 tqdm_notebook 所顯示的進度表

最後將這些特徵寫入 pickle 序列化檔案中，好讓我們在日後使用時不用再重新計算它們：

```
pickle.dump(feature_list, open('data/features-caltech101-resnet.pickle', 'wb'))
pickle.dump(filenames, open('data/filenames-caltech101.pickle','wb'))
```

就這樣了！我們已經完成特徵萃取部分。

相似性搜尋

給定一張照片，我們的目標是要從我們的資料集中找出和它夠相似的另一張照片。我們從載入預先計算好的特徵開始：

```
filenames = pickle.load(open('data/filenames-caltech101.pickle', 'rb'))
feature_list = pickle.load(open('data/features-caltech101-resnet.pickle', 'rb'))
```

我們會使用 Python 的機器學習程式庫 scikit-learn 來找出查詢特徵——也就是代表查詢影像的特徵——的最近鄰（*nearest neighbor*）。我們會訓練一個最近鄰模型，它會使用暴力（brute-force）演算法來根據歐基里德距離找出最靠近的五個鄰居（要在您的系統中安裝 scikit-learn，請使用 pip3 install sklearn）：

```
from sklearn.neighbors import NearestNeighbors
neighbors = NearestNeighbors(n_neighbors=5, algorithm='brute',
metric='euclidean').fit(feature_list)
distances, indices = neighbors.kneighbors([feature_list[0]])
```

現在您有了最靠近第一組查詢特徵（代表第一張影像）的五個鄰居的索引和距離了。請注意第一個步驟——也就是訓練步驟——的飛快執行速度。不像大多數的機器學習模型訓練要花了好幾分鐘到好幾小時的時間，產生最近鄰模型是瞬間就完成的，因為在訓練期間並不需要太多的處理。這也被稱為**惰性學習**（*lazy learning*），因為所有的處理都延後到進行分類或推論的時候。

現在我們已經知道索引了，讓我們看看特徵背後的真實影像吧！首先，選擇一張影像來查詢，例如位於索引 = 0：

```
import matplotlib.pyplot as plt
import matplotlib.image as mpimg
%matplotlib inline        # 將結果顯示在 Jupyter 筆記本中的一個儲存格內
plt.imshow(mpimg.imread(filenames[0]))
```

圖 4-4 展示了結果。

圖 4-4　來自 Caltech-101 資料集的查詢影像

現在讓我們檢視一下它的最近鄰，畫一下第一個結果。

```
plt.imshow(mpimg.imread(filenames[indices[0]]))
```

圖 4-5 展示了結果。

圖 4-5　我們的查詢影像的最近鄰

等一下！這不是同一張嗎？事實上，最靠近的索引就是影像自己，因為那就是被查詢的內容：

```
for i in range(5):
    print(distances[0][i])

0.0
0.8285478
0.849847
0.8529018
```

藉由第一個結果的距離是 0 的這個事實可以確認這點。現在讓我們畫出真的最近鄰：

```
plt.imshow(mpimg.imread(filenames[indices[1]]))
```

這次看一下在圖 4-6 中的結果。

圖 4-6　我們的查詢影像的第二最近鄰

這確實看起來很相似。它抓到了一個相似概念，具有相同的影像類別（臉）、相同性別，以及包含柱子和花草的相似背景。事實上，它是同一個人！

我們可能會不時的使用這個功能，所以已經建立一個幫手函數 plot_images()，它會以視覺化的方式查詢影像以及它們的最近鄰。現在，讓我們呼叫這個函數來視覺化 6 張隨機影像的最近鄰。還有，請注意每次您執行以下的程式碼時，所顯示的影像會有所不同（圖 4-7），因為顯示的影像是由隨機整數索引的。

```
for i in range(6):
    random_image_index = random.randint(0,num_images)
    distances, indices = neighbors.kneighbors([featureList[random_image_index]])
```

```
# 不要使用最靠近的影像，因為它是同一張影像
similar_image_paths = [filenames[random_image_index]] +
                      [filenames[indices[0][i]] for i in range(1,4)]
plot_images(similar_image_paths, distances[0])
```

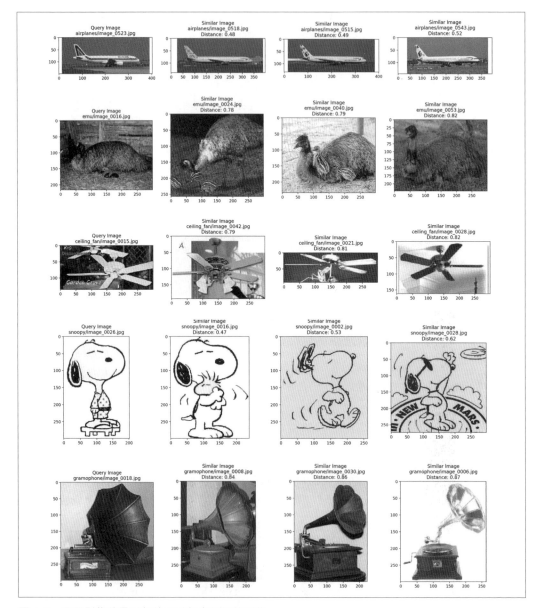

圖 4-7　不同影像的最近鄰傳回看起來相似的影像

使用 t-SNE 視覺化影像群集

我們來視覺化整個資料集，讓遊戲更好玩吧！

我們必須縮減特徵向量的維度，因為不可能在二維（紙張）上畫出一個 2,048 維度的向量（特徵長度）。t 分佈隨機鄰居嵌入（t-distributed stochastic neighbor embedding，t-SNE）演算法可以將高維的特徵向量縮減成 2 維，這提供了資料集的鳥瞰視角，有助於辨識群集以及鄰近影像。t-SNE 很難調整成適用於大型資料集，因此較好的作法是先使用主要成份分析（Principal Component Analysis，PCA）來降低維度後，再呼叫 t-SNE：

```
# 在特徵上執行 PCA
num_feature_dimensions=100        # 設定特徵的數量
pca = PCA(n_components = num_feature_dimensions)
pca.fit(featureList)
feature_list_compressed = pca.transform(featureList)

# 由於速度與清晰度的緣故，我們只分析資料集的前半部分
selected_features = feature_list_compressed[:4000]
selected_class_ids = class_ids[:4000]
selected_filenames = filenames[:4000]

tsne_results =
TSNE(n_components=2,verbose=1,metric='euclidean')
    .fit_transform(selected_features)

# 由所產生的 t-SNE 結果畫出散佈圖
colormap = plt.cm.get_cmap('coolwarm')
scatter_plot = plt.scatter(tsne_results[:,0],tsne_results[:,1], c =
                selected_class_ids, cmap=colormap)
plt.colorbar(scatter_plot)
plt.show()
```

我們會在後面的章節詳細討論 PCA。為了要放大至更大的維度，我們使用均勻流形趨近與投影（Uniform Manifold Approximation and Projection，UMAP）。

圖 4-8 展示了相似類別的群集，以及它們是如何彼此靠近的。

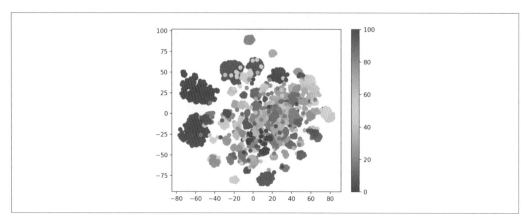

圖 4-8　t-SNE 視覺化影像特徵群集，每一群集以相同顏色表達同一物件類別

圖 4-8 中的每一種顏色代表不同的類別。為了讓它更清晰些，我們可以使用另一個幫手函數 plot_images_in_2d() 來畫出這些群集中的影像，如圖 4-9 所示。

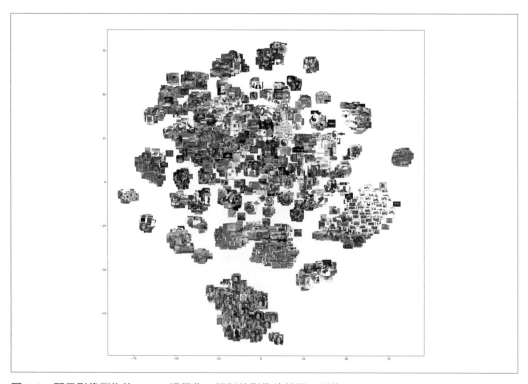

圖 4-9　顯示影像群集的 t-SNE 視覺化；相似的影像位於同一群集

乾淨俐落！其中清楚標示了人臉、花、古董車、船、自行車等群集，以及有點散開的陸上以及海洋動物的群集。有許多影像重疊在其他影像上，讓圖 4-9 看起來令人有點混淆，因此我們試著透過另一個幫手函數 tsne_to_grid_plotter_manual() 來將 t-SNE 繪製成清楚的地磚形，結果如圖 4-10 所示。

```
tsne_to_grid_plotter_manual(tsne_results[:,0], tsne_results[:,1],
                            selected_filenames)
```

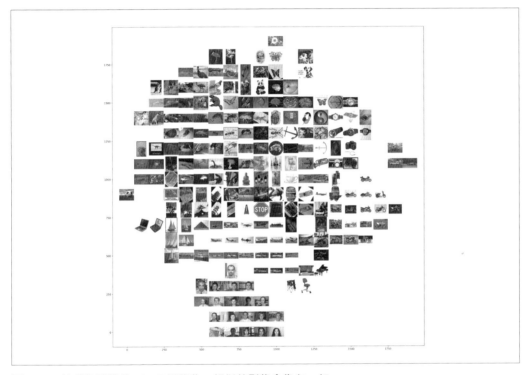

圖 4-10　地磚化影像的 t-SNE 視覺化；相似的影像會靠在一起

這絕對會是更清楚的。我們可以看到相似的影像會被放在一起，其中包含人臉、椅子、自行車、飛機、船、筆記型電腦、動物、手錶、花、斜塔、古董車、錨符號及相機等群集，全都和同一類的東西靠在一起。物以類聚！

2D 的群集很棒，不過用 3D 來視覺化它們更棒。如果可以不用寫程式就可以旋轉、放大縮小及用滑鼠操作它們會更棒。還有，如果資料可以被搜尋以顯示它的鄰居，那就更好了。TensorFlow Embedding 投影機（*https://projector.tensorflow.org*）將上述以及更多的功能全都以基於瀏覽器的圖形化使用者介面工具做到了。由影像和文字資料集所預載的嵌入可以讓我們對嵌入有更好的洞察。而且如圖 4-11 所示，我們可以看到深度學習指出了約翰藍儂（John Lennon）、齊柏林飛船（Led Zeppelin）及艾瑞克‧克萊普頓（Eric Clapton）剛好都在英文中被用於披頭四（Beatles）相關的語境中。

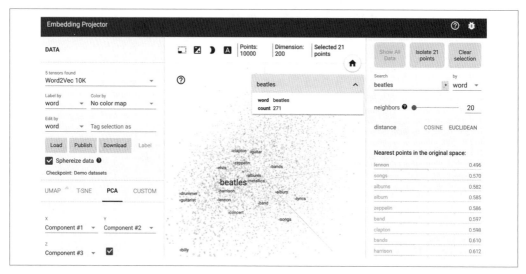

圖 4-11　TensorFlow Embedding 投影機顯示了 10,000 常用的英文字詞的 3D 表達法，其中突顯了和「Beatles」相關的字詞

改善相似性搜尋的速度

有幾種作法可以改善相似性搜尋步驟的速度。對於相似性搜尋，我們可以採取兩種策略：縮減特徵長度，或是使用更好的演算法來搜尋特徵。以下我們會分別檢視這些策略。

特徵向量的長度

理想的狀況是，我們會期望當搜尋的資料量愈小時，搜尋的速度會愈快。回想一下，ResNet-50 模型共有 2,048 個特徵。如果每個特徵都用 32 位元的浮點數表達，即每張影像是用 8 KB 大小的特徵向量來表達。如果有一百萬張影像，就等於是大約 8 GB。想像一下搜尋 8 GB 的特徵會有多慢。想要更清楚的理解這個情境，表 4-1 列出了不同模型所得到的特徵長度。

表 4-1　不同 CNN 模型的前 1% 準確度與特徵長度

模型	瓶頸特徵長度	於 ImageNet 之前 1% 準確度
VGG16	512	71.5%
VGG19	512	72.7%
MobileNet	1024	66.5%
InceptionV3	2048	78.8%
ResNet-50	2048	75.9%
Xception	2048	79.0%

許多 tf.keras.applications 中的可用模型會產生好幾千個特徵。例如，InceptionV3 會產生形狀為 1×5×5×2048 的特徵，可轉譯為 2,048 個 5×5 捲積的特徵圖，也就是總共有 51,200 個特徵。因此，使用平均或最大池化層來縮減這個大向量是有必要的。池化層會將每一個捲積（例如，5×5 層）濃縮至一個單一值。這可以在模型實體化過程間定義如下：

```
model = InceptionV3(weights='imagenet', include_top=False,
input_shape = (224,224,3), pooling='max')
```

對會產生大量特徵的模型而言，您通常會發現在所有的程式碼範例中都使用了這個池化選項。表 4-2 顯示了不同模型在使用最大池化前後對特徵數量的影響。

表 4-2　不同模型使用池化前後之特徵數量

模型	池化前的特徵數量	池化後的特徵數量
ResNet-50	[1,1,1,2048] = 2048	2048
InceptionV3	[1,5,5,2048] = 51200	2048
MobileNet	[1,7,7,1024] = 50176	1024

就如我們所見，幾乎所有模型都會產生大量的特徵。想像一下，如果我們可以將特徵縮減成只有 100 個（高達 10 到 20 倍！）且對結果品質不妥協的情況下，搜尋會變得多快。撇開大小不談，這對巨量資料情境會是一種更大的提升，因為資料現在可以一次就載入 RAM 中，而不是只能定期性的一部分一部分載入，這會導致更大的速度提升。PCA 會幫我們實現此事。

用 PCA 縮減特徵長度

PCA 是一個統計程序，它會質問用來表達資料的特徵是否同等重要。是否有些特徵是冗餘的，所以即使將它們移除後還是可以得到差不多的分類結果？ PCA 被認為是要進行維度縮減時的必用方法之一。請注意，它並不會移除冗餘特徵，而是產生一組為輸入特徵之線性組合的新特徵。這些線性特徵彼此間是正交的，這也是為何冗餘特徵會不見的原因。這些特徵被稱為**主要成份**（*principal component*）。

執行 PCA 很簡單。使用 scikit-learn 程式庫的話，只需要執行以下程式碼：

```
import sklearn.decomposition.PCA as PCA
num_feature_dimensions=100
pca = PCA(n_components = num_feature_dimensions)
pca.fit(feature_list)
feature_list_compressed = pca.transform(feature_list)
```

PCA 也可以告訴我們特徵的相對重要性。第一個維度具有最大的變異數，而變異數會隨著維度順序而遞減：

```
# 解釋前 20 個特徵的重要性
print(pca.explained_variance_ratio_[0:20])

[ 0.07320023  0.05273142  0.04310822 0.03494248  0.02166119  0.0205037
  0.01974325  0.01739547  0.01611573 0.01548918  0.01450421  0.01311005
  0.01200541  0.0113084   0.01103872 0.00990405  0.00973481  0.00929487
  0.00915592  0.0089256 ]
```

呢，為何我們要從原來的 2,048 個特徵中挑出 100 個呢？為何不是 200 ？ PCA 用縮減後的維度來表達我們原來的特徵向量。每一個新的維度在表達原始向量時都減少了回報（也就是說，新的維度可能無法完整的解釋資料），並且佔用了可貴的空間。我們可以在要將資料解釋的多完整以及要將資料的數量縮減多少這二件事當中取得平衡。讓我們視覺化前 200 個維度的重要性吧！

```
pca = PCA(200)
pca.fit(feature_list)
matplotlib.style.use('seaborn')
plt.plot(range(1,201),pca.explained_variance_ratio_,'o--', markersize=4)
```

```
plt.title ('Variance for each PCA dimension')
plt.xlabel('PCA Dimensions')
plt.ylabel('Variance')
plt.grid(True)
plt.show()
```

圖 4-12 呈現出它的結果。

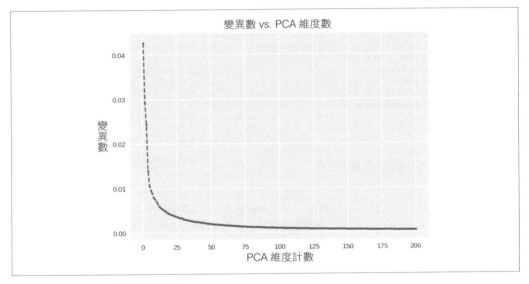

圖 4-12　每個 PCA 維度的變異數

個別的變異數會告訴我們，新增加的特徵有多重要。例如，在前 100 個維度後，新增的維度就不會增加太多的變異數（幾乎等於 0）了，所以可以被省略。甚至不用檢查準確度，我們就可以很有自信的假設具有 100 個維度的 PCA 會是一個強固的模型。看待此問題的另一種方式是，藉由將累積變異數（cumulative variance）視覺化來看看有多少原始資料可以被有限的特徵所解釋（參見圖 4-13）：

```
plt.plot(range(1,201),pca.explained_variance_ratio_.cumsum(),'o--', markersize=4)
plt.title ('Cumulative Variance with each PCA dimension')
plt.xlabel('PCA Dimensions')
plt.ylabel('Variance')
plt.grid(True)
plt.show()
```

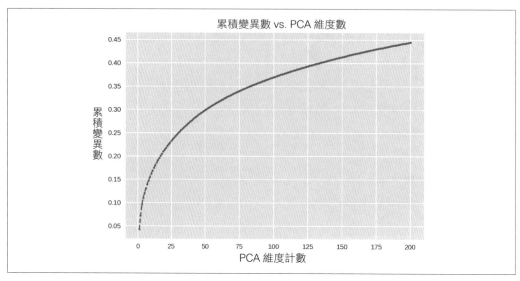

圖 4-13　每一個 PCA 維度的累積變異數

就如我們所預期的，增加 100 個維度（從 100 到 200）只增加了 0.1 的變異數並且開始進入高原區。作為參考值，使用全部的 2,048 個特徵後的累積變異數為 1。

PCA 中的維度數量是我們可以依據手上的問題來調整的重要參數。要直接判定好的閾值的一種作法是，找出特徵數量以及它在準確度對速度的效果上的平衡點：

```
pca_dimensions = [1,2,3,4,5,10,20,50,75,100,150,200]
pca_accuracy = []
pca_time = []

for dimensions in pca_dimensions:
    # 執行 PCA
    pca = PCA(n_components = dimensions)
    pca.fit(feature_list)
    feature_list_compressed = pca.transform(feature_list[:])
    # 計算對壓縮後特徵之準確度
    accuracy, time_taken = accuracy_calculator(feature_list_compressed[:])
    pca_time.append(time_taken)
    pca_accuracy.append(accuracy)
    print("For PCA Dimensions = ", dimensions, ",\tAccuracy = ",accuracy,"%",
",\tTime = ", pca_time[-1])
```

我們用圖 4-14 來視覺化這些結果，可以看到在特定數量的維度後更多的維度並不會導致更高的準確度：

```python
plt.plot(pca_time, pca_accuracy,'o--', markersize=4)
for label, x, y in zip(pca_dimensions, pca_time,pca_accuracy):
    plt.annotate(label, xy=(x, y), ha='right', va='bottom')
plt.title ('Test Time vs Accuracy for each PCA dimension')
plt.xlabel('Test Time')
plt.ylabel('Accuracy')
plt.grid(True)
plt.show()
```

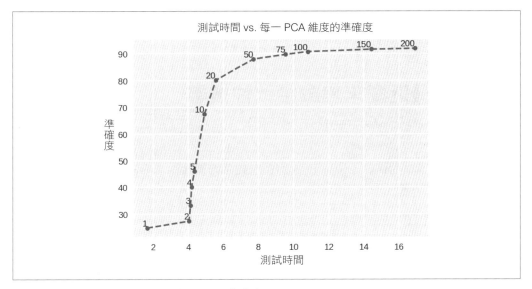

圖 4-14　每一個 PCA 維度的測試時間 vs. 準確度

如圖 4-14 所示，當特徵長度超過 100 時，準確度的改善就很小了。用比原始的（2,048）維度少上 20 倍（100）的特徵量可以為幾乎任何搜尋演算法提供明顯的速度提升以及時間減少，同時還能達成相似（有時甚至稍高）的準確度。因此，對這個資料集而言 100 會是理想的特徵長度。這也意味著，前 100 個維度就包含了資料集中大部分的資訊。

使用這種縮減表達法有許多好處，像是能更有效率的使用計算資源、移除雜訊、因為更少維度而具有更好的通用性，以及改善機器學習演算法學習這份資料的效能。藉由將距離的計算縮減成只使用最重要特徵，我們也可以些微的改善結果的準確度。這

是因為之前的全部 2,048 個特徵在距離計算的貢獻度是一樣的，而現在只有最重要的 100 個特徵才有話語權。不過更重要的是，它讓我們不用擔心**維度的詛咒**（*curse of dimensionality*）。我們可以觀察到，當維度增加時，兩個最近點間與兩個最遠點間的歐基里德距離之比值會漸漸變成 1。在極高維度的空間中，真實世界資料集中大多數的點彼此之間的距離都很類似，而使歐基里德距離無法分辨相似和不相似的項目。PCA 會幫我們把合理性找出來。

您可以用不同的距離來進行實驗，例如 Minkowski 距離、Manhattan 距離、Jaccardian 距離，以及加權歐基里德距離（其中的權重是每個特徵的貢獻，如 `pca.explained_variance_ratio_` 所述）。

現在，讓我們用這個縮減後的特徵集合來使搜尋變得更快。

使用近似最近鄰來縮放相似性搜尋

我們要什麼？最近鄰。我們的基準是什麼？暴力搜尋（brute-force search）。雖然可以很方便的用兩行程式就實作完成，不過它會跑過每個元素，因此會隨著資料集大小（項目數量以及維度數量）而縮放。使用 PCA 將特徵向量的長度從 2,048 降到 100，不僅能把資料集大小縮減 20 倍，而且在使用暴力法時還可以增加 20 倍的速度。PCA 確實值得！

讓我們假設使用相似性搜尋來搜尋包含 10,000 張影像（目前表達成長度為 100 的特徵向量）的小資料集，大約需要 1 毫秒的時間。即使對 10,000 張影像來說這看起來很快，但對於具有較大資料（也許包含一千萬個項目）的真實產出系統而言，這會花費超過一秒來搜尋。我們系統的 CPU 核心每秒也許無法處理超過一個以上的查詢。如果您每秒收到超過 100 個來自使用者的要求，即使是在多核心機器上執行，您還是需要多台機器才能服務這些要求。換句話說，缺乏效率的系統就代表要花很多錢在硬體上。

暴力法是我們每次進行比較的基準。就如同大部分演算法的作法一樣，暴力法會是最慢的方法。現在有了基準，我們將探索近似最近鄰（approximate nearest-neighbor）演算法。不再和暴力法一樣強調結果的正確性，近似演算法**大體上**會取得正確的結果，因為它們是…近似的。大部分的演算法提供了某種形式的調整以平衡正確性與速度。我們可以將結果與暴力法基準相比以評估其品質。

近似最近鄰評測

坊間已經存在了數種近似最近鄰（approximate nearest-neighbor，ANN）程式庫，包括 Spotify 的 Annoy、FLANN、Facebook 的 Faiss、Yahoo 的 NGT，以及 NMSLIB 等著名程式庫。對它們逐一進行評測會是十分乏味的工作（假設您設法完成了其中某些的安裝過程）。幸好在 *ann-benchmarks.com* 的一些好人（Martin Aumueller、Erik Bernhardsson 以及 Alec Faitfull）幫我們完成了這些跑腿工作，他們在大型公共資料集上評測了 19 個程式庫。我們會選擇在一個稱為 GloVe 資料集上的比較，此資料集使用特徵嵌入來表達字詞（而非影像）。這個大小為 350 MB 的資料集包含了 400,000 個特徵向量，每一向量用 100 個代表字詞的維度來表達。圖 4-15 展示了當我們針對正確性調校時的原始效能。效能是以該程式庫每秒所能回應的查詢來量測。回想一下，正確性的量測即為傳回的前 n 個最近項目與真實的前 n 個最近項目的比值。這裡所用的真實結果是由暴力搜尋所量測的。

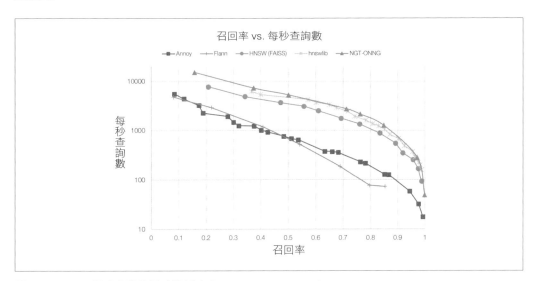

圖 4-15　ANN 程式庫的比較（資料來自 *ann-benchmarks.com*）

這個資料集的最佳表現是，在可接受的 0.8 召回率（recall）之下每秒執行數千個查詢。為了要對這個表現有點概念，我們的暴力搜尋每秒只能執行不到一次的查詢。若只談最快的，某些程式庫（像是 NGT）可以每秒傳回 15,000 個結果（儘管召回率很低而致使它無法用於實際應用）。

我應該使用哪個程式庫？

不用說也知道，您所使用的程式庫應該要根據使用情境而定。每一個程式庫都呈現了在搜尋速度、準確度、索引大小、記憶體消耗、硬體使用（CPU ／ GPU），以及設定容易性上的取捨。表 4-3 呈現了不同情境以及哪個程式庫最適合此情境的概要整理。

表 4-3　ANN 程式庫推薦

情境	推薦
我想在 Python 中快速的實驗，不用太多的設定，不過我也關心速度。	使用 Annoy 或 NMSLIB
我有一個大型資料集（高達一千萬個項目或幾千個維度），而且最關心速度。	使用 NGT
我有一個誇張的大型資料集（超過一億個項目），還有一個叢集的 CPU。	使用 Faiss
我想要設定一個具有 100% 正確性的事實基準。接著立即移往一個較快的程式庫，用快了好幾個數量級的速度讓老闆印象深刻並得到獎金。	使用暴力法

在本書 GitHub 網站上（參見 *http://PracticalDeepLearning.ai*）的幾個程式庫，我們提供了更詳盡的程式碼範例。不過基於我們在此的目標，這裡會詳細說明我們的必用程式庫 Annoy 並使用一個人造資料集來和暴力搜尋進行比較。此外，我們也會簡單介紹 Faiss 與 NGT。

建立人造資料集

為了要對不同程式庫進行公平的比較，我們首先建立一個包含百萬個項目的資料集，其中的項目是平均值為 0 且變異數為 1 的隨機浮點數值。此外，我們隨機挑選一個特徵向量作為查詢句，以找出它的最近鄰：

```
num_items = 1000000
num_dimensions = 100
dataset = np.random.randn(num_items, num_dimensions)
dataset /= np.linalg.norm(dataset, axis=1).reshape(-1, 1)

random_index = random.randint(0,num_items)
query = dataset[random_index]
```

暴力法

首先，我們計算使用暴力演算法進行搜尋所花的時間。它們以循序的方式跑遍整個資料集，一一計算查詢句與目前項目間的距離。我們使用 timeit 指令來計算時間。首先我們建立搜尋索引以檢索前五個最近鄰，而後再以查詢句搜尋：

```
neighbors = NearestNeighbors(n_neighbors=5, algorithm='brute',
metric='euclidean').fit(dataset)
```

```
%timeit distances, indices = neighbors.kneighbors([query])

> 177 ms ± 136 µs per loop (mean ± std. dev. of 7 runs, 1000 loops each)
```

 timeit 指令是一個好用的工具。要評測一個單一運算的時間，只要在此運算前加上這個指令即可。和 time 指令相較，它一次只會執行一個敘述，但 timeit 會將敘述執行多次以獲得更精準的統計資訊及標準差。預設上，它會關閉垃圾蒐集（garbage collection）功能而使得不同時間點所得到的結果能夠相比。不過，這可能無法反映真實負載下的時間，因為那時的垃圾蒐集功能會是開啟的。

Annoy

Annoy（*https://oreil.ly/1qqfv*）（Approximate Nearest Neighbors Oh Yeah）是一個用來搜尋最近鄰並可以連結至 Python 的 C++ 程式庫。它是由 Spotify 發佈作為它的音樂推薦服務使用，並以快速聞名。和它的名稱相反，實際上它很有趣而且容易使用。

要使用 Annoy，我們先用 pip 來安裝它：

```
$ pip install annoy
```

用法十分簡單明瞭。首先，我們建立一個具有兩個超參數的搜尋索引：資料集的維度數量和樹的數量：

```
from annoy import AnnoyIndex
annoy_index = AnnoyIndex(num_dimensions) # 會被索引的項目向量之長度
for i in range(num_items):
    annoy_index.add_item(i, dataset[i])
annoy_index.build(40) # 40 棵樹
```

接著找出搜尋一張影像的五個最近鄰所花的時間：

```
%timeit indexes=t.get_nns_by_vector(query, 5, include_distances=True)

> 34.9 µs ± 165 ns per loop (mean ± std. dev. of 7 runs, 10000 loops each)
```

超快！我們可以這樣來理解這個速度：即使對我們具有百萬個項目的資料集而言，它可以在只使用單一 CPU 核心的情況下在一秒內服務將近 28,000 個要求。考慮大部分的 CPU 都是多核心的情況，它應該可以只用單一系統就服務超過 100,000 個要求。最好的部分是，它讓多個程序分享記憶體中的同一個索引。因此，最大索引可以和您的全部 RAM 一樣大，使得在單一系統中同時服務多個要求成為可能。

其他的好處包括它會產生適宜大小的索引。此外，它不用將索引的建立和載入綁在一起，所以您可以在一台機器上建立索引、到處傳遞它，然後在您的服務機器上載入它並進行服務。

 想知道應該要使用多少棵樹嗎？愈多的樹會產生愈高的精準度（precision），不過也會產生愈大的索引。一般而言，不到 50 棵樹就足以到達最高精準度了。

NGT

Yahoo 日本的 Neighborhood Graph and Tree（NGT）程式庫目前在大部分的評測中領先群雄，它最適合用在高維度（數以千計）的大型資料集（數以百萬計的項目）。雖然這個程式庫於 2016 年就有了，不過它是在 2018 年實作了 ONNG（Optimization of indexing based on k-Nearest Neighbor Graph for proximity 的縮寫）演算法後才進入產業評測中的。考量到伺服器上可能會有多個執行緒同時在執行 NGT，它可以藉由記憶體映射檔（memory mapped file）之助將索引放在共享記憶體內，有助於降低記憶體的使用以及增加載入時間。

Faiss

Faiss 是 Facebook 的高效率相似性搜尋程式庫。它可以藉由儲存向量的壓縮表達法（精簡量化編碼），而非原始數值來將數十億個向量放在單一伺服器的 RAM 中。它特別適合用在密集向量上。由於可以將索引存放在 GPU 的記憶體（VRAM）內，它在具有 GPU 的機器上表現得特別好。這同時適用於單 GPU 以及多 GPU 的設定。它提供了基於搜尋時間、準確度、記憶體消耗及索引時間來調校效能的能力。它是目前在 GPU 上進行 ANN 搜尋的最快實作方式之一。嘿！如果這對 Facebook 來說已經夠好了，那麼對我們大多數人來說也已經夠好了（只要我們有夠多的資料）。

儘管展示整個過程已經超出本書範圍，但我們還是推薦您使用 Anaconda 或它的 Docker 容器來安裝 Faiss，以能快速上手。

使用微調來改善準確度

許多預訓練模型是用 ImageNet 資料集來訓練的。因此，它們對大部分情況下的相似度計算提供了極好的起點。不過，如果您針對您的問題來調整這些模型，它們在找出相似影像上會表現得更加準確。

在本章的這個部分，我們會偵測表現最差的類別、用 t-SNE 將它們視覺化、進行微調，然後再看看它們的 t-SNE 圖有什麼變化。

什麼是用來檢查您是否真的找到了相似影像的好量度？

痛苦的選項 1

走訪整個資料集，一一的手動檢查傳回的影像是否真的相似。

快樂的選項 2

就只計算準確度。也就是說，對於屬於類別 X 的影像而言，那些相似影像是否也屬於同一個類別？我們稱此為相似度準確度（similarity accuracy）。

所以，什麼是我們表現最差的類別？還有為什麼它們是最差的？要回答這個問題，我們已經事先定義了一個幫手函數 worst_classes。對資料集中的每一張影像來說，它會用暴力演算法去找出最近鄰，然後傳回六個具有最低準確度的類別。要看看微調的效果，我們在一個較困難的資料集—— Caltech-256 ——上執行分析。呼叫這個函數會揭露最不準確的類別：

```
names_of_worst_classes_before_finetuning, accuracy_per_class_before_finetuning =
worst_classes(feature_list[:])

    Accuracy is 56.54
    Top 6 incorrect classifications
    059.drinking-straw    Accuracy: 11.76%
    135.mailbox           Accuracy: 16.03%
    108.hot-dog           Accuracy: 16.72%
    163.playing-card      Accuracy: 17.29%
    195.soda-can          Accuracy: 19.68%
    125.knife          Accuracy: 20.53%
```

為了要看看為何它們在特定類別上的表現如此之差，我們畫了一張 t-SNE 圖以在 2D 空間中將嵌入進行視覺化，如圖 4-16 所示。為了避免影像變成過度擁擠，我們對每個類別只選了 50 張影像。

為了加強圖形的可視度，我們可以為每個類別定義不同的圖標以及顏色。Matplotlib 提供了多種圖標（*https://oreil.ly/cnoiE*）以及顏色（*https://oreil.ly/Jox4B*）。

```
markers = [ "^", ".","s", "o","x", "P" ]
colors = ['red', 'blue', 'fuchsia', 'green',
'purple', 'orange']
```

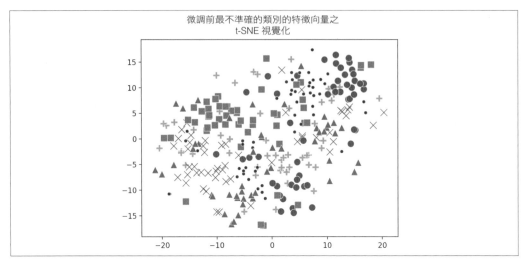

圖 4-16　調微前最不準確的類別的特徵向量之 t-SNE 視覺化

啊！這些特徵向量到處散佈而且彼此相疊。將這些特徵用在像是分類這樣的應用可能會不太好，因為很難在它們間找出一個乾淨的分隔面。難怪它們在這種基於鄰居的分類測試中表現得如此差。

如果我們用微調後的模型重複這些步驟的話，您認為結果會是如何？我們做了一件有趣的事；來看看圖 4-17 吧！

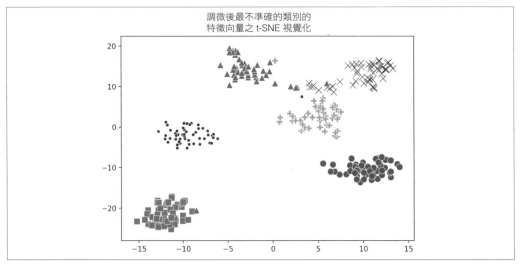

圖 4-17　調微後最不準確的類別的特徵向量之 t-SNE 視覺化

這樣乾淨多了。只用了第 3 章中的一點微調技巧，嵌入就開始群組在一起了。比較一下訓練前模型的雜亂／分散嵌入和微調後模型的嵌入。機器學習分類器將能夠更輕鬆地找出這些類別之間的分隔面，進而在不使用分類器時產出更好的分類準確度及更相似的影像。還有，請記住，這些是具有最高分類錯誤的類別；想像一下那些原本就具有高準確度的類別在微調後會變得有多好。

在前面未訓練的嵌入達到 56% 的準確度。微調後的嵌入則達到驚人的 87% 準確度！小小的魔法就可以辦大事。

微調的限制之一是需要已標記資料，而這並不總是存在的。因此根據您的使用案例需求，您可能需要標記一些資料。

這裡還涉及了一個小小的非傳統訓練技巧，我們會在下一節中討論。

不使用完全連接層進行微調

就如我們已經知道的，類神經網路由三個部分組成：

- 捲積層，最終會產生特徵向量
- 完全連接層
- 最終分類層

就如其名，微調涉及將類神經網路稍微的調整一下以適應新的資料集。它通常涉及將完全連接層（頂層）拿掉、將它們換成新的，然後使用這個資料集來訓練新組成的類神經網路。以這種方式訓練會造成二種狀況：

- 在所有新加入的完全連接層內的權重會受到顯著的影響。
- 在捲積層中的權重只會稍微的改變。

完全連接層做了許多粗重的工作以得到最大的分類準確度。結果是，用來產生特徵向量的大部分網路幾乎不會改變。因此，儘管有進行微調，特徵向量還是只會稍微改變而已。

我們的目標是要讓看起來相似的物件也有相近的特徵向量，如前所述，這就是微調無法做到的。我們可以透過強迫所有任務特定學習都發生在捲積層來得到更好的結果。我們要怎麼做到這件事呢？**移除所有完全連接層並在捲積層（會產生特徵向量）之後直接加上分類層**。這樣的模型是為了相似性搜尋而不是分類而優化的。

要比較為了分類和為了相似度搜尋優化的微調模型其程序有何不同，請回想一下在第 3 章中我們是怎麼為分類微調模型的：

```
from tf.keras.applications.resnet50 import ResNet50
model = ResNet50(weights='imagenet', include_top=False,
input_shape = (224,224,3))
input = Input(shape=(224, 224, 3))
x = model(input)
x = GlobalAveragePooling2D()(x)
x = Dense(64, activation='relu')(x)
x = Dropout(0.5)(x)
x = Dense(NUM_CLASSES, activation='softmax')(x)
model_classification_optimized = Model(inputs=input, outputs=x)
```

以下是我們為了相似度搜尋而微調模型的作法。請注意中間那消失的隱藏密集層：

```
from tf.keras.applications.resnet50 import ResNet50
model = ResNet50(weights='imagenet', include_top=False,
input_shape = (224,224,3))
input = Input(shape=(224, 224, 3))
x = model(input)
x = GlobalAveragePooling2D()(x)
# 沒有密集或退出（dropout）層
x = Dense(NUM_CLASSES, activation='softmax')(x)
model_similarity_optimized = Model(inputs=input, outputs=x)
```

在微調後，要使用 model_similarity_optimized 來萃取特徵而不是為類別給定機率的話，只需 pop（也就是移除）最後一層：

```
model_similarity_optimized.layers.pop()
model = Model(model_similarity_optimized.input,
model_similarity_optimized.layers[-1].output)
```

此處的關鍵點在於，如果您使用正規的微調過程的話，我們會得到比 model_similarity_optimized 更低的相似度準確度。很明顯地，我們會想要在分類場合使用 model_classification_optimized，而在為相似性搜尋萃取嵌入時使用 model_similarity_optimized。

具有這些知識後，您可以為任何您正在進行的場景建立快速且準確的相似度系統。是時候來看看人工智慧產業的巨人們是如何建立它們的專案了。

一次性臉部驗證的 Siamese 網路

臉部驗證系統通常是試圖確認兩張影像中的人是否相同。這是一個高精準度的二元分類器，它需要在不同的照明、穿著、髮型、背景及臉部表情下強固的運作。讓這件事更具挑戰性的是，雖然在一個員工資料集中會包含許多人的影像，但可能同一個人只有少數的影像。同樣地，銀行中的簽名識別以及 Amazon 的產品識別也受到同一個項目只有有限影像這件事的挑戰。

您會如何訓練這樣的分類器呢？從以 ImageNet 預先訓練的模型——像是 ResNet ——來挑選嵌入可能無法分辨這些細微的臉部屬性。一種作法是把每一個人看作是一個類別，並用訓練一般網路的作法來訓練。這會產生兩個問題：

- 如果我們有一百萬個人，要訓練一個具有一百萬個類別的網路是不可能的。

- 以每個類別都只有少數影像的資料集來訓練會導致過度訓練。

另一種想法：與其教它不同的類別，倒不如藉由在訓練時對影像的相似度進行導引，教網路直接比較一對影像並判定它們是否相似。這就是 Siamese 網路背後的關鍵概念。取一個模型、餵入兩張影像、萃取兩份嵌入，然後再計算這兩份嵌入間的距離。如果此距離低於一個閾值就認定它們是相似的，否則就不是。藉由餵入一對影像以及它們是相似或不相似的標籤，進行端到端的訓練網路，嵌入會開始抓住輸入的細微表達。這個直接對距離量度進行優化的作法被稱為**量度學習**（*metric learning*），如圖 4-18 所示。

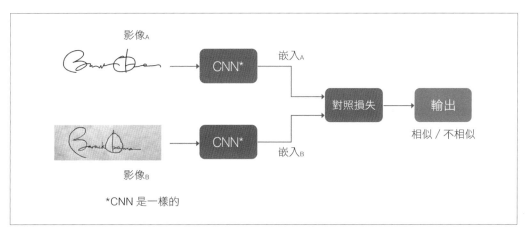

圖 4-18　簽名識別之 Siamese 網路；請注意兩張影像使用同一個 CNN

我們可以將這個想法擴充到餵入三張影像。選出一張錨定影像、選擇另一張（同一類別的）正向樣本，以及另一張（不同類別的）負向樣本。現在讓我們訓練這個網路以直接將相似項目間的距離最小化，並將不相似項目間的距離最大化。幫我們達成此事的損失函數稱為**三元損失函數**（*triplet loss function*）。在前一個使用一對影像的案例中之損失函數被稱為**對照損失函數**（*contrastive loss function*）。三元損失函數應該會得到更好的結果。

在網路完成訓練後，我們只需要一張臉部的參考影像就可以決定是否是同一個人。這個方法開啟了**單樣本學習**（*one-shot learning*）之門。其他常見的用途是簽名和標誌的辨識。一個由 Saket Maheshwary 和 Hemant Misra 所開發的創意性應用是使用 Siamese 網路來計算工作應徵者的履歷間的語意相似度。

案例探討

讓我們看幾個有趣的範例，它們展示了我們目前所學到的東西是如何應用在產業中的。

Flickr

Flickr 是最大的照片分享網站之一，尤其在職業攝影師中特別受歡迎。為了要幫攝影師找到靈感並展現使用者可能會感興趣的內容，Flickr 製作了一個基於語意的相似性搜尋功能。如圖 4-19 所示，探查一張沙漠樣式會導致幾張相似的樣式結果。Flickr 內部採用一個稱為區域性優化產品量化（Locally Optimized Product Quantization，LOPQ）的 ANN 演算法，並且將它以 Python 以及 Spark 實作進行開放原始碼。

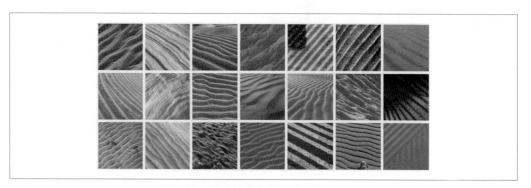

圖 4-19　沙漠照片的相似樣式（影像來源：*https://code.flickr.com*）

Pinterest

Pinterest 是一個因為它的視覺搜尋能力而廣被使用的應用程式,更精確來說是它稱為相似貼文(Similar Pins)與相關貼文(Related Pins)的功能。其他像是百度和阿里巴巴也發佈了類似的視覺搜尋系統。另外 Zappos、Google Shopping,以及 like.com 也使用電腦視覺來進行推薦。

「女性時尚(women's fashion)」是 Pinterest 最受歡迎的貼文主題之一,而相似外觀(Similar Looks)功能(圖 4-20)則可以幫助人們發掘相似的產品。此外,Pinterest 也報告了它的相關貼文功能會增加再貼文的比率。並不是 Pinterest 裡的每則貼文都有對應的後設資料,這種因為缺乏內容而產生的冷啟動(cold-start)問題會使推薦變得困難。Pinterest 的開發人員藉由使用視覺特徵來產生相關貼文以解決冷啟動問題。此外,Pinterest 也實作了一種增量式指紋服務,它會在新影像上傳或特徵變化(因為工程師改良或修改了其下的模型)時產生新的數位簽名。

圖 4-20　Pinterest 應用的相似外觀功能(影像來源:Pinterest 部落格)

相似名人

像是在 2015 年爆紅的 *Celebslike.me* 這樣的網站會在名人中找出最近鄰,如圖 4-21 所示。類似的作法在 2018 年被 Google Arts & Culture 應用程式採用,它會顯示和您的臉最相近的圖片。Twins or not 是另一個目標類似的應用。

圖 4-21　在 *celebslike.me* 網站上測試我們朋友 Pete Warden 的照片
（Google 的行動與嵌入式 TensorFlow 部門技術主管）

Spotify

Spotify 根據目前正在播放的歌曲使用最近鄰來推薦音樂、電台，以及建立自動播放列表。被用來推薦像是 Netflix 中的電影這類內容的協同過濾（collaborative filtering）技術通常不知道它們的內容；也就是說，會進行推薦是因為有一大群具有相同品味的使用者正在觀看類似的電影或聆聽類似的歌曲。這對新的或還沒流行的內容來說是會出問題的，因為使用者會一直收到既有的流行內容的推薦。這就是之前提過的冷啟動問題。解決方法就是使用對內容的潛在理解。和影像一樣，我們可以使用梅爾頻率倒頻譜係數（Mel Frequency Cepstral Coefficients，MFCC）特徵來建立音樂的特徵向量，它會產生一個可以被想像成影像的 2D 光譜圖並用以產生特徵。歌曲被切成三秒鐘的片段，而它們的光譜圖再被用來產生特徵。這些特徵會被平均後用來表達整首歌曲。圖 4-22 顯示了歌曲被投影到特定區域的歌手。我們可以區分出嘻哈（左上方）、搖滾（右上方）、流行（左下方），以及電音（右下方）。就如之前提過的，Spotify 在內部使用了 Annoy。

影像圖說產生

影像圖說產生（image captioning）是將影像翻譯成文句的科學（如圖 4-23 所示）。不只是物件標記而已，它需要對整張影像以及物件間的關係有更深層的視覺上的了解。要訓練這種模型，在 2014 年已經有一個稱為 MS COCO 的開源資料集被釋出了。它包含了超過 300,000 張影像以及它們的物件類別、文句描述、視覺問答組合，以及物件分割。它是一個每年舉辦的競賽的評測資料集，用以檢視影像圖說產生、物件偵測，以及物件分割的進展。

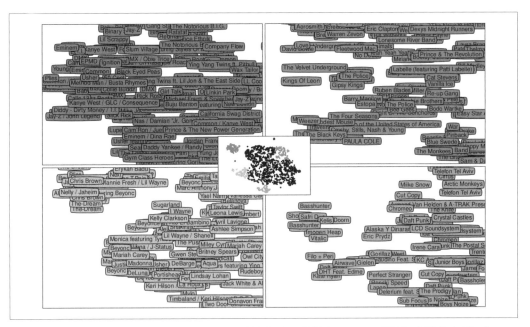

圖 4-22 　使用音訊預測的潛在因子，對預測樣式的分佈進行 t-SNE 可視化（影像來源：「Deep content-based music recommendation」 by Aaron van den Oord, Sander Dieleman, Benjamin Schrauwen, NIPS 2013）

a long bridge over a body of water with a city in the background

a woman sitting at a table using a laptop computer

probably a group of people with luggage at an airport

圖 4-23 　盲人社群所使用的 Seeing AI：the Talking Camera 應用程式之影像圖說產生特徵

此競賽第一年（2015）的常用策略是在一個 CNN 後加上一個語言模型（LSTM／RNN），使 CNN 的輸出成為語言模型（LSTM／RNN）的輸入。這種組合模型被以端到端的方式聯合訓練，導致驚人的結果而震撼了全世界。雖然每個實驗室都想盡辦法要打敗其他的實驗室，然而後來發現只要用簡單的最近鄰搜尋就可以產生目前最先進的結果。給定一張影像，根據嵌入的相似度來找出相似影像。然後記住這些相似影像的圖說中共同出現的字詞，並印出包含這些常用字的圖說。簡單來說，懶惰作法還是可以打敗最先進的作法，而這曝露了資料集的嚴重偏見。

這個偏見由 Larry Zitnick 命名為**長頸鹿－樹**（*Giraffe-Tree*）問題。在一個搜尋引擎上搜尋「長頸鹿」影像。仔細看一下：除了長頸鹿之外，每張影像是否幾乎都有草？所以您幾乎可以將大多數的這類影像描述成「站在草地上的長頸鹿」。同樣地，如果一張像是圖 4-24 最左邊的查詢影像包含了一頭長頸鹿和一棵樹，幾乎所有的相似影像（右邊）都可以描述成「站在草地上以及樹旁的長頸鹿」。即使對影像沒有深層的了解，我們還是可以使用簡單的最近鄰搜尋就達成正確的圖說。這顯示了要量測系統的真實智慧，我們在測試集合中需要更多語意上新奇或原始的影像。

A giraffe standing in the grass next to a tree.

圖 4-24　長頸鹿－樹問題（影像來源：Measuring Machine Intelligence Through Visual Question Answering, C. Lawrence Zitnick, Aishwarya Agrawal, Stanislaw Antol, Margaret Mitchell, Dhruv Batra, Devi Parikh）

簡單來說，不要小看簡單的最近鄰方法！

總結

現在我們已經接近一段成功探險的尾聲，我們探索了如何藉由嵌入的幫助來找出相似的影像。我們更進一步藉由 ANN 演算法以及 Annoy、NGT 及 Faiss 等程式庫的幫助，將搜尋的規模由數千筆擴展到數十億筆資料。我們也學到在受控制的設定下，將模型微調至您的資料集可以改善準確度以及嵌入的表達能力。更棒的是，我們學到了如何使用 Siamese 網路，它會使用嵌入的威力來進行單樣本學習，例如用於臉部驗證系統。最後我們檢視了最近鄰作法是如何應用在產業的不同案例中。最近鄰是您工具箱中必備的一個簡單卻威力強大的工具。

## 第五章

從菜鳥到預測大師：最大化捲積類神經網路的準確度

在第 1 章中，我們談到了負責任的人工智慧發展的重要性。我們所討論的其中一個面向是模型的強固性。使用者只有在他們能百分百確信每天所遇見的人工智慧都是正確且可信賴的情況下，才會信任我們所建立的東西。很明顯地，應用的語境扮演重要的角色。一個食物分類器偶爾將義大利麵分類成麵包是可以被接受的。不過如果一台自駕車將行人誤判為街道就很危險。因此本章的主要目標是很重要的——建立更正確的模型。

在本章中您會建立一個直覺，讓您下次開始訓練新模型時可以認知到能夠改善您的模型準確度的機會。我們會先看看一些不會讓您閉著眼睛前進的工具。在那之後，我們會花許多篇幅以實驗的方式設定基線、隔離個別參數並進行調整，以及觀察它們在模型效能與訓練速度的效果。本章的許多程式碼都集結成一個單一的 Jupyter 筆記本，以及一個具有互動範例的可操作清單。它們的設計目標是要讓您在您的訓練程式中很容易的重新利用它們。

我們會探索在模型訓練中可能會出現的問題：

- 我不太確定應該要用遷移學習，還是從頭開始訓練我自己的網路。在我的情境下比較好的作法是什麼？

- 想要讓我的訓練生產線得到還可以的結果所需要的最小資料量是多少？

- 我想要確保模型會學到正確的事情，而不是挑出錯誤的關聯。我怎麼看出這件事？

- 我如何確保每次我（或其他人）執行我的實驗時，都可以得到相同的結果？換句話說，我如何確保我的實驗的重現性？

- 改變輸入影像的長寬比會影響預測嗎？

- 縮減影像的大小會對預測結果產生顯著的影響嗎？

- 如果使用遷移學習，我應該要微調多少比例的網路層才能在訓練時間和準確度之間達到我想要的平衡。

- 或者如果我從頭開始訓練的話，我的模型應該有幾層？

- 在訓練模型時適當的「學習率」是什麼？

- 有太多的東西要記了。有沒有一種方式可以自動化所有的工作？

我們會藉著在一些資料集上進行實驗來一一回答這些問題。理想上，您應該能看著結果、讀著其中的重要資訊，並對實驗所要測試的概念得到一些洞察。如果您更具冒險精神的話，可以選擇使用 Jupyter 筆記本自己實驗看看。

工具指南

本章的優先事項之一，是縮減達成高準確度過程中所進行的實驗之程式碼以及勞力。以下是一些可以讓這段旅程更輕鬆的工具：

TensorFlow Datasets

可以讓您有效率的輕鬆存取大約 100 個資料集。提供所有知名的資料集，從最小的 MNIST（數百 MB）到最大的 MS COCO、ImageNet 以及 Open Images（數百 GB）都有。此外也提供了像是 Colorectal Histology and Diabetic Retinopathy（結直腸組織學和糖尿病性視網膜病變）這樣的醫學資料集。

TensorBoard

提供了將近 20 個易於使用的方法來將訓練的不同層面進行視覺化，包括圖形視覺化、實驗追蹤，以及檢視在訓練過程中網路中所傳遞的影像、文字及音訊資料。

What-If 工具

以平行方式用不同模型來執行實驗，並依它們在特定資料點上的表現來梳理它們之間的差異。藉由編輯個別資料點來看出它們對模型訓練的影響。

tf-explain

分析由網路所作的決策來識別資料集中的偏見與不準確性。此外，也可以使用熱圖來視覺化網路是被哪部分的影像所激發。

Keras Tuner

為 **tf.keras** 而建的程式庫，用來自動調整 TensorFlow 2.0 的超參數。

AutoKeras

在像是影像、文字及音訊分類和影像偵測這樣的任務上自動的進行類神經架構搜尋（Neural Architecture Search，NAS）。

AutoAugment

使用增強式學習來改善既有訓練資料集之資料數量與多樣性，進而增加準確度。

我們現在來更詳細地探索這些工具。

TensorFlow Datasets

TensorFlow Datasets 蒐集了將近 100 個立即可用的資料集，可以用來快速的建立訓練 TensorFlow 模型的高效能輸入生產線。TensorFlow Datasets 將資料格式標準化以便於在資料集間切換，不需要手動下載與管理資料集後再指出如何讀取它們的標籤，這通常只需要改變一行程式碼即可。晚一點您就會看到，要將資料集切成訓練、驗證及測試資料集也只是一行程式碼就可以做到。下一章中我們會再從效能的角度來探索 TensorFlow Datasets。

您可以用下列指令列出所有可用資料集（為了節省空間，這個範例中只顯示了完整輸出的一小部分）：

```
import tensorflow_datasets as tfds
print(tfds.list_builders())

['amazon_us_reviews', 'bair_robot_pushing_small', 'bigearthnet', 'caltech101',
'cats_vs_dogs', 'celeb_a', 'imagenet2012', … , 'open_images_v4',
'oxford_flowers102', 'stanford_dogs','voc2007', 'wikipedia', 'wmt_translate',
'xnli']
```

讓我們看看要載入一個資料集是多麼簡單的事。我們稍後會把這掛在完整的工作生產線中：

```
# 匯入必要的套件
import tensorflow_datasets as tfds

# 下載並載入資料集
dataset = tfds.load(name="cats_vs_dogs", split=tfds.Split.TRAIN)

# 建立一個效能資料生產線
```

```
dataset = dataset.map(preprocess).cache().repeat().shuffle(1024).batch(32).
prefetch(tf.data.experimental.AUTOTUNE)

model.fit(dataset, ...)
```

 tfds 會產生許多進度條，而它們會佔據一大片螢幕空間——使用
tfds.disable_progress_bar() 會是一個好主意。

TensorBoard

TensorBoard 可以一次滿足您所有的視覺化需求，它提供了將近 20 種工具來了解、檢視，以及改善您模型的訓練。

一般來說，若要追蹤實驗的進行，我們會存下每一週期的損失以及準確度的值，然後在完成時用 matplotlib 來畫出這些值。這個作法的缺點是它不是即時的。另一種常見的作法是用文字表達訓練的過程。此外，當訓練結束後，我們必須寫一段額外的程式碼來用 matplotlib 進行繪圖。TensorBoard 幫我們解決了這些問題以及其他更緊迫的問題，它提供了一個即時儀表板（圖 5-1）來幫我們視覺化所有的記錄（例如訓練／驗證準確度以及損失）以了解訓練的過程。另一個好處是，讓我們可以把目前的實驗和先前的實驗進行比較，以使我們可以看出參數的改變對整體準確度的影響。

圖 5-1　TensorBoard 預設視圖展示了訓練量度的即時狀態（淺灰線代表前一次執行的準確度）

要用 TensorBoard 來視覺化訓練與模型，我們會需要藉助摘要作家（summary writer）來記錄訓練的過程：

```
summary_writer = tf.summary.FileWriter('./logs')
```

為了即時的追蹤訓練進度，我們需要在訓練開始前載入 TensorBoard。可以使用下列指令載入 TensorBoard：

```
# 取得 TensorBoard
%load_ext tensorboard

# 啟動 TensorBoard
%tensorboard --logdir ./log
```

隨著愈來愈多的 TensorFlow 元件需要視覺化的使用者介面，它們會藉著成為 TensorBoard 內的可嵌入外掛來重新利用它。您會注意到 TensorBoard 的未激活下拉式選單；您可以在這裡看到 TensorFlow 提供的所有不同側寫檔（profile）或工具。表 5-1 列出了各式各樣的可用工具。

表 5-1　TensorBoard 的外掛

TensorBoard 外掛名稱	描述
Default Scalar	視覺化純量值，例如準確度。
Custom Scalar	視覺化使用者自訂的量度。例如，賦予不同類別的不同權重，它們可能不是事先就準備好的可用量度。
Image	藉由點擊 Images 頁籤來檢視每一層的輸出。
Audio	視覺化音訊資料。
Debugging tools	允許進行視覺化除錯及設定條件式斷點（例如包含 Nan 或 Infinity 的張量（tensor））。
Graphs	用圖形方式顯示模型架構。
Histograms	隨著訓練進行顯示模型中每一層的權重分布變化。這特別適用於檢查用量化來壓縮模型的效果。
Projector	視覺化使用 t-SNE、PCA 以及其他方法所進行之投影。
Text	視覺化文字資料。
PR curves	繪出精準度－召回率曲線（precision-recall curve）。
Profile	評測模型中所有運算與網路層的速度。
Beholder	在訓練過程中即時的將模型的梯度與激發視覺化。它允許我們以過濾器接過濾器的方式來看它們，以及允許它們被匯出成影像甚至是視訊。
What-If Tool	用來以資料切片或切塊方式檢視模型，並且檢查它的效能。對發掘偏見尤其有用。
HParams	找出哪些參數以及值是最重要的，允許記錄整個參數伺服器（在 GitHub 資料庫中會詳細討論）。
Mesh	視覺化 3D 資料（包含點雲（point cloud））。

請注意，TensorBoard 並不是專供 TensorFlow 所用，它也可以用於其他框架，像是 PyTorch、scikit-learn 及其他更多的框架，依據所使用的外掛而定。我們必須寫出我們想要視覺化的特定後設資料以使外掛能夠運作。例如，TensorBoard 內嵌 TensorFlow Projector 工具以使用 t-SNE（我們在第 4 章詳細說明過了）分群影像、文字，或是音訊。除了呼叫 TensorBoard 之外，我們還必須寫出後設資料，例如影像的特徵嵌入，以使 TensorFlow Projector 能夠使用它來進行分群，如圖 5-2 所示。

圖 5-2　TensorFlow Embedding Projector 展示了群組後的資料（可以當作 TensorBoard 外掛來執行）

What-If 工具

如果我們可以藉助視覺化來檢視我們人工智慧模型的預測會如何呢？如果我們可以找到能將模型的精準度和召回率最大化的閾值會如何呢？如果我們可以將資料切片和切塊並得知模型所做的預測，來看看模型的長處和待改善之處會如何呢？如果我們可以比較兩個模型以指出哪一個較佳會如何呢？如果我們可以藉由瀏覽器上的幾次點擊就完成這些會如何呢？當然這些聽起來很吸引人！來自 Google 的 People + AI Research（PAIR）倡議的 What-If 工具（圖 5-3 和圖 5-4）有助於打開了人工智慧模型的黑盒子，而使得模型與資料可解讀性變為可能。

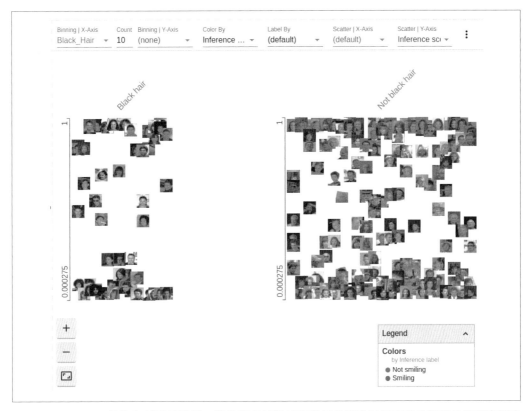

圖 5-3　What-If 工具的資料點編輯器，讓我們可以根據資料集的標註以及來自分類器的標籤來過濾以及視覺化資料

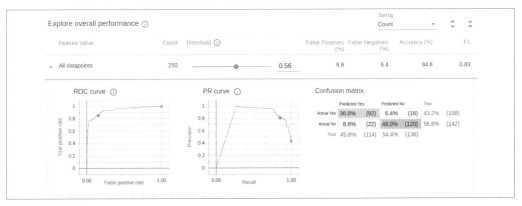

圖 5-4　在 What-If 工具的 Performance and Fairness 區段中的 PR 曲線，有助於選出最佳的閾值以最大化精準度和召回率

我們需要資料集和模型以使用 What-If 工具。就如方才所見，TensorFlow Datasets 讓資料（為 tfrecord 格式）的下載與載入變得相對的容易。我們唯一要做的事是找到檔案的位置。此外，我們也想將模型儲存在同一個目錄下：

```
# 為 What If 工具儲存模型
tf.saved_model.save(model, "/tmp/model/1/")
```

以下的程式碼最好在本地端的系統執行而不要在 Colab 筆記本執行，因為 Colab 和 What-If 工具的整合還在持續進行當中。

我們先啟動 TensorBoard：

```
$ mkdir tensorboard
$ tensorboard --logdir ./log --alsologtostderr
```

現在換一台終端機，讓我們為所有的 What-If 工具實驗建立一個目錄：

```
$ mkdir what-if-stuff
```

將已訓練模型和 TFRecord 資料移到這裡。整體的目錄結構看起來會像這樣：

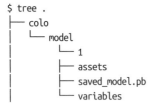

```
$ tree .
├── colo
│   └── model
│       └── 1
│           ├── assets
│           ├── saved_model.pb
│           └── variables
```

我們會使用 Docker 在新建的目錄下執行模型的服務：

```
$ sudo docker run -p 8500:8500 \
--mount type=bind,source=/home/{your_username}/what-if-stuff/colo/model/,
 target=/models/colo \
-e MODEL_NAME=colo -t tensorflow/serving
```

提醒一下：埠號必須是 8500，而且所有參數的拼字都必須和前面的範例一模一樣。

接著點擊最右邊的設定鈕（灰色齒輪圖示），並加上表 5-2 中所列的值。

表 5-2　What-If 工具的設置

參數	值
Inference address	ip_addr:8500
Model name	/models/colo
Model type	Classification
Path to examples	/home/{your_username}/what_if_stuff/colo/models/colo.tfrec（注意：這必須是絕對路徑）

現在可以在 TensorBoard 內的瀏覽器中開啟 What-If 工具了，如圖 5-5 所示。

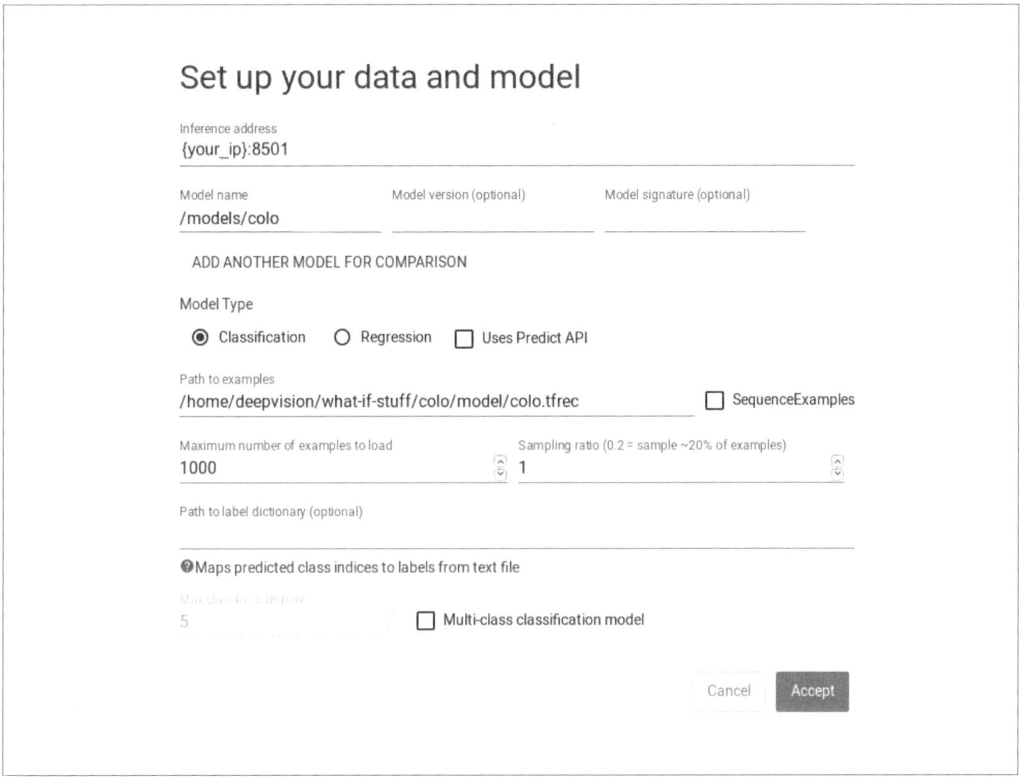

圖 5-5　What-If Tool 的設定視窗

What-If 工具也可以用於根據不同的分箱來視覺化資料集，如圖 5-6 所示。我們也可以使用這個工具內的 set_compare_estimator_and_feature_spec 函數，來決定使用同一個資料集的多個模型中表現較好的模型。

```
from witwidget.notebook.visualization import WitConfigBuilder

# 特徵就是我們想要載入工具內的測試範例
models = [model2, model3, model4]
config_builder =
WitConfigBuilder(test_examples).set_estimator_and_feature_spec(model1, features)

for each_model in models:
    config_builder =
 config_builder.set_compare_estimator_and_feature_spec(each_model, features)
```

圖 5-6　What-If 工具可以做到使用多重量度、資料視覺化，以及許多其他可能的事情

現在我們可以載入 TensorBoard，然後在 Visualize 區段選擇我們想要比較的模組，如圖 5-7 所示。這個工具還有許多功能待您探索！

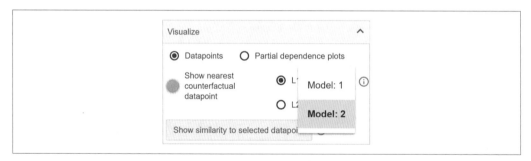

圖 5-7　使用 What-If 工具選擇要比較的模型

tf-explain

深度學習模型傳統上都是黑盒子，直到現在，我們通常還是只能透過觀察類別機率以及驗證準確度來得知它們的效能表現。要讓這些模型變得更能解讀和解釋，熱圖成為我們的救星。藉由以較高亮度來顯示會導致預測結果的影像區域，熱圖有助於視覺化學習過程。例如，常在雪地裡看見的動物可能會得到高準確度的預測結果，不過如果資料集只

包含了以雪為背景的動物，那麼模型可能會將注意力放在雪上面，把它當作是獨特的特徵，而不是動物。這樣的資料集示範了何謂偏見，使得分類器在真實世界中的預測沒有那麼可靠（還可能會是危險的！）。熱圖對探索這種偏見特別有用，因為資料集如果沒有好好的編製，常會有偽關聯滲入進來。

tf-explain（由 Raphael Meudec 開發）有助於了解類神經網路的結果以及內部運作，揭開資料集中偏見的面紗。我們可以在訓練中加入多種類型的回呼（callback），或使用它的核心 API 來產生 TensorFlow 事件以備稍後可以載入至 TensorBoard。例如，我們唯一要做的事就是傳入一張影像、它的 ImageNet 物件 ID，以及一個模型到 tf-explain 的函數內。您必須提供物件 ID，因為 tf.explain 需要知道那個特定類別會激發什麼。tf.explain 提供了一些視覺化方法：

Grad CAM

梯度－權重類別激發映射（Gradient-weighted Class Activation Mapping，Grad CAM）藉由檢視激發圖來讓我們看出影像中的各部分是如何影響類神經網路的輸出。它會根據最後一層的捲積層的物件 ID 的梯度來產生一張熱圖（如圖 5-8 所繪）。Grad CAM 基本上就是一個寬頻譜熱圖產生器，不過它對雜訊抵抗力很強而且可以用在各種 CNN 模型上。

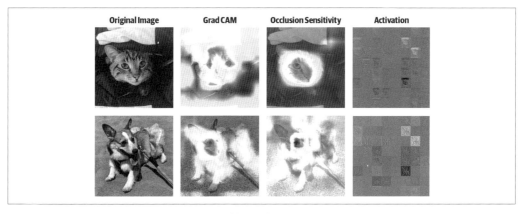

圖 5-8　使用 MobileNet 和 tf-explain 進行影像視覺化

遮蔽敏感度（*Occlusion Sensitivity*）

遮蔽一部分的影像（使用隨機放置的一小塊方形遮片）來檢驗網路有多強固。如果預測結果還是正確的，一般而言網路就是強固的。影像中最溫暖（也就是紅色）的區域在被遮蔽時，對預測的效果最大。

激發（*Activations*）

視覺化捲積層的激發狀態。

這樣的視覺化用很少的程式碼就能完成，就如以下的程式碼所示範的。藉由拍攝視訊、產生個別圖框、在其上執行 tf-explain 的 Grad CAM，再將它們組合在一起，我們就可以深入了解這些類神經網路對不同的拍攝角度會產生什麼反應。

```
from tf_explain.core.grad_cam import GradCAM
from tf.keras.applications.MobileNet import MobileNet

model = MobileNet(weights='imagenet', include_top=True)

# 設定 Grad CAM 系統
explainer = GradCAM()

# 影像處理
IMAGE_PATH = 'dog.jpg'
dog_index = 263
img = tf.keras.preprocessing.image.load_img(IMAGE_PATH, target_size=(224, 224))
img = tf.keras.preprocessing.image.img_to_array(img)
data = ([img], None)

# 將影像傳給 Grad CAM
grid = explainer.explain(data, model, 'conv1', index)
name = IMAGE_PATH.split(".jpg")[0]
explainer.save(grid, '/tmp', name + '_grad_cam.png')
```

機器學習實驗常用技巧

前幾章聚焦在訓練模型上，然而以下幾個小節則包含了當您在進行訓練的實驗時應該要重視的事情。

資料檢視

資料檢視的第一道門檻是決定資料的結構。TensorFlow Datasets 將這個步驟變得相對容易，因為所有的可用資料集都以相同的格式與結構存在，並且可以用有效率的方式使用。我們要做的只有將資料集載入 What-If 工具內，並使用它裡面的選項來檢視資料。舉例來說，在 SMILE 資料集上我們可以根據它的註解來視覺化資料集，例如有戴眼鏡以及沒戴眼鏡的男人的影像，如圖 5-9 所示。我們可以觀察到沒戴眼鏡的人的影像佔了資料集的大部分，因此揭露了不平衡資料集所造成的資料中的偏見。這個問題可以藉由透過工具調整量度的權重來解決。

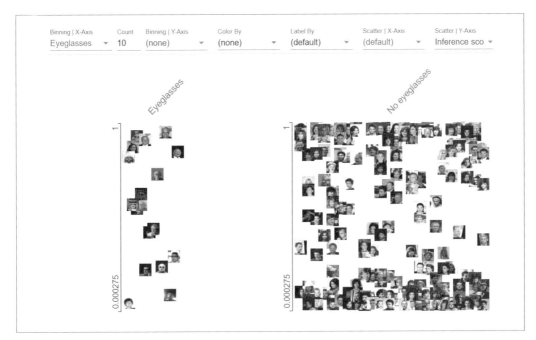

圖 5-9　根據預測結果和真實類別來分割資料

分割資料：訓練、驗證、測試

將資料集分成訓練、驗證及測試資料集非常重要，因為我們想要報告的是分類器對未曾見過的資料集（也就是測試資料集）的表現。TensorFlow Datasets 讓我們很輕鬆的就能下載、載入，以及將資料集分割成這三個部分。有些資料集已經附有三個預設的分割了。另一種作法是依百分比來進行分割。以下的程式碼展示了如何使用預設分割：

```
dataset_name = "cats_vs_dogs"
train, info_train = tfds.load(dataset_name, split=tfds.Split.TRAIN,
                with_info=True)
```

tfds 中的貓與狗資料集只有預先定義的訓練分割。同樣地，有些 TensorFlow Datasets 的資料集並沒有 validation 驗證分割。對於這類資料集，我們會從預先定義的 training 集合中拿取一小部分的樣本作為 validation 集合。最重要的是，使用 weighted_splits 會處理分割時的資料隨機取樣以及打亂順序：

```
# 載入資料集
dataset_name = "cats_vs_dogs"

# 將資料分成 train（80）、val（10）以及 test（10）
```

```
split_train, split_val, split_test = tfds.Split.TRAIN.subsplit(weighted=[80, 10,
                                10])
train, info_train = tfds.load(dataset_name, split=split_train , with_info=True)
val, info_val = tfds.load(dataset_name, split=split_val, with_info=True)
test, info_test = tfds.load(dataset_name, split=split_test, with_info=True)
```

提早停止

提早停止（early stopping）是藉由觀察是否有幾個週期都只呈現出有限的改善來避免過度訓練網路。假設一個模型被設定成訓練 1,000 個週期，而它在第 10 個週期時達成90% 的準確度並在接下來的 10 個週期都沒能進一步改善的話，再繼續訓練可能只是浪費資源。如果此週期數超過一個預先定義稱為 patience 的閾值，即使還有週期可以用來訓練，我們還是會停止訓練。換句話說，提早停止機制決定了在何時訓練已不再有用並且停止訓練。我們可以使用 monitor 參數來改變量度，並在模型的回呼串列中加入提早停止：

```
# 定義提早停止回呼
earlystop_callback = tf.keras.callbacks.EarlyStopping(monitor='val_acc',
                                min_delta=0.0001, patience=10)

# 加入到訓練中的模型
model.fit_generator(... callbacks=[earlystop_callback])
```

可重現實驗

訓練網路一次。然後再訓練一次，其間不改變任何的程式碼或參數。您可能會注意到即使程式碼沒有任何改變，兩次執行的準確度還是會有些微的不同。這是因為隨機變數的緣故。為了要使實驗在不同次的執行中可以重現，我們會想要控制這種隨機性。初始化模型的權重、隨機打亂資料的順序等等都會使用亂數化（randomization）演算法。我們知道可以藉由使用亂數種子讓亂數產生器變成可重現的，而這就是我們要做的。不同的框架都有自己的亂數種子設定方式，其中部分顯示如下：

```
# Tensorflow 的種子
tf.random.set_seed(1234)

# Numpy 的種子
import numpy as np
np.random.seed(1234)

# Keras 的種子
seed = 1234
fit(train_data, augment=True, seed=seed)
flow_from_dataframe(train_dataframe, shuffle=True, seed=seed)
```

為所有用到的框架以及子框架設定種子是必要的，因為種子無法在框架中移轉。

端到端深度學習範例生產線

我們將幾個工具組合起來建立一個骨架以作為我們的生產線，過程中我們會增加和移除參數、網路層、功能性及各種附加功能，以真正了解當中所發生的事。隨著本書 GitHub 網站（參見 *http://PracticalDeepLearning.ai*）上的程式碼，您可以在具有 Colab 的瀏覽器上以互動的方式在超過 100 個資料集上執行此程式碼。此外，您還可以將它修改成適用於大多數的分類任務。

基本遷移學習生產線

首先，讓我們建立這個遷移學習的端到端範例。

```
# 匯入必要的套件
import tensorflow as tf
import tensorflow_datasets as tfds

# tfds 製造了一大堆進度條並佔用了一大塊螢幕空間，
# 因此關掉它們
tfds.disable_progress_bar()

tf.random.set_seed(1234)

# 變數
BATCH_SIZE = 32
NUM_EPOCHS= 20
IMG_H = IMG_W = 224
IMG_SIZE = 224
LOG_DIR = './log'
SHUFFLE_BUFFER_SIZE = 1024
IMG_CHANNELS = 3

dataset_name = "oxford_flowers102"

def preprocess(ds):
  x = tf.image.resize_with_pad(ds['image'], IMG_SIZE, IMG_SIZE)
  x = tf.cast(x, tf.float32)
  x = (x/127.5) - 1
  return x, ds['label']

def augmentation(image,label):
```

```
    image = tf.image.random_brightness(image, .1)
    image = tf.image.random_contrast(image, lower=0.0, upper=1.0)
    image = tf.image.random_flip_left_right(image)
    return image, label

def get_dataset(dataset_name):
    split_train, split_val = tfds.Split.TRAIN.subsplit(weighted=[9,1])
    train, info_train = tfds.load(dataset_name, split=split_train , with_info=True)
    val, info_val = tfds.load(dataset_name, split=split_val, with_info=True)
    NUM_CLASSES = info_train.features['label'].num_classes
    assert NUM_CLASSES >= info_val.features['label'].num_classes
    NUM_EXAMPLES = info_train.splits['train'].num_examples * 0.9
    IMG_H, IMG_W, IMG_CHANNELS = info_train.features['image'].shape
    train = train.map(preprocess).cache().
            repeat().shuffle(SHUFFLE_BUFFER_SIZE).batch(BATCH_SIZE)
    train = train.map(augmentation)
    train = train.prefetch(tf.data.experimental.AUTOTUNE)
    val = val.map(preprocess).cache().repeat().batch(BATCH_SIZE)
    val = val.prefetch(tf.data.experimental.AUTOTUNE)
    return train, info_train, val, info_val, IMG_H, IMG_W, IMG_CHANNELS,
        NUM_CLASSES, NUM_EXAMPLES


train, info_train, val, info_val, IMG_H, IMG_W, IMG_CHANNELS, NUM_CLASSES,
NUM_EXAMPLES = get_dataset(dataset_name)


# 允許 TensorBoard 回呼
tensorboard_callback = tf.keras.callbacks.TensorBoard(LOG_DIR,
                                                    histogram_freq=1,
                                                    write_graph=True,
                                                    write_grads=True,
                                                    batch_size=BATCH_SIZE,
                                                    write_images=True)


def transfer_learn(train, val, unfreeze_percentage, learning_rate):
    mobile_net = tf.keras.applications.ResNet50(input_shape=(IMG_SIZE, IMG_SIZE,
                IMG_CHANNELS), include_top=False)
    mobile_net.trainable=False
    # 依據要使用的資料集解凍某些網路層
    num_layers = len(mobile_net.layers)
    for layer_index in range(int(num_layers - unfreeze_percentage*num_layers),
                            num_layers ):
        mobile_net.layers[layer_index].trainable = True
    model_with_transfer_learning = tf.keras.Sequential([mobile_net,
                            tf.keras.layers.GlobalAveragePooling2D(),
                            tf.keras.layers.Flatten(),
                            tf.keras.layers.Dense(64),
                            tf.keras.layers.Dropout(0.3),
```

```
                        tf.keras.layers.Dense(NUM_CLASSES,
                                        activation='softmax')],)
    model_with_transfer_learning.compile(
            optimizer=tf.keras.optimizers.Adam(learning_rate=learning_rate),
                loss='sparse_categorical_crossentropy',
                metrics=["accuracy"])
    model_with_transfer_learning.summary()
    earlystop_callback = tf.keras.callbacks.EarlyStopping(
                            monitor='val_accuracy',
                            min_delta=0.0001,
                            patience=5)
    model_with_transfer_learning.fit(train,
                            epochs=NUM_EPOCHS,
                            steps_per_epoch=int(NUM_EXAMPLES/BATCH_SIZE),
                            validation_data=val,
                            validation_steps=1,
                            validation_freq=1,
                            callbacks=[tensorboard_callback,
                                    earlystop_callback])
    return model_with_transfer_learning


# 啟動 TensorBoard
%tensorboard --logdir ./log


# 當使用遷移學習技術時，選擇最後的 % 網路層來訓練
# 這些層最接近輸出層
unfreeze_percentage = .33
learning_rate = 0.001

model = transfer_learn(train, val, unfreeze_percentage, learning_rate)
```

基本客製化網路生產線

除了在最先進的模型上使用遷移學習外，我們也可以建立自己的客製化網路來實驗和開發更好的想法。只需要在之前定義的遷移學習程式碼中交換模型即可：

```
def create_model():
    model = tf.keras.Sequential([
        tf.keras.layers.Conv2D(32, (3, 3), activation='relu',
            input_shape=(IMG_SIZE, IMG_SIZE, IMG_CHANNELS)),
        tf.keras.layers.MaxPool2D(pool_size=(2, 2)),
        tf.keras.layers.Conv2D(32, (3, 3), activation='relu'),
        tf.keras.layers.MaxPool2D(pool_size=(2, 2)),
        tf.keras.layers.Conv2D(32, (3, 3), activation='relu'),
        tf.keras.layers.MaxPool2D(pool_size=(2, 2)),
        tf.keras.layers.Dropout(rate=0.3),
        tf.keras.layers.Flatten(),
```

```
        tf.keras.layers.Dense(128, activation='relu'),
        tf.keras.layers.Dropout(rate=0.3),
        tf.keras.layers.Dense(NUM_CLASSES, activation='softmax')
    ])
    return model

def scratch(train, val, learning_rate):
    model = create_model()
    model.compile(optimizer=tf.keras.optimizers.Adam(learning_rate=learning_rate),
                  loss='sparse_categorical_crossentropy',
                  metrics=['accuracy'])

    earlystop_callback = tf.keras.callbacks.EarlyStopping(
                  monitor='val_accuracy',
                  min_delta=0.0001,
                  patience=5)

    model.fit(train,
              epochs=NUM_EPOCHS,
              steps_per_epoch=int(NUM_EXAMPLES/BATCH_SIZE),
              validation_data=val,
              validation_steps=1,
              validation_freq=1,
              callbacks=[tensorboard_callback, earlystop_callback])
    return model
```

現在是時候利用我們的生產線進行各種實驗了。

超參數如何影響準確度？

在本節中，我們的目標是一次修改一個深度學習生產線中的參數——從微調的層數到選擇要使用的激發函數——並觀察它對驗證準確度的影響。此外，如果有相關的話，我們也會觀察它對訓練速度以及達到最佳準確度的時間（也就是收斂）的影響。

我們的實驗設定如下：

- 為了降低實驗時間，在本章中我們使用了較快的架構—— MobileNet。

- 我們將輸入影像的解析度降低為 128 × 128 像素，以進一步加速訓練過程。一般而言，我們會推薦在實用系統中使用更高的解析度（至少 224 × 224）。

- 如果準確度連續 10 個週期都沒有增加的話，可以使用提早停止來中止實驗。

- 使用遷移學習的訓練時，我們一般會解凍至少 33% 的網路層。

- Adam 優化器的學習速率設為 0.001。

- 我們大多使用 Oxford Flowers 102 資料集來測試，除非另外聲明。會選擇這個資料集是因為它很難訓練。它有大量的類別（102），而且許多類別間都頗為相似，使得網路為了把事情做好只好去被迫發展出對特徵的細緻理解。

- 為了進行公平的比較，我們會取在一特定實驗中所達成的最大準確度，並將實驗中其他的準確度值依此最大值進行正規化。

基於以上這些和其他的實驗，我們編製了一個實作您下一個模型時可用的提示查核清單。此清單和互動式的視覺化結果都放在本書的 GitHub 上（參見 *http://PracticalDeepLearning.ai*）。如果您有更多的提示，請不用客氣將它們推文到 @PracticalDLBook（*https://twitter.com/PracticalDLBook*）或提交一個推播要求。

遷移學習 vs. 從頭學習

實驗設定

訓練兩個模型：其中之一使用遷移學習，另一個則用同一個資料集從頭開始學習。

使用的資料集

Oxford Flowers 102、Colorectal Histology

使用的架構

預先訓練的 MobileNet、客製化模型

圖 5-10 展示了結果。

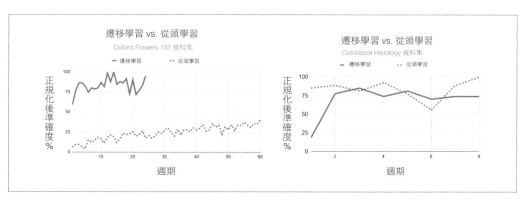

圖 5-10　在不同的資料集上比較遷移學習及訓練客製化模型

以下是我們所了解到的主要資訊：

- 遷移學習藉由重新利用先前已學習的特徵能更快地提升準確度。

- 當目標資料集是自然影像時，雖然我們會預期遷移學習（基於 ImageNet 預先訓練的模型）可以運作得很好，但令人驚訝的是網路前面的幾層對 ImageNet 之外的資料集所學到的樣式也是不錯的。這不代表它就會產出最好的結果，不過也夠接近了。當影像匹配了更多模型預先訓練過的影像時，我們會在準確度上得到更快的改善。

遷移學習之微調層數的影響

實驗設定

將可訓練層的比例由 0 調整到 100%。

使用的資料集

Oxford Flowers 102

使用的架構

預先訓練的 MobileNet

圖 5-11 展示了結果。

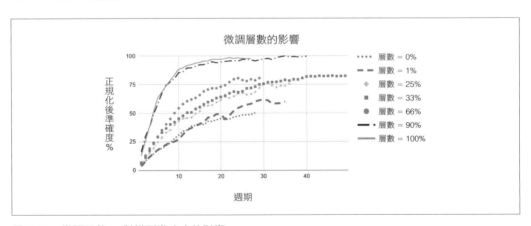

圖 5-11 微調層數 % 對模型準確度的影響

以下是我們所了解到的主要資訊：

- 微調的層數愈多，到達收斂的週期數愈少且準確度愈高。

- 微調的層數愈多，訓練時每個週期所花的時間愈多，因為涉及更多的運算及更新。

- 對於需要對影像有更細緻了解的資料集而言，解凍更多的任務特定層是達成更好模型的關鍵。

資料大小對遷移學習的影響

實驗設定

　　每個類別一次只增加一張影像。

使用的資料集

　　Cats versus dogs

使用的架構

　　預先訓練的 MobileNet

圖 5-12 展示了結果。

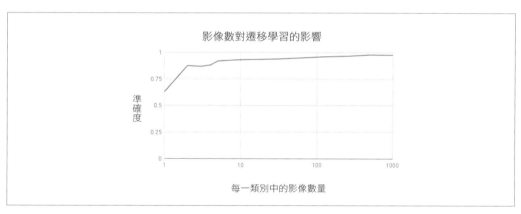

圖 5-12　每個類別的資料量對模型準確度的影響

以下是我們所了解到的主要資訊：

- 即使每個類別只有三張影像，模型還是可以達到將近 90% 的準確度。這展示了遷移學習在縮減資料需求的強大威力。

- 因為 ImageNet 有許多貓和狗的影像，所以用 ImageNet 預先訓練的網路很適合我們的資料集。像是 Oxford Flowers 102 這種較困難的資料集可能需要更多的影像，才能達到差不多的準確度。

學習率的影響

實驗設定

　　將學習率設定為 .1、.01、.001 及 .0001。

使用的資料集

　　Oxford Flowers 102

使用的架構

　　預先訓練的 MobileNet

圖 5-13 展示了結果。

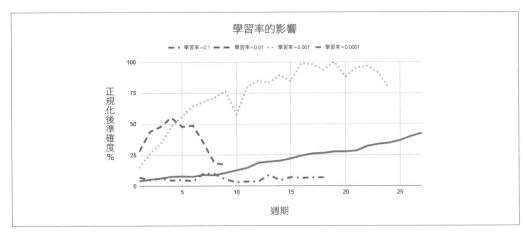

圖 5-13　學習率對模型準確度及收斂速度的影響

以下是我們所了解到的主要資訊：

- 學習率太高，模型可能不會收斂。
- 學習率太低，會讓收斂時間變長。
- 要學得快，則必須找到好的平衡點。

優化器的影響

實驗設定

　　使用可用的優化器（optimizer）來進行實驗，包括 AdaDelta、AdaGrad、Adam、Gradient Descent、Momentum 及 RMSProp。

使用的資料集

　　Oxford Flowers 102

使用的架構

　　預先訓練的 MobileNet

圖 5-14 展示了結果。

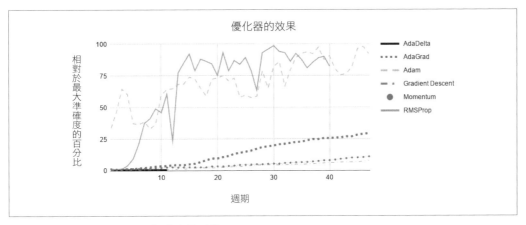

圖 5-14　不同的優化器對收斂速度的影響

以下是我們所了解到的主要資訊：

- Adam 是快速收斂到高準確度的最好選擇。
- 對 RNN 任務來說，RMSProp 通常比較好。

批次大小的影響

實驗設定

　　以 2 的次方來設定不同大小的批次。

使用的資料集

Oxford Flowers 102

使用的架構

預先訓練的 MobileNet

圖 5-15 展示了結果。

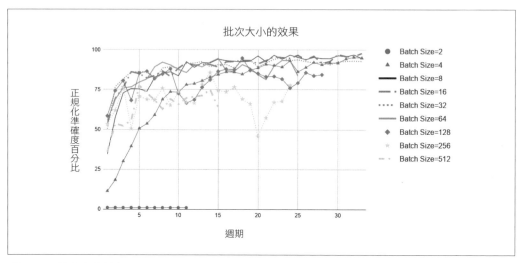

圖 5-15　批次大小對準確度以及收斂速度的影響

以下是我們所了解到的主要資訊：

- 批次大小愈大，週期間的結果愈不穩定，升降的幅度也較大。不過較高的準確度也會導致 GPU 的使用更有效率，因此每個週期的速度會愈快。

- 太小的批次會拖慢準確度的提升。

- 16 / 32 / 64 是批次大小不錯的選擇。

調整大小的影響

實驗設定

將影像大小調整成 128×128 及 224×224。

使用的資料集

Oxford Flowers 102

使用的架構

預先訓練的 MobileNet

圖 5-16 展示了結果。

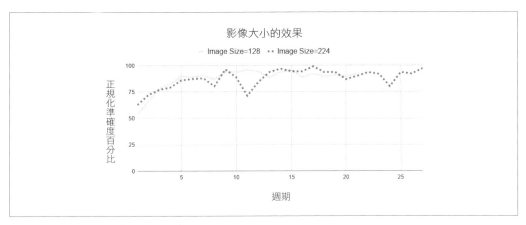

圖 5-16 影像大小對準確度的影響

以下是我們所了解到的主要資訊：

- 即使只用了三分之一的像素，驗證準確度並沒有顯著的差異。這展示了 CNN 的強固性。部分原因可能是 Oxford Flowers 102 資料集有花的特寫。對於物件只佔了影像一小部分的資料集來說，結果可能會更低。

改變長寬比對遷移學習的影響

實驗設定

使用不同長寬比的影像，並把它們調整成正方形（長寬比 1：1）。

使用的資料集

Cats versus dogs

使用的架構

預先訓練的 MobileNet

圖 5-17 展示了結果。

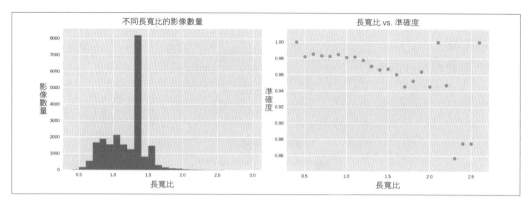

圖 5-17　長寬比分布與所對應的準確度

以下是我們所了解到的主要資訊：

- 最常見的長寬比是 4：3；也就是 1.33，然而我們的類神經網路一般都是用 1：1 的比例來訓練的。

- 對於將影像調整為正方形這樣的長寬比較小幅度的改變來說，類神經網路是相對強固的。即使高達 2.0 的比率，還是可以得到不錯的結果。

最大準確度自動調整工具

自從十九世紀以來，我們已經看到自動化通常可以增加生產力。在本節中，我們將會討論可以幫我們自動找出最佳模型的工具。

Keras Tuner

我們有太多可能的超參數組合可以調整，要找出其中最好的模型會是一個乏味的過程。通常會有兩個以上的參數和整體收斂速度以及驗證準確度相關，因此一次只調整一個可能無法導致最佳模型。而且如果我們好奇心夠強的話，可能會想要用所有的超參數來進行實驗。

Keras Tuner 的問市自動化了這個超參數搜尋過程。我們可以定義一個搜尋演算法、每個參數可能的值（例如離散值或一個範圍）、要最大化的目標物件（例如驗證準確度），然後坐下來看著程式開始訓練。Keras Tuner 替我們在每次的執行中改變參數，並且將其中最佳模型的後設資料儲存下來。以下的程式碼範例改寫自 Keras Tuner 的說明文件，展

示了它在不同模型架構（層數從 2 到 10 層）以及不同學習率（介於 0.1 和 0.001 之間）
下進行搜尋：

```python
from tensorflow import keras
from tensorflow.keras import layers
import numpy as np

from kerastuner.engine.hypermodel import HyperModel
from kerastuner.engine.hyperparameters import HyperParameters

# 輸入資料
(x, y), (val_x, val_y) = keras.datasets.mnist.load_data()
x = x.astype('float32') / 255.
val_x = val_x.astype('float32') / 255.

# 定義超參數
hp = HyperParameters()
hp.Choice('learning_rate', [0.1, 0.001])
hp.Int('num_layers', 2, 10)

# 定義具有可擴張層數的模型
def build_model(hp):
    model = keras.Sequential()
    model.add(layers.Flatten(input_shape=(28, 28)))
    for _ in range(hp.get('num_layers')):
        model.add(layers.Dense(32, activation='relu'))
    model.add(layers.Dense(10, activation='softmax'))
    model.compile(
        optimizer=keras.optimizers.Adam(hp.get('learning_rate')),
        loss='sparse_categorical_crossentropy',
        metrics=['accuracy'])
    return model

hypermodel = RandomSearch(
            build_model,
            max_trials=20, # 可允許的組合數量
            hyperparameters=hp,
            allow_new_entries=False,
            objective='val_accuracy')

hypermodel.search(x=x,
            y=y,
            epochs=5,
            validation_data=(val_x, val_y))

# 展示整體最佳模型的總結資訊
hypermodel.results_summary()
```

每個實驗都會顯示像下列這樣的數值：

```
> Hp values:
 |-learning_rate: 0.001
 |-num_layers: 6
```

Name	Best model	Current model
accuracy	0.9911	0.9911
loss	0.0292	0.0292
val_loss	0.227	0.227
val_accuracy	0.9406	0.9406

在實驗結束後，結果的摘要資訊簡述了目前為止實驗的狀況，並且儲存更多的後設資料。

```
Hypertuning complete - results in ./untitled_project
[Results summary]
 |-Results in ./untitled_project
 |-Ran 20 trials
 |-Ran 20 executions (1 per trial)
 |-Best val_accuracy: 0.9406
```

另一個好處是，我們可以即時追蹤實驗的進行並得到通知，請拜訪 *http://keras-tuner.appspot.com*，然後（從 Google App Engine）取得一組 API 鍵值，並且在我們的 Python 程式中使用真實的 API 鍵值來輸入下面這行程式碼：

```
tuner.enable_cloud(api_key=api_key)
```

由於潛存著極大的組合空間，在有限預算下我們更偏好使用隨機搜尋，而不是格點搜尋來作為找出好解答的實用方法。不過還是有更快的方法，包括 Hyperband（Lisha Li et al.），Keras Tuner 也有實作這個方法。

對於電腦視覺問題而言，Keras Tuner 包含了立即可用的可調整應用，像是 HyperResNet。

AutoAugment

另一個範例超參數是擴增。要使用哪種擴增？要進行多大的擴增？與其讓人類來決定這些，我們可以讓人工智慧來決定。AutoAugment 使用增強式學習來找出擴增（像是平移、旋轉、裁剪）的最佳組合以及使用的機率和幅度，以最大化驗證準確度。（這個方法是由 Ekin D. Cubuk et al. 所使用，並成為 ImageNet 最先進的驗證數字。）藉由學習 ImageNet 擴增參數的最佳組合，我們可以輕而易舉地應用在我們的問題上。

要應用從 ImageNet 預先訓練好的擴增策略很簡單：

```
from PIL import Image
from autoaugment import ImageNetPolicy
img = Image.open("cat.jpg")
policy = ImageNetPolicy()
imgs = [policy(img) for _ in range(8) ]
```

圖 5-18 顯示了它的結果。

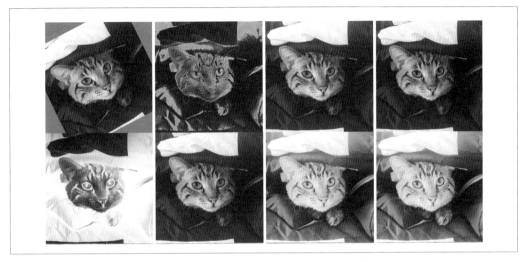

圖 5-18　使用增強式學習在 ImageNet 資料集上所學到的擴增策略的輸出

AutoKeras

隨著人工智慧將愈來愈多的工作自動化之後，如果它最終也能自動設計出人工智慧架構也不會太令人驚奇了。NAS 方法使用增強式學習來接合微架構區塊，直到它們能夠最大化目標函數——也就是我們的驗證準確度——為止。目前最先進的網路都是基於 NAS 的，而將人類設計的架構棄之如敝屣。這個領域的研究從 2017 年起開始展現出令人期待的結果，並在 2018 年聚焦於讓訓練可以更快。現在有了 AutoKeras（Haifeng Jin et al.）之後，我們可以在自己的資料集上輕易的使用這個最先進的技術了。

要使用 AutoKeras 來產生新的模型架構，只需要提供影像和它們的標籤，以及一個時間限制來結束工作的執行。在內部，它實作了好幾個優化演算法，包括貝氏優化法（Bayesian optimization）來搜尋最佳架構：

```
!pip3 install autokeras
!pip3 install graphviz
from keras.datasets import mnist
from autokeras.image.image_supervised import ImageClassifier

(x_train, y_train), (x_test, y_test) = mnist.load_data()
x_train = x_train.reshape(x_train.shape + (1,))
x_test = x_test.reshape(x_test.shape + (1,))

clf = ImageClassifier(path=".",verbose=True, augment=False)
clf.fit(x_train, y_train, time_limit= 30 * 60) # 30 分鐘
clf.final_fit(x_train, y_train, x_test, y_test, retrain=True)
y = clf.evaluate(x_test, y_test)
print(y)

# 儲存模型為序列化 pickle 檔
clf.export_autokeras_model("model.pkl")

visualize('.')
```

在訓練後,我們都迫切想要知道新模型的架構看起來如何。和我們以往會看到的清晰影像不同,這個結果模糊到無法理解或列印。不過它產出的高準確度還是讓我們對它具有信心。

總結

在本章中,我們看了一系列的工具和技術,幫助我們了解改善 CNN 準確度的可能性。藉由建立互動實驗,您學會了為何調整超參數可以導致最佳效能。而在這麼多超參數可以選的情況下,我們介紹了自動化的方法,包括 AutoKeras、AutoAugment 及 Keras Tuner。最棒的是,本章的核心程式碼將多種工具結合成單一的 Colab 檔案,並提供在本書的 GitHub(參見 *http://PracticalDeepLearning.ai*)。它只需改變一行程式碼,就能輕易地調整成可用於超過 100 個資料集。還有,我們編製了一個可行的提示查核清單以及線上互動實驗,來幫您的模型獲得額外的優勢。我們希望本章所涵蓋的素材有助於讓您的模型更加強健、減少偏差,使其更易於解釋並且最終對人工智慧負責任的發展做出貢獻。

## 第六章

最大化 TensorFlow 之速度與效能：便利的清單

生活就是運用我們擁有的一切來做事情，而優化就是其中最重要的部分。

您並不需要擁有所有的東西——而是要睿智的使用您的資源。或許我們真的很想買一台法拉利，但我們的預算只夠買豐田汽車。不過您知道嗎？使用正確的效能調校，我們也可以讓那台破車到 NASCAR 去賽車！

讓我們在深度學習世界中來談談這件事。擁有可以焚天煮海的工程實力與 TPU 群聚的 Google 創下了在 30 分鐘訓練完 ImageNet 的記錄！然後在幾個月後，由三個研究者（Andrew Shaw、Yaroslav Bulatov 和 Jeremy Howard）所組成的雜牌軍花了 40 美元以一個公共雲只花了 18 分鐘就訓練完 ImageNet ！

我們從這些範例中學到的是，您所擁有的資源量並不會比讓它們發揮最大潛力更有用。這關乎用最少的資源做最多的事。依此精神，本章想要成為在建立深度學習生產線的各階段中，進行效能優化時可以用的便利清單，而且它在本書中都是有用的。更明確地說，我們會討論有關於資料準備、資料讀取、資料擴增、訓練，以及最後的推論等程序的優化議題。

故事是由下面這幾個字開始和結束的…

GPU 匱乏

人工智慧從業人員常問一個問題:「為什麼我的訓練這麼慢?」答案經常就是 GPU 匱乏 (GPU starvation)。

GPU 是深度學習的生命線。它們也可能是電腦系統中最貴的元件。因此,我們想要充份利用它們。這代表 GPU 不應該花時間等待來自其他元件的資料以進行處理。相反地,當 GPU 準備好要處理時,經過前置處理的資料就應該已經放在大門口準備讓它用了。不過,現實狀況是 CPU、記憶體及儲存裝置常常是效能的瓶頸,造成 GPU 無法被充份利用。換句話說,我們希望 GPU 是瓶頸,而不是其他的部分。

花幾千美金買昂貴的 GPU 可能是值得的,不過僅限於 GPU 是瓶頸時。否則我們只是在燒錢。

為了更清楚的描述此事,請見圖 6-1。在深度學習生產線中,CPU 和 GPU 互相合作,在彼此間傳遞資料。CPU 讀取資料、執行前置處理步驟,其中也包括擴增,然後再將它傳遞給 GPU 訓練。它們的合作就像接力賽,只是其中一個跑者是奧運選手,等著一個高中徑賽跑者傳接力棒給他。GPU 閒置的時間愈多,浪費的資源愈多。

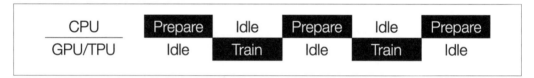

圖 6-1　GPU 匱乏,等待 CPU 完成資料的準備

本章大部分的內容都是用來降低 GPU 和 CPU 的閒置時間。

一個合理的問題是:我們怎麼知道 GPU 正在匱乏?有兩個便利的工具可以幫我們回答這個問題:

nvidia-smi

　　這個指令會顯示 GPU 的統計資訊,包括使用率。

TensorFlow Profiler + TensorBoard

　　這會讓程式在 TensorBoard 內的時間軸上執行,並進行互動式的視覺化。

nvidia-smi

nvidia-smi 是 NVIDIA System Management Interface（NVIDIA 系統管理介面）的縮寫，它提供了我們寶貴的 GPU 的詳細統計資訊，包括記憶體、使用率、溫度、電力瓦數，以及更多其他的資訊。它讓宅男得以美夢成真。

我們來試駕一番：

```
$ nvidia-smi
```

圖 6-2 展示了結果。

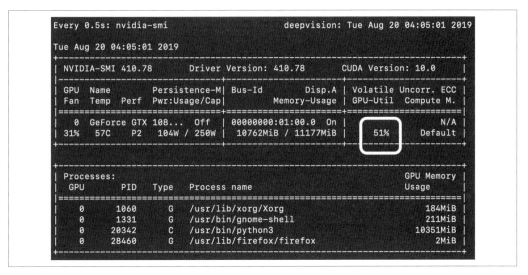

圖 6-2　nvidia-smi 的終端機輸出，其中點出了 GPU 的使用率

當訓練網路時，我們最感興趣的是 GPU 使用率，在說明文件中的定義是在過去一秒中一個以上的核心在 GPU 上執行的時間比例。說實在，51% 不是很好。不過這是呼叫 nvidia-smi 當下的使用率。我們該如何持續的監控這些數字？要更清楚的了解 GPU 使用情形，我們可以使用 watch 指令每半秒刷新一次使用率量度（記住這個指令會是值得的）：

```
$ watch -n .5 nvidia-smi
```

雖然 GPU 使用率是衡量我們生產線效率的很好的代理人，但它無法單獨衡量我們對 GPU 使用得有多好，因為這項工作可能還是佔用了一小部分的 GPU 資源。

因為盯著螢幕上跳來跳去的數字不是最好的分析方式，我們可以改為每秒抓一次 GPU 的使用率並把它轉存到檔案去。在任何用到 GPU 的程序執行時，將它執行 30 秒並按下 Ctrl+C 停止它：

```
$ nvidia-smi --query-gpu=utilization.gpu --format=csv,noheader,nounits -f
gpu_utilization.csv -l 1
```

現在，由產出的檔來計算 GPU 使用率的中值：

```
$ sort -n gpu_utilization.csv | grep -v '^0$' | datamash median 1
```

 Datamash 是一個便利的命令行工具，它可以在文字檔上執行基本的數值、文字及統計運算。您可以在 *https://www.gnu.org/software/datamash/* 中找到安裝指引。

nvidia-smi 是使用命令行來檢查我們的 GPU 使用率最方便的方式。我們能得到更深入的分析嗎？答案是 TensorFlow 為進階使用者提供了一組威力強大的工具。

TensorFlow Profiler + TensorBoard

TensorFlow 隨附 tfprof（圖 6-3）一起推出，它是 TensorFlow 的分析工具（profiler），用來幫我們深層分析與了解訓練的過程，例如對模型的每一個運算產生詳細的模型分析報告。不過命令行可能有點令人生畏。幸運的是，TensorFlow 的視覺化工具 TensorBoard 包含了一個分析工具的外掛，可以讓我們只按幾個滑鼠鍵就可以對網路進行交談式的除錯。它也包含了 Trace Viewer，這個功能可以依時間軸來顯示事件。它有助於我們精確的了解，在一段給定的時間內資源是如何運用的並找出效率低下之處。

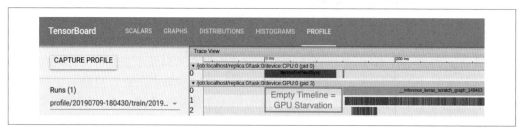

圖 6-3　TensorBoard 中 Profiler 的時間軸展現了當 CPU 在處理時 GPU 是閒置的，以及當 GPU 在處理時 CPU 是閒置的

在寫作本文之時，只有 Google Chrome 完全支援 TensorBoard，所以在其他像 Firefox 等瀏覽器可能無法顯示分析工具視圖。

TensorBoard 預設會開啟分析工具。啟動 TensorBoard 只需要一個簡單的回呼函數：

```
tensorboard_callback = tf.keras.callbacks.TensorBoard(log_dir="/tmp",
                                                      profile_batch=7)

model.fit(train_data,
          steps_per_epoch=10,
          epochs=2,
          callbacks=[tensorboard_callback])
```

在初始化回呼函數時除非有明定 profile_batch 的值，否則它會分析第二個批次。為什麼是第二個批次呢？因為第一個批次會有一些初始化的額外負擔，所以會比較慢。

這裡值得重申一件事，就是使用 TensorBoard 來進行分析比較適合 TensorFlow 的行家。如果您還是新手，建議最好還是用 nvidia-smi。（雖然 nvidia-smi 能做的事比提供 GPU 的使用率更多，不過那卻是大部分的從業人員用它的目的。）對想要能夠存取硬體使用率量度的使用者們，NVIDIA Nsight 是很好的工具。

好吧！有了這些工具後，我們可以知道我們的程式需要一些調整，並且在效率上還有改善空間。我們會在接下來的幾節中一一探索那些領域。

如何使用這份檢核清單？

在企業裡，一個經常被引用的忠告是「您無法改善您無法測量的東西」。這也適用於深度學習生產線。調整效能就像是科學實驗一樣。您設定一次的執行、轉一下鈕、量測成效，再往改善方向繼續下一次的執行。下一節清單中的項目就是我們的旋鈕——有些快速又簡便，不過其他的就需要花更多的心力。

要能有效的使用這份檢核清單，請先執行下列操作：

1. 將生產線中您想要改善的部分進行隔離。

2. 從清單中找出一個相關的點。

3. 實作、實驗，並觀察執行時間有沒有下降。如果沒有，忽略這次的改變。

4. 重複步驟 1 到 3 直到用光清單中的項目為止。

有些改善只是讓您省下幾分鐘而已，而有些則是大幅提升。不過，這些改善的累積效果希望能讓執行更快更有效率，尤其是能發揮您硬體的最大效能。讓我們一步步的探索深度學習生產線中的每個領域，包括資料準備、資料讀取、資料擴增、訓練，以及最後的推論。

效能檢核清單

資料準備

- ☐ 儲存為 TFRecord
- ☐ 縮減輸入資料的大小
- ☐ 使用 TensorFlow Datasets

資料讀取

- ☐ 使用 tf.data
- ☐ 預取（prefetch）資料
- ☐ CPU 處理平行化
- ☐ 將 I/O 與處理平行化
- ☐ 讓非確定性順序（nondeterministic ordering）成為可能
- ☐ 將資料進行快取（cache）
- ☐ 開啟實驗性優化
- ☐ 自動調整參數值

資料擴增

- ☐ 使用 GPU 來擴增

訓練

- ❏ 使用自動混合精準度（mixed precision）
- ❏ 使用更大的批次大小
- ❏ 使用八的倍數
- ❏ 找出最佳的學習率
- ❏ 使用 `tf.function`
- ❏ 過度訓練，然後通用化
  - ❏ 漸進式取樣
  - ❏ 漸進式擴增
  - ❏ 漸進式調整大小
- ❏ 安裝優化的硬體堆疊
- ❏ 優化平行 CPU 執行緒的數量
- ❏ 使用更好的硬體
- ❏ 分散訓練
- ❏ 檢視產業評測基準

推論

- ❏ 使用有效率的模型
- ❏ 量化模型
- ❏ 修剪模型
- ❏ 使用融合的運算
- ❏ 開啟 GPU 持續性

 這份檢核清單的可列印版本可自 *http://PracticalDeepLearning.ai* 下載。請隨意的將它作為您訓練或部署模型的參考。或進一步分享給您的朋友、同事，以及更重要的──您的主管。

資料準備

即使在開始訓練之前，我們也可以進行一些優化，它們和如何準備我們的資料有關。

儲存為 TFRecord

影像資料集一般都會包含數以千計的小檔案，每個檔案的大小大概就是幾 KB。我們的訓練生產線必須分別讀取每個檔案。把這件事做幾千次會是明顯的負擔，造成訓練變慢。這個問題對旋轉式硬碟尤為嚴重，因為磁頭必須找尋每個檔案的開頭位置。當檔案是儲存在遠端儲存服務（例如雲端）時，這個問題會更惡化。這是我們面臨的第一道門檻！

為了加速讀取，有一種作法是將那數千個檔案組合成幾個較大的檔案。這正是 TFRecord 所做的事。它將資料儲存成有效率的協定緩衝區（Protocol Buffer, protobuf）物件，使它們能夠更快的讀取。我們來看看如何建立 TFRecord 檔案：

```
# 建立 TFRecord 檔案

import tensorflow as tf
from PIL import Image
import numpy as np
import io

cat = "cat.jpg"
img_name_to_labels = {'cat' : 0}
img_in_string = open(cat, 'rb').read()
label_for_img = img_name_to_labels['cat']

def getTFRecord(img, label):
 feature = {
    'label': _int64_feature(label),
    'image_raw': _bytes_feature(img),
 }
 return tf.train.Example(features=tf.train.Features(feature=feature))

with tf.compat.v1.python_io.TFRecordWriter('img.tfrecord') as writer:
  for filename, label in img_name_to_labels.items():
    image_string = open(filename, 'rb').read()
    tf_example = getTFRecord(image_string, label)
    writer.write(tf_example.SerializeToString())
```

現在看一下如何讀取這些 TFRecord 檔案：

```
# 讀取 TFRecord 檔案

dataset = tf.data.TFRecordDataset('img.tfrecord')
```

```
ground_truth_info = {
  'label': tf.compat.v1.FixedLenFeature([], tf.int64),
  'image_raw': tf.compat.v1.FixedLenFeature([], tf.string),
}

def map_operation(read_data):
  return tf.compat.v1.parse_single_example(read_data, ground_truth_info)

imgs = dataset.map(map_operation)

for image_features in imgs:
  image_raw = image_features['image_raw'].numpy()
  label = image_features['label'].numpy()
  image = Image.open(io.BytesIO(image_raw))
  image.show()
  print(label)
```

那麼為什麼不要將像是 ImageNet 的所有資料組合成一個檔案就好？雖然分別讀取數千個小檔案會損害效能，但讀取極大的檔案也不是什麼好主意。它們降低了我們進行平行讀取與平行網路呼叫的可能性。將大型資料集切成 TFRecord 的最佳甜蜜點是大約 100 MB。

縮減輸入資料的大小

包含大型影像的資料集必須在傳遞給 GPU 之前調整影像的大小。這代表了：

- 每次迭代時都重複花費的 CPU 週期
- 高於我們資料生產線所需消耗的重複性 I/O 頻寬

一個節省計算週期的好方法是，一次性的對整個資料集進行同樣的前置處理步驟（例如調整大小），並且將結果存在 TFRecord 檔案內以供未來執行使用。

使用 TensorFlow Datasets

對那些常用的公開資料集，小自 MNIST（11 MB）、CIFAR-100（160 MB），大至 MS COCO（38 GB）和 Google Open Images（565 GB），要下載這些資料都會花上不少功夫（它們經常散佈在多個壓縮檔中）。想像一下，如果在您用很慢的速度下好不容易下載了 95% 的檔案時卻發生網路中斷，將會有多麼沮喪。這種慘案並不少見，因為這些檔案通常都放置於大學的伺服器上，或者從各種來源下載，例如 Flickr（就像 ImageNet 2012 的例子，它只提供我們可下載超過 150 GB 影像的網址）。網路中斷可能就意味著得重新來過。

如果您認為這樣很無聊，資料下載完成後其實才是挑戰的開始。對於新的資料集來說，我們需要在說明文件中進行搜尋以確定資料是如何表達和組織的，才能適當的讀取與處理。然後，我們必須將資料分割成訓練、驗證與測試集合（最好也轉換成 TFRecord）。當資料大到無法放進記憶體時，我們必須花些功夫自己動手讀取資料並將它餵入訓練生產線。我們從沒說過那會是容易的。

另一種作法是，我們可以跳過這些痛苦的過程而直接使用高效能且立即可用的 TensorFlow Datasets 套件。它包含了一些有名的資料集，而且可以只透過少數的幾行程式碼使用最佳實務作法來下載、分割，以及餵入訓練生產線。

我們來看看有哪些資料集可以用。

```
import tensorflow_datasets as tfds

# 看看可用的資料集
print(tfds.list_builders())

===== 輸出 =====
['abstract_reasoning', 'bair_robot_pushing_small', 'caltech101', 'cats_vs_dogs',
'celeb_a', 'celeb_a_hq', 'chexpert', 'cifar10', 'cifar100', 'cifar10_corrupted',
'cnn_dailymail', 'coco2014', 'colorectal_histology',
'colorectal_histology_large', 'cycle_gan' ...
```

這裡的輸出包含了超過 100 個資料集，而這個數字還在穩定的增加中。現在讓我們用 CIFAR-10 的訓練集合來下載、萃取，以及建立有效率的生產線：

```
train_dataset = tfds.load(name="cifar100", split=tfds.Split.TRAIN)
train_dataset = train_dataset.shuffle(2048).batch(64)
```

就這樣！我們第一次執行這段程式碼時，它會下載資料集並將它快取在我們的機器上。未來的每次執行時，它都會跳過下載這個步驟並直接由快取進行讀取。

資料讀取

現在資料準備好了，我們來看看是否能將資料讀取生產線的產能最大化。

使用 tf.data

我們可以選擇用 Python 內建的 I/O 程式庫，手動的讀取資料集中的每個檔案。我們只要簡單的對每個檔案呼叫 open 就可以了。這種作法的缺陷在於我們的 GPU 會被檔案讀取

阻塞住。因為每次我們讀取檔案時，GPU 就必須等待。而每次 GPU 開始處理輸入時，在我們從磁碟讀取下一個檔案前我們也必須等待。聽起來是不是很浪費時間？

如果您只能從本章中帶走一項物品，就帶走它吧：tf.data 是建立高效能訓練生產線的上選。在以下的幾節中，我們會探索 tf.data 的幾個層面，您可以用以改善訓練速度。

我們來設定一個讀取資料的基礎生產線：

```
files = tf.data.Dataset.list_files("./training_data/*.tfrecord")
dataset = tf.data.TFRecordDataset(files)

dataset = dataset.shuffle(2048)
                 .repeat()
                 .map(lambda item: tf.io.parse_single_example(item, features))
                 .map(_resize_image)
                 .batch(64)
```

預取資料

在稍早我們討論的生產線中，GPU 會等待 CPU 產生資料，然後 CPU 會等待 GPU 完成計算後才會為下個週期產生資料。這種循環式的依賴性會造成 CPU 和 GPU 的閒置，這是很沒有效率的。

prefetch 函數在此幫我們解開資料製造（由 CPU 完成）和資料耗用（由 GPU 完成）之間的連結。它使用一個背景執行緒來將資料非同步的傳遞至中介緩衝區中，那是 GPU 可以直接耗用資料的地方。CPU 現在可以繼續執行下一個運算，而不用等 GPU 了。同樣地，一旦 GPU 完成了前一個運算後，資料就已經在緩衝區中可以使用，它就可以開始處理了。

要使用這個函數，我們可以在生產線的最後對我們的資料集呼叫 prefetch，並提供一個 buffer_size 參數（它是可以儲存的最大資料量）。通常 buffer_size 是一個小的數字；在許多情況下 1 就夠了：

```
dataset = dataset.prefetch(buffer_size=16)
```

在接下來的簡短幾頁之內，我們就會向您展示如何為這個參數找出最佳值。

總之，如果有機會可以重疊 CPU 和 GPU 的運算，prefetch 會自動抓出它。

CPU 處理平行化

如果 CPU 有好幾個核心，我們卻只用其中之一來處理所有的事情的話會是一種浪費。為什麼不好好的利用其他的核心？這就是 map 函數中 num_parallel_calls 引數好用之處：

```
dataset = dataset.map(lambda item: tf.io.parse_single_example(item, features),
                      num_parallel_calls=4)
```

這將啟動多個執行緒以平行化處理 map() 函數。假設背景中並沒有重度程式在執行，我們會想要將 num_parallel_calls 設成和 CPU 核心的數量一樣。更大的值可能會因為內容交換（context switching）而降低效能。

I/O 與處理的平行化

從磁碟或更慘的網路讀取檔案是造成瓶頸的重要因素。我們可能擁有全世界最好的 CPU 和 GPU，但是如果無法優化檔案的讀取，就一點價值都沒有。這個問題的一種解決方案是將 I/O 和後續處理平行化（也稱為交插（*interleaving*））。

```
dataset = files.interleave(map_func, num_parallel_calls=4)
```

在這個指令中發生了兩件事：

- 輸入資料被平行的抓取（預設上等於核心的數量）。

- 在抓取的資料上設定 num_parallel_calls 參數可以讓 map_func 函數在不同的平行執行緒上執行，並且非同步的讀取輸入資料。

如果 num_parallel_calls 沒有被設定，那麼即使資料是以平行方式讀取，map_func 還是會同步的在單一執行緒上執行。只要 map_func 執行的比輸入資料進來的速度還快，就不會有問題。如果 map_func 成為瓶頸時，我們絕對會想要將 num_parallel_calls 設高一點。

讓非確定性順序成為可能

對許多資料集來說，讀取的順序不是很重要。畢竟我們可能會將它們的順序打亂。預設是當以平行方式讀取檔案時，tf.data 還是會試圖以固定的循環順序來產生輸出。缺點是我們可能會碰到一個「脫隊者」（也就是一個比其他運算花了更長時間的運算——例如檔案讀取——而耽擱了其他所有的運算）。這就像是在排隊等結帳時，我們前面有一個人堅持要用剛剛好的現金結帳，而後面的人都是用信用卡結帳一樣。所以為了不讓後面所有已經準備好產生輸出的運算被堵塞住，我們會跳過這些脫隊者直到它們完成它們的運算為止。這會打破資料的順序，同時降低了等待少數較慢運算所造成的 CPU 週期浪費：

```
options = tf.data.Options()
options.experimental_deterministic = False

dataset = tf.data.Dataset.list_files("./training_data/")
dataset = dataset.with_options(options)
dataset = dataset.interleave(tf.data.TFRecordDataset, num_parallel_calls=4)
```

快取資料

Dataset.cache() 函數讓我們可以將資料複製到記憶體或磁碟的檔案中。有兩個理由讓您會想要快取一個資料集:

- 為了避免在第一個週期後重複的讀取磁碟。顯然這只有在快取是在記憶體內且可以放入可用的 RAM 中才有效。

- 為了避免在資料上重複的執行昂貴的 CPU 運算(例如將大影像調整成小影像)。

> 快取最適合用在近期不會改變的資料上。我們推薦您在任何的隨機擴增與打亂資料前放上 cache();否則會造成每次執行時資料的順序都會相同。

根據情境的不同,我們會使用下列兩行之一:

```
dataset = dataset.cache()                  # 記憶體內
dataset = dataset.cache(filename='tmp.cache') # 磁碟內
```

值得注意的是,記憶體內的快取是暫存的,因此只會在每次執行的第二個週期才會展現效能改善。另一方面,基於檔案的快取每次都會執行的更快(除了第一次執行的第一個週期外)。

> 在第 149 頁的「縮減輸入資料的大小」中,我們有提到將資料進行前置處理並將它存為 TFRecord 檔案以作為未來資料生產線的輸入。在您生產線的前置處理步驟後直接使用 cache() 函數,將會得到和程式碼中改變一個字類似的效能。

開啟實驗性優化

TensorFlow 包含許多內建的優化方法，這些功能通常是實驗性的且預設上是關閉的。根據您使用的案例不同，您可能會想要開啟其中一些功能以從您的生產線中再擠出更多的效能。其中的許多優化方法都在 tf.data.experimental.OptimizationOptions 的文件中有詳細的說明。

以下是過濾器和映射運算的快速複習：

過濾器（*filter*）
一種過濾運算，它會逐一處理串列中的元素並抓出其符合某個條件的元素。此處的條件是由會傳回布林值的 lambda 運算來表達。

映射（*map*）
映射運算會接受一個元素、執行一個運算，然後傳回一個輸出。例如調整影像的大小。

我們來看一下可用的實驗性優化，包括一些範例來展示將兩個連續運算融合成單一運算所帶來的益處。

過濾器融合

有時我們會想要根據多個屬性來進行過濾。也許我們只想要使用包含貓和狗的影像。或者在人口普查資料集中，只想要看到收入高於某個水平且住在離市中心一定距離內的家庭。filter_fusion 可以幫我們加速這類的情況。請參考以下範例：

```
dataset = dataset.filter(lambda x: x < 1000).filter(lambda x: x % 3 == 0)
```

第一個過濾器會過濾整個資料集並傳回小於 1,000 的元素。在這個結果上，第二個過濾器再移除其中不能被三整除的元素。不在許多相同的資料上進行兩次過濾，而是將兩個過濾運算用 AND 運算組合成一個。這正是 filter_fusion 可以讓我們做的事——將多個過濾器組合成一個。預設它是關閉的。您可以使用下列指令來開啟它：

```
options = tf.data.Options()
options.experimental_optimization.filter_fusion = True
dataset = dataset.with_options(options)
```

映射與過濾器融合

請參考以下範例：

```
dataset = dataset.map(lambda x: x * x).filter(lambda x: x % 2 == 0)
```

在此範例中，`map` 函數對整個資料集的每個元素計算它們的平方。然後 `filter` 函數再捨棄其中是奇數的元素。不再進行兩次資料庫掃描（在這個特別浪費的範例中更是如此），我們可以藉由開啟 `map_and_filter_fusion` 選項來將映射和過濾器融合在一起，把它們當作單一單位來運算：

```
options.experimental_optimization.map_and_filter_fusion = True
```

映射融合

和前面兩個範例類似，將兩個以上的映射運算融合在一起避免了在相同的資料上重複掃描，取而代之的是將它們組合成單次掃描：

```
options.experimental_optimization.map_fusion = True
```

自動調整參數值

您可能已經注意到，本節的許多程式碼範例中的參數都具有寫死的值。在目前正在處理的問題與硬體的組合之上，您可以調整這些參數以獲得最大的效率。該如何調整它們呢？一個明顯的作法是一次只調整一個參數並分別觀察它們對總體效能的影響，直到我們得到精準的參數集合。不過由於組合爆炸的因素，我們要調的鈕很快就會超過我們的手可以負擔的。如果這個原因還不夠，那麼另一個原因是我們精心調整後的程式可能在另一台機器上就不會具有同樣的效率，這是來自於硬體上的差異，例如 CPU 核心的數量、GPU 的可用性等。即使在同樣的系統上，由於其他程式使用資源的狀況不同，這些鈕可能在每次執行時都要重新調整。

要怎麼解決這個問題呢？我們要做的是和手動調整相反的動作：自動調整（autotuning）。使用登山（hill-climbing）優化演算法（這是一種由捷思（heuristic）驅動的搜尋演算法），這個選項會為許多 tf.data 函數的參數自動找出最理想的參數組合。只要使用 `tf.data.experimental.AUTOTUNE` 來取代手動指定的數字就可以了。這是統理一切的參數。請見以下的範例：

```
dataset = dataset.prefetch(buffer_size=tf.data.experimental.AUTOTUNE)
```

這不是很優雅的解決方案嗎？我們可以對 **tf.data** 生產線中的好幾個函數呼叫進行這樣的動作。以下的範例組合了「資料讀取」小節中的幾個優化方法，來建立高效能的資料生產線：

```
options = tf.data.Options()
options.experimental_deterministic = False

dataset = tf.data.Dataset.list_files("/path/*.tfrecord")
dataset = dataset.with_options(options)
dataset = files.interleave(tf.data.TFRecordDataset,
                           num_parallel_calls=tf.data.experimental.AUTOTUNE)
dataset = dataset.map(preprocess,
                      num_parallel_calls=tf.data.experimental.AUTOTUNE)
dataset = dataset.cache()
dataset = dataset.repeat()
dataset = dataset.shuffle(2048)
dataset = dataset.batch(batch_size=64)
dataset = dataset.prefetch(buffer_size=tf.data.experimental.AUTOTUNE)
```

資料擴增

我們有時並不會擁有足以執行訓練生產線的資料。即使我們有，但還是可能想要操縱一下影像以改善模型的強固性——藉由資料擴增的幫助。讓我們看看是否可以讓這個步驟變得更快。

使用 GPU 進行擴增

資料前置處理生產線可以詳盡到您可以為它寫本書。在影像被從磁碟讀入記憶體後，我們常常就立即執行像是調整大小、裁切、顏色轉換、模糊化等影像轉換運算。由於這些都是矩陣轉換運算，它們在 GPU 上應該表現得不錯。

OpenCV、Pillow 及 Keras 內建的擴增功能，是電腦視覺領域中最常被用來處理影像的程式庫。不過這裡會有一個很大的限制。它們的處理主要是基於 CPU 的（雖然您可以將 OpenCV 編譯成可用於 CUDA），這意味著生產線可能無法完全的發揮所使用的硬體的潛能。

2019 年 8 月時，已有一些努力想要將 Keras 影像擴增轉換為可以使用 GPU 來進行加速。

我們還有一些不同的 GPU 選項可以探索。

tf.image 內建擴增

tf.image 提供了一些可以和 tf.data 生產線無縫接軌的好用擴增函數。其中的方法包括影像翻轉、顏色擴增（色調、飽和度、亮度、對比）、縮放及旋轉。以下的範例會改變影像的色調：

```
updated_image = tf.image.adjust_hue(image, delta = 0.2)
```

依賴 tf.image 的缺點是它的功能相較於 OpenCV、Pillow，甚至 Keras 來說限制較大。例如，tf.image 內建的影像旋轉函數只支援以逆時針方向旋轉 90 度。如果我們想要旋轉任意角度，例如 10 度，我們就必須自己動手建立這個功能。相反地，在 Keras 中則可以直接使用這個功能。

作為 tf.data 生產線的替代方案，NVIDIA 資料載入程式庫（NVIDIA Data Loading Library，DALI）提供了以 GPU 處理來加速的快速資料載入與前置處理生產線。如圖 6-4 所示，DALI 實作了一些常用的步驟，包括在訓練前調整影像大小和在 GPU 內擴增影像。DALI 可以用於多種深度學習框架上，包括 TensorFlow、PyTorch、MXNet 等，提供了前置處理生產線的可攜性。

圖 6-4　NVIDIA DALI 生產線

還有，甚至是 JPEG 解碼（一件相對重度的工作）都可以部分的使用 GPU 而得到進一步的速度改善。這可以透過 nvJPEG 來完成，它是以 GPU 加速的 JPEG 解碼程式庫。對於多 GPU 任務來說，提升的速度大概和 GPU 的數量成正比。

NVIDIA 的努力在 MLPerf（評測機器學習硬體、軟體及服務）破記錄的參賽作品中引發高潮，它在 80 秒內訓練完成一個 ResNet-50 模型。

訓練

對於才開始效能優化旅程的人來說，改善資料生產線能最快看到成效，因為它相對比較簡單。而針對資料已經可以快速餵入的訓練生產線，讓我們先來看看實際的訓練步驟中能做的優化。

使用自動混合精準度

「只用一行就讓訓練速度快二到三倍！」

深度學習模型內的權重通常是以單精準度儲存的；也就是 32 位元浮點數，或更常被使用的稱呼：FP32。將這些模型放入記憶體受限的裝置——像是行動電話——會是一個挑戰。要讓模型變小的一個簡單技巧，是將它們從單精準度（FP32）轉換為半精準度（FP16）。當然，這些權重的表達能力變差了，但就如我們將在本章稍後（第 174 頁的「量化模型」）示範的，類神經網路對小改變的適應力很強，就像它們對影像中的雜訊的適應力很強一樣。因此我們不必犧牲太多準確度，就可以得到一個更有效率的模型所具備的優點。事實上，我們甚至可以再將表達法降為 8 位元整數（INT8）而不會顯著的降低準確度，我們即將在後面幾章看到這個結果。

如果我們可以在推論時使用降低精準度的表達法，那麼在訓練時也可以嗎？從 32 位元降成 16 位元表達法實質上是將記憶體頻寬加倍、記憶體大小加倍，或者將可以容納的批次大小加倍。不幸的是，結果證明在*訓練中*單純的使用 FP16 可能會導致模型準確度的顯著損失，甚至無法收斂至最佳解。這是因為 FP16 表達數字的範圍是有限的。由於缺乏適當的精準度，訓練過程中對模型的更動如果太小的話，甚至不會被記錄下來。想像一下要將 0.00006 加入 1.1 這個權重值。使用 FP32 時，權重會被正確的更新為 1.10006。然而使用 FP16 時，權重還會是 1.1。反之，任何像是修正線性單元（Rectified Linear Unit，ReLU）層的激發可能會高到讓 FP16 產生溢位而變成無限大（Python 的 NaN）。

要解決這些挑戰最簡單的辦法是使用自動混合精準度訓練。在這個模型中，我們將模型存成 FP32 作為主要複本，並用 FP16 來執行向前／向後訓練過程。每一個訓練步驟完成後，此步驟最終的更動會被放大回 FP32，再用於主要複本上。這樣有助於避免 FP16 算術的陷阱，而且會造成較低的記憶體使用與更快的訓練（實驗結果顯示速度會增加二到三倍），同時達到和只以 FP32 訓練相似的準確度。值得一提的是，較新的 GPU 架構，例如 NVIDIA Volta 以及 Turing，會特別對 FP16 進行優化。

要啟用混合精準度訓練，只要在我們的 Python 程式碼前面加上下面這行：

```
os.environ['TF_ENABLE_AUTO_MIXED_PRECISION'] = '1'
```

使用較大的批次大小

我們不會一次就使用整個資料集來進行訓練，取而代之的是使用幾個微批次的資料來訓練。這麼做是基於以下兩個理由：

- 我們的完整資料（單一批次）可能無法放入 GPU 的 RAM 中。

- 餵很多份較小的批次和餵少數較大的批次達成的訓練準確度差不多。

使用較小的微批次可能無法完全運用可用的 GPU 記憶體，所以對這個參數進行實驗是很重要的。觀察它對 GPU 使用率的影響（使用 `nvidia-smi` 指令），然後選擇會將使用率最大化的批次大小。消費者等級的 GPU，像是 NVIDIA 2080 Ti 出貨時安裝了 11 GB 的 GPU 記憶體，這對像是 MobileNet 家族的快速模型來說夠多了。

舉例來說，在配備 2080 Ti 繪圖卡的硬體上使用 224 × 224 解析度影像以及 MobileNetV2 模型時，GPU 可以容納高達 864 的批次大小。圖 6-5 顯示了從 4 到 864 等不同的批次大小對 GPU 使用率（實線）以及每週期時間（虛線）的效果。就如圖中所示，批次大小愈大，GPU 的使用率愈高，進而導致更短的訓練時間。

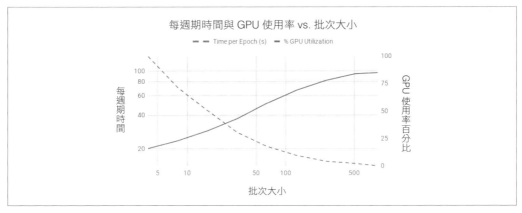

圖 6-5　不同的批次大小對每週期訓練時間（以秒為單位）以及 GPU 使用率的影響（對 X 軸和 Y 軸都使用對數尺規）

即使是使用最大的批次大小 864（在用完記憶體前），GPU 的使用率還是沒有超過85%。這意味著，GPU 快到足以處理我們的高效率資料生產線。將 MobileNetV2 換成更重量級的 ResNet-50 模型會立即將 GPU 的使用率增加到 95%。

即使我們已經展示了高達數百的批次大小，但分散在多個節點的大型產業訓練資料常會藉由一種稱為 Layer-wise Adaptive Rate Scaling（LARS）的技術來使用更大的批次大小。例如，Fujitsu Research 只花了 75 秒就用 ImageNet 訓練完成一個 ResNet-50 網路並達到 75% 的前一準確度。他們的裝備是什麼呢？2048 顆 Tesla V100 GPU 以及驚人的 81,920 批次大小！

使用八的倍數

深度學習中大部分的運算的形式都是「矩陣乘法與加法」。雖然那是昂貴的運算，但近年來有愈來愈多的特殊化硬體來優化它的效能，其中包括 Google 的 TPU 以及 NVIDIA 的 Tensor Cores（可以在 Turing 和 Volta 架構中找到）。Turing GPU 同時提供了 Tensor Core（用於 FP16 與 INT8 運算）以及 CUDA 核心（用於 FP32 運算），其中 Tensor Core 給出了明顯較高的產量。由於它們特殊的本質，Tensor Core 要求提供給它們的資料中的某些參數必須是八的倍數。以下是其中三種：

- 捲積過濾器中的通道（channel）數量

- 完全連接層中的神經元數量以及此層的輸入數量

- 微批次的大小

如果這些參數不是八的倍數，GPU 的 CUDA 核心會被用來作為回饋加速器。在一份 NVIDIA 的實驗報告中（*https://oreil.ly/KoEkM*）指出，只將批次大小由 4,095 改為 4,096 就造成產量增加五倍。請記住，除了使用自動混合精準度之外，使用八的倍數（INT8 運算中是 16）是啟動 Tensor Core 的最基本要求。為了達到更高的效率，它們的推薦值事實上是 64 或 256 的倍數。同樣地，Google 推薦在使用 TPU 時採用 128 的倍數來達到最大效率。

找出最佳學習率

一個會對我們的收斂速度（還有準確度）產生巨大影響的超參數就是學習率。理想的訓練結果是全域極小值；也就是具有最少損失的點。學習率太高的話，可能會造成模型飛越全域極小值（就像劇烈擺動的鐘擺），而且可能無法收斂。學習率太低可能會讓收斂時間變長，因為學習演算法每次都只會往極小值走一小步。找出正確的初始學習率可能會讓世界完全不同。

找出理想的初始學習率的單純方式就是嘗試一些不同的學習率（例如 0.00001、0.0001、0.001、0.01、0.1）並找出收斂最快的那一個學習率。或者更好的方式是對一個範圍的值進行格點搜尋（grid search）。這個作法有兩個問題：1) 根據粒度（granularity）的不同，它可能會找出一個不錯的值，不過可能不是最佳值；以及 2) 我們必須訓練許多次，這可能會很耗時。

在 Leslie N. Smith 於 2015 年發表的論文「Cyclical Learning Rates for Training Neural Networks」中，他描述了一個找出最佳學習率的更好方法。總結來說是：

1. 由一個很小的學習率開始逐步的增大，直到達到預設的最大值為止。

2. 觀察每一個學習率的損失——開始時會是停滯的，然後開始往下，最後終於往上。

3. 計算每一個學習率的損失下降率（一階導數（first derivative））。

4. 選擇具有最高損失下降率的那個點。

步驟很多，不過幸好我們不用自己寫出這段程式。由 Pavel Surmenok 所提供的 keras_lr_finder（*https://oreil.ly/il_BI*）程式庫給了我們一個有用的函數來找出它：

```
lr_finder = LRFinder(model)
lr_finder.find(x_train, y_train, start_lr=0.0001, end_lr=10, batch_size=512,
               epochs=5)
lr_finder.plot_loss(n_skip_beginning=20, n_skip_end=5)
```

圖 6-6 展示了損失與學習率的關係圖。很明顯 10^{-4} 或 10^{-3} 等學習率可能太低了（因為損失幾乎沒有降低）。同樣地，大於 1 可能太高了（因為損失快速增加）。

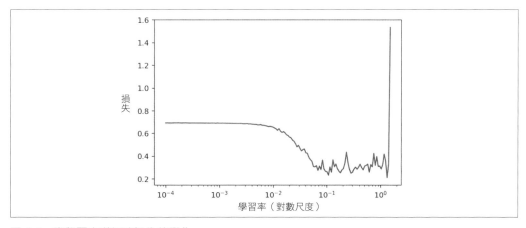

圖 6-6　當學習率增加時損失的變化

我們最有興趣的是損失下降最多的點，畢竟我們想要將到達最小損失所花的時間最小化。在圖 6-7 中，我們畫出損失的變化率——損失對於學習率的導數：

```
# 顯示 20 點移動平均以平緩化圖形
lr_finder.plot_loss_change(sma=20, n_skip_beginning=20, n_skip_end=5,
                           y_lim=(-0.01, 0.01))
```

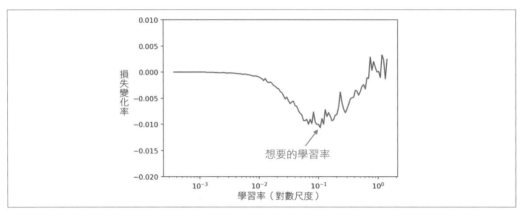

圖 6-7　當學習率增加時損失的變化率

這些圖形顯示了 0.1 附近的值會導致損失的下降速度最快，因此我們會選擇它作為我們的最佳學習率。

使用 tf.function

急切執行（eager execution）模式在 TensorFlow 2.0 中預設是開啟的，它可以讓使用者逐行的執行程式並立即看到結果。這對開發和除錯是非常有幫助的。不過和 TensorFlow 1.x 相反，使用者必須將所有運算建成一張圖，然後一次全部執行來看到結果。這使得除錯成為惡夢！

急切執行帶來的彈性需要付出代價嗎？是的，要付出一點點代價，通常是以微秒為單位，這對像是訓練 ResNet-50 這樣的大型計算密集任務來說實質上是可以忽略的。不過對擁有許多小運算的任務來說，急切執行可能會產生較大的衝擊。

我們可以用兩個方法來克服這個問題：

關閉急切執行

　　對 TensorFlow 1.x 來說，不要開啟急切執行會讓系統將程式流程優化成一張圖，而且執行的較快。

使用 tf.function

在 TensorFlow 2.x 中，您不能關閉急切執行（是有一個相容性 API，不過我們除了要自 TensorFlow 1.x 轉移外，不應該使用它）。相反地，對任何會在圖形模式執行而變快的函數都可以加上 @tf.function 註解。值得注意的是，任何在有註解的函數中被呼叫的函數也會在圖形模式中執行。優點是基於圖形的執行中所獲得的加速並不會犧牲掉急切執行的除錯能力。一般而言，最好的速度提升是出現在比較短的計算密集任務中：

```
conv_layer = tf.keras.layers.Conv2D(224, 3)

def non_tf_func(image):
  for _ in range(1,3):
        conv_layer(image)
  return

@tf.function
def tf_func(image):
  for _ in range(1,3):
        conv_layer(image)
  return

mat = tf.zeros([1, 100, 100, 100])

# 暖身運動
non_tf_func(mat)
tf_func(mat)

print("Without @tf.function:", timeit.timeit(lambda: non_tf_func(mat),
        number=10000), " seconds")
print("With @tf.function:", timeit.timeit(lambda: tf_func(mat), number=10000),
        "seconds")

===== 輸出 =====
Without @tf.function: 7.234016112051904 seconds
With @tf.function:    0.7510978290811181 seconds
```

就如同在這個人為的範例中所看到的，將函數附加 @tf.function 就可以得到 10 倍的速度提升，從 7.2 秒縮減到 0.7 秒。

過度訓練，然後通用化

在機器學習中對資料集進行過度訓練被認為是有害的。不過，我們將示範如何以受控的方式使用過度訓練，來讓訓練變得更快。

西諺有云，「至善者，善之敵（The perfect is the enemy of the good）」。我不要我們的網路馬上變成完美。事實上，我們甚至不想讓它一開始就是好的，而是它可以將**某件事**學得很快，即使那不完美。因為這樣我們就會有一個好的基線來微調至可以發揮它的最高潛力。實驗結果證明，我們可以比傳統訓練學得更快。

> 要進一步釐清先過度訓練然後再通用化的概念，讓我們用語言學習做一個沒有那麼完美的類比。假設您想學法文。一種方式是丟給您一本字彙與文法書並期望您記住所有的東西。當然，您可能會每天讀這本書，然後在幾年後您可能真的會講幾句法文。不過這不是最佳的學習方式。
>
> 另一種替代方案是看看語言學習課程是如何趨近這個流程的。這些課程一開始只會介紹一小組單字和文法規則給您。當您學會它們後，可能可以說幾句破法文。您可能可以在餐廳點杯咖啡或在巴士站問路。此時，您會被介紹更多的單字和規則，而這也將讓您的法文日益進步。
>
> 這個流程和我們藉由愈來愈多資料來逐步學習類似。

我們如何強迫網路學得快但不完美？讓它對我們的資料集過度訓練。以下的三個策略將會有所幫助。

使用漸進式取樣

過度訓練而後通用化的一種作法是，漸進式的對模型展示愈來愈多的原始訓練資料。以下是簡單的實作方式：

1. 從資料集取出一些樣本（例如大約 10%）。

2. 訓練網路直到收斂為止；換句話說，直到它對訓練集合表現得很好。

3. 用更大的樣本（甚至是整個訓練集合）來訓練。

藉由重複的呈現資料集的少數樣本，網路會學得更快，不過只和呈現給它的樣本相關。因此它會傾向於過度訓練，相較於測試集合來說，通常對訓練集合的表現會比較好。發生這種情況時，用整個資料集來訓練往往會通用化它的學習，最終增加了測試集合的效能。

使用漸進式擴增

另一種作法是，一開始先用沒有擴增或只有微量擴增的完整資料集來訓練，然後再漸進式增加擴增的程度。

藉由重複的呈現未擴增的影像，網路會比較快的學習樣式，再藉由漸進式增加擴充的程度，它會變得更強固。

使用漸進式大小調整

另一種因 fast.ai（它提供免費的人工智慧課程）的 Jeremy Howard 而出名的方法是漸進式大小調整。這個作法背後的關鍵想法是先用縮小成較低解析度的影像來訓練，然後再漸進式放大至愈來愈大的大小直到回到原始影像為止。

將影像的寬度和高度都砍半會降低 75% 的像素，理論上比起原始影像的訓練速度會增加四倍。同樣地，將原來的寬度和高度降成四分之一最多可以導致 16 倍的縮減（準確度會較低）。較小的影像具有較少的可見細節，強迫網路只好去學習較高階的特徵，包括寬廣的形狀和顏色。然後用較大的影像訓練會幫助網路學習較細緻的細節，同時也漸進式的增加測試準確度。就像是先教導孩子高階的概念，然後在後面幾年展現更多的細節，這樣的概念在這裡被應用在 CNN 上。

 您可以隨意的組合這些方法來進行實驗，或甚至發揮自己的創意來建立方法，例如先以類別的子集合來訓練並在稍後通用化至所有的類別。

安裝優化的硬體堆疊

開源套件的二元檔通常被建立成可以在不同的硬體及軟體設置下運行。這些套件會試圖滿足所有人的用途。當我們 pip install 一個套件時，結果會是下載和安裝這個通用用途且適用於所有人的二元檔。這種便利性所要付出的代價是，我們不能善用某個特殊硬體堆疊所提供的特定功能。這個問題就是我們為何要避免使用預建立的二元檔，而改選從原始碼開始建立套件的主要原因。

以一個範例來說明，Google 在 pip 上有一個可以在老舊的 Sandy Bridge（第二代的 Core i3）筆記型電腦上，同時也可以在威力強大的 16 核心 Intel Xeon 伺服器上執行的 TensorFlow 套件。雖然這樣很方便，不過缺點是這個套件無法善用 Xeon 伺服器強大的硬體威力。因此對基於 CPU 的訓練和推論來說，Google 推薦從原始碼開始編譯 TensorFlow 以最適用於目前使用的硬體。

手動進行這件事的方法之一，是在編譯原始碼前設定硬體的設置旗標。例如，要開啟對 AVX2 以及 SSE 4.2 指令集的支援，我們可以簡單的執行以下的建立指令（請注意在命令裡每個指令集前那個多出來的 m 字元）：

```
$ bazel build -c opt --copt=-mavx2 --copt=-msse4.2
//tensorflow/tools/pip_package:build_pip_package
```

您怎麼知道有哪些 CPU 功能可用？請使用下面的命令（僅適用於 Linux）：

```
$ lscpu | grep Flags

Flags: fpu vme de pse tsc msr pae mce cx8 apic sep mtrr pge mca cmov pat pse36
clflush dts acpi mmx fxsr sse sse2 ss ht tm pbe syscall nx pdpe1gb rdtscp lm
constant_tsc arch_perfmon pebs bts rep_good nopl xtopology nonstop_tsc cpuid
aperfmperf pni pclmulqdq dtes64 monitor ds_cpl vmx est tm2 ssse3 sdbg fma cx16
xtpr pdcm pcid dca sse4_1 sse4_2 x2apic movbe popcnt
tsc_deadline_timer aes xsave avx f16c rdrand lahf_lm abm 3dnowprefetch
cpuid_fault epb cat_l3 cdp_l3 invpcid_single pti intel_ppin ssbd ibrs ibpb stibp
tpr_shadow vnmi flexpriority ept vpid fsgsbase tsc_adjust bmi1 hle avx2 smep bmi2
erms invpcid rtm cqm rdt_a rdseed adx smap intel_pt xsaveopt cqm_llc
cqm_occup_llc cqm_mbm_total cqm_mbm_local dtherm ida arat pln pts md_clear
flush_l1d
```

使用由旗標所標明的適當的指令集來從原始碼建立 TensorFlow，應該會造成可觀的速度提升。缺點是從原始碼開始建立會花費相當多的時間，至少幾個小時。替代方案是我們可以使用 Anaconda 來下載和安裝 TensorFlow 的高度優化變異版本，它是由 Intel 在他們的深度類神經網路之數學核心程式庫（Math Kernel Library for Deep Neural Networks，MKL-DNN）之上所建立的。安裝過程十分簡單。首先，我們要安裝 Anaconda（*https://anaconda.com*）套件管理程式，然後執行下列命令：

```
# 用於 Linux 和 Mac
$ conda install tensorflow

# 用於 Windows
$ conda install tensorflow-mkl
```

在 Xeon CPU 上，MKL-DNN 經常提供高達二倍的推論速度。

GPU 的優化又如何呢？由於 NVIDIA 使用 CUDA 程式庫將不同 GPU 的內部表達抽象化，通常我們不用從原始碼開始建立，而只要從 pip 安裝 TensorFlow 的 GPU 變異版（tensorflow-gpu 套件）就可以了。為了便利性，我們推薦使用 Lambda Stack（*https://oreil.ly/4AUxp*）單行（one-liner）安裝程式（同時提供 NVIDIA 驅動程式、CUDA 及 cuDNN）。

為了要在雲端進行訓練和推論，WS、Microsoft Azure 及 GCP 都提供了對它們的硬體進行優化後的 TensorFlow GPU 映像檔。我們很容易就可以佈置多個案例並開始使用。此外，NVIDIA 提供了以 GPU 加速的容器（container），可用於本地與雲端環境下。

優化平行 CPU 執行緒數量

比較以下兩個範例：

```
# 範例 1
X = tf.multiply(A, B)
Y = tf.multiply(C, D)

# 範例 2
X = tf.multiply(A, B)
Y = tf.multiply(X, C)
```

在這些範例中，有幾個我們可以探索內在平行性（inherent parallelism）的地方：

運算之間

在範例 1 中，Y 的計算與 X 的計算無關。這是因為兩個運算間並沒有共享資料，因此它們可以在不同的執行緒上平行執行。

相反地，在範例 2 中 Y 的計算必須仰賴第一個運算（X）的輸出，因此第二個指令在第一個指令完成前都無法執行。

我們可以用以下的敘述來設置可以用在交互運作平行性（interoperation parallelism）的執行緒最大數量：

```
tf.config.threading.set_inter_op_parallelism_threads(num_threads)
```

執行緒的建議數量是和機器中的 CPU 數量相同。這個數值可以用 lscpu 命令取得（僅限 Linux）。

單運算層次

我們也可以開發單一運算間的平行性。像是矩陣乘法這樣的運算本質上就是可以平行化的。

圖 6-8 示範了一個簡單的矩陣乘法運算。很明顯地，整體的乘積可以被切成四個獨立的運算。畢竟一個矩陣的某一列和另一個矩陣的某一行的乘積，與其他列和行無關。切出來的每一份分割可能都會得到自己的執行緒，所以它們四個可能可以同時執行。

$$\begin{bmatrix} a_{11} & a_{12} \\ a_{21} & a_{22} \end{bmatrix} \begin{bmatrix} b_{11} & b_{12} \\ b_{21} & b_{22} \end{bmatrix} = \begin{bmatrix} a_{11}b_{11} + a_{12}b_{21} & a_{11}b_{12} + a_{12}b_{22} \\ a_{21}b_{11} + a_{22}b_{21} & a_{21}b_{12} + a_{22}b_{22} \end{bmatrix}$$

圖 6-8　矩陣乘法運算 A×B，其中突顯了一個乘法

我們可以以下敘述來設置可以用在交互運作平行性的執行緒最大數量：

```
tf.config.threading.set_intra_op_parallelism_threads(num_threads)
```

執行緒的建議數量是和每顆 CPU 的核心數量相同。這個數值可以用 Linux 中的 lscpu 命令取得。

使用更好的硬體

如果您已經將效能優化做到極致而還是需要訓練得更快，請您準備好用一些新硬體吧！將旋轉式硬碟換成 SSD 會有很大的效果，加入一個以上更好的 GPU 也是。不要忘了，有時 CPU 才是罪魁禍首。

事實上，您沒有必要花大錢：像是 AWS、Azure 及 GCP 等公用雲都提供了租用威力強大的設置的服務，每小時只需幾美元。最棒的是，它們都預先安裝了優化的 TensorFlow 堆疊。

當然，如果您有白花花的鈔票可以花或者有人會慷慨的幫您付錢的話，您可以直接跳過本章去買一個 2-peta FLOPS 的 NVIDIA DGX-2。總重 163 公斤（360 磅），它所擁有的 16 顆 V100 GPU（共有 81,920 顆 CUDA 核心）會消耗 10 仟瓦的電力——相當於七部大型窗型冷氣。它的價格是美金 400,000 元！

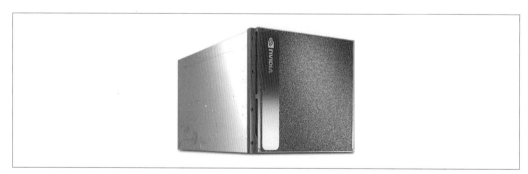

圖 6-9　美金 400,000 元的 NVIDIA DGX-2 深度學習系統

分散訓練

「用兩行來水平式的提升訓練！」

在一部具有一顆 GPU 的電腦上，目前我們能做的只有這樣。即使是最強的 GPU 在計算能力上也是有極限的。垂直提升只能讓我們做到這裡。取而代之的是我們尋求水平式的提升——將計算分散至不同的處理器上。我們可以透過多顆 GPU、TPU，甚至多部機器來完成此事。事實上，這就是 Google Brain 的研究者在 2012 年所用的方法，他們用了 16,000 顆處理器來運行一個類神經網路以從 YouTube 中找出貓來。

在 2010 年代初期的黑暗年代，在 ImageNet 上的訓練通常要花費數週到數個月的時間。多重 GPU 會加速此事，不過只有很少的人才知道如何設置這樣的設定。對新手來說這太難了。幸運的是，我們活在 TensorFlow 2.0 的時代，現在要設定分散式的訓練只需要兩行程式碼就行：

```
mirrored_strategy = tf.distribute.MirroredStrategy()
with mirrored_strategy.scope():
  model = tf.keras.applications.ResNet50()
  model.compile(loss="mse", optimizer="sgd")
```

訓練速度的增加幾乎和所用的 GPU 數量成正比（90-95%）。作為範例說明，如果我們增加四顆 GPU（具有差不多的計算威力）的話，理想的情況下，我們將會提高到超過 3.6 倍的速度。

不過，一個單一系統還是只能支援有限數量的 GPU。那麼使用多個節點，每個節點又有多顆 GPU 如何？和 MirroredStrategy 類似，我們可以使用 MultiWorkerMirroredStrategy。這對在雲端建立一個叢集十分有用。表 6-1 呈現了一些不同使用案例下的分散策略。

表 6-1　分散策略推薦

策略	使用案例
MirroredStrategy	具有兩顆以上 GPU 的單一節點
MultiWorkerMirroredStrategy	多節點，每個節點具有一顆以上的 GPU

對 MultiWorkerMirroredStrategy 來說，要讓叢集的節點互相通訊，我們必須在每一台主機上設置 TF_CONFIG 環境變數。這需要設定一個 JSON 物件，其中包含叢集中所有其他主機的 IP 位址和埠號。手動管理此事很容易出錯，這也是像 Kubernetes 這樣的框架可以發揮的地方。

來自 Uber 的開源 Horovod 程式庫是另一個高效能且易於使用的分散式框架。下一節中將看到的許多破記錄的評測效能都需要在好幾個節點上分散訓練，而 Horovod 的效能幫它們獲得了優勢。值得注意的是，大部分產業會使用 Horovod 是因為在早期的 TensorFlow 版本上要進行分散訓練是很累人的過程。此外，Horovod 和所有主要的深度學習程式庫都相容，所以不用改寫或學會太多的程式碼。透過命令行來設置要在四個具有四顆 GPU 的節點上執行分散式的程式只需要一行：

```
$ horovodrun -np 16 -H
server1:4,server2:4,server3:4,server4:4 python
train.py
```

檢視產業評測

在 1980 年代有三件事普遍受到大家歡迎——長髮、隨身聽，以及資料庫評測。就像現在的深度學習一樣，資料庫軟體也在一段時間內提出了許多大膽的承諾，有些還成為市場炒作的話題。為了檢驗這些公司而出現了一些評測，其中較知名的是交易處理委員會（Transaction Processing Council，TPC）評測。當某人想要採買資料庫軟體時，他們會仰賴這個公開的評測來決定要把公司的預算花在哪裡。這個競賽加速了創新、增加每塊錢的產生的速度和效能，並讓產業進展的比預期還快速。

由 TPC 以及其他評測而引發出靈感，建立了一些系統評測來標準化機器學習的效能報告。

DAWNBench

Stanford 的 DAWNBench 會評測一個模型在 ImageNet 上達成 93% 的前五準確度所花的時間和成本。此外，它也會對推論時間建立一個時間與成本領先榜。對於訓練這麼龐大的網路，其效能改善的快速進展值得我們讚賞。當 DAWNBench 最初於 2017 年 9 月開始時，參賽作品的參考值是花了 13 天以及美金 2,323.39 元來訓練。其後僅僅只花了一年半的時間，就把最快的訓練時間降到了 2 分 43 秒，另外最便宜的作品也只花 12 美元。最棒的是，大部分的參賽作品都包含了訓練原始碼以及優化，讓我們可以研讀並進行複製。這進一步給了我們一些指引，告訴我們超參數的效果以及要如何使用雲端來便宜又快速的進行訓練。

表 6-2　2019 年 8 月止之 DAWNBench 參賽作品，依達成 93% 的前五準確度所花的成本排列

成本（美元）	訓練時間	模型	硬體	框架
$12.60	2:44:31	ResNet-50 Google Cloud TPU	GCP n1-standard-2、Cloud TPU	TensorFlow 1.11

成本（美元）	訓練時間	模型	硬體	框架
$20.89	1:42:23	ResNet-50 Setu Chokshi (MS AI MVP)	Azure ND40s_v2	PyTorch 1.0
$42.66	1:44:34	ResNet-50 v1 GE Healthcare (Min Zhang)	8*V100 (single p3.16x large)	TensorFlow 1.11 + Horovod
$48.48	0:29:43	ResNet-50 Andrew Shaw, Yaroslav Bulatov, Jeremy Howard	32 * V100 (4x - AWS p3.16x large)	Ncluster + PyTorch 0.5

MLPerf

和 DAWNBench 一樣，MLPerf 的目標是人工智慧系統效能之可重現且公平的測試。雖然比 DAWNBench 還新，不過它獲得更廣大的產業支持，尤其是硬體這方面。它在兩個組別——開放與封閉——進行訓練以及推論成效的挑戰。封閉組用同樣的優化器來訓練同樣的模型，因此可以對等的比較原始硬體效能。另一方面，開放組則允許使用更快的模型和優化器，以更快速的推動進步。和表 6-2 中那些較便宜的 DAWNBench 參賽作品相比，表 6-3 所列的 MLPerf 領先者可能沒有那麼親民。最領先的 NVIDIA DGX SuperPod 包含了 96 顆 DGX-2H，總共具有 1,536 顆 V100 GPU，總價介於 3,500 到 4,000 萬美元之間。即使 1,024 顆 Google TPU 也是要價數百萬美元，它們都可以在雲端以每小時 8 美元的隨選價格租用（2019 年 8 月時的價格），結果是花不到 275 美元就可以在 2 分鐘內完成訓練。

表 6-3　2019 年 8 月 MLPerf 封閉組的主要參賽作品，顯示 ResNet-50 模型要達成 75.9% 的前一準確度所需要的訓練時間

時間（分鐘）	提交者	硬體	加速器	加速器數量
1.28	Google	TPUv3	TPUv3	1,024
1.33	NVIDIA	96x DGX-2H	Tesla V100	1,536
8,831.3	參考	Pascal P100	Pascal P100	1

雖然前述兩種評測都同時強調訓練和推論（通常使用威力更大的裝置），但還是有一些在低耗能裝置上針對推論的競賽，它們的目標是在最大化準確度和速度的同時也降低電力的消耗。以下是部分的年度競賽：

- LPIRC：低電力影像辨識挑戰（Low-Power Image Recognition Challenge）
- EDLDC：嵌入式深度學習設計競賽（Embedded Deep Learning Design Contest）
- 設計自動化會議（Design Automation Conference，DAC）之系統設計競賽

推論

訓練模型只是比賽的一部分，最終還是要對使用者提出我們的預測結果。以下要點將指引您該如何讓您的服務更有效率。

使用有效率的模型

深度學習競賽通常都是比賽誰提出具有最高準確度的模型、達到領先榜的頂端，以及讓之前的吹噓能夠成真。不過從業人員活在另一個世界——也就是要能快速且有效率的服務他們的使用者的那個世界。對於智慧型手機、邊緣裝置以及每秒收到好幾千通電話的伺服器等裝置來說，要能在各個面向（模型大小和計算）都有效率的這件事是最迫切的需求。畢竟不是每部機器都可以服務半 GB 的 VGG-16 模型，而它正好需要執行 300 億次的運算，只為了達到其實沒那麼高的準確度。在這麼多可用的預訓練架構中，有些準確度很高，但卻規模龐大，還需要大量的資源。另一方面，其他的選擇提供了還可以的準確度，但要求就少多了。我們的目標是在可用的計算能力以及記憶體預算下，為我們的參考裝置挑選出具有最高準確度的架構。圖 6-10 中，我們想要挑出位於左上角的模型。

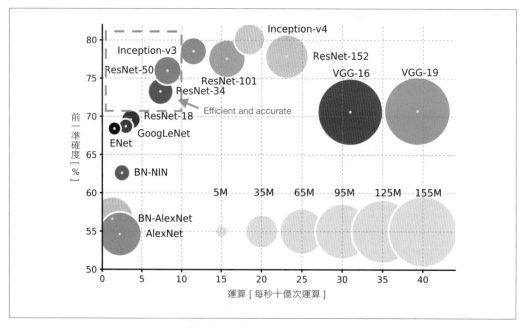

圖 6-10　依據大小、準確度及每秒運算數比較模型（改編自 Alfredo Canziani、Adam Paszke 與 Eugenio Culurciello 所著之「An Analysis of Deep Neural Network Models for Practical Applications」）

一般而言，要能在智慧型手機上進行有效率的執行，大約 15 MB 的 MobileNet 家族會是我們的選擇，其中較新的版本，例如 MobileNetV2 和 MobileNetV3，會比前面的版本更好。此外，改變 MobileNet 的超參數，例如深度乘數（depth multiplier），可以進一步降低計算的數量，使它成為即時應用的首選。自 2017 年以來，NAS 已被用來自動產生能將準確度最大化的最佳架構。它可以幫忙找出新的（雖然看來十分令人迷惑）架構，而它們打破了好幾次 ImageNet 的準確度記錄。例如 FixResNeXt（奠基在 829 MB 的 PNASNet 架構）在 ImageNet 上達到驚人的 86.4% 前一準確度。因此，研究界很自然的會問，NAS 是否有助於找出為行動裝置調整的架構，在最大化準確度的同時也最小化計算量。答案是肯定的——造成更快且更好的模型，並且為手上的硬體進行優化。例如，MixNet（2019 年 7 月）的表現就超越了許多最先進的模型。請注意我們如何從數以十億計的浮點運算降到以百萬為單位（圖 6-10 與圖 6-11）。

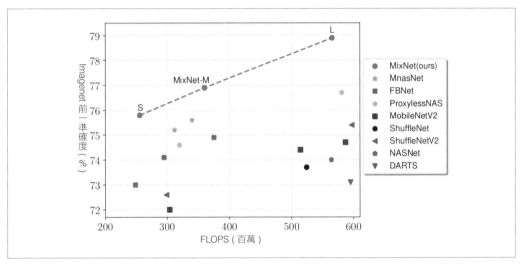

圖 6-11 Mingxing Tan 與 Quoc V. Le 所著的「MixNet: Mixed Depthwise Convolution Kernels」中數種行動友善的模型比較

作為從業人員，我們要到哪裡找到最先進的模型？*PapersWithCode.com/SOTA* 陳列了一些人工智慧問題的領先榜，比較各時間的論文結果並附上模型程式碼。特別引人注意的，是那些用了很少的參數卻能達到高準確度的模型。例如 EfficientNet 以 6,600 萬個參數得到驚人的 84.4% 前一準確度，所以它可能是伺服器上的首選。此外 ImageNet 共有 1,000 個類別，而我們的案例可能只需要分類其中幾個。對這種案例來說，更小的模型就夠用了。列在 Keras Application（*tf.keras.applications*）、TensorFlow Hub 及 TensorFlow Models 裡的模型通常會有各種變形（輸入影像大小、深度乘數、量化等等）。

在 Google AI 的研究者發表論文後，他們會在 TensorFlow Models
（*https://oreil.ly/Piq40*）中釋出論文中所有的模型。

量化模型

「*用 8 位元整數來表達 32 位元的權重可以得到快 2 倍、小 4 倍的模型。*」

類神經網路主要是由矩陣與矩陣乘法所驅動的。所涉及的算術能夠容許錯誤，在其中值的細微差異並不會對輸出造成顯著的影響。這使得類神經網路十分能夠容忍雜訊的存在。畢竟我們還是想要能辨識照片中的蘋果，即使它是在不完美的照明下拍攝的。當我們進行量化時，實質上就是善用類神經網路這種「容許錯誤」的本質。

在介紹不同的量化技術之前，讓我們對它建立直覺。為了用一個簡單的範例來描繪量化表達法，我們使用**線性量化**（*linear quantization*）將 32 位元的浮點數權重轉換為 INT8（8 位元整數）。很明顯地，FP32 表達了 2^{32} 個值（因此需要 4 個位元組來儲存），而 INT8 則表達了 $2^8 = 256$ 個值（1 個位元組）。要進行量化：

1. 找出類神經網路中 FP32 權重的最小值和最大值。

2. 將其間的範圍切成 256 個區間，每一個都對應至 INT8 的一個值。

3. 計算將 INT8（整數）轉換回 FP32 的縮放因子。例如，如果我們原來的範圍是從 0 到 1，INT8 的數字是從 0 到 255，那麼縮放因子就會是 1/256。

4. 將每個區間內的 FP32 數字換成 INT8 的值。此外，將縮放因子儲存下來以備推論階段使用，那時我們會將 INT8 值再轉換回 FP32 值。整個量化值群組只需要儲存一份縮放因子。

5. 在推論計算過程中，將 INT8 值乘上縮放因子以將它轉換回浮點數表示法。圖 6-12 描繪了區間 [0, 1] 的線性量化範例。

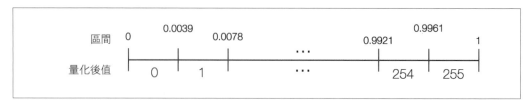

圖 6-12　將介於 0 到 1 之間的 32 位元浮點數量化成一個 8 位元整數以降低儲存空間

還有一些方式可以量化我們的模型，最簡單的一種是將權重的位元表達法由 32 位元降低到 16 位元或更低。很明顯地，將 32 位元轉換為 16 位元意味著將需要用來儲存模型的記憶體大小砍半。同樣地，將它轉換為 8 位元則只需要四分之一的大小。那麼為何不把它轉換為 1 位元來節省 32 倍的大小呢？嗯，雖然模型可以容許一定程度的錯誤，不過在縮減表達法時我們也可以注意到準確度會有損失。準確度的降低在超過某個閾值（特別是低於 8 位元）時會呈現指數性的成長。為了要在往下縮減時仍能得到可用的模型（例如 1 位元表達法），我們必須遵循特殊的轉換過程來將它們轉換成二元類神經網路。XNOR.ai 是一家深度學習新創公司，因為可以將這個技術帶入市場而聞名。Microsoft 的嵌入學習程式庫（Embedded Learning Library，ELL）也提供了類似的工具，這對於像是 Raspberry Pi 這樣的邊緣裝置具有很大的價值。

量化有無數的好處：

改善記憶體使用率

藉由量化成 8 位元整數表達法（INT8），我們一般可以讓模型大小得到 75% 的縮減。這使得儲存和載入模型到記憶體變得更方便。

改善效能

整數運算比浮點數運算更快。此外，記憶體使用率的節省也降低了在執行期間必須先將模型移出記憶體的可能性，這也帶來降低電力消耗的好處。

可攜性

像是物聯網裝置這樣的邊緣裝置可能不支援浮點數運算，所以在這種情況下用浮點數表達模型是站不住腳的。

多數的推論框架都提供了量化的方法，包括 Apple 的 Core ML Tools、NVIDIA 的 TensorRT（用於伺服器）及 TensorFlow Lite，還有 Google 的 TensorFlow Model Optimization Toolkit。使用 TensorFlow Lite 時，模型可以在訓練後進行轉換時再量化（稱為訓練後量化（post-training quantization））。要進一步最小化準確度的損失，我們可以在訓練中使用 TensorFlow Model Optimization Toolkit。這個過程稱為**量化感知訓練**（*quantization-aware training*）。

如果可以量測由量化所提供的益處是很有用的。由 TensorFlow Lite Model 優化（*https://oreil.ly/me4-1*）（如表 6-4 所示）評測所提供的量度可以給我們一些提醒，其中比較了 1) 未量化、2) 訓練後量化，以及 3) 量化感知訓練的模型。這些效能是在 Google Pixel 2 裝置上測量的。

表 6-4　在模型上使用不同量化策略（8 位元）效果的比較（來源：TensorFlow Lite model optimization 說明文件）

模型		MobileNet	MobileNetV2	InceptionV3
前一準確度	原始	0.709	0.719	0.78
	訓練後量化	0.657	0.637	0.772
	量化感知訓練	0.7	0.709	0.775
延遲（毫秒）	原始	124	89	1130
	訓練後量化	112	98	845
	量化感知訓練	64	54	543
大小（MB）	原始	16.9	14	95.7
	優化後	4.3	3.6	23.9

所以這些數字代表什麼？使用 TensorFlow Lite 量化成 INT8 後，我們看到大小約縮減了四倍、執行時間大約快了兩倍，還有不到 1% 的準確度下降。真不錯！

像是 1 位元二元化類神經網路（例如 XNORNet）這樣的極端量化形式在 AlexNet 測試時，聲稱可以達成驚人的 58 倍加速以及 32 倍的大小縮減，但在準確度上損失了 22%。

修剪模型

選一個數字。將它乘以 0。我們會得到什麼？零。再將您的數字乘上接近 0 的小數字，例如 10^{-6}，我們還是會得到一個微不足道的值。如果我們將模型中這種小小的值（→ 0）換成 0 的話，應該對模型的預測結果影響不大。這種作法稱為**基於大小之權重修剪**（*magnitude-based weight pruning*），或簡稱為修剪（pruning），是一種模型壓縮（*model compression*）的形式。邏輯上，將完全連接層中兩個節點間的權重設為 0 就等同於刪除它們間的邊。這會使具有密集連結的模型更稀疏一點。

有可能模型中的一大堆權重都接近於 0。對模型進行修剪會導致許多權重被設為 0。這並不會對準確度造成太大的影響。雖然它本身並不會節省任何空間，不過它裡面所具有的一大堆冗餘性可以讓我們在將它儲存為壓縮檔（例如 ZIP）時好好利用。（值得注意的是，壓縮程式喜歡重複出現的樣式。重複性愈高，壓縮比也愈高。）最終的結果是，我們的模型經常可以壓縮到四倍。當然在我們需要使用模型時，它必須在載入到記憶體前進行反壓縮。

TensorFlow 團隊觀察到修剪模型時表 6-5 中所呈現出來的準確度損失。一如預期，較有效率的模型（像是 MobileNet）在和較大的模型（InceptionV3）相比時被觀察到較高（雖然還是很小）的損失。

表 6-5　模型準確度損失 vs. 修剪比例

模型	稀疏性	相對於原始準確度的準確度損失
InceptionV3	50%	0.1%
InceptionV3	75%	2.5%
InceptionV3	87.5%	4.5%
MobileNet	50%	2%

Keras 提供了 API 來修剪我們的模型。這個程序可以在訓練過程中重複進行。首先，正常的訓練一個模型或挑選一個預訓練的模型。然後定期的修剪模型並繼續訓練。定期修剪之間具有足夠多的週期數，可以讓模型彌補因為導入過多的稀疏性而造成的傷害。稀疏性的數量以及修剪間的週期數都可以當作要調整的超參數。

另一種實作的方式是使用 Tencent 的 PocketFlow（*https://oreil.ly/JJms2*）工具，用一行命令就可以提供數種最近的研究論文中實作的其他修剪策略。

使用融合的運算

在任何正統的 CNN 中，捲積層和批次正規化層常常會一起出現。它們是 CNN 網路層中的勞萊和哈台。基本上，它們都是線性運算。基本線性代數告訴我們，將兩個以上的線性運算組合在一起後還是線性運算。藉由組合捲積層和批次正規化層，我們不但可以降低計算量，還可以降低花在資料傳輸的時間，不論是主記憶體和 GPU 間，還是主記憶體和 CPU 暫存器 / 快取之間。讓它們成為一個運算可以防止多餘的往返。幸運的是，為了進行推論，大多數的推論框架不是自動完成這個融合的步驟，就是提供了模型轉換器（例如 TensorFlow Lite）在轉換模型為參考格式時進行這種優化。

開啟 GPU 持續性

載入和初始化 GPU 的驅動程式需要時間。您可能已經注意到，每次啟動訓練或推論工作時都會有段延遲。對於頻繁、短暫的工作來說，這個額外負擔可能很快就會變得相當昂貴。想像一下，如果有一個影像分類程式花了 10 秒來分類，其中卻有 9.9 秒在載入驅動程式。我們需要的是讓 GPU 驅動程式可以在背景中維持已初始化狀態，而且當我們的訓練工作開始時它就已經準備好了。那就是 NVIDIA GPU Persistence Daemon（NVIDIA GPU 持續性常駐程式）可以幫我們的事：

```
$ nvidia-persistenced --user {您的使用者名稱}
```

我們的 GPU 會在閒置時多使用一點點的電力，但它們會在下次程式啟動時就已經準備就緒。

總結

在本章中我們探索了改善深度學習生產線速度及效能的不同道路，從儲存和讀取資料到推論都有。速度慢的資料生產線常會導致 GPU 對資料產生飢荒而造成閒置的週期。透過我們討論的幾種簡單的優化技術，我們的硬體可以發揮最大的效率。那份好用的檢核清單可以當作立即可用的參考。請自由的複製一份放在桌上（或冰箱上）。藉由這些學習，我們希望您的參賽作品可以在 MLPerf 評測榜中有亮眼的表現。

## 第七章

實用工具、提示與技巧

本章包含了我們，也就是您的作者，在我們的職業生涯以及寫作本書（主要是實驗）時所遇見的問題。這裡所涵蓋的問題並不一定適合某一個章節；倒不如說，它是深度學習從業人員每天執行各種任務時會覺得有用的問題。為了符合本書「實用」的主軸，這些問題涵蓋了對某些主題有用的實務指南，這些主題包括設定環境、訓練、模型交互運作、資料蒐集與標記、程式碼品質、實驗管理、團隊合作實務、隱私，以及更多探索性的主題。

由於人工智慧領域變化快速，本章只是本書的 Github（參見 *http://PracticalDeepLearning.ai*）*code/chapter-7* 中所包含的「活生生的」文件的一小部分而已，而它們還在持續成長。如果您有更多的問題或者答案可以幫忙其他讀者的話，請隨時推文到 @PracticalDLBook（*https://www.twitter.com/PracticalDLBook*）或提交一個推播要求。

安裝

問題：我在 *GitHub* 上看到一個有趣又有用的 *Jupyter Notebook*。要執行那段程式碼需要複製倉庫（*repository*）、安裝套件、設定環境，還有更多的步驟。有沒有即時互動的方式可以執行它？

只要將 Git 倉庫的網址輸入到 Binder（*mybinder.org*），它們會將它轉成一組互動式的筆記本。實際上它會在倉庫的根目錄中搜尋依賴檔（dependency file），像是 *requirements.txt* 或是 *environment.yml*。這會被用來建立一個 Docker 映像檔，有助於您在瀏覽器中以互動的方式執行那個筆記本。

問題：要讓我的深度學習設定在具有 *NVIDIA GPU* 的新 *Ubuntu* 機器上執行的最快方式是什麼？

如果 `pip install tensorflow-gpu` 就可以解決所有事的話，生命就太美好了。然而，那和現實差太遠了。在一台剛安裝 Ubuntu 的機器中，列出所有的安裝步驟至少會用掉三頁和超過一小時的時間來遵照辦理，其中包括安裝 NVIDIA GPU 驅動程式、CUDA、cuDNN、Python、TensorFlow，以及其他套件。 而且它還需要小心的檢查 CUDA、cuDNN 及 TensorFlow 間的版本交互運作性（version interoperability）。通常，結果會是以毀掉的系統作為結束。可以說非常痛苦！

如果用二行程式碼就可以不費力的解決這些問題不是很好嗎？如您所願：

```
$ sudo apt update && sudo ubuntu-drivers autoinstall && sudo reboot
$ export LAMBDA_REPO=$(mktemp) \
&& wget -O${LAMBDA_REPO} \
https://lambdalabs.com/static/misc/lambda-stack-repo.deb \
&& sudo dpkg -i ${LAMBDA_REPO} && rm -f ${LAMBDA_REPO} \
&& sudo apt-get update && sudo apt-get install -y lambda-stack-cuda \
&& sudo reboot
```

第一行確保所有驅動程式都會更新。第二行是由以舊金山為基地的深度學習硬體與雲端供應商 Lambda Labs 帶給我們的。這個命令會設定 Lambda Stack，它會安裝 TensorFlow、Keras、PyTorch、Caffe、Caffe2、Theano、CUDA、cuDNN 及 NVIDIA GPU 驅動程式。因為這公司需要在數千台機器上安裝同樣的深度學習套件，它將整個流程自動化為一行命令，並開放原始碼好讓其他人也可以使用。

問題：在 *Windows PC* 上安裝 *TensorFlow* 最快的方式是什麼？

1. 安裝 Anaconda Python 3.7。

2. 在命令行上執行 `conda install tensorflow-gpu`。

3. 如果您沒有 GPU，則執行 `conda install tensorflow`。

CPU 版的 Conda 安裝其附加好處是它也會安裝為 Intel MKL 優化的 TensorFlow，它的執行速度比我們使用 `pip install tensorflow` 的版本更快。

問題：我有一顆 *AMD GPU*。在我的系統上可以因為 *TensorFlow* 的 *GPU* 速度提升而受益嗎？

雖然大多數的深度學習世界都使用 NVIDIA GPU，但有愈來愈多人藉由 ROCm 堆疊的幫助在 AMD 硬體上執行。用命令行安裝很簡單：

1. sudo apt install rocm-libs miopen-hip cxlactivitylogger

2. sudo apt install wget python3-pip

3. pip3 install --user tensorflow-rocm

問題：忘掉安裝吧！我可以在哪裡找到預安裝的深度學習容器？

Docker 是設定環境的同義詞。Docker 幫我們執行隔離的容器，其中綑包著工具、程式庫，以及設置檔案。有數種深度學習 Docker 容器可用，您只要從主要的雲端服務提供者——例如 AWS、Microsoft Azure、GCP、Alibaba 等——選擇您的可立即使用的虛擬機器（virtual machine，VM）即可。NVIDIA 也免費提供 NVIDIA GPU Cloud 容器，這也是打破 MLPerf 評測訓練時間記錄的同一種高效能容器。您甚至可以在您的桌上型機器上執行這些容器。

訓練

問題：我不想要一直盯著螢幕檢查訓練是否已經結束。我能不能在手機上接到通知呢？

使用 Python 的程式庫 Knock Knock（*https://oreil.ly/uX3qb*），就如它的名稱所暗示的，它會在您的訓練結束時（或您的程式當掉時）透過電子郵件、Slack，甚至是電報送出警示訊息給您！最好的是，這只需要在您的訓練程式中加上兩行程式碼。再也不用打開您的程式一千次來檢查訓練是否結束了。

問題：比起文字來我比較喜歡圖形和視覺化。我可以看到我的訓練過程的即時性視覺化呈現嗎？

FastProgress 進度條（原先是由 Sylvain Gugger 為了 fast.ai 而開發的）來拯救您了。

問題：我重複執行好幾次的實驗，常常會忘了每次實驗所做的改變以及改變的效果。我要如何才能用更組織化的方式來管理我的實驗？

軟體開發可以透過版本控制（version control）來保存改變的歷史記錄。可惜的是，機器學習沒有相同的奢侈待遇。不過，像是 Weights and Biases 以及 Comet.ml 這樣的工具改變了這個狀況。它們允許您只要在您的 Python 程式碼中加上兩行就可以追蹤不同次的執行，並記錄訓練曲線、超參數、輸出、模型、注釋及其他資訊。最重要的是，透過雲端的威力，即使您遠離您的機器，還是可以很方便的追蹤實驗並且和其他人分享結果。

問題：我要怎麼知道 *TensorFlow* 有沒有在使用我機器上的 *GPU*？

使用以下這個方便的命令：

```
tf.test.is_gpu_available()
```

問題：我的機器上有好幾顆 *GPU*。我不希望訓練程式佔用它們全部。我該如何限制我的程式只能在特定的 *GPU* 上執行？

使用 CUDA_VISIBLE_DEVICES=GPU_ID。只要在訓練程式前加上以下命令：

```
$ CUDA_VISIBLE_DEVICES=GPU_ID python train.py
```

另一種替代作法是在您的訓練程式碼的前面部分加上以下幾行：

```
import os
os.environ["CUDA_VISIBLE_DEVICES"]="GPU_ID"
```

GPU_ID 的值可以是 0、1、2 等等，依此類推。您可以使用 nvidia-smi 命令來看到這些 ID（還有 GPU 的使用狀況）。要指派給多顆 GPU，請用逗號來分隔 ID。

問題：訓練過程中有時好像有太多的鈕要調了。能不能自動調整來獲得最佳的準確度？

有很多選擇可以自動化超參數的調整，包括只適用於 Keras 的 Hyperas 和 Keras Tuner，以及更一般性的框架像是 Hyperopt 和貝式優化（Bayesian optimization），它會執行大量的實驗以比格柵搜尋（grid search）更聰明的方式來最大化我們的目標（在我們的案例中也就是最大化準確度）。

問題：*ResNet* 和 *MobileNet* 對我的使用案例來說夠好了。有沒有可能建一個可以達到更高準確度的模型架構？

三個字：NAS（類神經架構搜尋，Neural Architecture Search）。讓演算法幫您找出最好的架構。您可以使用像是 Auto-Keras 和 AdaNet 這樣的套件來完成 NAS。

問題：我要如何對我的 *TensorFlow* 程式碼進行除錯？

答案就在題目中：TensorFlow Debugger（tfdbg）。

模型

問題：我希望不用寫程式就能很快的知道我的模型的輸入和輸出層,我要怎麼做呢?

使用 Netron。它會以圖形方式顯示您的模型,而且當您點擊任一層時,它會提供架構的細節。

問題：我需要發表論文。我要怎麼畫出我那有機的、放養的、無麩質的模型架構?

很明顯的就是微軟小畫家!不對,我們只是開玩笑的。對建立高品質的 CNN 圖形來說,我們是 NN-SVG 以及 PlotNeuralNet 的粉絲。

問題：有沒有地方可以一次購足所有的模型?

真的有!造訪一下 *PapersWithCode.com*、*ModelZoo.co* 及 *ModelDepot.io* 可獲得一些靈感。

問題：我完成我的模型的訓練了。我要如何讓別人可以使用它呢?

您可以從讓此模型可以在 GitHub 下載開始。然後再將它列在前一個問題解答中所提到的模型動物園中。如果還要被更多人看到,將它上傳到 TensorFlow Hub(*tfhub.dev*)。

除了模型之外,您應該要發表一張「模型卡(model card)」,就像是模型的履歷一樣。那是一份簡短的報告,詳述了作者資訊、準確度量度,以及它用來評測的資料集。此外,它也提供了潛在的偏見以及超出範圍的使用指南。

問題：我有一個以前用框架 X 訓練的模型,不過我需要將它用在框架 Y 上。我需要浪費時間在框架 Y 中重新訓練嗎?

不用。您唯一需要的是 ONNX 的威力。對不在 TensorFlow 生態系的模型來說,大部分的主要深度學習程式庫都支援將它們存成 ONNX 格式,然後就可以再轉換為 TensorFlow 格式。Microsoft 的 MMdnn 可以幫忙進行這種轉換。

資料

問題：我可以在幾分鐘內蒐集數百張某一個主題的影像嗎？

可以，您可以透過一個名為 Fatkun Batch Download Image 的 Chrome 擴充功能在三分鐘內蒐集數百張影像。只要在您偏好的影像搜尋引擎搜尋一個關鍵字，再用正確的使用權（例如公眾領域（Public Domain））過濾影像，最後再按下 Fatkun 擴充功能鈕來下載影像。參見第 12 章，我們會用它來建立一個 Not Hotdog 應用程式。

額外的提示：要從單一網站下載，在搜尋關鍵字後加上 site: 網站位址。例如「horse site:flickr.com」。

問題：忘了瀏覽器吧！我怎麼用命令行來要求 *Google* 抓取影像？

```
$ pip install google_images_download
$ googleimagesdownload -k=horse -l=50 -r=labeled-for-reuse
```

-k、-l 和 -r 分別是 keyword、limit（影像數量）和 usage_rights 的簡寫。這是一個威力強大的工具，具有許多選項來控制和過濾要從 Google 搜尋下載的影像。還有，除了儲存 Google Images 所顯示的縮圖外，它也會儲存連結的原始影像。要儲存超過 100 張影像的話，請安裝 selenium 程式庫以及 chromedriver。

問題：對於蒐集影像，那些作法還不夠。我想要更多的控制權。有什麼工具可以讓我用客製化的方式下載影像？

使用圖形化使用者介面（GUI）（不需要程式設計）：

ScrapeStorm.com

容易使用的 GUI，可以偵測要萃取的元素之規則。

WebScraper.io

基於 Chrome 的爬蟲擴充功能，尤其適合單一網站的結構化輸出。

80legs.com

基於雲端的可調尺度爬蟲程式，適用於平行、大型任務。

基於 Python 的程式設計工具：

Scrapy.org

> 要對爬蟲有更多的可程式化控制，這是最有名的爬蟲程式。相較於您自己開發爬蟲來探索網站，它可以快速的依網域、代理伺服器，以及 IP 進行爬蟲；它可以處理 *robots.txt*、提供要展示給網頁伺服器的瀏覽器標頭（header），並且處理幾種可能的邊緣裝置案例。

InstaLooter

> 一個用來爬取 Instagram 的 Python 工具。

問題：我已經有目標類別的影像了，但現在需要負面（非項目／背景）類別。有什麼方式可以快速建立負面類別的大型資料集嗎？

ImageN（*https://oreil.ly/s4Nyk*）提供了 1,000 張影像—— 200 個 ImageNet 類別的各 5 張隨機影像——您可以用來作為負面類別。如果您需要更多，請以程式的方式從 ImageNet 下載隨機樣本。

問題：我要怎麼找到適合我的需求的預建資料集？

試試 Google Dataset Search、*VisualData.io* 及 *DatasetList.com*。

問題：對像 *ImageNet* 這樣的資料集，要下載、確定格式，然後再載入它們進行訓練會花上太多時間。有沒有簡單的方式可以讀取這些常用的資料集？

TensorFlow Datasets 是一個日益成長的資料集聚集，可直接為 TensorFlow 所用。它包含了 ImageNet、COCO（37 GB）及 Open Images（565 GB）等等。這些資料集可以使用 `tf.data.Datasets` 來存取，同時也提供了可用於您的訓練生產線中效率良好的程式碼。

問題：訓練 *ImageNet* 的數百萬張影像很花時間。有沒有一個具有代表性的小資料集，我可以用它來嘗試訓練並且快速的重複進行實驗？

試試 Imagenette（*https://oreil.ly/NpYBe*）。它是由 fast.ai 的 Jeremy Howard 所建立的，這個 1.4 GB 的資料集只包含 10 個類別，而不是 1,000 個。

問題：什麼是我可以用來訓練的最大立即可用資料集？

- Tencent ML Images：具有 11,000 種類別標籤的 1,770 萬張影像

- Open Images V4（來自 Google）：19.7K 個類別的 9 百萬張影像

- BDD100K（來自 UC Berkeley）：來自 100,000 段超過 1,100 小時之駕駛影片的影像

- YFCC100M（來自 Yahoo）：9,920 萬張影像

問題：有哪些我可以用來訓練的大型立即可用視訊資料集？

名稱	詳情
YouTube-8M	610 萬段視訊、3,862 個類別、26 億組音訊－視訊特徵 3.0 標籤／視訊 1.53 TB 的隨機取樣視訊
Something Something （來自 Twenty Billion Neurons）	174 個動作類別的 221,000 段視訊 例如，「把水倒進酒杯，不過倒歪了所以灑在旁邊」 人類用日常物品執行預先定義的動作
Jester （來自 Twenty Billion Neurons）	27 個類別的 148,000 段視訊 例如，「用兩隻手指進行放大」 網路攝影機前的預先定義手部姿勢

問題：那些是歷史上所蒐集的最大型標記資料庫嗎？

不是！像是 Facebook 和 Google 這些公司編製了它們自己的私有資料集，它們比我們玩的公開資料集大多了：

- Facebook：具有雜訊標籤的 35 億張 Instagram 影像（2018 年首次公開資訊）

- Google – JFT-300M：具有雜訊標籤的 3 億張影像（2017 年首次公開資訊）

令人難過的是，除非您是這些公司的員工，不然您無法真的存取這些資料庫。我們必須說，這真是招募員工的妙招。

問題：我要怎麼找到人幫我註解資料？

有好幾家公司可以幫忙貼上不同種類的標籤。值得一提的公司有 SamaSource、Digital Data Divide 及 iMerit，它們雇用了工作機會有限的人們，最終也透過聘雇弱勢族群而創造了正向的社會經濟改變。

問題：有沒有資料集的版本控制工具，就像程式碼中的 *Git* ？

Qri 和 Quilt 可以幫我們進行資料集版本控制，提升實驗的重現性。

問題：如果沒有適合我那獨一無二問題的大型資料集時怎麼辦呢？

試著發展一個合成資料集來訓練！例如，為目標物件找一個真實的 3D 模型，並使用像是 Unity 這樣的 3D 框架把它放在真實的環境中。調整照明以及相機位置、縮放及旋轉來拍攝這個物品不同角度的照片，進而產生無窮無盡的訓練資料。另一種作法是，像 AI.Reverie、CVEDIA、Neuromation、Cognata、Mostly.ai 及 DataGen Tech 這些公司提供了真實模擬來滿足訓練需求。合成資料集的一個非常大的好處是，標記程序是在合成過程中就一起完成了。畢竟您一定知道您在建立什麼東西。這個自動化的標記程序相較於手動標記來說，可以省下大量金錢與勞力。

隱私

問題：我要怎麼開發一個更能保護隱私的模型而不會陷入密碼學這條漫長曲折的道路？

TensorFlow Encrypted 可能就是您要找的答案。它讓我們可以使用加密資料來開發，這是有需要的，尤其是在雲端環境中。從內部來看，許多安全多方計算（secure multiparty computation）和同態加密（homomorphic encryption）會導致隱私保護（privacy-preserving）機器學習。

問題：我可以讓我的模型不被窺探嗎？

好吧！除非您是放在雲端，否則權重是看得到而且可以進行反向工程的。當部署在智慧型手機時，請使用 Fritz 程式庫來保護您的模型的 IP。

教育與探索

問題：我想要成為人工智慧專家。除了本書之外，我應該將時間花在哪裡來學到更多東西？

網路上有好幾個資源可以更深入的學習深度學習。我們強烈推薦來自一些最佳教師的視訊課程，它們涵蓋了各種應用領域，從電腦視覺到自然語言處理都有。

- Fast.ai（由 Jeremy Howard 與 Rachel Thomas 創立）提供了 14 堂免費的課程系列，以 PyTorch 進行邊做邊學的方式。除了課程之外，還有由工具和活躍的社群所構成的生態系，它導致許多突破並以研究論文和立即可用的程式碼（例如使用 fast.ai 程式庫以三行程式碼訓練最先進的網路）呈現。

- Deeplearning.ai（由吳恩達（Andrew Ng）創立）提供了包含五個課程的「深度學習專業化」。它是免費的（雖然您可以花一筆小錢來取得證照），而且可以進一步充實您的理論基礎。吳博士的第一個 Coursera 機器學習課程教導了超過兩百萬個學生，而這個系列持續了以往的傳統，提供新手和專家都愛的平易近人的內容。

- 如果我們沒有鼓勵您去將歐萊禮的 Online Learning（*http://oreilly.com*）平台記下來的話，就是失職。它已經幫助超過兩百萬使用者增進他們的職涯了，並包含數百本書、視訊、直播線上訓練，以及來自歐萊禮人工智慧與資料群的頂級思想家和從業人員的演說。

問題：哪裡可以找到有趣的筆記本來學習？

Google Seedbank 集合了互動式的機器學習範例。建構在 Google Colaboratory 之上，這些 Jupyter 筆記本可以不需任何安裝就立即執行。一些有趣的範例如下：

- 以 GAN 產生語音

- 視訊中的動作辨識

- 產生莎士比亞風格的文本

- 語音風格轉換

問題：我可以在哪裡學到某一特定主題的最先進方法？

考慮到人工智慧的最先進技術變化之快，SOTAWHAT 是一個有用的命令行工具，可用來搜尋研究論文以獲得最新的模型、資料集、任務，以及其他東西。例如，要找尋 ImageNet 的最新結果，在命令行輸入 `sotawhat imagenet`。此外，*paperswithcode.com/sota* 也提供了論文、它們的原始碼、發佈模型的倉庫，還有一個評測結果的互動式視覺化時間軸。

問題：我在 *Arxiv* 上讀到一篇喜歡的論文。我需要從頭寫程式嗎？

完全不用！ResearchCode 這個 Chrome 擴充功能讓您在瀏覽 *arxiv.org* 或 Google Scholar 時很容易就能找到程式碼，只需要按一下這個擴充功能的鈕。您可以不用安裝擴充功能而在 *ResearchCode.com* 網站上找尋程式碼。

問題：我不想寫任何程式，不過我還是想用我的照相機互動式的實驗一個模型。我要如何才能做到？

Runway ML（*https://runwayml.com*）是一個容易使用但威力強大的 GUI 工具，它允許您下載模型（從網路或用您自己的）並用網路攝影機或其他輸入——例如視訊檔——來互動式的觀看輸出。這讓我們可以組合和混編模型的輸出以進行新的創作。這些只需要幾次滑鼠的點擊；因此它吸引了一大群的藝術家社群！

問題：既然我可以不用寫程式就可以進行測試，那我也可以不用寫程式就進行訓練嗎？

我們會在第 8 章（基於網頁）以及第 12 章（基於電腦）中詳細討論。簡單的說，像是 Microsoft 的 CustomVision.ai、Google 的 Cloud AutoML Vision、Clarifai、Baidu EZDL，以及 Apple 的 Create ML 等工具都提供了拖放（drag-and-drop）訓練能力。其中有些只需要花幾秒鐘就能完成訓練。

最後一個問題

問題：告訴我一個好玩的深度學習惡作劇？

把來自 *keras4kindergartners.com* 的圖 7-1 印出來並貼在飲水機附近，並且看看人們的反應。

圖 7-1　來自 keras4kindergartners.com 的對人工智慧現狀的諷刺海報

## 第八章

電腦視覺雲端 API：
15 分鐘內開始運行

由於附近的核電廠常常有接近熔毀的情況，春田鎮（Springfield）[1] 市立圖書館（我們不被允許提到州名）認為將所有檔案以實體方式儲存會有很大的風險。在聽到他們的對手城鎮謝爾比維爾（Shelbyville）已經開始將圖書館的記錄數位化後，他們也想要進行同樣的事。畢竟他們所擁有的作品，例如「Old man yells at cloud」、「Local man thinks wrestling is real」，以及有百年歷史的峽谷（Gorge）照片和城市創建者 Jebediah Springfield 的雕像都是不可取代的。除了讓他們的檔案可以不受災害影響之外，他們也想要讓檔案容易被搜尋和檢索。當然，春田市的居民現在可以在家裡舒服的沙發上存取所有的素材。

文件數位化的第一步當然是掃描。那是容易的部分。接著就是真正的挑戰了——處理和了解所有的視覺影像。在春田鎮裡的團隊有幾個不同的選項。

- 為每一頁以及每一張影像手動輸入資料。由於這個城市已經有超過 200 年的豐富歷史，這會花上很長的時間，而且容易出錯且昂貴。要轉譯所有素材會是一大挑戰。

- 聘一組資料科學家來建立一個影像了解系統。這個方法好多了，不過這個計畫只有一個小問題。對一個仰賴慈善捐款來運作的圖書館，雇用一組資料科學家很快就會把預算用完。一位資料科學家不但是圖書館中最高薪的員工，也可能是整個春天鎮最高薪的人（除了有錢的企業家 Montgomery Burns 之外）。

- 找一個具有足夠程式設計能力的人來使用那些立即可用的視覺 API。

---

[1]　以下人事物皆出自卡通辛普森家庭。

邏輯上它們選擇快速又便宜的第三選項。他們的運氣也不錯。春田小學用功的四年級生 Martin Prince 剛好具有一些程式設計能力，志願為他們建立這個系統。雖然 Martin 不太認識深度學習（畢竟他只有 10 歲），但他的確能夠設計一般的程式，包括用 Python 呼叫 REST API。而這正是他唯一所需要知道的事。事實上，他只花了不到 15 分鐘就知道要怎麼進行他的第一次 API 呼叫。

Martin 的作法（*modus operandi*）很簡單：將掃描影像送到雲端 API、取得預測結果，再將它存在資料庫中以備未來檢索之用。明顯地，這個動作要對圖書館所擁有的每一份記錄重複進行。他只需要選擇正確的工具。

所有知名公司—— Amazon、Google、IBM、Microsoft——都提供了類似的電腦視覺 API 來標記影像、偵測與辨識臉部與名人、偵測相似影像、讀取文本，有時還有辨識手寫字。有些甚至可以讓我們不用寫程式就能訓練自己的分類器。聽起來真方便！

私底下，這些公司常態性的致力於改善電腦視覺的最先進技術。他們花了數百萬美金來獲取資料集，並以比 ImageNet 更細緻的分類來標記資料集。我們也可以善用他們的研究者的血、汗、淚（還有電費）。

由於使用的容易性、學習與開發的速度、功能的多樣性、標籤的豐富性及具有競爭力的價格等原因，我們很難不考慮基於雲端的 API。而且這些都不需要雇用一個高薪的資料科學團隊。第 5 章和第 6 章分別對速度和效能進行優化；本章主要是要優化人力資源。

本章中我們會探索幾種基於雲端的視覺辨識 API。我們會同時量化和質化的比較它們。希望這樣可以幫您選出最適合您的應用程式的 API。如果它們還是無法滿足您的需求，我們將研究如何只用幾次點擊就可以訓練自己的分類器。

（為了揭露利益相關性，本書的某些作者曾受雇於 Microsoft，而在這裡我們會討論它的產品。我們試圖以可重現實驗及方法驗證來讓這件事不要影響我們的結果。）

視覺辨識 API 的景象

讓我們探索一些不同的視覺辨識 API。

Clarifai

Clarifai（圖 8-1）是 2013 ILSVRC 分類任務的獲勝者。它是由紐約大學的研究生 Matthew Zeiler 所創建的，為最早的視覺辨識 API 公司之一。

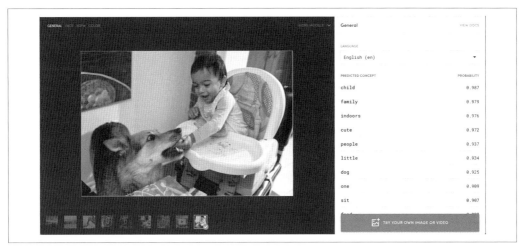

圖 8-1　Clarifai 的結果範例

趣聞：在發展一個可以偵測 NSFW（Not Safe For Work，不適合在工作場合出現的內容）影像的分類器時，為了降低偽陽性，了解和除錯 CNN 所學到的東西就變得很重要了。這讓 Clarifai 發明了一個視覺化技術來揭露哪些影像會激發 CNN 的任何網路層中的特徵圖。就如他們所說的，需要是發明之母。

這個 API 有何獨特之處？

它提供了超過 23 種語言的多語言標籤、在先前上傳的相片中進行視覺相似度搜尋、基於臉部之多文化外表分類器、相片美感評分器、焦距評分器，以及嵌入向量產生來讓我們可以建立自己的反向影像搜尋。它也提供特殊領域的辨識，包括衣服與時尚、旅遊與接待及婚禮。透過它公開的 API，影像標記器可以支援 11,000 種概念。

Microsoft Cognitive Services

藉由 2015 年所建立的 ResNet-152，Microsoft 已經在 ILSVRC、the COCO Image Captioning Challenge，還有 the Emotion Recognition in the Wild challenge 贏了七項任務了，橫跨分類與偵測（區域化）到影像描述。這項研究的大部分都轉譯成雲端 API 了。一開始是從 2015 年 Microsoft Research 的 Project Oxford 開始，2016 年時最終更名為 Cognitive Services。它是一個包含了超過 50 個包羅萬象 API 的集合，橫跨視覺、

自然語言處理、語音、知識圖連結等等，以及其他更多東西。歷史上許多同樣的程式庫是在 Xbox 和 Bing 部門裡執行，不過它們現在已經揭露給外部的開發人員了。有些爆紅的應用程式展示了開發人員使用這些 API 的創意作法，包括 *how-old.net*（我看來有多老？）、Mimicker Alarm（需要做出一些特定表情才能解除鬧鐘），以及 *CaptionBot.ai*。

這個 API 有何獨特之處？

如圖 8-2 所示，這個 API 提供了影像圖說、手寫字瞭解，以及頭飾辨識。由於有許多企業用戶，Cognitive Services 並不會使用客戶的影像資料來改善服務。

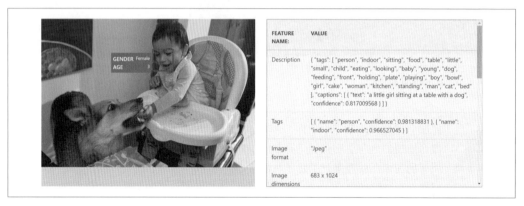

圖 8-2　Microsoft Cognitive Services 結果範例

Google Cloud Vision

Google 提出的深度為 22 層的 GoogLeNet，在 ILSVRC-2014 比賽中贏得了冠軍，它最終演變成現在不可或缺的 Inception 架構。為了彌補 Inception 模組的不足，在 2015 年 12 月時，Google 發佈了一套 Vision API。在深度學習的世界裡，擁有大量資料必定是改善分類器的優勢，而 Google 就擁有大量的客戶資料。例如使用 Google 街景來學習的話，您應該可以期待在真實世界文字萃取服務上會有好的表現，例如廣告看板。

這個 API 有何獨特之處？

對人臉而言，它提供了最詳細的臉部關鍵點（圖 8-3）包括翻滾、傾斜及搖擺，以正確的定位臉部特徵。此 API 也會傳回和所給的輸入相似的網路影像。不用寫程式就可以嘗試 Google 系統效能的簡單方式，是上傳照片到 Google 相簿並用標籤來搜尋。

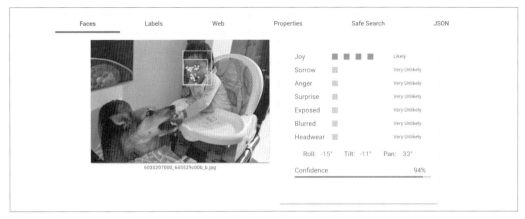

圖 8-3　Google Cloud Vision 的結果範例

Amazon Rekognition

沒錯，標題並沒有拼錯字。Amazon Rekognition API（圖 8-4）主要是由 Orbeus 所開發，它是位於加州 Sunnyvale 的新創公司，並在 2015 年末被 Amazon 併購。創立於 2012 年，它的首席科學家贏得了 ILSVRC 2014 偵測挑戰的冠軍。這組 API 也被用在知名的照片管理軟體 PhotoTime 上。此 API 服務也成為 AWS 的一部分。考慮到大多數的公司都已經提供了照片分析的 API，Amazon 致力於視訊辨識服務以作為區隔。

這個 API 有何獨特之處？

車牌辨識、視訊辨識 API，以及更好的 Rekognition API 與 AWS 服務的端到端整合範例，例如 Kinesis Video Streams、Lambda 及其他。此外，Amazon 的 API 是唯一可以確定主角的眼睛是睜開或閉上的 API。

圖 8-4　Amazon Rekognition 的結果範例

IBM Watson Visual Recognition

在 Watson 這個品牌下，IBM 在 2015 年前期開始提供 Visual Recognition 服務。在併購了位於丹佛的新創公司 AlchemyAPI 之後，AlchemyVision 被用來強化 Visual Recognition API 的威力（圖 8-5）。和其他 API 一樣，IBM 也提供了客製化的分類器訓練。令人驚訝的是，Watson 還沒有提供光學文字辨識服務。

圖 8-5　IBM Watson 的 Visual Recognition 的結果範例

Algorithmia

Algorithmia 是一個以雲端 API 為形式來託管演算法的市集,創立於 2013 年。這家位於西雅圖的新創公司擁有自己開發的演算法,也有由其他人所開發的演算法(在此情形下建立者會根據呼叫次數賺取收益)。在我們的實驗中,這個 API 的回應時間是最慢的。

這個 API 有何獨特之處?

黑白照片的上色服務(圖 8-6)、影像風格化、影像相似度,以及在本地端或任何雲端提供者執行這些服務的能力。

圖 8-6 Algorithmia 的結果範例

有了這麼多選項,要選擇一個服務會讓人感到頭痛。要選出某一個而不選其他的會有許多理由。明顯地,對大多數的開發人員來說,最大的因素會是準確度和價格。準確度是深度學習革命所給的大承諾,而且許多應用都會持續的要求這點。服務的價格可能是要考慮的另一個因素。我們可能會因為公司已經付費給某一個服務供應商而選擇它,而且要和不同的服務供應商整合也要花一些功夫。API 回應的速度可能也是另一個因素,特別是當使用者已經在另一端等待回應時。由於這裡面有許多 API 已經抽象化了,因此要在不同的供應商間切換是很容易的。

比較視覺辨識 API

為了要幫助您進行決策，我們讓這些 API 正面交鋒。在本節中我們會檢視每一個 API 所提供的服務、成本，以及準確度。

提供的服務

表 8-1 列出了每一個雲端服務供應商提供了哪些服務。

表 8-1　視覺 API 提供者比較清單（到 2019 年 8 月為止）

	Algorithmia	Amazon Rekognition	Clarifai	Microsoft Cognitive Services	Google Cloud Vision	IBM Watson Visual Recognition
影像分類	✔	✔	✔	✔	✔	✔
影像偵測	✔	✔		✔	✔	
OCR	✔	✔		✔	✔	
臉部辨識	✔	✔		✔		
情緒辨識	✔		✔	✔	✔	
商標辨識			✔	✔	✔	
地標辨識			✔	✔	✔	✔
名人辨識	✔	✔	✔	✔	✔	✔
多語言標記			✔			
影像描述				✔		
手寫字				✔	✔	
縮圖產生	✔			✔	✔	
內容審核	✔	✔	✔	✔	✔	
客製化分類訓練			✔	✔	✔	✔
客製化偵測器訓練				✔	✔	
行動客製化模型			✔	✔	✔	
免費套餐	每月 5,000 次要求	每月 5,000 次要求	每月 5,000 次要求	每月 5,000 次要求	每月 1,000 次要求	7,500

有一些服務已經在運作了，準備用在我們的應用程式中。由於數字和明確的資料可以讓我們更容易下決定，是時候來用兩個因子分析這些服務了：成本和準確度。

成本

錢（還）不是從樹上長出來的，所以分析使用現成 API 的成本是很重要的事。以一個高負載的任務為例，在一整個月中以每秒查詢這些 API 一次（1 query per second，1 QPS）（大約是每月 2,600 萬個要求），圖 8-7 是以預估成本比較不同的供應商（到 2019 年 8 月）。

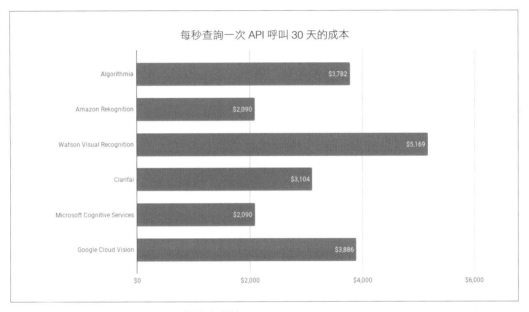

圖 8-7　不同基於雲端的視覺 API 的成本比較

雖然對大多數的開發人員來說這種情況很極端，但這對大型企業而言很有可能是實際的負載狀況。我們最後會將這些價格和我們自己在雲端營運服務來比較，以確定我們花的錢得到最大的成效。

不過許多開發人員可能會覺得這個成本是可以忽略的，因為我們在這裡提到的所有雲端供應商都有每月 5,000 次呼叫的免費套餐（除了 Google Vision 每個月只提供 1,000 次免費呼叫），其後是每 1,000 次呼叫大約 1 美元。

準確度

當每家公司的行銷部門都聲稱它們的組織是市場領導者，我們要如何判斷誰才是真正最好的？我們需要的是，以共通的量度在某些外部資料集上比較這些服務供應商。

為了展示如何建立一個可重現的評測基準，我們使用 COCO-Text 資料集——它是 MS COCO 資料集的子集合——來評估文字萃取品質。這個擁有 63,686 張影像的集合包含了日常生活中的文字，像是橫幅廣告、馬路標誌、公車號碼、雜貨店商品標籤、設計師襯衫…等等。這個真實世界影像庫是一個困難的測試。我們使用字詞錯誤率（Word Error Rate，WER）作為我們的評測量度。為了讓事情簡單點，我們不管字詞的位置而只專注在字詞是否有出現（也就是詞袋（bag of words））。要能夠匹配成功，整個字都必須是正確的。

在 COCO-Text 驗證資料集中，我們挑選所有具有一個以上的清晰文字（全文字的不中斷序列）的影像並且只比較超過一個字元長度的文字案例。然後，我們將這些影像送到不同的雲端視覺 API。圖 8-8 呈現出結果。

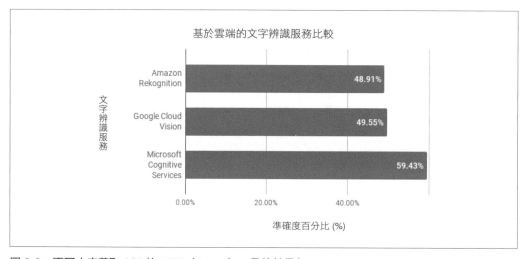

圖 8-8　不同文字萃取 API 的 WER（2019 年 8 月的結果）

考慮到這資料集的難度，這些結果其實都值得稱讚。10 年前的最先進文字萃取工具的準確度不會超過 10%。這展示了深度學習的威力。使用一個手動建立的測試影像集合來測試時，我們也注意到了某些 API 逐年的效能改善，這是使用基於雲端的 API 的另一個怡人的好處。

一如往常，所有我們用來進行實驗的程式碼都會放在 GitHub 上（請參見 *http://PracticalDeepLearning.ai*）。

我們分析的結果很明顯和我們選用的資料集以及量度有關。根據我們的資料集（它又會受到我們的使用案例影響）以及量度的不同，結果也會有所改變。此外，服務供應商背地裡也持續在改善他們的服務。因此，這些結果並不一定永遠正確且會隨時間改善。可以用 GitHub 上面的程式在任何資料集上複製這些結果。

偏見

第 1 章中，我們探討了偏見是怎麼潛藏在資料集中以及它如何對人們產生真實的影響。在本章中我們所探討的 API 也不例外。MIT Media Lab 的研究人員 Joy Buolamwini 發現在 Microsoft、IBM 及 Megvii（也稱為 Face++）中，沒有一個可以正確地偵測出她的臉和性別。她想知道她的臉是否具有獨特的特徵使得她無法被這些 API 偵測，因此她（以及 Timnit Gebru）編製了來自六個國家的立法部門成員的臉部影像，為其中具有高比率的女性建立了 Pilot Parliaments Benchmark（PPB；參見圖 8-9）。她選擇了三個非洲國家和三個歐洲國家的成員來測試這些 API 對不同膚色的表現。如果您不是與世隔絕的話，您大概已經知道結果會如何了。

她觀察到 API 的整體準確度相當好，介於 85% 到 95% 之間。而後當她開始跨越不同類別分割資料時，發現準確度在不同類別間會有巨大的差異。她首先觀察到男性和女性在偵測準確度上會有顯著的差異。她也觀察到依膚色分割資料時，偵測準確度的差異會更大。最後，將性別和膚色一起考量時，最差的偵測群組（黑皮膚女性）和最佳的偵測群組（白皮膚男性）間的差異大到令人厭世。例如，在 IBM 的情況，非裔女性的偵測準確度只有 65.3%，而同一個 API 對歐裔男性的準確度卻有 99.7%。這可是驚人的 34.4% 的差異！考量到許多這類 API 是由執法部門所用，這個偏見滲入的後果可能會有生死攸關的影響。

圖 8-9　不同性別與膚色的均化臉孔，來自 Pilot Parliaments Benchmark（PPB）

以下是我們從這個研究得到的洞察：

- 演算法的表現只能和它用來訓練的資料一樣好。這表示訓練資料集需要多樣性。

- 合計後的數字並不能完全揭露真實的樣貌。資料集中的偏見只有再將它們切成不同子群組時才看得出來。

- 偏見不是只發生在任何特定公司；而是整個產業的現象。

- 這些數字並不是恆久不變的，而只是反映了實驗進行時的情況。從 2017 年（圖 8-10）到 2018 年（圖 8-11）的數字有了劇烈的改變，證明這些公司很慎重的在消除資料集中的偏見。

- 研究人員用公開評測來測試商業公司可以造成泛產業的改善（即使只是因為害怕產生不好的公關形象也沒關係）。

	整體	黑皮膚女性	黑皮膚男性	白皮膚女性	白皮膚男性
Microsoft	93.70%	79.20%	94.00%	98.30%	100%
Face++	90.00%	65.50%	99.30%	94%	99.20%
IBM	87.90%	65.30%	88.00%	92.90%	99.70%

圖 8-10　不同 API 間的臉部偵測比較，於 2017 年 4、5 月以 PPB 測試

	整體	黑皮膚女性	黑皮膚男性	白皮膚女性	白皮膚男性
Microsoft	99.52%	98.48%	99.67%	99.66%	100%
Face++	98.40%	95.90%	98.70%	99%	99.50%
IBM	95.59%	83.03%	99.37%	97.63%	99.74%
Kairos	93.40%	77.50%	98.70%	93.60%	100%
Amazon	91.34%	68.63%	98.74%	92.88%	100%

圖 8-11　不同 API 間的臉部偵測比較，於 2018 年由 Inioluwa Deborah Raji 等人以 PPB 測試

影像標記 API 中的偏見又如何？ Facebook AI Research 在同名的論文中省思一個問題：「物件辨識對每個人都有用嗎？（Does Object Recognition Work for Everyone?）」（Terrance DeVries 等著）。這組人於 2019 年 2 月在 Dollar Street 上測試多種雲端 API，Dollar Street 是一個包羅萬象的資料集，包含了來自 50 個國家中 264 個家庭的生活用品影像（圖 8-12）。

Ground truth: Soap   **Nepal, 288 \$/month**
Azure: food, cheese, bread, cake, sandwich
Clarifai: food, wood, cooking, delicious, healthy
Google: food, dish, cuisine, comfort food, spam
Amazon: food, confectionary, sweets, burger
Watson: food, food product, turmeric, seasoning
Tencent: food, dish, matter, fast food, nutriment

Ground truth: Soap   **UK, 1890 \$/month**
Azure: toilet, design, art, sink
Clarifai: people, faucet, healthcare, lavatory, wash closet
Google: product, liquid, water, fluid, bathroom accessory
Amazon: sink, indoors, bottle, sink faucet
Watson: gas tank, storage tank, toiletry, dispenser, soap dispenser
Tencent: lotion, toiletry, soap dispenser, dispenser, after shave

Ground truth: Spices   **Phillipines, 262 \$/month**
Azure: bottle, beer, counter, drink, open
Clarifai: container, food, bottle, drink, stock
Google: product, yellow, drink, bottle, plastic bottle
Amazon: beverage, beer, alcohol, drink, bottle
Watson: food, larder food supply, pantry, condiment, food seasoning
Tencent: condiment, sauce, flavorer, catsup, hot sauce

Ground truth: Spices   **USA, 4559 \$/month**
Azure: bottle, wall, counter, food
Clarifai: container, food, can, medicine, stock
Google: seasoning, seasoned salt, ingredient, spice, spice rack
Amazon: shelf, tin, pantry, furniture, aluminium
Watson: tin, food, pantry, paint, can
Tencent: spice rack, chili sauce, condiment, canned food, rack

圖 8-12　來自 Dollar Street 資料集中不同地域的影像在影像標記 API 的表現

以下是從這個測試學到的幾件事：

- 來自較低收入區域的影像中，物件分類 API 的準確度明顯較低，如圖 8-13 所示。

- 像是 ImageNet、COCO 及 OpenImages 等資料集對來自非洲、印度、中國，以及東南亞的影像嚴重的取樣不足，因而導致對來自於非西方國家的影像效能較差。

- 大部分的資料集蒐集影像是由英文關鍵字搜尋開始，忽略了以其他語言描述的相同物件的影像。

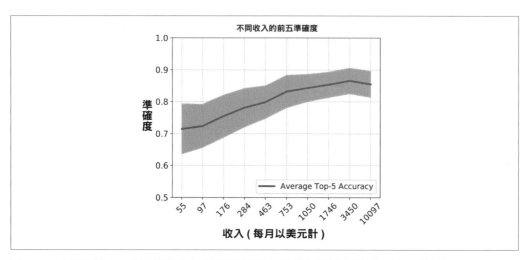

圖 8-13　六種雲端 API 的平均準確度（以及標準差）與影像蒐集區域的家戶收入的關係

總而言之，根據我們要使用這些雲端 API 的情境不同，我們應該要建立自己的評測基準，並且定期的進行測試以評估這些 API 是否符合使用案例的需求。

用雲端 API 來啟動與執行

呼叫這些雲端服務只需要寫極少的程式。以高層次的角度來看就是取得 API 鍵、載入影像、表明意圖、利用合適的編碼方式（例如用在影像上的 base64）來建立 POST 要求，以及接收結果。大部分的雲端供應商會提供軟體開發套件（software development kits，SDK）和範本程式來展示如何呼叫他們的服務。他們也會額外的提供可以用 pip 安裝的 Python 套件，以進一步簡化它們的呼叫。如果您正在使用 Amazon Rekognition，我們高度推薦使用他們的 pip 套件。

讓我們重新利用我們那張扣人心弦的影像來測試這些服務。

首先，我們在 Microsoft Cognitive Services 上測試一下。先取得一個 API 鍵並將它用在以下的程式碼（前 5,000 次呼叫是免費的——對我們的實驗來說夠用了）：

```
cognitive_services_tagimage('DogAndBaby.jpg')

Results:

{
    "description": {
        "tags": ["person", "indoor", "sitting", "food", "table", "little",
"small", "dog", "child", "looking", "eating", "baby", "young", "front",
"feeding", "holding", "playing", "plate", "boy", "girl", "cake", "bowl",
"woman", "kitchen", "standing", "birthday", "man", "pizza"],
        "captions": [{
            "text": "a little girl sitting at a table with a dog",
            "confidence": 0.84265453815486435
        }]
    },
    "requestId": "1a32c16f-fda2-4adf-99b3-9c4bf9e11a60",
    "metadata": {
        "height": 427,
        "width": 640,
        "format": "Jpeg"
    }
}
```

「A little girl sitting at a table with a dog（小女孩和狗一起坐在桌子旁邊）」——夠接近了！還有其他選項可以產生更詳細的結果，包括每個標籤出現的機率。

> 雖然 ImageNet 資料集貼的標籤主要都是名詞，但許多服務所用的不只是名詞，而是會傳回像是「吃」、「坐」、「跳」等動詞。此外，它們也能包含像是「紅色的」這樣的形容詞。這些有可能並不適合我們的應用。我們可能得過濾掉這些形容詞和動詞。有一種作法是依據 Princeton 的 WordNet 來檢查它們的語言類型。這在 Python 裡可以用 Natural Language Processing Toolkit（NLTK）來完成。此外，我們可能也會想過濾掉像是「室內」和「室外」（經常出現在 Clarifai 和 Cognitive Services 的結果中）這樣的詞。

現在，讓我們用 Google Vision API 來測試這張影像。從他們的網站取得 API 鍵並用在以下的程式碼中（很開心，因為前 1,000 次呼叫都是免費的）：

```
google_cloud_tagimage('DogAndBaby.jpg')
```

Results:

```
{
 "responses": [
    {
      "labelAnnotations": [
        {
          "mid": "/m/0bt9lr",
          "description": "dog",
          "score": 0.951077,
          "topicality": 0.951077
        },
        {
          "mid": "/m/06z04",
          "description": "skin",
          "score": 0.9230451,
          "topicality": 0.9230451
        },
        {
          "mid": "/m/01z5f",
          "description": "dog like mammal",
          "score": 0.88359463,
          "topicality": 0.88359463
        },
        {
          "mid": "/m/01f5gx",
          "description": "eating",
          "score": 0.7258142,
          "topicality": 0.7258142
        }
      # 其他物件
      ]
    }
  ]
}
```

是不是太容易了？這些 API 讓我們不需要博士學位就可以得到最先進的結果——在 15 分鐘內！

即使這些服務會傳回標籤以及影像圖說的機率，但它仍然需要由開發人員來決定閾值。一般來說，60% 和 40% 分別是標籤和影像圖說不錯的閾值。

從使用者經驗的角度來說，呈現這些機率給使用者也是很重要的。例如，如果結果信心度 >80% 的話，我們可以在標籤前加上「這張影像包含了…」。對 <80% 的情況，我們可能會在前面加上「這張影像可能包含了…」來反映對結果的較不信任。

訓練我們自己的客製化分類器

很有可能這些服務都無法完全滿足我們的使用案例的需求。假設我們送給其中一個服務的影像傳回了標籤「狗」。我們可能會想要識別這隻狗的品種。當然，我們可以依照第 3 章的作法用 Keras 來訓練自己的分類器。不過，如果我們不用寫程式就做得到的話，不是更棒嗎？幫手已經上路了。

一些雲端供應商讓我們可以只用拖放介面來訓練自己的客製化分類器。在這個漂亮的使用者介面下，我們無法看出其實他們正在使用遷移學習。結果是，Cognitive Services Custom Vision、Google AutoML、Clarifai 及 IBM Watson 都提供了可以客製化訓練的選項。此外，它們有些甚至還可以建立客製化偵測器，用來偵測定界框（bounding box）內的物件位置。它們的重要步驟如下：

1. 上傳影像

2. 進行標記

3. 訓練模型

4. 評估模型

5. 以 REST API 發佈模型

6. 額外的紅利：下載行動裝置友善（mobile-friendly）的模型以在智慧型手機和邊緣裝置上進行推論

讓我們來看一下在 Microsoft 的 Custom Vision（*https://www.customvision.ai*）上一步步進行的範例。

1. **創建一個專案**（圖 8-14）：選擇一個最能描述我們的案例的領域。對大部分的目的來說，「一般（General）」就是最好的選擇。對較特殊化的情境來說，我們可能會想要選擇更相關的領域。

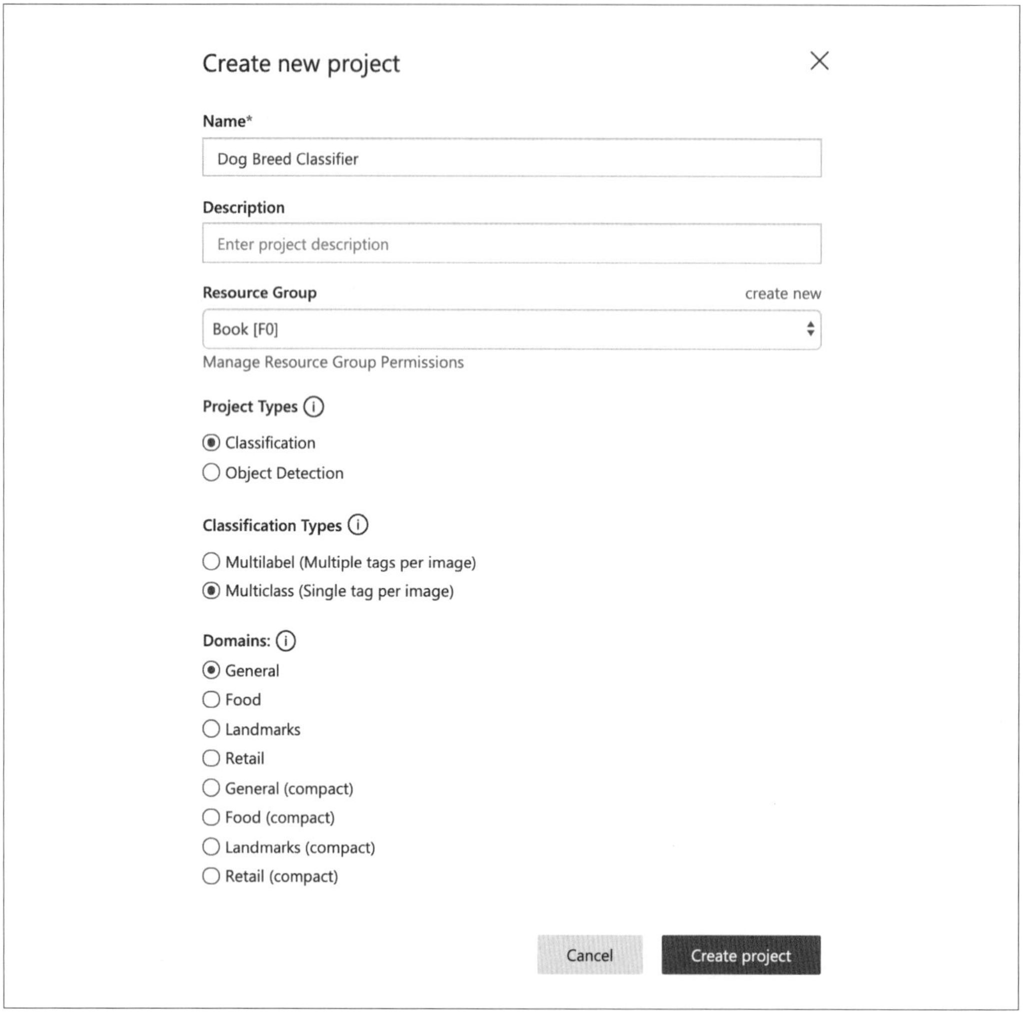

Create new project

Name*

Dog Breed Classifier

Description

Enter project description

Resource Group   create new

Book [F0]

Manage Resource Group Permissions

Project Types ⓘ

◉ Classification
○ Object Detection

Classification Types ⓘ

○ Multilabel (Multiple tags per image)
◉ Multiclass (Single tag per image)

Domains: ⓘ

◉ General
○ Food
○ Landmarks
○ Retail
○ General (compact)
○ Food (compact)
○ Landmarks (compact)
○ Retail (compact)

Cancel   Create project

圖 8-14　在 Custom Vision 中創建一個新專案

　　舉例來說。如果一個電子商務網站裡有純白色背景的商品照片，我們可能會選擇
「零售（Retail）」領域。如果我們最終是想要在行動電話上運行模型，我們應該
要選擇「精簡（Compact）」版本的模型；它的大小比較小，而只會損失一點點
準確度。

2. 上傳（圖 8-15）：上傳每個類別的影像並標記它們。每個類別都至少上傳 30 張照
片。以我們的測試來說，我們上傳了超過 30 張馬爾濟斯犬的影像，並且適當的進行
標記。

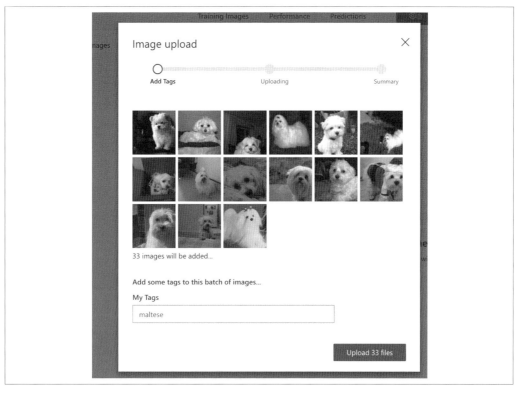

圖 8-15　在 CustomVision.ai 上傳影像

3. 訓練（圖 8-16）：點擊 Train（訓練）鈕，然後在大約三分鐘後我們就有一個飛快的
新分類器可用了。

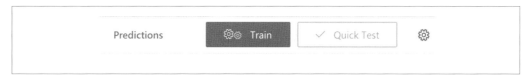

圖 8-16　Train 鈕在 CustomVision.ai 網頁的右上角

4. 分析模型的效能：檢查模型的精準度（precision）和召回率（recall）。在預設狀態
下，系統會將閾值設成 90% 信賴度（confidence），並在此值上量取精準度和召回
率。若要得到較高的精準度的話，就要增加信賴度閾值，不過這將會付出降低召回
率的代價。圖 8-17 為範例輸出。

5. 準備使用：我們現在有一個可以從任何應用程式呼叫的 API 端點了。

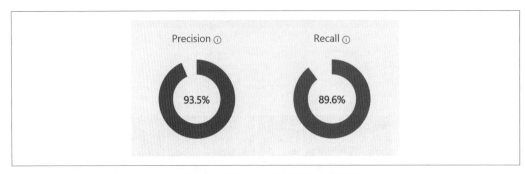

圖 8-17　用每個類別包含 200 張影像的訓練集合之相對精準度與召回率

為了突顯資料量對於模型品質的效果，我們來訓練一個狗品種分類器。我們可以使用
Stanford Dogs 資料集，其中包含了 100 種以上的狗。為了簡化問題，我們隨機的選取了
10 個品種，共有超過 200 張影像可用。因為有 10 個類別，隨機分類器應該有十分之一
或 10% 的機會可以正確的識別影像。我們應該可以輕易的打敗這個數字。表 8-2 顯示了
用不同資料量來訓練的效果。

表 8-2　訓練影像的數量對精準度和召回率的影響

	每類別 30 張影像	每類別 200 張影像
精準度	91.2%	93.5%
召回率	85.3%	89.6%

因為我們還沒有上傳測試集合，這裡的效能圖形是用整個資料集以常見的 k 摺交叉驗證
（k-fold cross-validation）技術得來的。這代表資料被隨機的分成 k 部分，然後其中的
（$k - 1$）部分被用來訓練，剩下來的部分則用於測試。這個程序會被執行好幾次，每次
都使用隨機的影像子集合，然後再把結果平均。

很不可思議的是，即使每個類別都只有 30 張影像，分類器的精準度仍然高於 90%，如
圖 8-18 所示。還有令人驚訝的是，這只花了不到 30 秒來訓練。

不僅如此，我們還可以深入挖掘每個類別的效能。具有高精準度的類別看起來比較不
同，而具有低精準度的類別和其他類別看來比較像。

這個精簡又方便的方法並不是沒有缺陷的，您會在下一節中看到它們。在那裡我們也會
討論一些減輕危害的策略，以能適當的利用這個相當有用的工具。

各標籤的效能

標籤	精準度	召回率
afghan_hound	87.5%	92.0%
airedale	96.0%	92.5%
basenji	97.4%	93.0%
bernese_mountain_dog	91.3%	91.0%
entlebucher	97.2%	87.5%
great_pyrenees	87.7%	85.0%
irish_wolfhound	87.8%	85.0%
leonberg	98.9%	87.0%
maltese_dogs	96.4%	91.5%
pomeranian	97.4%	91.5%

圖 8-18　API 傳回的部分可能的標籤

我們的分類器無法令人滿意的主要原因

有一些原因會讓分類器表現不好。以下是其中幾個：

資料不足

> 如果我們發現準確度不太符合我們的需求，可能必須用更多資料來訓練系統。當然每個類別 30 張影像只是開始。不過對於產出品質的應用程式來說，通常會建議每個類別要有 200 張影像。

不具代表性的訓練資料

> 網路上的影像常常太乾淨了，都是在乾淨背景下使用專業照明，而且都靠近圖框的中心。我們的應用程式每天看到的影像可能無法表達得這麼好。以真實世界影像來訓練分類器是很重要的。

非相關領域

在內部裡，Custom Vision 是在執行遷移學習。所以，在創建專案時選對領域就會是很重要的事。舉例來說，如果我們想要分類 X 光影像，從基於 ImageNet 的模型來進行遷移學習可能不會產出準確的結果。對於這樣的情況，手動的用 Keras 訓練我們自己的分類器可能會更好，就如第 3 章所示範的（雖然這大概會需要花超過三分鐘）。

用來進行迴歸

在機器學習中有兩個常見的問題類別：分類（classification）與迴歸（regression）。分類是對輸入預測為一個以上的類別。另一方面，迴歸則是根據輸入預測一個數值；例如預測房，價。Custom Vision 主要是一個分類系統。藉由在物件上貼上數量的標籤透過 Custom Vision 來計算物件數量是錯誤的作法，也會導致不滿意的結果。

計算物件的數量是一種迴歸問題。我們可以找出影像中物件的位置（也稱為物件偵測）並計算它們出現的次數。另一個迴歸的範例是，根據人的大頭照預測他們的年齡。我們會在後面的章節中解決這兩個問題。

類別太像了

如果我們的類別間太相似且高度仰賴細節來區分的話，模型的表現可能也不會太好。例如，五元美鈔和二十元美鈔在高層次特徵上是很相似的。它們在低層次細節上才能被區分出來。又例如，要區分吉娃娃和西伯利亞雪哈士奇應該很容易，不過要區分阿拉斯加雪橇犬和西伯利亞哈士奇應該就很困難了。如第 3 章所示，一個完整重新訓練的 CNN 應該表現得比這個基於 Custom Vision 的系統還要好。

 Custom Vision 有一個很棒的功能是，當模型無法對透過它的 API 端點傳進來的影像得到確定結果時，網頁使用者介面會顯示那些影像以進行人工審閱。我們可以定期的審閱並手動標記新影像以持續的改善模型的品質。這些影像最能夠改善分類器有二個原因：首先，它們代表真實世界的用法。其次也是更重要的，它們比那些模型已經可以分類得很好，其影像更能對模型產生更大的影響。這被稱為半監督式學習（semisupervised learning）。

在本節中，我們會討論一些可以改善模型準確度的不同方式。在真實世界中，那並不是使用者經驗中最重要的部分。我們可以多快地回應要求也是很重要的。在接下來的幾節中，我們會涵蓋可以改善效能又不會犧牲品質的幾種方法。

比較客製化分類 API

您可以已經注意到，本書從頭到尾我們都很固執的以資料驅動為教條。如果我們想要花錢在一個服務上，最好是所花的每一塊錢都能得到最大的回報。是時候測試一下這些炒作話題了。

對許多的分類問題來說，這些基於雲端的客製化分類器表現得相當好。要能測試出它們的極限，我們需要更有挑戰性的事情。我們需要釋出最具挑戰性的狗狗資料集、訓練這種動物，並取回一些具有深刻見解的結果——我們要使用 Stanford Dogs 資料集。

對這些分類器使用整個資料集可能會讓問題變得過於簡單（畢竟 ImageNet 已經有了那麼多的狗在裡面），所以我們會更上一層樓。取而代之的是，我們要用整個資料集來訓練自己的 Keras 分類器，並用 34 個表現最差的類別（每一個類別包含至少 140 張影像）來建立一個微型資料集。這些類別表現不佳的原因是，它們常常會和其他相似的品種產生混淆。要能表現得更好，它們需要對特徵有更細緻的了解。我們對每個類別隨機的選出 100 張影像作為訓練資料集，並對每個類別隨機選出 40 張影像作為測試資料集。為了避免產生會對預測結果產生影響的類別不平衡，每個類別的訓練以及測試影像的數量都是相同的。

最後，我們選擇 0.5 作為最小信賴度閾值，因為它看來可以在不同的服務之精準度和召回率間達到不錯的平衡。如果把信賴度設成像 0.99 這樣的高閾值時，分類器可能會很準確，不過可能只有少數幾張影像會被預測成功；換言之，它們的召回率會很低。另一方面，像 0.01 這樣極低的閾值則可以對幾乎每一張影像都產生預測結果。然而我們不應該仰賴這裡面的許多結果，畢竟此分類器並不值得信賴。

我們不會報告精準度和召回率，而是使用 *F1 分數*（*F1 score*）（也稱為 *F- 量度*（*F-measure*）），它是前二者的組合分數：

$$F1\ score = \frac{2 \times precision \times recall}{precision + recall}$$

此外，我們也會報告它花在訓練的時間，如圖 8-19 所示。除了雲端之外，我們也在一部 MacBook Pro 上使用 Apple 的 Create ML 工具來訓練，並同時使用有進行資料擴增（旋轉、裁切、翻轉）和沒有資料擴增的資料。

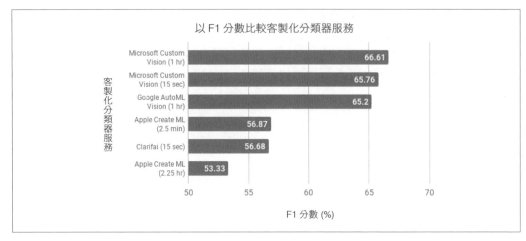

圖 8-19 客製化分類器服務的 F1 分數比較圖（愈高愈好），於 2019 年 8 月進行

Google 和 Microsoft 提供了客製化訓練區間的能力。Google Auto ML 讓我們可以在 1 到 24 小時之間選擇。Microsoft 則提供了一個免費的「快速訓練」選項以及一個付費的「進階訓練」選項（和 Google 所提供的相似），我們可以用此選擇介於 1 到 24 小時的區間。

以下是我們從這些實驗得到的有趣發現：

- Clarifai 和 Microsoft 對這 3,400 張影像進行了近乎即時的訓練。

- 相較於「快速訓練」來說，Microsoft 的「進階訓練」在多花了一小時訓練後表現得稍好一點（大約增加 1 個百分比）。由於「快速訓練」只花了不到 15 秒來訓練，我們可以推論它的基礎特徵萃取器對萃取細緻特徵已經夠好了。

- 令人驚訝的是，Apple 的 Create ML 在增加擴增影像後表現得更差，更不用說它多花了超過二小時來訓練，而其間大部分時間都在建立擴增影像。而這是在最高階的 MacBook Pro 上以 100% 的 GPU 使用率的情況下進行的。

此外，要測試特徵萃取器的強度，我們改變了提供給服務的訓練資料量（圖 8-20）。因為 Microsoft 只花了不到 15 秒來訓練，用它來進行實驗對我們來說很容易（又便宜！）。在訓練時，我們讓每個類別的影像張數在 30 到 100 之間變化，而測試影像還是相同的 40 張。

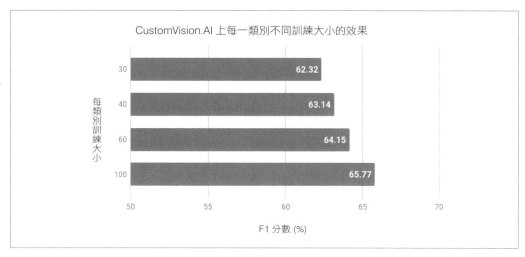

圖 8-20　每類別不同的訓練資料大小對測試的 F1 分數的影響（愈高愈好）

即使 Microsoft 建議每個類別至少要包含 50 張影像，但低於此數字並不會對結果產生顯著的影響。F1 分數並不如預期的變化這麼大，顯示了遷移學習（可以用較少的資料來建立分類器）以及好的特徵萃取器（可以進行細緻分類）的價值。

在此值得再重複說明一次，本實驗是故意要弄得很難來進行分類器的壓力測試。平均看來，它們在整個 Stanford Dogs 資料集上的表現會好得多。

雲端 API 效能調校

由現代手機所拍攝的照片的解析度可以高達 4000×4000，且大小可以高達 4 MB。根據網路品質的不同，它可能需要花幾秒鐘來上傳這樣的影像到服務上。每增加一秒就會讓我們的使用者愈來愈沮喪。我們能加快速度嗎？

有兩種方式可以降低影像的大小：

調整大小

　　大部分的 CNN 會接受大小為 224×224 或 448×448 像素的輸入影像。大部分手機照片的解析度對 CNN 都是不必要的。在將影像透過網路上傳時先降低它的大小是很合理的，而不是先將大影像上傳至網路，然後再於伺服器上降低它的大小。

壓縮

大部分的影像程式庫在存檔時會進行遺失性壓縮（lossy compression）。即使是最少量的壓縮都有助於降低影像大小，並同時最小化對影像品質的影響。壓縮的確會導致雜訊發生，不過 CNN 通常對處理某些雜訊是很強固的。

調整大小對影像標記 API 的影響

我們用 iPhone 手機以預設解析度（4032×3024）拍了超過 100 張各式各樣的未修正影像來進行實驗，它們被送到 Google Cloud Vision API 來取得每張影像的標籤。然後，我們再以 5% 的增幅（5%、10%、15%…95%）來縮減原始影像的大小並蒐集這些較小影像的 API 結果。接下來，我們透過下列公式來計算每張影像間的一致性（agreement）比率：

$$一致性百分比（\%）= \frac{基線影像也是測試影像的數量}{基線影像的標籤數量} \times 100$$

圖 8-21 顯示了實驗的結果。在此圖中，實線顯示了檔案大小的縮減比例，而點線則表達了一致性比率。我們的主要結論是 60% 的解析度降低會導致 95% 的檔案大小縮減，然而和原始影像相較，準確度只下降了一點點。

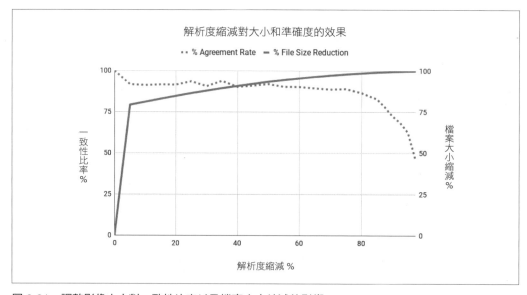

圖 8-21　調整影像大小對一致性比率以及檔案大小縮減的影響

壓縮對影像標記 API 的影響

我們重複同樣的實驗，不過這次我們不改變解析度而是壓縮率。在圖 8-22 中，實線顯示了檔案大小的縮減，而點線代表一致性比率。這裡的主要發現是 60% 的壓縮率（或 40%的品質）會導致 85% 的檔案大小縮減，然而和原始影像相較，準確度只下降了一點點。

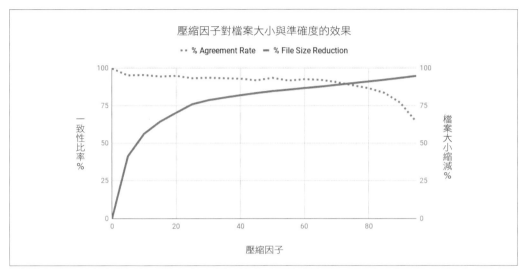

圖 8-22　壓縮對一致性比率以及檔案大小縮減的影響

壓縮對光學文字辨識 API 的影響

我們對一份包含超過 300 個字的文件以 iPhone 預設解析度（4032 × 3024）照相，並將它送至 Microsoft Cognitive Services API 來測試文字辨識。然後，以 5% 的增幅來壓縮它並把每一張影像送出。接著將這些影像送到相同的 API，並將其結果和原始影像進行比較以計算 WER 百分比。我們觀察到即使壓縮率為 95%（也就是 5% 的原始影像品質）對結果的品質毫無影響。

調整大小對光學文字辨識 API 的影響

我們重複前一個實驗，不過這次不改變壓縮率而是調整每張影像的大小。在某一點之後WER 從零跳到接近 100%，其中幾乎所有的字都被分類錯誤。用另一份字體大小不同的文件來重新測試的結果顯示，在特定字體大小以下的字幾乎都會被分類錯誤。要能有效的辨識文字，光學文字辨識引擎要求文字必須大於最小高度（一個好的經驗法則是大於20 個像素）。因此解析度愈高，準確度也會愈高。

我們學到了什麼？

- 對文字辨識而言，盡量壓縮影像而不是調整大小。

- 對影像標記而言，適度的調整大小（例如 50%）以及適度的壓縮（例如 30%）應該可以顯著的縮減檔案的大小（以及進行更快的 API 呼叫），而不會對 API 結果的品質產生太大的差異。

- 根據您的應用的不同，您可能已經在用調整大小和壓縮後的影像了。每個處理步驟都會對這些 API 的結果導入些微的差異，所以我們把目標放在將它們最小化。

雲端 API 在收到影像後會在內部調整它的大小以適配它們自己的實作方式。對於我們來說，這代表了二階段的大小調整：我們先自己調整大小來降低影像的大小，然後將它送給雲端 API，它又會再進一步調整影像的大小。縮減影像會導致扭曲，在低解析度時更是明顯。我們可以從大小為整數倍的較高解析度開始調整，以最小化扭曲的影響。例如，以 3024×3024（原始）→ 302×302（送給雲端）→ 224x224（API 內部調整大小）進行調整大小會比以 3024×3024 → 896×896 → 224×224 在最終影像中導入更多的扭曲。因此，在送出影像前最好先找到一個大小剛好的中間值。此外，設定像是 BICUBIC 和 LANCZOS 等進階內插選項，會導致使用較小的影像就可以對原始影像進行更正確的表達。

案例探討

有人說生命中美好的事物不會輕易來到。我們相信本章證明了這句話是錯的。在本節中，我們將探討一些科技產業巨擘如何使用人工智慧的雲端 API，來驅動一些具有說服力的情境。

紐約時報

本章開頭的那個情境是從卡通來取材的，不過事實上它很接近*紐約時報*（*New York Times*，*NYT*）的情況。具有超過 160 年的卓越歷史，NYT 擁有豐富的攝影寶庫。它將這裡面的許多文物存放在大樓的地下室三樓，也就是「太平間」。這些收藏的價值無法衡量。2015 年因為漏水的緣故，地下室部分損毀，其中包含部分的收藏記錄。還好損壞被降至最小。然而這件事提醒了 NYT 要考慮對它們進行數位典藏，以不受另一個災難的危害。

那些照片被進行高品質的掃描與儲存，然而照片本身並沒有任何的識別資訊。即使有的話，大多也只是貼在背面的說明時間背景的手寫或列印的短箋。NYT 使用 Google Vision API 來掃描這些文字，並將所得到的資訊標記在相對應的影像上。此外，這個生產線也讓它有機會從照片中萃取更多的後設資料，包括地標辨識、名人辨識等等。這些新增的標籤讓搜尋功能更具威力，公司內部或外界的任何人都可以用關鍵字、日期等來探索這個寶庫，而不用親自拜訪地下三層的太平間。

Uber

Uber 使用 Microsoft Cognitive Services 在幾毫秒中偵測它超過七百萬的駕駛。想像一下 Uber 必須運行它稱為「即時身分檢查」功能的恐怖規模，這個功能會隨機或在每次指派了新乘客時，提醒駕駛拍一張自拍照來驗證目前的駕駛確實是登記的駕駛。這個自拍照會和駕駛的檔案照片做比較，只有在相符時駕駛才能繼續。這個安全功能可保障乘客的安全及駕駛帳戶未被侵入，有助於建立可信度；而且可以偵測出自拍照的變化，包括帽子、鬍鬚、墨鏡…等等，並提示駕駛脫掉帽子或墨鏡來自拍。

圖 8-23　Uber Drivers 應用程式提示駕駛拍一張自拍照以驗證駕駛的身分（影像來源：*https://oreil.ly/lw1Ho*）

Giphy

回到 1976 年，當 Richard Dawkins 博士創造了「模因（meme）」這個詞彙，他大概沒想到它會在 40 年後有了自己的生命。我們生活在大部分的聊天應用程式會以符合語境的動態 GIF 來回應的世代中，不再只會用簡單的文字來回應。許多應用程式提供了專用於模因和 GIF 的搜尋功能，例如 Tenor、Facebook messenger、Swype，或者 Swiftkey。其中大部分都透過 Giphy（圖 8-24）來搜尋，它是全世界最大的動態模因搜尋引擎。

圖 8-24　Giphy 會從動畫中萃取文字作為後設資料以利搜尋

GIF 經常附有文字（例如正在進行的對話），而我們有時會想要直接透過電影或電視
節目中的特定對話來搜尋 GIF。例如，圖 8-24 中的影像是來自 2010 年的 **飛出個未來**
（*Futurama*）動畫，其中「eyePhone」（原文如此）的發表常被用來表達對產品或想法
的興奮感。對內容的了解讓 GIF 更容易被搜尋。為此，Giphy 使用 Google 的 Vision API
來萃取文字和物件──這有助於搜尋完美的 GIF。

很明顯地，標記 GIF 是一件困難的任務，因為一個人必須專注於無數動畫並手動一幕幕
的標註它們。2017 年時 Giphy 找出兩種自動化的方案。第一個作法是偵測影像中的文
字。第二個作法是根據影像中的物件來產生標籤，來為他們的搜尋引擎補足後設資料。
這個後設資料使用 ElasticSearch 來儲存與搜尋，以建立規模可調之搜尋引擎。

此公司使用 Google Vision API 的 OCR 服務來偵測 GIF 的第一個圖框中的文字，以確認
GIF 中是否真的有包含文字。如果 API 的回應是肯定的，Giphy 會送出文字圖框、接收
它們的 OCR 偵測文字，並找出文字中的差異；例如，文字是否為靜態的（在 GIF 期間
是否都維持一樣）或動態的（不同的圖框有不同的文字）。為了要產生影像中物件的類
別標籤，工程師有兩個選項：標籤偵測（label detection）或是網路實體（web entity），
而這兩者 Google Vision API 都有提供。就如同它的名稱所表達的，標籤偵測提供了物
件的真實類別名稱。網路實體則提供了實體 ID（可以用以參照至 Google Knowledge
Graph），那是在網路上相同或相似影像的獨一無二的網址。使用這些附加的註解讓此
新系統的點擊率（click-through-rate，CTR）增加了 32%。中至長尾（medium-to-long-
tail）搜尋（也就是沒有那麼頻繁的搜尋）受益最大，它藉由萃取出來的後設資料而使內
容變得更豐富。此外，這個後設資料和使用者的點擊行為提供了資料來建立相似度與解
重複特徵。

OmniEarth

OmniEarth 位於維吉尼亞州，他們專門從事蒐集、分析，以及將衛星和空拍影像與其他的資料集結合在一起，以高速且規模可調的方式追蹤美國的用水量。在內部，它使用了 IBM Watson Visual Recognition API 來分類地塊（land parcel）以獲得有價值的資訊，例如它有多綠。藉由將這個分類結果和其他資料點（例如氣溫與降雨量）結合，OmniEarth 可以預測有多少水被用來灌溉田地。

對於住宅區，它利用影像中的資料點，像是游泳池、樹木或可澆灌的景物，來預測用水量。這家公司甚至可以預測是否因為一些像是過度灌溉或漏水等不當表現而造成水的浪費。OmniEarth 分析了超過 150,000 塊地來幫忙加州了解水的消耗情況，然後提出有效的策略來控制水的浪費。

Photobucket

Photobucket 是一個受歡迎的影像與視訊託管社群，每天都有超過兩百萬張影像上傳到這裡。藉由使用 Clarifai 的 NSFW 模型，Photobucket 會自動標記不受歡迎的或冒犯性的使用者所產生的內容，並將它送給公司的人工審核團隊來審查。在此之前，公司的人工審核團隊只能監控 1% 的內容。大約有 70% 的標記影像事後被證明是無法被接受的內容。相較於先前人類所付出的勞力而言，Photobucket 可以偵測多達 700 倍的不受歡迎內容，因而淨化了網站並建立更好的使用者經驗。這個自動化程序也幫忙找出兩個兒童色情帳戶，其後交給 FBI 進行調查。

Staples

像 Staples 這種電子商務商店經常仰賴搜尋引擎的流量來驅動銷售量。要在搜尋引擎中排在搜尋結果前面的一種作法，是在影像的 ALT 標籤中放入描述性的影像標籤。Staples Europe 共提供了 12 種語言版本，他們發現要以不同語言標記產品影像的代價高昂，因為通常這都是外包給代理商來進行的。幸運的是，Clarifai 以便宜許多的價格提供了 20 種語言的標籤，共節省 Staples 數萬美金的成本。使用這些相關關鍵字後，因為拜訪商品頁的訪客急遽增加而導致流量的增加，進而提高了銷售量。

InDro Robotics

這家加拿大的無人機公司使用 Microsoft Cognitive Services 來增強搜尋與救援任務，不只用在天然災害上，也可以主動的偵測緊急事件。這家公司使用 Custom Vision 來訓練模型，專門去偵測像是水中的船隻和救生衣等物件（圖 8-25），並使用此資訊來通知控

制站。相較於救生員來說，這些無人機可以自行掃描較大的海洋區域。這種自動化會在發生緊急事件時提醒救生員，因而改善發現的速度並拯救性命。

澳洲已經開始使用其他公司的無人機，並配合可充氣莢艙以在救援到達前做出因應措施。在部署後，這些莢艙拯救了兩位受困大海的青少年，如圖 8-26 所示。澳洲也用無人機來偵測鯊魚以清空海灘。我們很容易就能預見這些自動化的客製化訓練服務可以帶來的巨大價值。

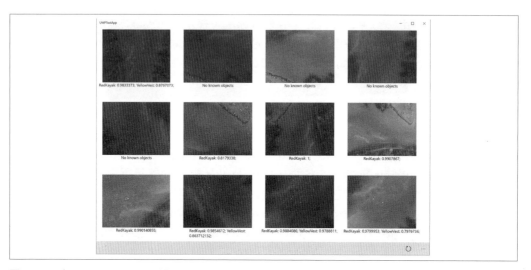

圖 8-25 由 InDro Robotics 所做的偵測

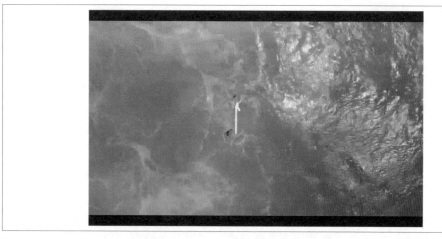

圖 8-26 無人機偵測到兩位受困的泳者並釋放充氣莢艙讓他們抱緊（影像來源：*https://oreil.ly/dPxBv*）

總結

在本章中我們探討了不同的電腦視覺雲端 API，先以質化的方式比較它們所提供的服務廣度，然後再用量化的方式比較它們的準確度與價格。我們也檢視了可能會出現在結果內的潛藏偏見，並了解在 15 分鐘內以簡短的程式碼就可以開始使用這些 API。由於任何一個模型都不是萬能的，我們也使用拖放介面來訓練了客製化的分類器，並比較不同公司的表現。最後，我們討論了要加速影像傳輸的壓縮與調整大小的建議作法，以及它們會如何影響不同任務的表現。最重要的是，我們檢視了各行業的公司是如何使用這些雲端 API 來建立真實世界的應用。恭喜您走了這麼遠了！在下一章中，我們會看到如何將我們的推論伺服器部署到客製化的情境中。

## 第九章

使用 TensorFlow Serving 與 KubeFlow 進行雲端可擴展推論服務

想像一下，您剛建立好一個頂尖的分類器。您的目標就像矽谷的座右銘一樣是要「讓世界變得更好」，而您將要用來進行的是⋯一個令人讚嘆的狗／貓分類器。您有一個扎實的商業計畫，並且等不及在下週的創投公司中展現您的神奇分類器。您知道投資人會質疑這項雲端策略，而您必須在他們考慮給錢之前進行一個完整的示範。您會如何做呢？建立模型只走了一半的路，要怎麼讓它進行服務是下一個挑戰，而且常常是更大的挑戰。事實上，長久以來訓練模型常常只會花上幾個星期，但是要讓它可以服務一大群人則是一件耗時數個月的作戰，經常涉及後端工程師以及 DevOps 團隊。

本章中我們會回答一些和託管（hosting）以及服務客製化模型中可能會發生的問題。

- 該如何在我的個人伺服器中託管我的模型，以讓我的同事們可以玩玩它？

- 我不是後端／基礎架構工程師，不過我想讓我的模型可以服務數千（甚至數百萬）的使用者。我要如何才能用合理的價格，而且不用擔心可擴展性和可靠性問題的情況下來完成這件事？

- 有許多因素（例如成本、法規、隱私等）讓我無法將我的模型託管在雲端，而只能在本地端（我自己的工作網路）。在這個情況下，我還能以大規模且可靠的方式進行預測服務嗎？

- 我可以在 GPU 上進行推論嗎？

- 對這些選項我會花上多少錢？

- 我可以將我的訓練和服務擴展到多個雲端供應商嗎？

- 要有多少時間和技術知識才能讓這些開始運行？

讓我們先對可用的工具進行高層次概觀，以進行我們的旅程。

人工智慧預測服務的景象

從訓練人工智慧模型到服務預測要求都有許多工具、程式庫，以及雲端服務可用。圖 9-1 將它們簡化成四個類別。

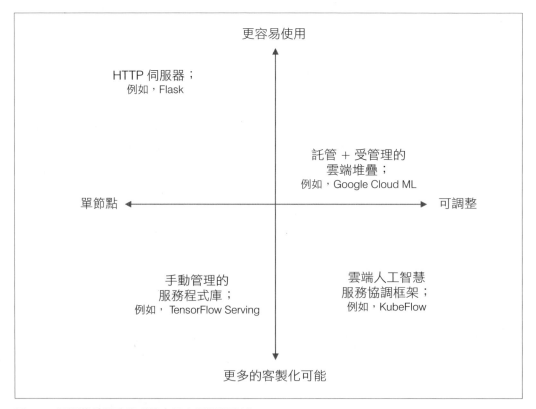

圖 9-1　不同推論服務選項的高層次概觀與比較

根據推論情境的不同，我們可以做出適當的選擇。表 9-1 進行深入的檢視。

表 9-1　網路上為深度學習模型服務的工具

類別與範例	首次預測之預期時間	優缺點
HTTP 伺服器 • Flask • Django • Apache OpenWhisk • Python `http.server`	<5 分鐘	+ 容易執行 + 經常以 Python 程式碼執行 − 慢 − 未對人工智慧進行優化
具託管與管理的雲端堆疊 • Google Cloud ML • Azure ML • Amazon Sage Maker • Algorithmia	<15 分鐘	+ 較容易使用的 GUI/ 命令行介面 + 高度可擴展性 + 提供完整管理，降低對 DevOps 團隊的需求 − 通常僅限於基於 CPU 之推論，對大型模型可能很慢 − 熱身查詢時間可能很慢
手動管理之服務程式庫 • TensorFlow Serving • NVIDIA TensorRT • DeepDetect • MXNet Model Serving • Skymind Intelligence Layer with DeepLearning4J • Seldon • DeepStack AI Server	~1 小時	+ 高效能 + 允許手動控制最佳化、批次等 + 可以在 GPU 上執行推論 − 設定較費心力 − 要擴展到多個節點時通常需要更多的準備工作
雲端人工智慧服務協調框架 • KubeFlow	~1 小時	+ 易於管理訓練以及推論的擴展 + 雲端供應商間的可攜性 + 開發與產出間的一致環境 + 對資料科學家而言，提供和熟悉工具的整合，例如 Jupyter 筆記本，以將模型進行產出 + 可以組合條件式的生產線以自動化測試、級聯（cascading）模型 + 使用既有的手動管理服務程式庫 − 還在發展中 − 對初學者來説，具託管與管理的雲端堆疊較容易學習

在本章中，我們會探討一些工具以及應用情境。其中有些選項很容易使用，但功能有限。其他的則提供較細緻的控制以及較高的效能，不過在設定上較麻煩。我們會看看每一個類別中的一個範例並進行深入探討，來發展出在何時應使用何者才是合理概念。然後，我們會介紹不同解決方案的成本分析與案例探討，以詳述目前這些解決方案是如何實際運作的。

Flask：建立您自己的伺服器

我們從最基本的技術建立您自己的伺服器（*Build Your Own Server*，*BYOS*）開始。在表 9-1 第一欄所列的選項中，我們選擇了 Flask。

使用 Flask 建立 REST API

Flask 是基於 Python 的網頁應用框架。它於 2010 年發佈並在 GitHub 中獲得了超過 46,000 顆星佳評，目前仍在持續發展中。它很快且容易設定，對原型設計來說真的好用。當資料科學從業人員想要用他們的模型來服務有限的使用者（例如在企業網路中與同事分享）時，它經常是他們的首選。

用 pip 來安裝 Flask 相當容易：

```
$ pip install flask
```

安裝完成後，我們就可以執行下列簡單的「Hello World」程式：

```python
from flask import Flask
app = Flask(__name__)

@app.route("/hello")
def hello():
    return "Hello World!"

if __name__ == "__main__":
    app.run()
```

以下是執行「Hello World」程式的命令：

```
$ python hello.py
 * Running on http://127.0.0.1:5000/ (Press Ctrl+C to quit)
```

Flask 預設會在通訊埠 5000 執行。當我們在瀏覽器中開啟網址 *http://localhost:5000/hello*
後,應該可以看到字詞「Hello World!」出現,如圖 9-2 所示。

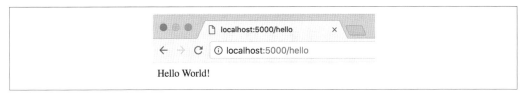

圖 9-2　在瀏覽器中瀏覽 *http://localhost:5000/hello* 以看到「Hello World!」網頁

如您所見,要讓一個簡單的網頁應用開始運行只需要簡單的幾行程式碼。其中最重要的
幾行之一為 @app.route("/hello")。它指明了在主機名稱後的路徑 /hello 會被緊接在下的
方法所服務。在我們的案例中,它只是傳回字串「Hello World!」。在下一個步驟中,我
們會看看怎麼將 Keras 部署到 Flask 伺服器,並建立一個用我們的模型來進行預測服務
的路線(route)。

部署 Keras 模型至 Flask

第一個步驟是載入我們的 Keras 模型。以下的幾行會從 *.h5* 檔中載入模型。您可以在本書
的 GitHub(參見 *http://PracticalDeepLearning.ai*)中的 *code/chapter-9* 找到這些程式碼:

```
from tf.keras.models import load_model
model = load_model("dogcat.h5")
```

現在我們建立路線 */infer* 以支援我們的影像的推論。當然,我們會支援 POST 要求以接受
影像:

```
@app.route('/infer', methods=[POST])
def infer():
  file = request.files['file']
  image = Image.open(file)
  image = preprocess(image)

  predictions = model.predict(image)
  max_index = numpy.argmax(predictions)
  # 我們從先前所訓練的模型得知標籤
  if max_index == 0:
    return "Cat"
  else:
    return "Dog"
```

使用 curl 命令來測試在一張包含狗的樣本影像進行推論的效果：

```
$ curl -X POST -F image=@dog.jpg 'http://localhost:5000/infer'
```

```
{"predictions":[{"label":"dog","probability":0.8525022864341736}]}
```

就如所預期的，我們得到的預測結果是「狗」。到目前為止表現得還不錯，Flask 只在本地端運行；也就是說，網路上的其他人沒辦法對此伺服器提出要求。要讓 Flask 可為其他人所用，我們可以簡單的將 app.run() 改成：

```
app.run(host="0.0.0.0")
```

現在，我們可以將模型的存取權交付給網路上的任何人了。下個問題會是——我們可以做同樣的事來讓模型可為一般大眾所用嗎？這個問題的答案絕對是：不行！Flask 網站有一段重要的警告訊息是「警告：請勿在產出環境中使用開發伺服器（*WARNING: Do not use the development server in a production environment.*）」。Flask 的確沒有直接支援產出工作，且需要客製化程式碼來進行此事。在接下來的章節中，我們會看看如何將我們的模型託管在本來就是用於產出的系統上。記住這些之後，讓我們簡述一下使用 Flask 的優缺點。

使用 Flask 的優點

Flask 提供了一些優點，即：

- 快速的設定與原型設計
- 快速的開發週期
- 資源需求不高
- 在 Python 社群廣受歡迎

使用 Flask 的缺點

在此同時，因為以下的原因，Flask 也可能不是您最佳的選擇：

- 無法擴展；預設上，它並不是為了用在承載產出負載用的。Flask 一次只能服務一個要求
- 不能直接處理模型版本管理
- 不能直接支援批次要求

產出層級服務系統想要的品質

對於任何想要為來自大眾的流量提供服務的雲端服務來說，當我們要決定採用哪種解決方案時，有某些屬性是我們想要找尋的。在機器學習語境中，我們建立推論服務時還有一些額外的品質是我們想要追尋的。在本節中，我們將會介紹其中一部分。

高可用性

對於信任我們服務的使用者來說，服務必須是幾乎隨時可用的。對於許多慎重的使用者而言，他們是用「九的數量（*number of nines*）」來作為量測可用性的量度。如果某企業聲稱它的服務有 4 個九的可用性，代表這個系統在 99.99% 的時間上是可用的。即使99% 聽起來很具吸引力！表 9-2 呈現的是每年的斷線時間。

表 9-2　不同可用性百分比每年的斷線時間

可用性 %	每年斷線時間
99%（「2 個九」）	3.65 天
99.9%（「3 個九」）	8.77 小時
99.99%（「4 個九」）	52.6 分鐘
99.999%（「5 個九」）	5.25 分鐘

想像一下，如果像 Amazon 這樣的大網站只有 99.9% 的時間可用時，會有多荒謬，它會在那超過 8 小時的斷線時間中損失數以百萬計的收益。5 個九被認為是我們追求的目標，比 3 個九更少的情況一般來說並不適合用於高品質產出系統。

可擴展性

由產出服務所處理的流量在一段長時間內幾乎不會一直都是均勻的。例如紐約時報在早晨時流量明顯增加，而 Netflix 則是在晚上以及深夜時流量大增，那時大家都在放鬆自已。流量也具有季節性因素。Amazon 在黑色星期五以及聖誕季節時流量會增加好幾個數量級（order of magnitude）。

更高的需求量會要求有更多的可用線上資源來服務它們。否則系統的可用性會處於危險之中。一個單純的作法是預估系統所要服務的最高流量、決定要服務這麼高的流量所需的資源數量，然後再固定配置這個數量的資源。這個作法有兩個問題：1) 如果您的規劃是正確的，資源在大多數時間下是未被充分利用的，最終導致燒錢；2) 如果您的預估不夠用，可能會影響到服務的可用性並最終導致更差的結果，也就是喪失客戶的信任以及他們口袋裡的錢。

一個管理流量負載更聰明的作法是監控進來的流量，並動態的配置和反配置服務的可用資源。這會確保增加的流量會在不損失服務的情況下被處理，同時又能在低流量時以最小成本運行。

當縮減資源時，任何即將要被反配置的資源都很有可能正在處理流量。我們必須確保在關閉資源前，這些要求都已經完成了。而且很重要的是，此資源不能再處理任何新的要求。這個程序被稱為排洩（draining）。在機器進行維修或 / 及升級時進行排洩，也是很重要的事。

低延遲時間

考慮一下這些事實。Amazon 在 2008 年發表的一份研究報告中提出，延遲時間（latency）每增加 100 毫秒，它的零售網站就會損失 1% 的利潤。載入網站時的一秒延遲就會導致驚人的 16 億美元的損失！Google 發現，載入行動網站時的 500 毫秒的延遲時間就會導致流量減少 20%。換句話說，少了 20% 的廣告機會。而這並不只會影響產業巨人。如果一個網頁在行動電話上需要超過 3 秒才能載入，53% 的使用者會選擇放棄（根據 2017 年 Google 的研究）。很明顯地，時間就是金錢。

平均延遲時間可能會是誤導的資訊，因為它會在真實情況上塗抹了好看的表象。這就像比爾・蓋茲（Bill Gates）走進一個房間後，房間內的每個人平均都是億萬富翁一樣。取而代之的是，一般會使用百分位延遲時間（percentile latency）來作為報告的量度。例如，一項服務可能會報告 987 毫秒 @ 第 99 百分位。這代表 99% 的要求都會在 987 毫秒內服務完成。同一個系統可能在平均上只有 20 毫秒的延遲時間。當然，隨著服務的流量增加，如果服務沒有跟著擴展到適當的資源的話，延遲時間也有可能會增加。因此，延遲時間、高可用性及可擴展性其實是緊密關聯的。

地理可用性

紐約和雪梨間的距離大約是 10,000 英哩（16,000 公里）。真空中的光速大約是每秒 186,282 英哩（每秒 300,000 公里）。矽玻璃（用於光纖纜線）會降低大約 30% 的光速至每秒 130,487 英哩（每秒 210,000 公里）。在一條直通此二城市的光纖上，一個要求的來回時間是大約 152 毫秒。請記住，這還不包含在伺服器中處理要求的時間，或者封包在不同路由器中跳躍的時間。這種服務的水準對許多應用來說是無法接受的。

被期待用在全世界的服務必須被策略性的進行位置配置，以最小化那些區域的延遲時間。此外，資源可以依據區域流量來擴展或縮減，因而進行更細緻的控制。主要的雲端供應商都在至少五座大陸上（抱歉了企鵝！）建立據點。

想要模擬從您的電腦送出一個要求到世界某地的資料中心需要多久嗎？表 9-3 列出了一些雲端供應商提供的有用工具。

表 9-3　不同雲端供應商的延遲時間量測工具

服務	雲端供應商
AzureSpeed.com	Microsoft Azure
CloudPing.info （ *https://CloudPing.info* ）	Amazon Web Services
GCPing.com	Google Cloud Platform

此外，為了決定從一個地方到另一個地方真實的延遲時間組合，*CloudPing.co* 會量測超過 16 個美國 AWS 資料中心間的 AWS 區域間延遲時間（AWS Inter-Region Latency）。

故障處理

俗話說：人生只有兩件事可以確定——死亡和繳稅。在二十一世紀的當下，這句格言不但適用於人類，也適用於電腦硬體。機器隨時都會故障。問題絕不是機器**會不會**故障，而是**何時**會故障。產出品質服務的一個必要品質項目是它能否從容的處理故障。如果機器掛掉了，能很快的用另一部機器來取代它的位置並繼續服務流量。如果整個資料中心都掛了，無縫式的將流量導至另一個資料中心，以讓使用者對所發生的壞事完全無感。

監控

如果您無法量測它，您就無法改善它。更慘的是，它真的存在嗎？監控要求的數量、可用性、延遲時間、資源使用狀況、節點數量、流量分布，以及使用者位置對於了解服務的表現如何、有沒有機會改善，還有更重要的要付出多少錢等等都是很重要的。大部分的雲端供應商都已經內建了儀表板（dashboard）來提供這些量度。此外，記錄和任務相關的分析資訊，例如模型推論、前置處理等的時間也可以讓我們有了另一層次的了解。

模型版本控制

我們已經在本書學到（而且會持續的學到最後一頁為止）機器學習永遠是迭代的。特別是在真實世界應用上，模型可以用來學習的資料會是常態性的被產製出來。此外，進來的資料其分布可能會隨著時間而變化，進而導致較低的預測能力（這個現象稱為**概念漂移**（*concept drift*））。我們希望能持續的改善我們的模型，以提供使用者最佳的體驗。

每次我們用較新的資料來訓練模型以改善它的準確度並建立目前的最佳版本時，我們希望能盡快且無感的提供給使用者。任何好的產出品質推論系統都應該具有能提供不同模型版本的能力，包括將目前正在使用的版本換成另一個版本的能力。

A/B 測試

除了支援多版本的模型之外，我們還有一些想要根據各種屬性來同時提供不同版本模型的理由，例如使用者的地理位置、人口統計資訊，或者簡單的隨機指定。

A/B 測試（*A/B testing*）是在改善模型時很有用的工具。畢竟如果我們全新的模型以某種形式出錯時，我們寧願它只發生在一小群而不是 100% 的使用者身上。此外，如果模型可以在小的子集合上滿足成功的條件，它也可以驗證實驗結果並且最終會證明可以推廣到所有的使用者身上。

對多重機器學習程式庫的支援

最後但並非最不重要的是，我們不希望被限縮在單一的機器學習程式庫中。機構內的某些資料科學家可能會用 PyTorch 來訓練模型，其他的人則用 TensorFlow，或者對於非深度學習任務來說，scikit-Learn 就夠了。具有支援多重程式庫的彈性會是受人歡迎的額外好處。

Google Cloud ML Engine：
受管理的雲端人工智慧服務堆疊

考慮到前一節中所描述的產出環境中想要的品質之後，用 Flask 服務使用者看來並不是好主意。如果您沒有一個專門的基礎架構團隊，而且想要將時間花在建立更好的模型而不是部署它們的話，使用受管理的雲端解決方案是正確的作法。目前的市場上已經有好幾種基於雲端的推論即服務（Inference-as-a-Service）解決方案。我們會選擇 Google Cloud ML Engine 的原因其中一部分是因為它容易和 TensorFlow 整合，另外一部分是因為它和第 13 章所要介紹的 ML Kit 素材聯繫得很好。

使用 Cloud ML Engine 的優點

- 可以使用基於網頁的圖形化使用者介面輕鬆的部署模型
- 威力強大且很容易能擴展至數百萬的使用者

- 對模型使用狀況提供深入的洞察

- 能夠進行模型版本控制

使用 Cloud ML Engine 的缺點

- 高延遲時間，只能用 CPU 來推論（直至 2019 年 8 月）

- 不適合用在涉及資料不能離開網路的法律和資料隱私議題之情境上

- 對複雜應用程式的架構設計上強加了限制

建立分類 API

以下的逐步指引顯示了要如何將我們的狗 / 貓分類器模型上傳與託管至 Google Cloud ML Engine：

1. 在 Google Cloud ML Engine 儀表板 *https://console.cloud.google.com/mlengine/models* 創建一個模型。因為這是我們第一次使用儀表板，所以必須點擊 ENABLE API，如圖 9-3 所示。

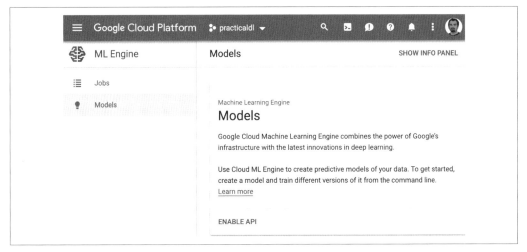

圖 9-3　Google Cloud ML Engine 儀表板中的機器學習模型列表頁面

2. 賦予模型一個名稱以及描述（圖 9-4）。

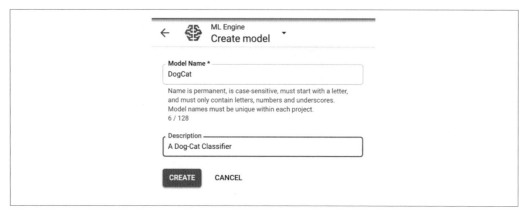

圖 9-4　Google Cloud ML Engine 的模型創建頁面

3. 模型創建完成後，我們可以在列表頁面存取模型（圖 9-5）。

圖 9-5　Google Cloud ML Engine 的模型列表頁面

4. 點擊模型以進入模型詳細資訊頁面（圖 9-6）並加入一個新的版本。

圖 9-6　剛新增的狗 / 貓分類器的詳細資訊頁面

5. 填入必要的資訊以創建新的版本。底部的最後一個欄位要求您先將模型上傳至 Google 雲端硬碟。點擊瀏覽（BROWSE）鈕來建立一個新的儲存區（bucket）以儲存模型（圖 9-7）。

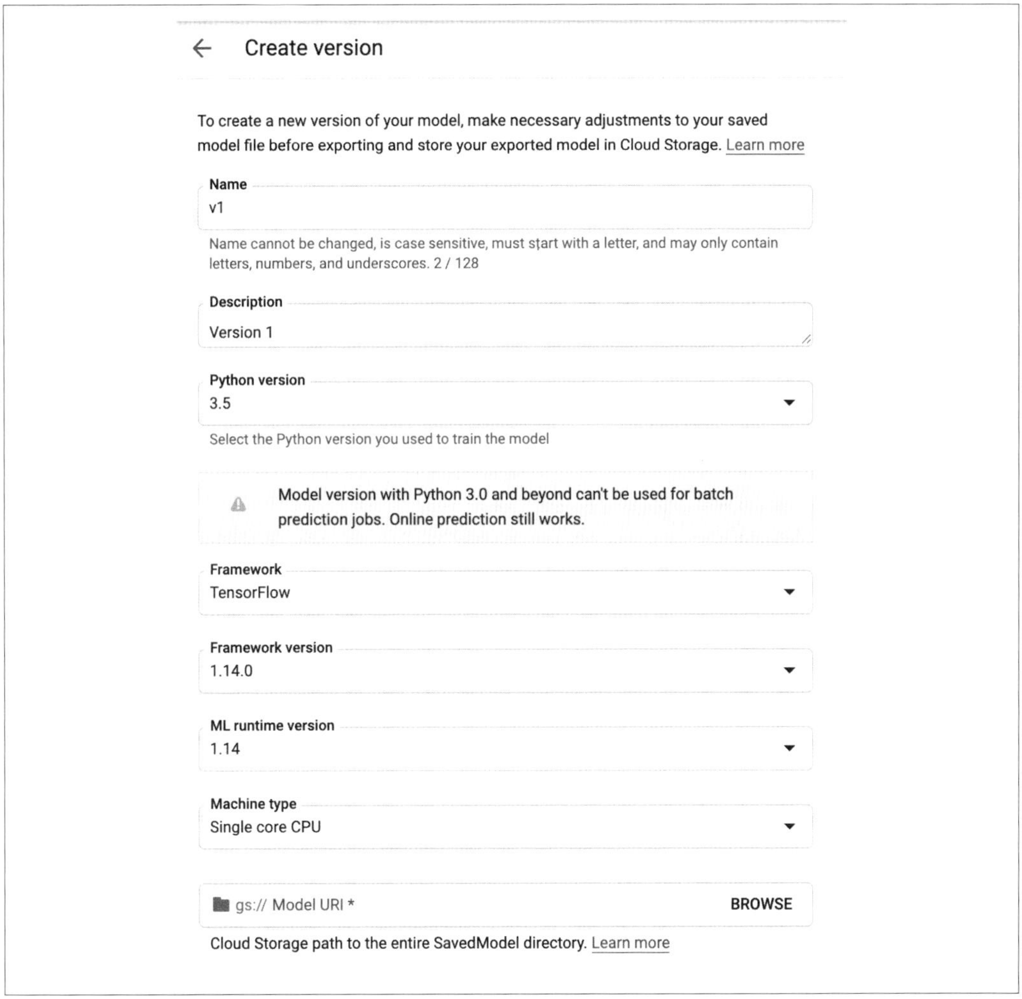

圖 9-7　為機器學習模型創建一個新的版本

6. 用一個獨一無二的名稱、儲存類別及區域（region）建立一個新的儲存區。建立儲存區後，移至 *https://console.cloud.google.com/storage/browser*（開啟另一個分頁，保留目前的分頁）來找到這個新建立的儲存區並上傳模型（圖 9-8）。

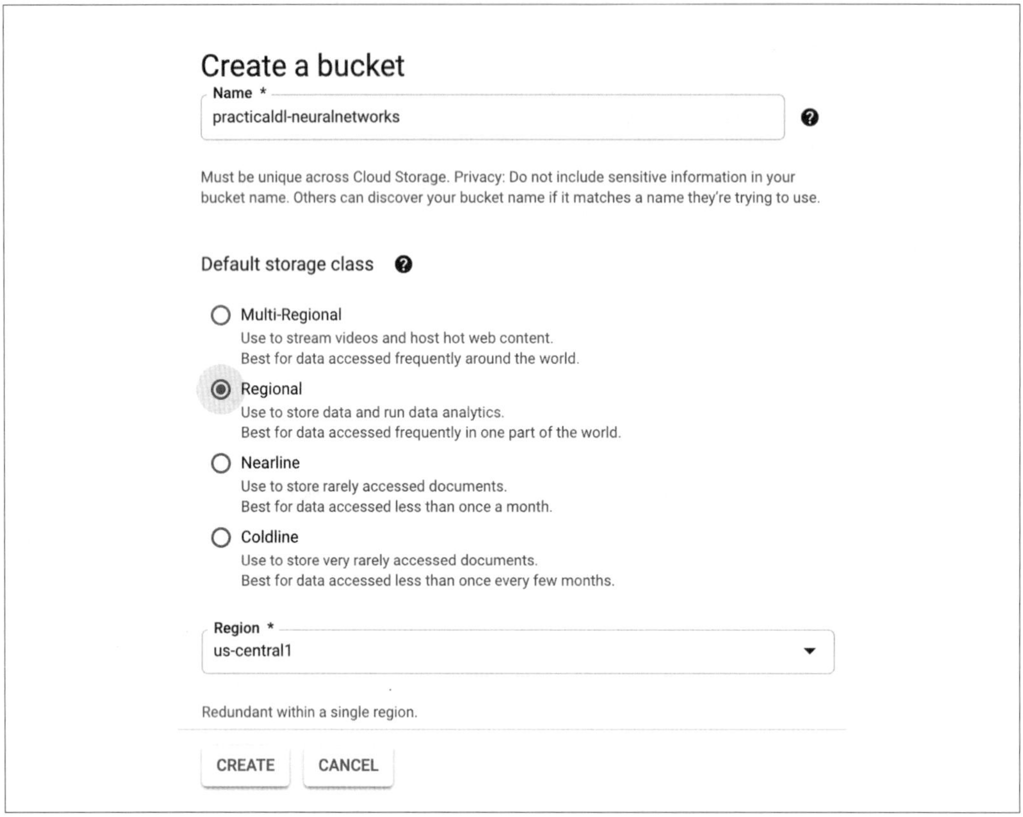

Create a bucket

Name *
practicaldl-neuralnetworks ❷

Must be unique across Cloud Storage. Privacy: Do not include sensitive information in your bucket name. Others can discover your bucket name if it matches a name they're trying to use.

Default storage class ❷

○ Multi-Regional
　Use to stream videos and host hot web content.
　Best for data accessed frequently around the world.

◉ Regional
　Use to store data and run data analytics.
　Best for data accessed frequently in one part of the world.

○ Nearline
　Use to store rarely accessed documents.
　Best for data accessed less than once a month.

○ Coldline
　Use to store very rarely accessed documents.
　Best for data accessed less than once every few months.

Region *
us-central1 ▼

Redundant within a single region.

CREATE　CANCEL

圖 9-8　在 ML 模型版本創建頁面創建一個新的 Google 雲端硬碟儲存區

7. 我們的狗／貓分類器是一個 *.h5* 檔案，但 Google Cloud 所期望的是一個 SavedModel 檔案。您可以在本書的 GitHub 倉庫（參見 *http://PracticalDeepLearning.ai*）裡的 *code/chapter-9/scripts/h5_to_tf.ipynb* 中找到轉換 *.h5* 檔案為 SavedModel 檔案的程式。只要將模型載入並執行筆記本的其餘部分。

8. 在 Google 雲端硬碟瀏覽器中，上傳剛轉換的模型（圖 9-9）到步驟 6 中所建立的儲存區。

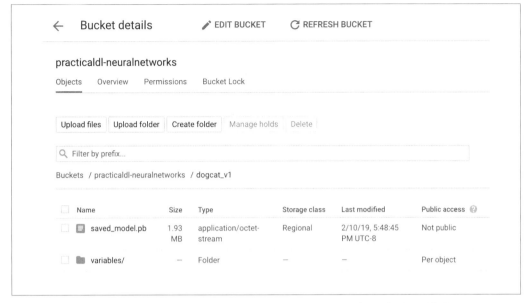

圖 9-9　Google 雲端硬碟瀏覽器頁面顯示了 TensorFlow 格式表達的狗 / 貓分類器模型

9. 在模型版本創建頁面為您剛上傳的模型指定 URI（圖 9-10）。

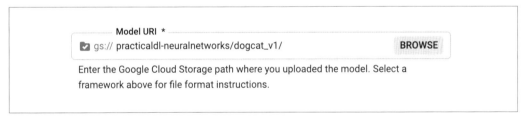

圖 9-10　為您上傳至 Google 雲端硬碟之模型增加 URI

10. 點擊存檔（Save）鈕並等待模型版本創建完成。一旦模型版本創建後，您就可以開始用它來進行預測。

11. 如果您的機器還沒有安裝 Google Cloud SDK 的話，可以從安裝網頁 *https://cloud. google.com/sdk/install* 下載並進行安裝。

12. 您可以使用 Cloud ML Engine REST API 來提出您的要求。然而為了簡潔起見，可以使用 Cloud SDK 中的命令行工具。您首先必須利用位於 *code/chapter-9* 的 *image-to-json.py* 程式將影像轉換為 *request.json* 檔案：

```
$ python image-to-json.py --input dog.jpg --output request.json
```

13. 透過前一步驟所建立的 *request.json* 檔案來使用我們的模型執行一個要求：

```
$ time cloud ai-platform predict --model DogCat --version v1
                              --json-instances
request.json

SCORES
[0.14749771356, 0.8525022864]

real    0m3.370s
user    0m0.811s
sys 0m0.182s
```

就如您從輸出所看到的，我們得到和 Flask 伺服器類似的結果；也就是說，以 85% 信賴度預測是「狗」。

 如果這是您第一次使用 **gcloud**，則必須執行下列命令以將命令行工具綁定到您的 Google 帳戶：

```
$ gcloud auth login
```

接著，使用下列命令選擇專案：

```
$ gcloud config set project {project_name}
```

輕而易舉，不是嗎？在我們的範例中，因為想要簡潔的緣故所以使用了 Google Cloud SDK 來要求預測結果。在產出情境中，您會想要換成使用 Google 的 API 端點來執行相同的預測要求；不是透過產生 HTTP 要求，就是使用他們的客戶端程式庫。我們可以遵循 Google Cloud Docs 上有關產出情境的文件說明。

現在，此模型已經準備好使用在瀏覽器、行動與邊緣裝置、桌上型電腦，以及雲端環境上的應用程式來服務世界上的任何使用者了。使用託管的堆疊對想要彈性和可靠性的個人和組織來說是十分可行的選項，因為雲端在提供彈性和可靠性的同時也可以將設定以及基礎架構的維護工作減到最少。

相反地，在有些情況下託管的解決方案可能不是最好的方法。理由包括定價模型、資料隱私的議題、法律問題、技術議題、信賴度的考量，或是合約的義務。在這些情況下，區域性的託管和管理（或「內部部署（on-premises）」）會是較被偏好的選擇。

 要一次處理大量的影像，您可以修改 *image-to-json.py* 來建立一個包含多個輸入的 *request.json* 檔案。

TensorFlow Serving

TensorFlow Serving 是 TensorFlow 生態系的一個開源程式庫，用來快速的提供機器學習模型服務。不像 Flask 一樣，它是為了高效能和低負擔而建立的，並且是為了產出情境的使用而設計的。TensorFlow Serving 廣泛的被大型公司用來為他們的模型提供預測服務。它是 TensorFlow Extended（TFX）——一個 TensorFlow 生態系的端到端深度學習生產線——的整合元件之一。

當我們探討產出系統所想要的品質時，會看到 TensorFlow Serving 提供了低延遲時間、故障處理、高產能，以及模型版本控制等特性。另一個好處是，它有能力可以同時使用多個模型來提供相同的服務。它實作了幾個技術以加速服務：

- 在設置伺服器時，它會啟動一大堆執行緒以快速的載入模型。

- 它使用不同的執行緒池（thread pool）來載入模型以及進行推論服務，並賦予推論池（inference pool）中執行緒較高的優先權。這對降低要求的延遲時間是很重要的。

- 它對短期間內的新進非同步要求建立微批次。就如我們曾經見識過的，在訓練時將資料以批次方式送給 GPU 所能產生的威力，它的目標是在非同步要求的情境下得到類似的體驗。舉例來說，我們需要等待 500 毫秒來將好幾個推論要求群組在一起。雖然在最差的情況下這會對批次的第一個要求增加了 500 毫秒的懲罰，不過它降低了要求的平均延遲時間並且最大化硬體的使用率。

 TensorFlow Serving 讓您可以完全控制模型推出的程序。您可以在同一程序中使用不同模型或同一模型的不同版本來進行服務。您只要能確定要進行產出時想要移除或放入的版本名稱和位置即可。

安裝

有幾種方式可以設定 TensorFlow Serving：

- 從原始碼開始建立

- 使用 APT 下載與安裝

- 部署 Docker 映像檔

如果您想冒險一下，從原始碼開始建立可能會是您在尋找的刺激。不過，如果您只想很快的開始執行的話，我們會推薦您使用 Docker，因為它所需要的步驟最少。您可能會問，什麼是 Docker？ Docker 為在 Linux 環境執行的應用程式提供了虛擬化。它提供了

資源的隔離，實質上就像是運行在一個乾淨的層級上，用來設置應用程式可以執行的環境。一般而言，一個應用程式以及它所有的相關物件都會被包裝成一個單一的 Docker 容器，而它便可以依需要重複部署。由於應用程式是設置在乾淨的環境中，它會減少設置和部署時發生錯誤的可能性。這使得 Docker 很適合用在執行產出的應用程式上。

Docker 給我們的最大好處是減輕了「相關性地獄（dependency hell）」，因為所有必要的相關物件都包裝在容器中。另一個好處是，在不同的平台上設定您的應用的過程都差不多，不論您用的是 Windows、Linux 或 Mac。

不同平台上的 Docker 安裝指南都可以在 Docker 首頁中找到。因為安裝過程十分直接簡單，安裝過程應該不用幾分鐘就可以完成。當您安裝 Docker 後，可以執行下列命令來設定 TensorFlow Serving 於 CPU 上使用：

```
$ docker run -p 8501:8501 \
--mount type=bind,source=/path/to/dogcat/,target=/models/dogcat \
-e MODEL_NAME=dogcat -t tensorflow/serving
```

對可以使用 GPU 的機器換成執行以下的命令：

```
$ docker run -p 8501:8501 --runtime=nvidia \
--mount type=bind,source=/path/to/dogcat/,target=/models/dogcat \
-e MODEL_NAME=dogcat -t tensorflow/serving
```

不管是上面兩種情況的哪一種，如果事情進展順利的話，您應該就會有一個在本地端通訊埠 8501 上運行狗 / 貓分類器的 REST API。

 在任何的推論要求中，端到端延遲時間是在整個程序中多個步驟所花費時間的總和。這包含了來回的網路時間、序列化 / 反序列化要求及回應物件的時間，當然還有執行實際推論的時間。另一個會增加額外負擔的元件是服務框架；也就是 TensorFlow Serving。Google 聲稱由 TensorFlow Serving 產生的額外負擔已經被最小化了。在實驗中，它觀察到 TensorFlow Serving 本身可以在一台 16 vCPU Intel Xeon E5 2.6 GHz 機器上以每核心處理 100,000 QPS 的速度運行。由於是在衡量額外負擔，它排除了遠端程序呼叫（remote procedure call，RPC）的時間以及 TensorFlow 的推論處理時間。

即使 TensorFlow Serving 是在單一機器上進行推論服務的好選擇，但它並沒有內建的水平擴展（horizontal scaling）功能。相反地，它是設計用來和能夠使用動態擴展以增強 TensorFlow Serving 威力的那些系統一起運作。我們會在下一節中探討其中一個解決方案。

KubeFlow

本書從頭到尾都在探討端到端深度學習生產線的不同步驟,從資料攝取、分析、大規模分散式訓練(包括超參數調整)、實驗追蹤、部署,以及最終的大規模預測要求的服務。每一個步驟本身都很複雜,具有自己的工具集、生態系,以及專業知識領域。許多人奉獻了一生在發展這些領域之一的專業。這並不是一件輕而易舉的事。後端工程師、硬體工程師、基礎架構工程師、相關性管理(dependency management)、DevOps、容錯(fault tolerance),以及其他工程挑戰所需的知識的組合爆炸,會造成大部分組織在聘雇程序上付出高昂的代價。

就如我們在前一節所看到的,Docker 藉由建立可攜的容器來免除我們在相關性管理上的麻煩。它讓 TensorFlow Serving 可以跨平台運行,而不用從原始碼開始建構或者手動的安裝相關物件。太棒了!不過它對許多其他的挑戰還是沒有答案。我們要怎麼擴展容器來匹配需求的提升?我們要如何有效率的分布流量在不同的容器上?我們要如何確保容器間可以互相看見和溝通?

這些問題都被 *Kubernetes* 解答了。Kubernetes 是一種服務協調(orchestration)框架,用以自動的部署、擴展,以及管理容器(就像 Docker)。因為它搭了 Docker 的可攜性的便車,我們可以使用 Kubernetes 來部署到開發人員的筆電上,也可以用幾乎相同的方式部署到包含千台機器的叢集上。這有助於維持不同環境的一致性,並且還具有可擴展性這個額外的好處。值得注意的是,Kubernetes 並不是專為機器學習所設計的解決方案(Docker 也不是);更確切的說,它是為了解決在軟體開發過程中所面對的問題的通用解決方案,在此我們將它用在深度學習的語境上。

不過我們也不用想太多了。畢竟如果 Kubernetes 是那個萬能且完美的解決方案的話,它就會出現在本章的標題中!使用 Kubernetes 的機器學習從業人員仍然需要將所有適當的容器集合(用來訓練、部署、監控、API 管理等)進行服務協調,好建立一個功能完善的端到端生產線。遺憾的是,許多資料科學家仍試圖在他們的孤立單位(silo)中完成這件事,多此一舉的建立了特別的機器學習特定生產線。難道我們不能為大家省下這麻煩,並為機器學習情境建立一個基於 Kubernetes 的解決方案嗎?

進入 *KubeFlow* 的世界吧!它承諾要自動化這一大堆工程挑戰,並且將運行一個分散式、可擴展的端到端深度學習系統的複雜性,隱藏在使用圖形化使用者介面的網頁版工具以及威力強大的命令行工具之後。這不只是一個推論服務。把它想成是一個工具的生態系,彼此間可以無縫的交互運作,更重要的是可以依需求進行擴展。KubeFlow 是為了雲端而建立的。不只是一種雲端而已——它是為了相容於所有主要雲端供應商而建立

的。這對成本有顯著的影響。由於我們不再綁在特定的雲端供應商,因此可以在競爭者降價時自由的將所有的運作移往其他雲端。畢竟競爭對消費者來說是有利的。

KubeFlow 支援各種硬體基礎架構,從開發人員的筆電、內部部署的資料中心,一直到公有雲端服務都包含在內。而且因為它是建構在 Docker 和 Kubernetes 之上,我們可以確信,不管是部署在開發人員的筆電或是資料中心的大型叢集上的環境都是一樣的。開發人員的設定只要和產出環境有一點點不同就會造成運行中斷,所以具有這樣的跨環境一致性十分有價值。

表 9-4 顯示了 KubeFlow 生態系中的一些立即可用的工具。

表 9-4　KubeFlow 的可用工具

工具	功能
Jupyter Hub	筆記本環境
TFJob	訓練 TensorFlow 模型
TensorFlow Serving	服務 TensorFlow 模型
Seldon	服務模型
NVIDIA TensorRT	服務模型
Intel OpenVINO	服務模型
KFServing	用來服務 Tensorflow、XGBoost、scikit-learn、PyTorch 及 ONNX 模型的抽象化
Katib	超參數調整與 NAS
Kubebench	運行評測工作
PyTorch	訓練 PyTorch 模型
Istio	API 服務、認證、A/B 測試、推出、量度
Locust	載入測試
Pipelines	管理實驗、工作及運行,為機器學習工作流程進行排程

就如社群中流傳的笑話一樣,因為預裝了這麼多的技術在內,KubeFlow 最後讓我們的履歷是符合流行語(buzzword)(以及雇主)喜好的。

> 許多人會假設 KubeFlow 是 Kubernetes 和 TensorFlow 的組合,不過就像您已經看到的,其實並非如此。它不只是那樣,還包含了更多東西在裡面。

KubeFlow 中有兩個重要的部分使它成為獨一無二:生產線(pipeline)以及整流罩(fairing)。

生產線

生產線讓我們可以編寫機器學習的步驟，以對複雜的工作流程進行排程。圖 9-11 顯示了生產線的範例。透過圖形化使用者介面觀看生產線可以幫助相關人員了解它（而不只是建立它的工程師）。

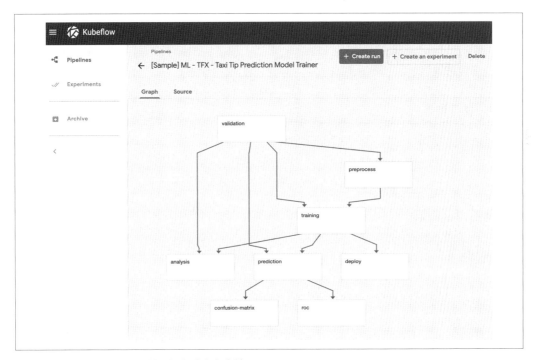

圖 9-11　KubeFlow 中所繪製的端到端生產線

整流罩

整流罩讓我們可以直接透過 Jupyter 筆記本來管理整個建立、訓練及部署的生命週期。圖 9-12 顯示了如何啟動一個新的筆記本伺服器，在其中我們可以託管所有的 Jupyter 筆記本、在它們上面執行訓練，並且以下面幾行程式碼將我們的模型部署到 Google Cloud，這全都在我們十分熟悉的 Jupyter 環境下進行：

```
from fairing.deployers.gcp.gcpserving import GCPServingDeployer
GCPServingDeployer().deploy(model_dir, model_name, version_name)
```

圖 9-12　在 KubeFlow 上創建新的 Jupyter 筆記本伺服器

安裝

創建一個新的 KubeFlow 部署是十分直接又簡單的程序，並且在 KubeFlow 網站中有詳細的說明。您可以使用 GCP 的瀏覽器來安裝 KubeFlow。另一種作法是使用 KubeFlow 命令行工具在 GCP、AWS 及 Microsoft Azure 上安裝一個部署。圖 9-13 顯示使用網頁瀏覽器的 GCP 部署。

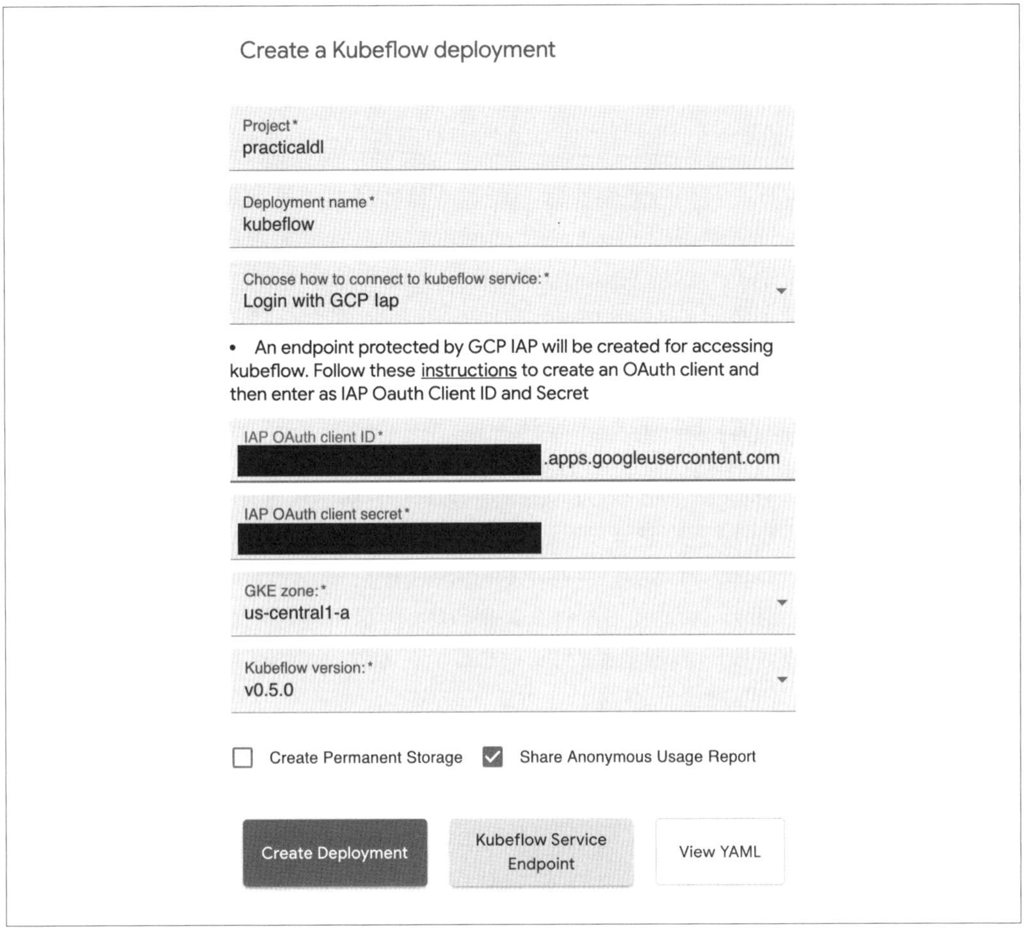

圖 9-13　使用瀏覽器在 GCP 上創建一個 KubeFlow 部署

在寫作本書時，KubeFlow 正在活躍的發展中，而且沒有停止的跡象。除了 Microsoft、Google 及 IBM 這些雲端巨人之外，還有 Red Hat、Cisco、Dell、Uber 及 Alibaba 等一些活躍的貢獻者。解決困難問題的容易性與可親性會吸引更多的人們，而 KubeFlow 所做的正是如此。

價格 vs. 效能的考量

在第 6 章中，我們介紹了如何改善模型的推論效能（不論是在智慧型手機還是伺服器上）。現在讓我們看看另一面：硬體效能以及所涉及的費用。

通常在建立產出系統時，我們會想要有選擇硬體的彈性以在效能、規模及費用上達到平衡。假設我們要建立一個應用程式，而它需要使用雲端上的推論服務。我們可以手動的設置自己的堆疊（使用 Flask 或 TensorFlow Serving 或 KubeFlow），或者可以使用受管理的推論即服務堆疊（像是 Google Cloud ML Engine）。假設我們的服務爆紅，讓我們看看它會花上多少錢。

推論即服務成本分析

在 2019 年 8 月時，Google Cloud ML Engine 在北美的價格是相當便宜的每小時 $0.0401 美元，這是在單核心 CPU 上的總合推論時間的價格。也有四核心 CPU 機器的選項可以選擇，不過說真的，單核心對大部分的應用來說都夠用了。在伺服器上用 12 KB 的小影像進行幾次查詢的平均時間大約是 3.5 秒，如圖 9-14 所示。這聽起來的確很慢，部分的原因是推論是在一般速度的機器上進行的，尤其是在 CPU 伺服器上進行的。值得一提的是，這次的評測是在已熱身的機器上進行的，它在那之前不久才接收過 API 的要求，因此已經先載入過模型了。相較之下，第一個查詢花了大約 30 到 60 秒。這顯示了讓服務持續運行以及經常送出暖身查詢的重要性。發生這種狀況的原因是，Google Cloud ML Engine 會移除一段時間沒使用的模型。

如果在整個月中每秒進來一個要求，每個月總共會有 $60 \times 60 \times 24 \times 30 = 2,592,000$ 次呼叫。假設每次推論會花上 3.5 秒，那麼一個節點是不夠用的。雲端服務很快就會知道這件事，而且為了能對增加的流量進行回應，它增加了三部機器來處理這些流量。用四部機器以每節點每小時 0.0401 美元的價格執行一個月後，總共的價格是 115.48 美元。為了能正確的看待此事，對於兩百萬次呼叫而言，那大概是一個月內每天喝一杯星巴克咖啡的價格。不要忘了，這還是我們沒有涉及太多的 DevOps 團隊成員的情況，他們的時間可是很貴的。如果我們假設以像 Yelp 的服務規模來進行，則此服務的使用者平均是以 64 QPS 的速度上傳食物的照片，在它們上面使用分類模型進行推論只會花掉 7,390 美元。

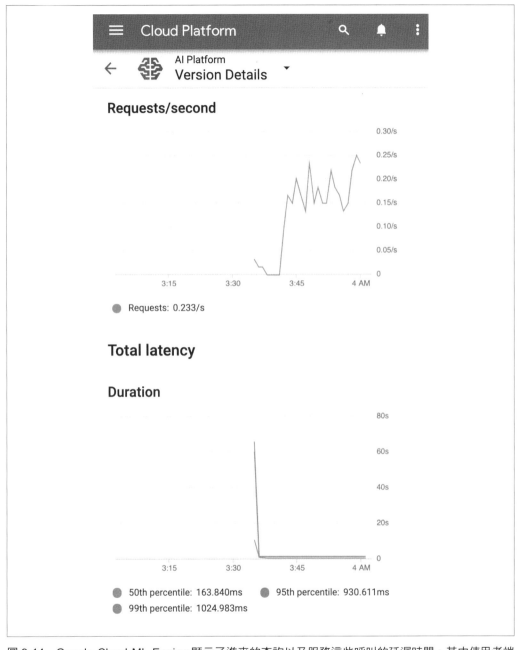

圖 9-14　Google Cloud ML Engine 顯示了進來的查詢以及服務這些呼叫的延遲時間，其中使用者端的端到端延遲時間大約是 3.5 秒

建立自己的堆疊成本分析

花費少且具有高可擴展性，這是目前的勝利方程式。不過有一個不好的地方，就是每一次要求的來回延遲時間。我們自己接手來處理這個問題，從雲端取得一部具有中等速度GPU 的虛擬機器、設定好我們自訂的生產線（使用 KubeFlow 或者 TensorFlow Serving中的原生雲端負載平衡功能）後，我們能夠以毫秒為單位進行回應或將一些進來的要求批次在一起（例如說每 500 毫秒）後再進行服務。舉例來說，在 Azure 列出來的虛擬機器中，我們可以用每小時 2.07 美元的價格租借到一台具有 NVIDIA P40 GPU 以及 112GiB RAM 的 ND6 機器。如果我們每 500 毫秒到 1 秒就批次處理進來的要求，那麼這台機器每秒可以服務 64 個要求，每個月要付的總價是 1,490 美元，而且比 Google CloudML Engine 還快。

總之，在大型 QPS 情境下將我們自己的雲端機器環境進行服務協調，可節省大量的節省成本並提高效益，如圖 9-15 所示。

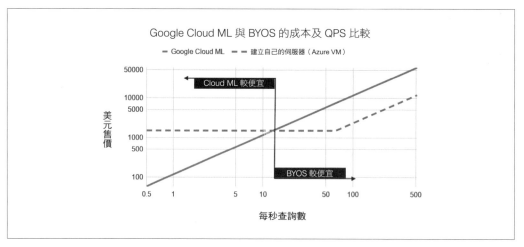

圖 9-15　基礎架構即服務（Google Cloud ML Engine）和在虛擬機器（Azure VM）上建立自己的堆疊的成本比較（2019 年 8 月的價格）

 在評測時經常出現的一個問題是「我的機器的極限在哪裡？」。JMeter（*https://jmeter.apache.org*）可以幫忙回答這個問題。JMeter 是一種載入－測試工具，可以讓您使用方便的圖形化介面來對您的系統進行壓力測試。它允許您建立可重新利用的配置以模擬不同的使用情境。

總結

在本章中我們問了大多數工程師和開發人員都想問的問題：我們要怎麼以真實世界的應用規模來服務預測的要求？我們探討了四種服務影像辨識模型的方法：使用 Flask、Google Cloud ML、TensorFlow Serving，以及 KubeFlow。根據規模、對延遲時間的需求及技能層次不同，有些解決方案可能比其他的更具吸引力。最後我們為不同堆疊的成本效益建立直觀。現在，我們可以將我們花俏的分類器模型公諸於世了，剩下的就是讓我們的作品爆紅！

## 第十章

使用 TensorFlow.js 與 ml5.js 在瀏覽器上運行人工智慧

與客座作者 *Zaid Alyafeai* 共同撰寫

您是一位具有遠大夢想的開發人員。您有一個超棒的人工智慧模型想要和一大堆人分享。多少才是一大堆？一萬？一百萬？才不是呢！傻子。您喜歡遠大的夢想。一億人如何？這是個不錯的數字。要讓一億人在他們的手機上騰出空間來下載並安裝一個應用程式並不容易。不過，如果我告訴您他們其實都已經為您安裝好一個應用程式了。不用下載、無須安裝，也不需要應用程式商店。這是哪種黑魔法啊！？當然，它就是瀏覽器。更棒的是，它還可以在您的個人電腦上執行。

這就是 Google 決定要為了他們數十億個使用者啟動它的第一個人工智慧塗鴉（doodle）時，在它的首頁所做的（圖 10-1）。有什麼比巴哈（J.S. Bach）的音樂更適合作為它的主題曲呢？（巴哈的父母在 JavaScript 發明前 310 年就叫他這個名字。他們真有遠見！）

圖 10-1　Google 的巴哈音樂調和器塗鴉（*https://oreil.ly/BYFfg*）

簡單的說，此塗鴉允許何人使用滑鼠點擊來寫出一串二小節的隨機音符。當使用者點擊標示著 Harmonize 的按鈕後，這個輸入會對數百段由巴哈所作、長度為兩到四串音符的音樂進行處理。系統會找出和使用者的輸入最匹配的音符，以建立一段很像巴哈的音樂。整個過程都在瀏覽器上執行，因此 Google 完全不需要擴充它的機器學習基礎架構。

除了節省成本以及可以在任何平台上運行的能力外，透過瀏覽器我們還可以給使用者更豐富、更具互動性的經驗，因為不需要考慮網路的延遲時間。當然，在下載模型後所有東西都可以區域性的執行，因此使用者的資料隱私性也會受到保護。

即使 JavaScript 是網頁瀏覽器的語言，深入探討哪些可以讓我們的模型在使用者的瀏覽器中執行基於 JavaScript 的深度學習程式庫還是很有用的。這正是本章要做的事。

這裡我們先把焦點放在瀏覽器上實作深度學習模型。首先，我們會先看一下基於 JavaScript 的深度學習框架的簡單歷史，然後進展到 TensorFlow.js，最後到它稱為 ml5.js 的高階抽象化。我們也會檢視一些基於瀏覽器之複雜的應用程式，例如偵測人體的姿勢或者將手畫的塗鴉轉換成照片（使用 GAN）。最後，我們會說明一些實務上的考量並舉例一些真實世界的案例來探討。

基於 JavaScript 之機器學習程式庫：簡史

由於近年來深度學習的突破，已進行了許多嘗試，讓人工智慧能夠以基於網頁之程式庫的形式來為更多人所用。表 10-1 以發表先後順序列出了不同的程式庫。

表 10-1　不同的基於 JavaScript 之深度學習程式庫的歷史性概觀（資料於 2019 年 8 月抓取）

	活躍年份	GitHub 星等	知名的特點
brain.js	2015 年至今	9,856	類神經網路、RNN、LSTM 及 GRU
ConvNetJS	2014–2016 年	9,735	類神經網路、CNN
Synaptic	2014 年至今	6,571	類神經網路、LSTM
MXNetJS	2015–2017 年	420	運行 MXNet 模型
Keras.js	2016–2017 年	4,562	運行 Keras 模型
CaffeJS	2016–2017 年	115	運行 Caffe 模型
TensorFlow.js（前稱 deeplearn.js）	2017 年至今	11,282	在 GPU 上運行 TensorFlow 模型
ml5.js	2017 年至今	2,818	易於 TF.js 上使用
ONNX.js	2018 年至今	853	速度、運行 ONNX 模型

讓我們更仔細的研究一下其中的一些程式庫，並看看它們是怎麼演化的。

ConvNetJS

ConvNetJS（*https://oreil.ly/URdv9*）是 2014 年時 Andrej Karpathy 於史丹福大學博士班課程中所設計的 JavaScript 程式庫。它會在瀏覽器中訓練 CNN，那是一個令人興奮的提案，尤其考慮到這是發生在 2014 年人工智慧熱潮才剛開始起飛時，這樣開發人員就不用經歷複雜且痛苦的設定程序才能開始運行。ConvNetJS 幫忙以瀏覽器中互動式的訓練展示來將人工智慧介紹給許多第一次接觸的人。

事實上，當麻省理工學院的科學家 Lex Fridman 在 2017 年教授他受觀迎的自動駕駛課程時，他向全世界的學生發出挑戰，使用增強式學習來訓練一部模擬自駕車——在瀏覽器中使用 ConvNetJS ——如圖 10-2 所示。

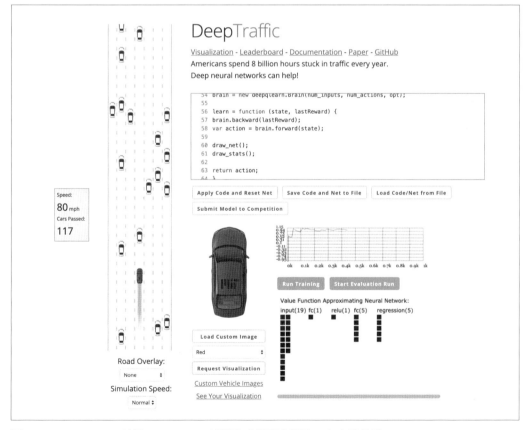

圖 10-2　DeepTraffic 使用 ConvNetJS 以增強式學習來訓練一台車的截圖

Keras.js

Keras.js 是由 Leon Chen 於 2016 年發表的。它是使用 JavaScript 在瀏覽器中建立的 Keras 通訊埠。Keras.js 使用 WebGL 在 GPU 上執行運算。它使用著色器（shader）（像素渲染的特殊運算）來進行推論，這比只用 CPU 來說快多了。此外，Keras.js 可以在 Node.js 伺服器上的 CPU 執行以提供基於伺服器之推論。Keras.js 實作了一些捲積、密集、池化、激發，以及 RNN 網路層。目前它已經不再積極的進行開發了。

ONNX.js

在 2018 年由 Microsoft 創建，ONNX.js 是一個在瀏覽器及 Node.js 上運行 ONNX 模型的 JavaScript 程式庫。ONNX 是一種表達機器學習模型的開放標準，是由 Microsoft、Facebook、Amazon 以及其他公司一起合作推出的。ONNX.js 的速度快到令人驚訝。事實上在早期的評測中，它甚至比 TensorFlow.js（將於下一節中討論）還快，如圖 10-3 與圖 10-4 所示。其原因可歸諸於：

- ONNX.js 使用 WebAssembly（來自 Mozilla）來在 CPU 上執行並使用 WebGL 在 GPU 上執行。

- WebAssembly 可以在網頁瀏覽器上執行 C/C++ 與 Rust 程式，同時能提供接近原生的效能。

- WebGL 在瀏覽器中提供 GPU 加速運算的能力，例如影像處理。

- 雖然瀏覽器大多都是單一執行緒的，但 ONNX.js 使用 Web Workers 在背景中提供的多執行緒環境以進行平行化資料運算。

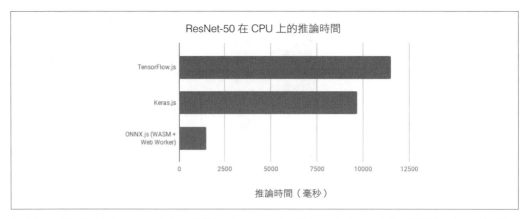

圖 10-3　使用不同的 JavaScript 機器學習程式庫的 ResNet-50 在 GPU 上的評測資料（資料來源：*https://github.com/microsoft/onnxjs*）

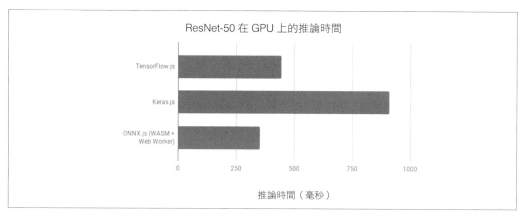

圖 10-4　使用不同的 JavaScript 機器學習程式庫的 ResNet-50 在 GPU 上的評測資料（資料來源：*https://github.com/microsoft/onnxjs*）

TensorFlow.js

有些程式庫可以在瀏覽器中進行訓練（例如 ConvNetJS），有些其他的程式庫則提供快如閃電的效能（例如已退役的 TensorFire）。Google 的 deeplearn.js 是第一個支援使用 WebGL 來進行快速 GPU 加速運算，而又能在瀏覽器中定義、訓練及推論的程式庫。它同時支援立即執行模型（用來推論）以及延遲執行模型以進行訓練（就像在 TensorFlow 1.x 一樣）。這個專案原先是在 2017 年發表，後來成為 TensorFlow.js（於 2018 年發表）的核心。它被認為是 TensorFlow 生態系的一部分，因此它是目前最積極開發的 JavaScript 深度學習程式庫。考慮到這個事實，在本章中我們將聚焦於 TensorFlow.js。為了要讓 TensorFlow.js 更容易使用，我們也會看看 ml5.js，它建構在 TensorFlow.js 之上，以抽象化移除 TensorFlow.js 的複雜性，並以一個簡單的 API 來呈現，這個 API 包含從 GAN 到 PoseNet 的立即可用的模型。

創造者的話

來自 Shanqing Cai（蔡善清），Google 資深工程師以及 *Deep Learning with JavaScript*（Manning）之作者

TensorFlow.js 的前輩 deeplearn.js 是源自於 Google 想創建一個直覺且互動式的視覺化的努力成果，用以教導人們類神經網路是如何訓練的。這種視覺化現在被稱為「TensorFlow Playground」（*https://playground.tensorflow.org*），它使用早期的 deeplearn.js 在瀏覽器上訓練一個多層類神經網路。在建立 TensorFlow

---

Playground 時，工程師們對使用 WebGL 在瀏覽器與客戶端執行深度學習模型的加速訓練和推論所展現的潛力印象深刻。Google 召集了一個工程師團隊來實現此願景，誕生了現在的 TensorFlow.js，它是一個成熟的深度學習程式庫，支援數百種運算以及數十種類神經網路層，並且能在瀏覽器到 Node.js 等環境下執行從原生的行動應用程式一直到跨平台的桌面應用程式。

創造者的話

來自 Daniel Smilkov，Google Brain 軟體工程師以及 TensorFlow.js 共同作者

在 TensorFlow.js 之前，Nikhil [Thorat] 和我正在建立瀏覽器中的類神經網路可解釋性工具。為了讓真實的互動經驗可以成真，我們想要直接在瀏覽器中執行推論以及計算梯度，而不用將資料送到伺服器。這導致了 2017 年 8 月發表的 deeplearn.js（您還是可以在 npm 上看到這個套件以及它的 API）。由於具有創意的程式設計師成為最早的採用者，這個專案獲得很大的動能。團隊藉此動能快速成長，六個月後我們就啟動了 TensorFlow.js。

TensorFlow.js 架構

首先，我們來看看 TensorFlow.js 的高層次架構（參見圖 10-5）。TensorFlow.js 直接在桌上型電腦與行動裝置的瀏覽器上運行。它使用 WebGL 來進行 GPU 加速，不過也可以退回到使用瀏覽器的 CPU 時間來執行。

它包含了兩個 API：運算（Operations）API 以及網路層（Layers）API。運算 API 提供低階運算，例如張量算術以及其他的數學運算。網路層 API 則建構在運算 API 之上，提供像是捲積、ReLU 等網路層。

除了瀏覽器之外，TensorFlow.js 也可以在 Node.js 伺服器上運行。此外，ml5.js 使用 TensorFlow.js 來提供更高層次的 API 以及數種預建模型。在不同抽象層次上使用這些 API 讓我們可以建立網頁應用程式，不只進行簡單的推論，也可以在瀏覽器中訓練模型。

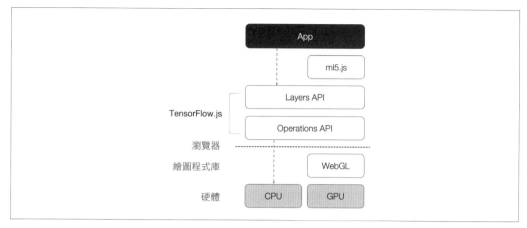

圖 10-5　TensorFlow.js 與 ml5.js 生態系的高層次概觀

以下是在開發基於瀏覽器之人工智慧時會跑出來的疑問：

- 我怎麼在瀏覽器中預先訓練模型呢？我可以使用網路攝影機來進行即時的互動嗎？

- 我怎麼用以 TensorFlow 訓練的模型來為瀏覽器建立模型？

- 我可以在瀏覽器中直接訓練模型嗎？

- 不同的硬體和瀏覽器會怎麼影響效能呢？

本章中將一一回答這些問題，先以 TensorFlow.js 開始再換成 ml5.js。我們會探索一些由 ml5.js 社群貢獻的豐富內建功能，若沒有它們，就得花很多時間和專業知識來以 TensorFlow.js 直接實作。在看看由創意十足的開發人員所建立激勵人心的應用前，我們也會先看看要如何進行評測。

現在，我們來看一下要怎麼利用預訓練模型在瀏覽器中進行推論。

使用 TensorFlow.js 執行預訓練模型

TensorFlow.js 提供了許多我們可以直接在瀏覽器中執行的預訓練模型。其中範例包括 MobileNet、SSD，以及 PoseNet。以下的範例中，我們將載入一個預訓練的 MobileNet 模型。完整的程式碼放在本書的 GitHub 儲存庫（參見 *http://PracticalDeepLearning.ai*）中的 *code/chapter-10/mobilenet-example/*。

首先匯入最新的程式庫：

```
<script src="https://cdn.jsdelivr.net/npm/@tensorflow/
tfjs@latest/dist/tf.min.js"></script>
```

然後匯入 MobileNet 模型：

```
<script src="https://cdn.jsdelivr.net/npm/
@tensorflow-models/mobilenet@1.0.0"></script>
```

現在，我們可以用下列的程式碼來進行預測了：

```
<img id="image" src="cat.jpg" />
<p id="prediction_output">Loading predictions...</p>
<script>
 const image = document.getElementById("image");
 const predictionOutput = document.getElementById("prediction_output");

 // 載入模型
 mobilenet.load().then(model => {
   // 分類影像。並且輸出預測結果
   model.classify(image).then(predictions => {
     predictionOutput.innerText = predictions[0].className;
   });
 });
</script>
```

圖 10-6 呈現了輸出的範例。

圖 10-6　瀏覽器中的類別預測結果輸出

我們也可以用下列方式使用 JSON 檔案中的網址來載入模型：

```
const path = 'https://storage.googleapis.com/tfjs-
models/tfjs/mobilenet_v1_1.0_224/model.json';

model = tf.loadLayersModel(path).then(model => {
    // 在此載入模型並輸出預測結果
});
```

這個 JSON 檔案包含了架構、模型的參數名稱，以及切碎的（sharded）權重檔案的路徑。切碎這個動作讓檔案可以被網頁瀏覽器快取，這樣在未來需要模型時，可以更快的載入。

為瀏覽器進行模型轉換

在前一節中我們學到了如何載入已經存成 JSON 格式的預訓練模型。在本節中我們將介紹如何把預訓練的 Keras 模型（.h5 格式）轉換成與 TensorFlow.js 相容的 JSON 格式。因此，我們需要使用 pip 安裝轉換工具：

```
$ pip install tensorflowjs
```

假設我們訓練好的 Keras 模型被儲存在名稱為 *keras_model* 的資料夾中，我們可以用下列的命令來轉換它：

```
$ tensorflowjs_converter --input_format keras keras_model/model.h5 web_model/
```

現在，*web_model* 目錄中會包含 *.json* 以及 *.shard* 檔案，我們可以用 tf.loadLayersModel 方法輕鬆載入它們：

```
$ ls web_model
group1-shard1of4  group1-shard3of4  model.json group1-shard2of4  group1-shard4of4
```

就這樣！將我們訓練的模型帶進瀏覽器是很容易的。如果我們沒有預訓練的模型的話，TensorFlow.js 也允許我們在瀏覽器中直接訓練。在下一節中，我們將藉由使用網路攝影機的輸入來創建一個端到端的範例來探討這件事。

在本地端載入模型需要運行一個網頁伺服器。我們有很多的選項可用，從 LAMP（Linux、Apache、MySQL、PHP）堆疊到使用 npm 安裝 http-server，甚至在 Windows 中運行 Internet Information Services（IIS）以便在本地端測試模型。即使用 Python 3 都可以運行一個簡單的網頁伺服器：

```
$ python3 -m http.server 8080
```

在瀏覽器中訓練

前一個範例使用了預訓練的模型。讓我們更上一層樓，使用來自於網路攝影機的輸入在瀏覽器中直接訓練我們的模型。就如前幾章一樣，我們利用遷移學習來讓訓練快一點。

我們的作法修改自 Google 的 Teachable Machine，使用遷移學習來建構一個簡單的二元分類模型，而使用的是來自於網路攝影機的輸入。要建立這個模型，我們需要一個特徵萃取器（將輸入影像轉換為特徵或是嵌入），然後再接上一個網路將這些特徵轉換為預測結果。最後我們再以網路攝影機的輸入來訓練。程式碼被放在本書的 **GitHub** 儲存庫（參見 *http://PracticalDeepLearning.ai*）的 *code/chapter-10/teachable-machine*。

 Google Creative Lab 建立了一個稱為 Teachable Machine（*https://oreil.ly/jkM6W*）的好玩互動網站，使用者只要在攝影機前秀出物品就可以訓練三個類別的分類問題。 這三個類別分別會被貼上綠色、紫色及橘色標籤。預測時不再用平淡無奇的文字在網頁上（或更慘，在終端機上）顯示機率，Teachable Machine 會根據預測結果顯示可愛動物的 GIF 圖形或播放不同的音樂。您應該可以想像這對教室中的孩童是多麼有趣且具有吸引力的體驗，同時也是將人工智慧介紹給他們的絕妙工具。

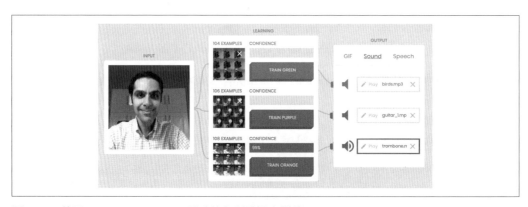

圖 10-7　使用 Teachable Machine 即時的在瀏覽器中訓練

特徵萃取

就如本書前面的幾章所探討的，從頭開始訓練一個大的模型是一個很慢的過程。使用預訓練的模型並使用遷移學習來進行客製化會便宜且快多了。我們會使用這個模型來從輸入影像中萃取高階特徵（嵌入），並使用這些特徵來訓練我們的客製化模型。

我們載入並使用預訓練的 MobileNet 模型來萃取特徵：

```
const path = 'https://storage.googleapis.com/tfjs-
models/tfjs/mobilenet_v1_1.0_224/model.json';
const mobilenet = await tf.loadLayersModel(path);
```

讓我們檢視一下模型的輸入和輸出。我們知道這個模型是用 ImageNet 訓練的，而且最後一層會預測出現在那 1,000 個類別的機率：

```
const inputLayerShape = mobilenet.inputs[0].shape; // [null, 224, 224, 3]
const outputLayerShape = mobilenet.outputs[0].shape; // [null, 1000]
const numLayers = mobilenet.layers.length; // 88
```

為了萃取特徵，我們選了一個靠近輸出的網路層。在此我們選擇 conv_pw_13_relu 並讓它成為模型的輸出；也就是說，移除尾端的密集層。我們建立的模型被稱為特徵萃取模型（feature extraction model）：

```
// 取得特定網路層
const layer = mobilenet.getLayer('conv_pw_13_relu');

// 建立新的特徵萃取模型
featureExtractionModel = tf.model({inputs: mobilenet.inputs, outputs:
layer.output});

featureExtractionModel.layers.length; // 82
```

在訓練過程中我們不會修改特徵萃取模型。取而代之的，是我們在其上增加一組可訓練的網路層以建立我們的分類器：

```
const trainableModel = tf.sequential({
    layers: [
        tf.layers.flatten({inputShape: [7, 7, 1024]}),
        tf.layers.dense({
        units: 64,
        activation: 'relu',
        kernelInitializer: 'varianceScaling',
        useBias: true
    }),
    tf.layers.dense({
        units: 2,
        kernelInitializer: 'varianceScaling',
        useBias: false,
        activation: 'softmax'
    })]
});
```

資料蒐集

在這裡，我們要從網路攝影機蒐集輸入影像並進行特徵萃取。Teachable Machine 的 capture() 函數負責設定 webcamImage，以將從網路攝影機抓取的影像儲存在記憶體中。現在我們要對它們進行前置處理，以使它們可以適用於特徵萃取模型：

```
function capture() {
    return tf.tidy(() => {
        // 轉換成張量
        const webcamImage = tf.fromPixels(webcam);
        // 裁切成 224x224
        const croppedImage = cropImage(webcamImage);
        // 建立批次並正規化
        const batchedImage = croppedImage.expandDims(0);
        return batchedImage.toFloat().div(tf.scalar(127)).sub(tf.scalar(1));
    });
}
```

抓完影像後，我們可以加入影像並進行標記以作為訓練資料：

```
function addTrainingExample(img, label) {
    // 萃取特徵
    const data = featureExtractionModel.predict(img);
    // 對標籤進行一位有效編碼（One-hot encode）
    const oneHotLabel = tf.tidy(() =>
    tf.oneHot(tf.tensor1d([label], 'int32'), 2));
    // 將標籤和資料加進訓練集中
}
```

訓練

接著我們要訓練模型，就如同第 3 章一樣。和在 Keras 以及 TensorFlow 一樣，我們會加入一個優化器並定義損失函數：

```
const optimizer = tf.train.adam(learningRate);
model.compile({ optimizer: optimizer, loss: 'categoricalCrossentropy' });
model.fit(data, label, {
    batchSize,
    epochs: 5,
    callbacks: {
        onBatchEnd: async (batch, logs) => {
            await tf.nextFrame();
        }
    }
}
```

請記住，由 TensorFlow.js 配置的 GPU 和記憶體在 **tf.tensor** 物件超出範疇（scope）時並不會釋放。一種解決方案是對每個建立的物件呼叫 **dispose()** 方法。然而這會讓程式不容易讀，尤其是涉及鏈接（chaining）時。看看以下的範例：

```
const result = a.add(b).square().neg();
return result;
```

要能乾淨的釋放所有的記憶體，我們必須將它打散成下列程式碼：

```
const sum = a.add(b);
const square = sum.square();
const result = square.neg();
sum.dispose();
square.dispose();
return result;
```

另一種作法是使用 **tf.tidy()** 來為我們進行記憶體管理，同時又讓我們的程式碼乾淨且易讀。我們只要把第一行包裝在 **tf.tidy()** 區塊中，如下所示：

```
const result = tf.tidy(() => {
    return a.add(b).square().neg();
});
```

使用 CPU 後端的話，物件會自動的被瀏覽器進行垃圾蒐集。在那裡呼叫 .dispose() 不會有任何作用。

讓我們訓練一個能偵測情緒的模型作為簡單的使用案例，我們只需要簡單的將屬於兩個類別（快樂和悲傷）的影像加入訓練資料即可。使用這份資料，我們就可以開始訓練了。圖 10-8 顯示了以每個類別各 30 張影像訓練模型的最終結果。

中立　　　　　　　　　　　　　　快樂

圖 10-8　在瀏覽器中使用我們的模型對網路攝影機影像的預測結果

一般而言，當使用網路攝影機進行預測時，使用者介面可能會被凍結住。這是因為運算和使用者介面的渲染剛好使用同一個執行緒。呼叫 await tf.nextFrame() 會釋出使用者介面執行緒，使得網頁更具反應性並防止分頁／瀏覽器凍結。

GPU 使用率

我們可以使用 Chrome 的分析工具來看訓練和推論時的 CPU ／ GPU 使用率。在前一個範例中，我們記錄了 30 秒的使用率並觀察 GPU 的使用情況。圖 10-9 中，我們可以看到有四分之一的時間在使用 GPU。

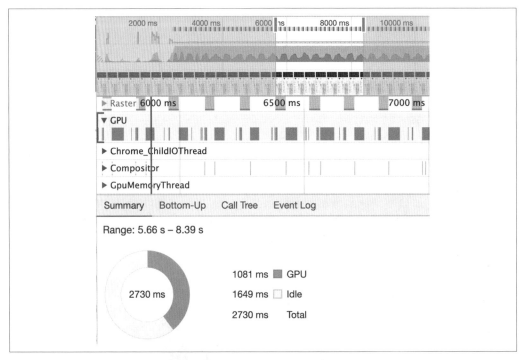

圖 10-9　Google Chrome 分析工具畫面所顯示的 GPU 使用率

目前為止我們已經討論了如何從頭開始做每件事，包括載入模型、從網路攝影機抓取視訊、蒐集訓練資料、訓練模型，以及執行推論。如果這些動作都可以在內部進行，而我們只需把焦點放在怎麼使用推論的結果，這樣不是很好嗎？在下一節中，我們會用 ml5.js 來完成這件事。

ml5.js

ml5.js 是 TensorFlow.js 的較高層次抽象化，它可以讓我們以一致的方式輕鬆的使用既有的預訓練模型，而且只用到最少的程式碼。此套件也包含了各式各樣的內建模型，從影像分割到聲音分類到文字產生都有，如表 10-2 所示。此外，ml5.js 縮減了前置處理、後置處理等相關步驟，讓我們可以專注在我們想要用這些模型建立的應用程式上。對於每一種功能 ml5.js 都附有一個展示（*https://ml5js.org/reference*）以及參考程式碼。

表 10-2　ml5.js 內建模型選輯，顯示了在文字、影像及聲音的功能

功能	描述
PoseNet	偵測人體關節的位置
U-Net	物件分割；例如移除物件背景
Style Transfer	將影像風格轉換成另一種
Pix2Pix	影像對影像轉譯；例如黑白轉成彩色
Sketch RNN	依據不完整的描繪產生塗鴉
YOLO	物件偵測；例如在定界框中找出臉部
Sound Classifier	辨識音訊；例如口哨、鼓掌、「one」、「stop」等
Pitch Detector	預估聲音的音調
Char RNN	根據大量文本訓練的結果產生新的文本
Sentiment Classifier	偵測語句中的情感
Word2Vec	產生字詞嵌入以偵測字詞關聯
Feature Extractor	從輸入產生特徵或嵌入
kNN Classifier	使用 *k* 最近鄰法建立一個快速分類器

讓我們動手做吧！首先要匯入最新版的 ml5.js，作法和 TensorFlow.js 類似：

```
<script src="https://unpkg.com/ml5@latest/dist/ml5.min.js"
type="text/javascript"></script>
```

請注意，我們不用匯入任何和 TensorFlow.js 有關的東西，因為它已經被包含在 ml5.js 中了。我們會建立一個和稍早的 MobileNet 情境相同的簡單範例：

```
// 以 MobileNet 初始化影像分類器方法
const classifier = ml5.imageClassifier('MobileNet', modelLoaded);

// 使用所選的影像進行預測
classifier.predict(document.getElementById('image'), function(err, results) {
  console.log(results);
});
```

搞定！實質上只用了三行就讓一個預訓練的模型在我們的瀏覽器上執行了。現在讓我們打開瀏覽器控制台（console）來檢視一下輸出，如圖 10-10 所示。

```
▼ (3) [...]
  ▶ 0: Object { label: "Labrador retriever", confidence: 0.4080851674079895 }
  ▶ 1: Object { label: "Ibizan hound, Ibizan Podenco", confidence: 0.4062190651893616 }
  ▶ 2: Object { label: "Chesapeake Bay retriever", confidence: 0.04214375838637352 }
    length: 3
  ▶ <prototype>: Array []
```

圖 10-10　預測類別領者群以及每一個類別的機率

如果您不熟悉瀏覽器控制台的話，只要在瀏覽器視窗的任何地方按下滑鼠右鍵並選擇「檢查（Inspect element）」。這會開啟另一個包含控制台的視窗。

我們可以在 *code/chapter-10/ml5js* 中找到前一個範例的完整原始碼。

請注意，ml5.js 使用回呼（callback）來管理模型的非同步呼叫。回呼是一個會在伴隨呼叫結束時執行的函數。例如，在最後的程式碼片段中，當模型被載入後，會呼叫 modelLoaded 函數，表示模型已經載入到記憶體中了。

p5.js 是一個可以和 ml5.js 合作得很好的程式庫，而且它可以讓使用直播視訊串流來進行即時預測變得超級容易。您可以在 *code/chapter-10/p5js-webcam/* 中找到一段程式碼來展示 p5.js 的威力。

ml5.js 原本就支援 p5.js 的元素和物件。您可以使用 p5.js 的元素來繪製物件、抓取網路攝影機的饋入、甚至其他的事。然後，您就可以輕鬆的把這些元素作為 ml5.js 回呼函數的輸入。

PoseNet

本書直到目前為止主要都在探討影像分類問題。在後面的章節中，我們會看看物件偵測以及分割問題。這些類型的問題佔了電腦視覺相關研究的多數。然而在本節中，我們選擇打斷一下平常的事務來處理不同類型的問題：關鍵點偵測（keypoint detection）。它常被用在不同領域上，包括健康照顧、健身、保全、遊戲、擴增實境以及機器人學。例如，為了鼓勵透過運動得到健康的生活型態，墨西哥市設置了可以偵測蹲下姿勢的機台，並且提供免費的地鐵票給能夠做完至少 10 次蹲下動作的旅客。在本節中，我們會探討如何在卑微的瀏覽器中運行威力如此強大的東西。

PoseNet 模型讓我們可以在瀏覽器中即時的進行姿勢預測。一個「姿勢」包含了人體中不同關鍵點（包括關節）的位置，例如頭頂、眼睛、鼻子、脖子、手腕、手肘、膝蓋、腳踝、肩膀及臀部。您可以用 PoseNet 來偵測同一個畫框內的單一或多重姿勢。

我們會用 ml5.js 中已經立即可用的 PoseNet 來建立一個範例，以偵測和畫出關鍵點（藉由 p5.js 之助）。

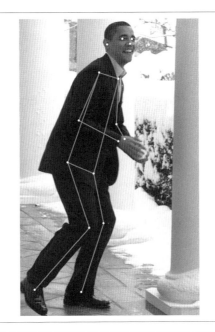

圖 10-11　使用 PoseNet 畫出前任美國總統歐巴馬打雪球仗的照片中的關鍵點

您可以在 *code/chapter-10/posenet/single.html* 中找到偵測靜態影像中關鍵點的程式碼：

```
<script src="http://p5js.org/assets/js/p5.min.js"></script>
<script src="http://p5js.org/assets/js/p5.dom.min.js"></script>
<script src="https://unpkg.com/ml5@latest/dist/ml5.min.js"></script>

<script>
function setup() {
    // 在此設定相機

    // 呼叫 PoseNet 模型
    const poseNet = ml5.poseNet(video, modelReady);

    // PoseNet 回呼函數
    poseNet.on('pose', function (results) {
```

```
        const poses = results;
    });
}
</script>
```

我們也可以用網路攝影機的輸入來執行相似的程式（位於 *code/chapter-10/posenet/webcam.html*）。

現在我們可以看看另一個由 ml5.js 支援的範例。

創造者的話

來自 Cristobal Valenzuela，Runway 共同創辦人與 ml5.js 的貢獻者

ml5.js 一開始時是在紐約大學的 Interactive Telecommunications Program（ITP）中的一項實驗，用來了解瀏覽器中機器學習的創意性應用。它受到 Processing 以及 p5.js 極大的啟發，原來的想法是要用 deeplearn.js（現在是 TensorFlow.js）和 p5.js 建立一系列的程式碼實驗。在 2017 年 8 月 deeplearn.js 發布後幾天，我創建了一個名稱為「p5deeplearn:deeplearn.js meets p5」的倉庫作為暫時性的首次作法。這個倉庫是 ml5.js 的起源，其中的「5」是要向 p5.js 以及 Processing 本身的哲學致敬。

藉由 Dan Shiffman 的指導以及透過 Google Faculty Research Award 和 TensorFlow.js 團隊進行合作的支持下，我們組成了一個每週開會的工作小組來討論程式庫本身的發展，並且邀請藝人與研究者來參與它的發展。ml5.js 背後的主要想法永遠是要建立一個可親近且容易使用的程式庫空間與社群，以鼓勵在瀏覽器中進行人工智慧實驗和創作。

創造者的話

來自 Daniel Shiffman，紐約大學 Tisch 藝術學院 Interactive Telecommunications Program 之副教授以及 The Processing Foundation 主任

先不論在瀏覽器中使用 TensorFlow.js 運行機器學習模型的方便性，想要自己進行程式設計的初學者仍然會面對數學符號以及低階技術性程式碼的挑戰。機器學習框架通常是為了具有微積分、線性代數、統計、資料科學等知識，以及數年 Python 或 C++ 等程式設計經驗的人所設計的。雖然這對研發新的機器學習模型與架構很重要，不過也會趕走具有其他背景的新進人員。初學者容易被

介於純量、向量、矩陣、運算、輸入層、輸出等事情間的細微差異搞得頭昏腦脹，而非創意性的思考要如何使用機器學習作為藝術平台。

這就是 ml5.js 有所發揮之處。它的目標是要提供可以在瀏覽器中建立與探索人工智慧的友善方法。*ml5* 中的「*5*」是要對 *p5.js* 致敬，那是一個作為 *ml5* 主要靈感來源與模型的 *JavaScript* 程式庫。p5.js 是由 Processing Foundation 維護的，它的目標是「讓各種愛好與背景的人可以學習到如何進行程式設計並據以製作創意作品，特別是那些無法從其他地方存取這些工具與資源的人」。

透過 Processing，藝術家可以發明自己的工具，而不是仰賴其他人所創造和維護的工具。現在，「具有軟體素養」比以往更重要。演算法以我們無法想像的方式影響我們的生活，而機器學習研究的爆發更延伸了它們的觸腳。我們現在不只要和其他人互動，也要和自駕車、語音助理及偵測我們的臉和姿勢的攝影機互動。如果我們無法存取和了解驅動軟體的機器學習模型、底層資料及輸出的話，又怎麼能有意義的參與、質疑或提出其他方案呢？機器學習正面臨和 15 年前學習程式設計一樣的可親性的挑戰。

ml5.js 的開發是由在 ITP 的 Google Faculty Research Award 所資助。ITP 是紐約大學 Tisch 藝術學院的二年研究所學程，它的任務是探索具有想像力的通訊科技使用方式——它們如何將愉悅與藝術進行擴增、改善，並且帶入到人們的生活中。每個星期都有 10 到 15 位 ITP 學生以及校外的貢獻者和客座藝術家在 ITP 聚會，討論 API 的決定、分享創意性的專案，以及彼此教導如何進行開源。直至今日，我們已經有超過 50 個貢獻者發表了 17 個版本的 ml5.js 了。

pix2pix

「Hasta la vista, baby!」

這是電影史上最令人難忘的台詞。巧合的是，在 1991 年經典的《*魔鬼終結者 2*》（*Terminator 2: Judgment Day*）中的人工智慧生化人也講了這句話。順道一提，它的翻譯是「再見了，寶貝！」。從那之後語言翻譯技術已經走了一段長遠的路。語言翻譯曾經是建構在片語替換規則之上。而現在它已經被表現更好的深度學習系統所取代，它們可以了解語句的語境，並將它轉換成和目標語言相似意涵的語句。

這裡有個想法：如果我們可以將語句一翻譯成語句二，我們是不是也可以將圖片從一個設定翻譯到另一個設定？我們可以做到下面的事嗎：

- 將影像由低解析度轉成高解析度？

- 將黑白影像轉成彩色影像？

- 將影像由日間畫面轉成夜間畫面？

- 將地球衛星影像轉成地圖畫面？

- 將手繪圖形轉成照片？

好吧！影像轉譯已經不再是科幻情節了。2017 年時，Philip Isola 等人（*https://oreil.ly/g5R60*）開發了一種方法將照片轉換成另一種照片，並取名為 pix2pix。藉由好幾組事先與事後照片的學習後，pix2pix 可以根據輸入影像產生極具真實感的影像。例如在圖 10-12 中，給它一張用鉛筆畫的袋子手繪圖後，它可以重建袋子的照片。其他的應用還包括影像分割、合成藝術性影像，甚至更多。

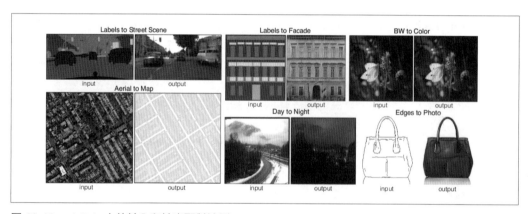

圖 10-12　pix2pix 中的輸入和輸出配對範例

想像一個情境中，有一位銀行行員及一個偽造貨幣者。銀行行員的工作是找出假鈔，而偽造者的目標就是要讓行員愈難偵測愈好。他們很明顯是對立的。每次警察找到假鈔時，偽造者就學到了錯誤所在，並將它當作改善的機會（這畢竟也是一種成長的心態），試著讓行員更難找出假鈔。這也迫使行員要讓自己更能找出假鈔。這個回饋循環迫使雙方都更專精於他們的工作。這就是推動 GAN 底層的原理。

如圖 10-13 所示，GAN 包含兩個網路，一個生成器（Generator）以及一個鑑別器（Discriminator），它們就像偽造者和行員一樣處於對立的位置。生成器的工作是產生擬真的輸出，會和訓練資料非常的像。鑑別器的責任則是偵測生成器傳給它的資料是真的還是假的。鑑別器的結果會再回饋給生成器來開始下一個循環。每次鑑別器正確的判定生成的輸出是假的時候，就會迫使生成器在下一循環時表現得更好。

值得注意的是 GAN 通常無法控制生成的資料。然而有些 GAN 的變形，例如條件式（*conditional*）*GAN*，會允許標籤成為輸入的一部分，進而更能控制輸出的生成；也就是，制約（conditioning）輸出。pix2pix 就是條件式 GAN 的一個範例。

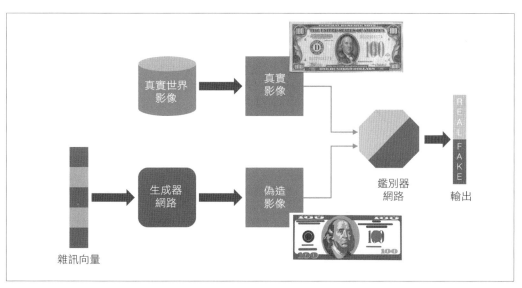

圖 10-13　GAN 的流程圖

我們使用 pix2pix 建立了一個在瀏覽器中運行的簡單繪圖應用程式。輸出的影像十分有趣。看看圖 10-14 和圖 10-15 中的範例。

圖 10-14　手繪到影像的範例

圖 10-15　我們可以建立塗色的藍圖（左圖），而 pix2pix 會將它們轉換成擬真的人臉（右圖）

 有趣的事實：Ian Goodfellow 是在酒吧中想到 GAN 的作法的。這幫一串因為飲料而出現的發明、組織及公司再加上一筆，其中包括 RSA 演算法、西南航空，以及魁地奇（Quidditch）比賽。

pix2pix 是使用成對的影像來訓練的。在圖 10-16 中，左邊的影像是輸入影像或者稱為條件輸入。右邊的影像是目標影像，也就是我們想要生成的真實輸出（如果您看的是印刷版本，便無法看到右圖的色彩）。

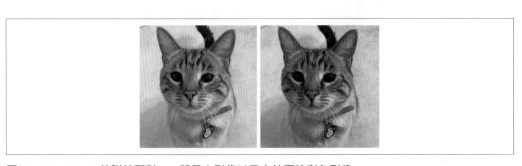

圖 10-16　pix2pix 的訓練配對：一張黑白影像以及它的原始彩色影像

訓練 pix2pix 的簡單作法之一，是使用 Christopher Hesse 的 TensorFlow 實作版本
（*https://oreil.ly/r-dl1*）。我們可以用一個非常簡單的腳本程式（script）來訓練我們的
模型：

```
python pix2pix.py \
  --mode train \
  --output_dir facades_train \
  --max_epochs 200 \
  --input_dir facades/train \
  --which_direction BtoA
```

當訓練完成後，我們可以用下列命令儲存模型：

```
python tools/export-checkpoint.py --checkpoint ../export --output_file
models/MY_MODEL_BtoA.pict
```

接著就可以用以下的簡單程式碼來將儲存的權重載入至 ml5.js。請注意那個用來擷取畫
布（canvas）中輸出的遷移函數（transfer function）：

```
// 使用預訓練模型建立 pix2pix 模型
const pix2pix = ml5.pix2pix('models/customModel.pict', modelLoaded);

// 使用畫布來遷移
pix2pix.transfer(canvas, function(err, result) {
  console.log(result);
});
```

我們也可以使用筆劃作畫並且進行即時描繪。例如，圖 10-17 顯示了畫出皮卡丘的範例。

圖 10-17　Pix2Pix: Edges to Pikachu（*https://oreil.ly/HlaSy*），Yining Shi（施亦檸）作，以 ml5.js
建立

評測與實務考量

當人們極度關心使用者對產品的感受時，對我們來說這就很重要。使用者使用我們的產品時，有兩個因素扮演重要的角色：模型大小，以及和硬體相關的推論時間。讓我們仔細看看這些因素。

模型大小

典型的 MobileNet 模型的大小是 16 MB。在標準的家用或辦公室網路載入它可能只需要幾秒鐘，但在行動網路載入同樣的模型會花更長的時間。時鐘滴答響，使用者開始不耐煩了。而這還是在模型有機會開始推論之前就發生的事。等待大的模型載入對使用者經驗的傷害比執行時間還大，尤其是在網際網路的速度不如新加坡這樣的寬頻天堂的地方時更是如此。有一些策略可以幫上忙：

挑選適合此工作的最小模型

在所有預訓練網路中，EfficientNet、MobileNet 或 SqueezeNet 通常是最小的（依準確度由高至低排列）。

量化模型

在匯出成 TensorFlow.js 前先用 TensorFlow Model Optimization Toolkit 來縮減模型大小。

建立我們自己的微型模型架構

如果最終產品不需要大型的 ImageNet 層次的分類時，我們可以自己建立一個較小的模型就好。當 Google 在首頁建立巴哈塗鴉時，它的模型只有 400 KB，幾乎馬上就可以載入完成。

推論時間

假設我們的模型是透過個人電腦或行動電話上的瀏覽器來存取時，我們會想要特別注意使用者經驗，尤其是在最慢的硬體上的體驗。在評測的過程中，我們會在不同裝置的瀏覽器上執行 *chapter10/code/benchmark.html*。圖 10-18 呈現了這些實驗的結果。

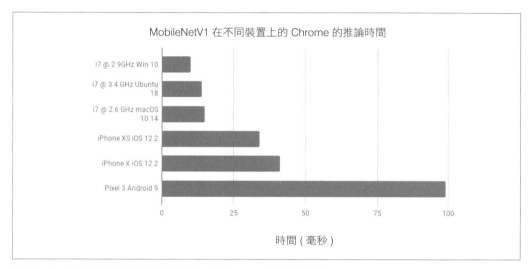

圖 10-18　MobileNetV1 在不同裝置上的 Chrome 的推論時間

圖 10-18 意味著硬體愈快，模型推論也愈快。Apple 在 GPU 效能上的表現似乎也超越了 Android。但這裡很明顯，並不是一個公平的比較。

好奇的問一下，不同的瀏覽器是否會以相同的速度執行推論？讓我們用一台 iPhone X 來驗證一下；圖 10-19 顯示了結果。

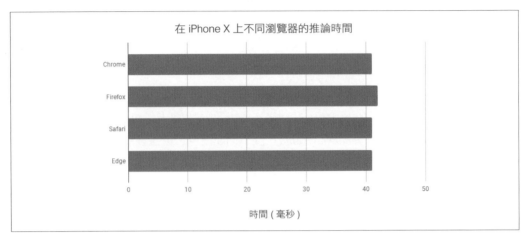

圖 10-19　在 iPhone X 上不同瀏覽器的推論時間

圖 10-19 告訴我們，在 iPhone 上不同瀏覽器的速度是一樣的。這並不令人驚訝，因為所有的瀏覽器都使用 iPhone 裡稱為 `WKWebView` 的這個基於 WebKit 的內建瀏覽器控制模組。如果用 MacBook Pro 又如何呢？看一下圖 10-20 吧！

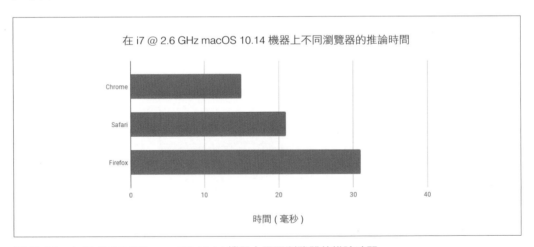

圖 10-20　在 i7 @ 2.6 GHz macOS 10.14 機器上不同瀏覽器的推論時間

結果可能會令人驚訝。在這個範例中 Chrome 的速度幾乎是 Firefox 的兩倍。為何會如此呢？開啟 GPU 監控程式會顯示 Chrome 的 GPU 使用率比 Firefox 高，並且也比 Safari 稍

微高一點。使用率愈高，推論也愈快。這代表根據作業系統的不同，瀏覽器可能也會進行不同的優化來加速對 GPU 的推論，導致不同的執行時間。

一件需要注意的關鍵點是，這些測試都是在最好的裝置上進行的。它們不能代表一般使用者所使用的裝置。如果持續執行一段很長的時間的話，這也會對電池的使用產生影響。於是，我們必須對效能設定適當的期望，尤其是針對即時的使用者經驗。

案例探討

現在我們已經知道所有在瀏覽器上進行深度學習的素材了，讓我們看看產業是怎麼用它們來進行烹調的。

Semi-Conductor

您曾經夢想過指揮紐約愛樂交響樂團嗎？使用 Semi-Conductor（*https://oreil.ly/sNOFg*），您的夢想就已經半成真了。開啟網站，站在網路攝影機前面，揮動您的手臂，然後看整個樂團在您的指揮下演奏莫扎特的小夜曲（Eine Kleine Nachtmusik）。您可能已經猜到了，它是使用 PoseNet 來追蹤手臂的動作並用這些動作來設定節奏、音量，以及演奏音樂的樂器區段（包括小提琴、中提琴、大提琴及低音提琴）（圖 10-21）。它是由澳洲雪梨的 Google Creative Lab 所建立的，它把預錄的音樂切成微小的片段，並依照手臂的動作以不同的速度和音量來播放音樂。把手抬高會增加音量，快速的揮動則會增快節奏。能夠進行這種互動體驗，是因為 PoseNet 可以（在一般筆電上）用每秒幾個畫框的速度來進行推論。

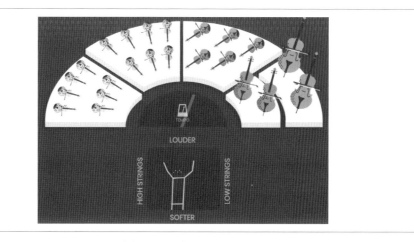

圖 10-21　在 Semi-Conductor 展示器上揮動手臂來控制樂團

TensorSpace

CNN 常常讓我們覺得…嗯，捲積（譯註：在此為令人費解之意）。它們常常被當成黑盒子並且難以理解。過濾器看起來是怎麼樣的呢？是什麼會激發它們？為何它們會產生特定的預測結果？它們被隱藏在一團迷霧中。對於複雜的事物來說，視覺化可以幫忙開啟這個黑盒子並讓我們更容易了解它。這就是 TensorSpace（*https://tensorspace.org*）——「在空間中呈現張量」——要做的事情。

它可以讓我們將模型載入 3D 空間中、在瀏覽器中探索它們的結構、對它們進行縮放和旋轉、餵入輸入，並了解影像是如何一層層的處理和傳遞到最後的預測層。我們終於可以不用安裝任何東西就可以手動檢視過濾器了。此外，如圖 10-22 所示，您甚至可以將它載入到任何背景下的虛擬實境中！

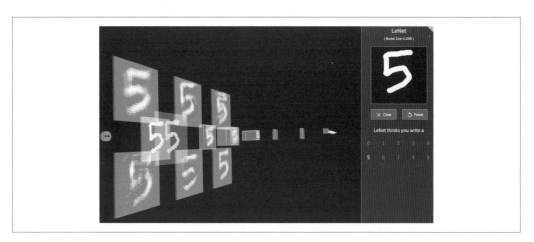

圖 10-22　在 TensorSpace 中視覺化 LeNet 模型

Metacar

自駕車是一頭複雜的野獸。用增強式學習來訓練它可能會花上大量的時間、金錢，而且可能只是在搗亂而已（還不計入一開始的撞車）。如果我們可以在瀏覽器中讓它自己訓練會怎麼樣呢？ Metacar（*https://metacar-project.com*）解決了這個問題。它提供了一個 2D 環境，在瀏覽器中使用增強式學習來訓練玩具車，如圖 10-23 所示。就像玩電腦遊戲時的破關一樣，Metacar 讓您能建立多重關卡來改善您車子的效能。它使用 TensorFlow.js 來讓人們更容易親近增強式學習（我們會在第 17 章建立一台小型的自駕車時，更深入探討其細節）。

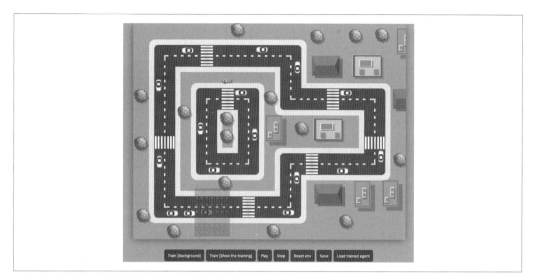

圖 10-23 以增強式學習進行訓練的 Metacar 環境

Airbnb 的照片分類

線上租房公司 Airbnb 需要屋主以及房客上傳他們的照片,以建立他們的側寫檔(profile)。麻煩的是,有些人只會上傳手邊立即可用的照片——也就是他們的駕照或護照上的照片。由於這些資訊具有機密性,Airbnb 使用一個運行在 TensorFlow.js 的類神經網路,來偵測敏感影像並防止它們被上傳到伺服器。

GAN Lab

和 TensorFlow Playground(*https://oreil.ly/vTpmu*)(一種瀏覽器內的類神經網路視覺化工具)差不多,GAN Lab(*https://oreil.ly/aQgga*)(圖 10-24)是一種使用 TensorFlow.js 來了解 GAN 的視覺化工具。視覺化 GAN 是一件困難的程序,所以為了要簡化這件事,GAN Lab 嘗試要學習簡單的分布並將生成與鑑別網路的輸出進行視覺化。例如,真實的分布可能是 2D 空間中的一個圓上的點。生成器從隨機高斯分布開始,逐漸的嘗試生成原始的分布。這個專案是喬治亞理工學院和 Google Brain/PAIR(People + AI Research)合作的成果。

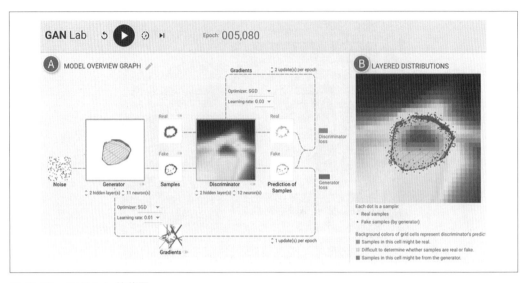

圖 10-24　GAN Lab 的截圖

總結

我們首先檢視了基於 JavaScript 之學習程式庫的演進，並選擇了 TensorFlow.js 作為我們聚焦的對象。我們在網路攝影機的輸入上即時的運行預訓練模型，然後甚至還在瀏覽器中訓練模型。像是 Chrome 分析工具這樣的工具，讓我們對 GPU 的使用狀況有更深入的洞察。然後為了進一步簡化，我們使用了 ml5.js。它讓我們只用幾行程式碼就可以建立像是 PoseNet 和 pix2pix 這樣的展示成果。最後我們評測了這些模型和程式庫在真實世界的效能，並以一些有趣的案例探討結束。

在瀏覽器中運行類神經網路的一大好處是，瀏覽器的觸及面比任何智慧型手機平台都廣。另一個好處是不用說服使用者去安裝另一個新的應用程式。它也成為了一個快速原型設計平台，使我們在投資大量的時間和金錢於建立原生體驗前，就可以用便宜的方式驗證我們的假說。TensorFlow.js 和 ml5.js 一起加速了將人工智慧帶入瀏覽器的過程，並將觸及面擴展至大眾。

## 第十一章

使用 Core ML 在 iOS 上進行即時物件分類

目前為止，我們已經在桌上型電腦、雲端及瀏覽器上運行深度學習模型了。雖然這樣的設定絕對有它的好處，不過它可能還不是所有情境下的最理想作法。本章中，我們要探討在行動裝置上使用深度學習模型來進行預測的作法。

在接近使用者的裝置而不是遠端伺服器上進行運算有許多好處：

延遲時間與互動性

將影像送入雲端並進行處理後再傳回結果可能會花上好幾秒鐘，這取決於網路品質與傳送的資料量。這可能會造成不好的使用者經驗。經過數十年的使用者經驗研究後，其中包括了 Jakob Nielsen 在 1993 年所發表的書 *Usability Engineering*（Elsevier 出版）中的發現：

- 讓使用者感覺系統是立即回應的極限是 0.1 秒。
- 使用者思緒不被中斷的極限是 1 秒。
- 使用者維持注意力的極限是 10 秒。

大約 20 年後，Google 發表了他們的發現，半數的行動裝置瀏覽器使用者會在網頁花了超過 3 秒來載入時放棄這個網頁。忘了 3 秒這件事吧！即使只多了 100 毫秒的延遲時間，就會造成 Amazon 損失 1% 的銷售額。這是收益的一大損失。藉由在裝置進行即時處理，可以建立更豐富和具互動性的使用者經驗。即時的運行深度學習模型，就像用 Snapchat Lenses 所做到的，可以增加使用者的投入。

隨時可用並降低雲端費用

對開發人員來說，將較少的資料送往雲端顯然就等於減少了計算成本，也就是省錢。這也降低了當應用程式的用戶成長後進行擴展的成本。對於使用者來說，在邊緣裝置上進行計算也是有幫助的，因為他們不需要擔心資料佈建的成本。此外，在本地端處理代表隨時可用，不用擔心斷線的問題。

隱私

對使用者來說，在本地進行計算比把資料分享出去更能保護隱私。對開發人員來說，這代表不用再對個人可識別資訊（Personally Identifiable Information，PII）頭痛了。隨著歐盟的一般資料保護規範（General Data Protection Regulation，GDPR）以及其他使用者資料保護法規的施行，這件事變得更為重要。

希望這些論述可以說服人們為何在行動裝置上運行人工智慧是很重要的。對於想要建構任何嚴肅的應用程式的人來說，以下是在開發過程中要考慮的一些問題：

- 我要怎麼將我的模型轉換成可以在智慧型手機上運行？
- 我的模型可以在其他平台上運行嗎？
- 我要怎麼讓模型運行得更快？
- 我要怎麼將應用程式的大小最小化？
- 我要怎麼確保應用程式不會用光電量？
- 我要怎麼不用經過那兩天的審查程序就能更新我的模型？
- 我要怎麼對我的模型進行 A/B 測試？
- 我可以在裝置上進行訓練嗎？
- 我要怎麼防止我的智慧財產（也就是模型）不被竊取？

在接下來的三章內容，我們會探討如何使用不同的框架在智慧型手機上運行深度學習演算法，過程中我們會回答上面的問題。

本章我們將深入 iOS 裝置的行動人工智慧世界。首先，我們會看看一般的端到端軟體生命週期（如圖 11-1 所示）以及不同的部分間要怎麼契合。我們會探討 Core ML 生態系、它的歷史，以及它所提供的功能。接著，我們會在一部 iOS 裝置上部署一個即時物件分類應用程式，並學習如何進行效能優化和評測。最後，我們會分析一些用 Core ML 建立的真實世界應用程式。

是時候來看看整體景象了。

行動裝置人工智慧的開發生命週期

圖 11-1 顯示了在行動裝置上進行人工智慧的典型生命週期。

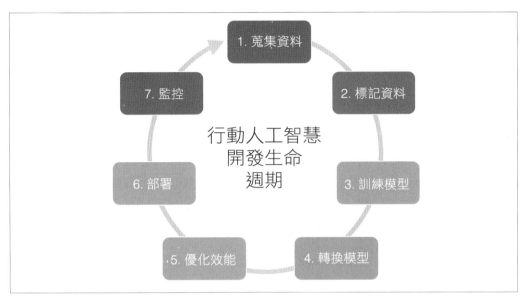

圖 11-1　行動人工智慧開發生命週期

讓我們更詳細的說明圖 11-1 的每個階段：

1. **蒐集資料**（*Collect data*）：我們所蒐集的資料應該要能反映應用程式運行時的語境。由一般使用者用智慧型手機所拍攝的照片是比職業攝影師所拍攝的照片更好的訓練樣本。我們可能不會在第一天就有了這些資料，不過隨著使用頻率增多，我們可以漸進式的蒐集更多的資料。許多案例中，從搜尋引擎下載影像是一種不錯的起點。

2. **標記資料**（*Label data*）：我們需要為模型想要預測的資料樣本賦予標籤。高品質的（也就是正確的）標籤對好的模型是很重要的。

3. **訓練模型**（*Train model*）：我們以手上有的資料以及其標籤盡可能的建立具有最高準確度的類神經網路。

4. **轉換模型**（*Convert model*）：將訓練框架中的模型匯出至和行動裝置相容的框架。

5. **優化效能**（*Optimize performance*）：基於行動裝置的資源限制，讓模型在記憶體、能源和處理器使用率上具有效率是很重要的。

6. 部署（*Deploy*）：將模型加進應用程式中並移交給使用者。

7. 監控（*Monitor*）：追蹤真實世界中的應用程式使用狀況以找出改善的可能。此外，經過使用者同意後取得真實世界的資料並饋入這個生命週期，再回到步驟 1。

在本書的第一部分我們主要是探討步驟 1、2 和 3，以及一般的效能改善。本章中，我們將聚焦在步驟 4、5 和 6。並且在接下來的幾章中，我們會在行動開發的語境下探討所有的步驟。

> 在將應用程式交到使用者（如果應用程式不如預期時，他們會很討厭它）
> 手上前，常用的實務是透過一個稱為試用公司產品（dogfooding，直
> 譯為吃狗食）的程序來蒐集回饋意見。就如俗諺所云：吃您自己的狗食
> （Eat Your Own Dog Food）。這個程序涉及建立一群由忠實使用者組成
> 的圈內人，他們會測試早期的版本，以能在公諸於世之前先找出臭蟲。對
> 於人工智慧開發來說，這些圈內人也可以貢獻他們的資料並且評估此模型
> 在真實世界是否會成功。隨著模型的改善，它們就可以部署給更多的使用
> 者，最終部署給所有人使用。

我們開始吧！

Core ML 簡史

Core ML 是在 Apple 裝置（例如 iPhone 和 iPad，以及 MacBook、Apple TV 和 Apple Watch）上運行深度類神經網路推論的最簡單方法之一。除了容易使用之外，它也已經針對其下的硬體架構進行優化了。其他的架構可能在過去幾年中表現得更好，不過它們很難打敗 Core ML 所提供的簡單性和效能。

以往若要在 Apple 裝置上快速的運行 CNN，那麼開發人員會需要在 Metal 上撰寫程式，那是為了要讓遊戲開發人員把 GPU 用的更好的程式庫。不過，要在 Metal 上進行開發這件事和以組合語言撰寫程式，或為 NVIDIA GPU 撰寫 CUDA 程式碼是差不多的。而且它很無聊、容易出錯，又很難除錯。只有很少的開發人員敢走這條路。Amund Tveit 所發布的 DeepLearningKit（2015 年 12 月）是將 Metal 建立抽象化以部署 CNN 所進行的努力。

在 2016 年的 Apple Worldwide Developers Conference（WWDC）上，Apple 公開了建構在 Metal 上的框架 Metal Performance Shaders（MPS）作為優化圖形以及特定電腦運算的高效能程式庫。它以抽象化的作法移除了一大堆的細節，提供我們基礎的建構元件，

像是捲積、池化，以及 ReLU。它讓開發人員可以用程式來組合這些運算，以撰寫深度類神經網路。對來自 Keras 世界的人會覺得這樣很熟悉又不會那麼令人氣餒。可惜的是，在撰寫 MPS 程式時涉及了太多要記下來的事項，因為您必須在程序中的每一步驟手動的追蹤輸入和輸出的維度。作為範例說明，Apple 用來運行能辨識 1,000 個物件類別的 InceptionV3 模型的公開程式碼就包含了超過 2,000 行程式碼，其中大部分都用在定義網路上。現在想像一下，如果在訓練時稍微的改變了模型，然後我們必須重看整個 2,000 行的程式好將同樣的修正反映在 iOS 程式碼上。Matthijs Hollemans 所建立的程式庫 Forge（2017 年 4 月）致力於透過縮減讓模型運行所需要的模組化程式碼（boilerplate code），來簡化在 MPS 上的開發。

這些艱辛困苦都隨著 Apple 在 2017 年 WWDC 發表的 Core ML 而結束。它包含了一個在 iOS 上的推論引擎以及一個稱為 Core ML Tools 的開源 Python 套件，以對來自於像是 Keras 和 Caffe 等其他框架的 CNN 模型進行序列化。建立應用程式的一般工作流程為：用其他的套件建立模型、將它轉換成 .mlmodel 檔案，並將其部署在運行 Core ML 平台的 iOS 應用程式上。

Core ML 可以匯入多種以該公司和第三方組織所制定的框架與檔案格式建立的機器學習模型。圖 11-2 展示了其中的一些（順時針方向，從左上方起），例如 TensorFlow、Keras、ONNX、scikit-learn、Caffe2、Apple 的 Create ML、LIBSVM，以及 TuriCreate（也來自於 Apple）。ONNX 本身就支援各種框架，包含 PyTorch（Facebook）、MXNet（Amazon）、Cognitive Toolkit（Microsoft）、PaddlePaddle（Baidu），甚至更多，因而確保了和現今任何主要框架間的相容性。

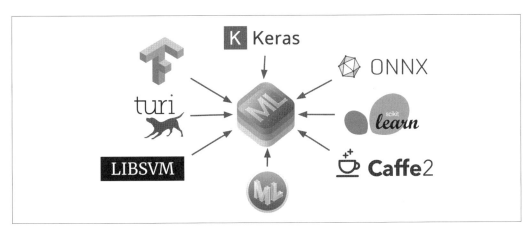

圖 11-2　至 2019 年止與 Core ML 相容的框架

Core ML 的替代方案

根據平台的不同，我們有幾種選項可以進行即時預測。這裡面包含了一般用途的框架，例如 Core ML（來自 Apple）、TensorFlow Lite（來自 Google）、ML Kit（也來自 Google）及 Fritz，以及晶片特定的框架，像是 Snapdragon Neural Processing Engine（來自 Qualcomm）以及 Huawei AI Mobile Computing Platform（用於 Huawei 的 Neural Processing Unit）。表 11-1 整理了這些框架的高層次比較。

表 11-1　行動裝置人工智慧框架比較

框架	可用於 iOS	可用於 Android	動態更新	A/B 測試	裝置上訓練	模型加密
Core ML	✓	—	✓		✓	—
TensorFlow Lite	✓	✓	—		✓	—
ML Kit	✓	✓	✓	✓	—	—
Fritz	✓	✓	✓	✓	—	✓

TensorFlow Lite

2017 年 11 月時，Google 發布了一個稱為 TensorFlow Lite 的裝置上推論引擎，目標是將 TensorFlow 生態系擴展到伺服器和個人電腦之外。在那之前，在 TensorFlow 生態系中的選項是將整個 TensorFlow 程式庫移植到 iOS（又重又慢），後來又移植了它稍微輕量化的版本 TensorFlow Mobile（還是很笨重）。

TensorFlow Lite 是為了行動與邊緣裝置而重新建構的，優化了速度、模型與解譯器的大小，以及能源消耗。它增加了對 GPU 後端代理（backend delegate）的支援，代表只要硬體平台有實作 GPU 的支援的話，TensorFlow Lite 就可以利用 GPU 的強大功能。在 iOS 中，GPU 代理使用 Metal 來進行加速。我們會在第 13 章以更多篇幅討論 TensorFlow Lit。

ML Kit

ML Kit 是來自 Google 的高階程式庫，它提供了許多立即可用的電腦視覺、自然語言處理及人工智慧的功能，包括能夠運行 TensorFlow Lite 模型的能力。其中的一些功能包括了臉部偵測、條碼掃描、智慧回應、裝置上翻譯及語言辨識等。然而，ML Kit 最大的賣點是和 Google Firebase 的整合。Firebase 提供的功能包括了動態模型更新、A/B 測試，以及遠端設置驅動動態模型選擇（remote configuration-driven dynamic model selection）（根據客戶來選擇使用的模型的花俏字眼）。我們會在第 13 章中更深入的探討 ML Kit。

Fritz

Fritz 是一家新創公司，目標是要讓行動推論的端到端服務變得更容易。它提供了易於使用的命令行工具，彌補了介於機器學習從業人員和行動裝置工程師之間的鴻溝。一方面，它直接將 Keras 的訓練整合進部署生產線中，因此機器學習工程師只要加入一行的 Keras 回呼，就可以在模型完成訓練後立即部署給使用者使用。另一方面，行動裝置工程師甚至不用將模型部署到實體裝置上，就可以進行評測、以視覺化的方式模擬模型的效能、評估 Keras 模型和 Core ML 間的相容性，以及取得每個模型的分析結果。Fritz 有一個獨特的賣點是模型保護功能，它可以防止手機被越獄（jailbreaking）時模型被進行深層檢視。

Apple 的機器學習架構

要能更加了解 Core ML 生態系，以宏觀角度來看一下 Apple 所提供的 API 以及它們彼此間如何適配會是很有用的。圖 11-3 顯示了 Apple 的機器學習架構的不同元件。

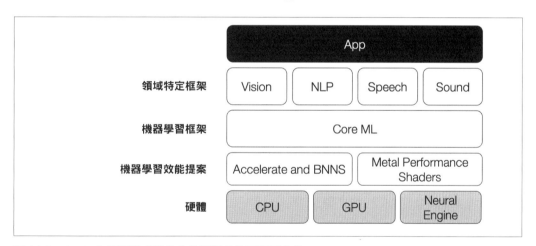

圖 11-3　Apple 為應用程式開發人員所提供的不同層次的 API

基於領域之框架

為了在不需要領域專業知識（domain expertise）的情況下簡化機器學習的常見任務，Apple 提供了許多立即可用的 API，其包含的領域包括視覺（Vision）、自然語言（Natural Language）、語音（Speech），以及聲音分析（Sound Analysis）。表 11-2 列出了 Apple 作業系統可用功能的詳細說明。

表 11-2　Apple 作業系統的立即可用機器學習功能

視覺	自然語言	其他
• 臉部特徵點偵測	• 斷詞	• 語音辨識（裝置上或雲端上）
• 影像相似度	• 語言識別	• 聲音分類
• 顯著性偵測	• 詞性識別	
• 光學文字辨識	• 文字嵌入	
• 矩形偵測		
• 臉部偵測		
• 物件分類		
• 條碼偵測		
• 水平線偵測		
• 人類與動物偵測		
• 物件追蹤（用於視訊）		

ML 框架

Core ML 有能力可以在深度學習和機器學習模型上運行推論。

ML 效能提案

以下是部分 Apple 堆疊的機器學習提案：

MPS

提供低階且高效能的基本元素，利用 GPU 來幫助快速運行大多數基於 CNN 的網絡。。而且，如果 Core ML 不支援某些模型的話，MPS 將提供我們所有可以用來建立它們的元件。此外，我們可能會因為效能的因素（例如要確保模型會在 GPU 上執行）而使用 MPS 來自行製作模型。

Accelerate 與 Basic Neural Network Subroutine

Accelerate 是 Apple 對 Basic Linear Algebra Subprogram（BLAS）程式庫的實作。它提供了高效能大型數學運算和影像計算的功能，例如 Basic Neural Network Subroutine（BNNS）可以幫忙實作和運行類神經網路。

現在已經了解要怎麼將 Core ML 以及領域特定 API 適配到整體架構中了，接著，我們要看一下在 iOS 應用程式上使用 Core ML 和 Vision 框架來運行機器學習模型需要做的事有多麼簡單。

Apple 為不同的電腦視覺任務提供了一些可下載的模型（圖 11-4），例如分類、偵測物件（具有定界框）、分割（偵測像素）、深度預測等。您可以在 *https://developer.apple.com/machine-learning/models/* 中找到它們。

對分類來說，您可以在 Apple 的機器學習網站上找到許多預訓練的 Core ML 模型，包含 MobileNet、SqueezeNet、ResNet-50 及 VGG16。

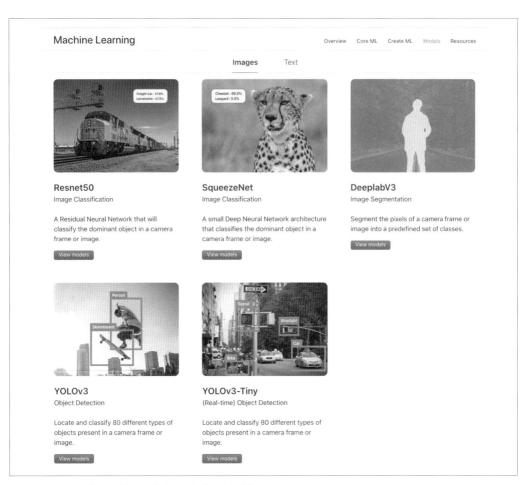

圖 11-4　Apple 機器學習網站上立即可用的模型

建立即時物件辨識應用程式

雖然我們並不想要教您 iOS 的程式開發，不過還是想要展現一下該如何在 iOS 裝置上運行一個可以分類 1,000 種 ImageNet 類別的物件偵測模型。

我們會檢視要讓這個應用程式運行所需要的最少程式碼。概要的步驟如下：

1. 將一個 *.mlmodel* 檔案拖放至 Xcode 專案。

2. 將模型載入 Vision 容器（`VNCoreMLModel`）中。

3. 根據容器創建一個要求（`VNCoreMLRequest`）並提供一個當要求完成後會被呼叫的函數。

4. 依據所提供的影像創建一個可以處理要求的要求處理器。

5. 執行要求並印出結果。

我們看一下它的程式碼吧：

```
import CoreML
import Vision

// 載入模型
let model = try? VNCoreMLModel(for: Resnet50().model)!
// 創建一個具有回呼的要求
let classificationRequest = VNCoreMLRequest(model: model) {
    (request, error) in
    // 當要求完成後印出結果
    if let observations = request.results as? [VNClassificationObservation] {
        let results = observations
                    .map{"\($0.identifier) - \($0.confidence)"}
                    .joined(separator: "\n")
        print(results)
    }
}
// 創建要求處理器，接受影像作為引數
let requestHandler = VNImageRequestHandler(cgImage: cgImage)
// 執行要求
try? requestHandler.perform([classificationRequest])
```

在這段程式碼中，`cgImage` 可以是來自各種來源的影像。它可以是來自照片庫或網路的照片。

我們也可以將攝影機的個別圖框傳入這個函數，來將它提升為即時性的運用情境。一個普通的 iPhone 攝影機可以用每秒 60 張圖框（60 frames per second，FPS）的速度進行拍攝。

預設上 Core ML 會將長邊進行裁切。換句話說，如果模型要求正方形的維度，則 Core ML 會萃取影像中心的最大正方形。當開發人員發現影像的上端和下端並沒有被用在預測時，有時會造成混淆。根據情境的不同，我們可能會想要使用 .centerCrop、.scaleFit 或 .scaleFill 選項，如圖 11-5 所示。例如：

```
classificationRequest.imageCropAndScaleOption = .scaleFill
```

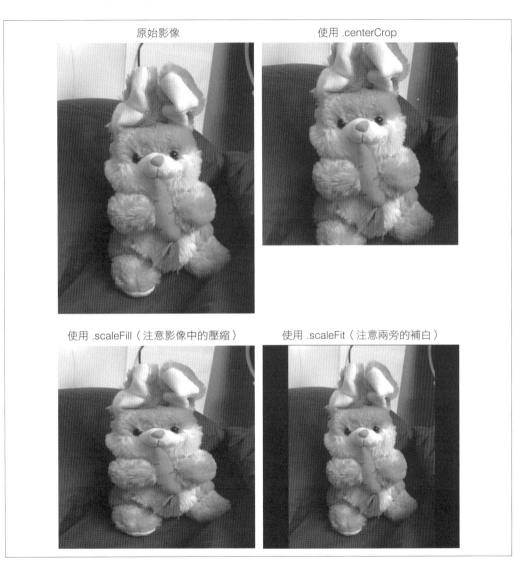

圖 11-5　不同的縮放選項是如何修改輸入給 Core ML 模型的影像

現在我們已經逛完主要的部分了，還有什麼好玩的嗎？讓它實際在手機上運行如何！我們在本書的 GitHub 網站（參見 *http://PracticalDeepLearning.ai*）的 *code/chapter-11* 目錄中放了一個完整的應用程式。用一台 iPhone 或 iPad，我們可以快速部署這個小美人兒並用它進行實驗，即使您沒有 iOS 開發的經驗也沒問題。步驟如下（請注意：這裡需要一台 Mac）：

1. 從 Apple 開發人員網站或 Mac App Store 下載 Xcode。

2. 接上一台 iOS 裝置。這台手機在部署時必須是解鎖狀態。

3. 將目前的工作目錄改成 CameraApp：

   ```
   $ cd code/chapter-11/CameraApp
   ```

4. 使用可用的 Bash 腳本從 Apple 網站下載 Core ML 模型：

   ```
   $ ./download-coreml-models.sh
   ```

5. 開啟 Xcode 專案：

   ```
   $ open CameraApp.xcodeproj
   ```

6. 在左上角的專案階層導覽器（Project Hierarchy Navigator）上點擊 CameraApp 專案以開啟專案資訊（Project Information）視圖，如圖 11-6 所示。

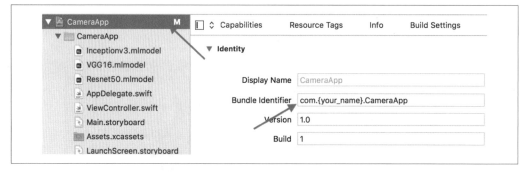

圖 11-6　Xcode 內的專案資訊視圖

7. 因為 Xcode 保留了一個唯一性的組合識別碼（bundle identifie），所以使用一個獨一無二的名稱來識別專案。

8. 登入 Apple 帳戶來讓 Xcode 簽署應用程式，並將它部署到裝置上。選擇要進行簽署的團隊，如圖 11-7 所示。

圖 11-7　選擇一個團隊並讓 Xcode 自動管理程式碼簽署

9. 點擊「Build and Run」鈕（向右的三角形）以在裝置上部署應用程式，如圖 11-8 所示。這通常會花上 30 到 60 秒的時間。

圖 11-8　選擇裝置並點擊「Build and Run」鈕來部署應用程式

10. 裝置不會馬上運行應用程式，因為它還不受信任。在設定（Settings）> 一般（General）> 描述檔與裝置管理（Profiles and Device Management）下選擇有您的資訊的那一列，然後再點擊「信任｛您的電子郵件位址｝」，如圖 11-9 所示。

圖 11-9　描述檔與裝置管理畫面

11. 在主頁畫面下，找出 CameraApp 並執行此應用程式。

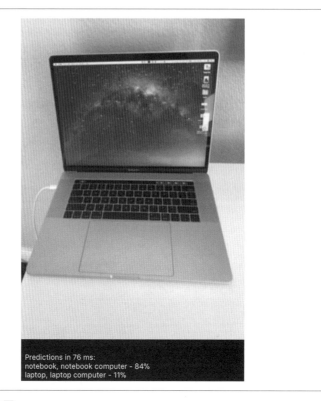

Predictions in 76 ms:
notebook, notebook computer - 84%
laptop, laptop computer - 11%

圖 11-10　應用程式的截圖

　　輸出顯示的預測結果為有 84% 的信賴度是「筆記型、筆記型電腦」，還有 11% 的信賴度是「膝上型、膝上型電腦」。

這很有趣，結果又好。現在讓我們往下看到更嚴肅的事情：將不同框架的模型轉換為 Core ML 模型。

Xcode 的一大優點是在將 *.mlmodel* 檔案載入至 Xcode 時會顯示模型的輸入和輸出參數，如圖 11-11 所示。這在模型不是由我們自己訓練且也不想要自己寫程式來探索模型架構（像在 Keras 的 `model.summary()`）的情況下，特別有用。

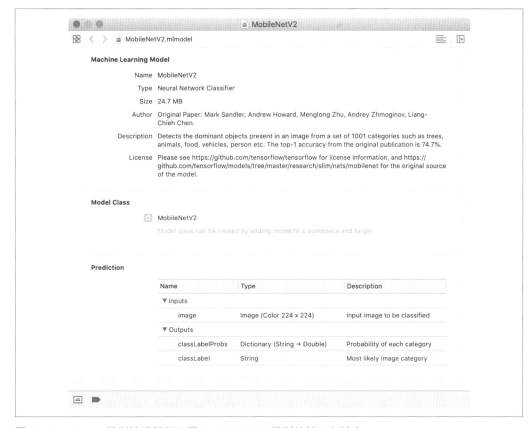

圖 11-11　Xcode 模型檢視器顯示了 MobileNetV2 模型的輸入和輸出

轉換成 Core ML

在我們建立的程式碼範例中，您可以看到 *Inceptionv3.mlmodel* 檔。有想過這個檔案是怎麼來的嗎？ Inception 畢竟是由 Google 以 TensorFlow 訓練的。那個檔案已被從 *.pb* 檔轉換成 Core ML 模型。同樣地，我們可以把來自 Keras、Caffe 以及任何其他框架的模型轉換成 Core ML。以下是可以將模型轉換成 Core ML 的一些工具。

- Core ML Tools（Apple）：用於 Keras（*.h5*）、Caffe（*.caffemodel*），以及像是 LIBSVM、scikit-learn 及 XGBoost 等機器學習程式庫。

- tf-coreml（Google）：用於 TensorFlow（*.pb*）。

- onnx-coreml（ONNX）：用於 ONNX（*.onnx*）。

讓我們仔細看一下前兩種轉換。

從 Keras 轉換

Core ML Tools 可以幫忙將 Keras、ONNX，以及其他模型格式轉譯為 Core ML 格式（*.mlmodel*）。使用 pip 安裝 coremltools 框架：

```
$ pip install --upgrade coremltools
```

現在，我們來看看要怎麼將一個既有的 Keras 模型轉換成 Core ML。轉換只需一行命令，然後我們就可以儲存這個轉換後的模型，如下所示：

```
from tensorflow.keras.applications.resnet50 import ResNet50
model = ResNet50()

import coremltools
coreml_model = coremltools.converters.keras.convert(model)
coreml_model.save("resnet50.mlmodel")
```

就這樣！不能再簡單了。我們會在第 12 章討論如何轉換未支援的網路層（例如 MobileNet）。

從 TensorFlow 轉換

Apple 推薦使用 tf-coreml（來自 Google）來轉換基於 TensorFlow 的模型。在以下的步驟中，我們會將一個預訓練的 TensorFlow 模型轉換成 Core ML。比起上一個例子中的一行程式碼來說，這個程序需要投入較多的心力。

首先，我們使用 pip 來安裝 tfcoreml：

```
$ pip install tfcoreml --user –upgrade
```

為了要進行轉換，我們必須知道模型的第一層和最後一層。我們可以使用像是 Netron（*https://oreil.ly/hJoly*）這樣的模型視覺化工具來檢視模型的架構以確定這件事。把 MobileNet 模型（*.pb* 檔）載入 Netron 後，我們可以在圖形介面中視覺化整個模型。圖 11-12 顯示了一小部分的 MobileNet 模型；特別是輸出層。

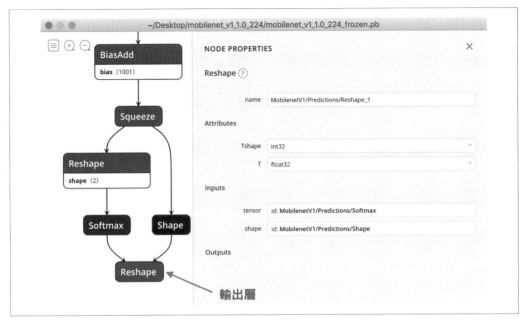

圖 11-12　在 Netron 中看 MobileNet 的輸出層

我們只要將它插入以下 Python 程式碼作為引數並執行它：

```
import tfcoreml as tf_converter
tf_converter.convert(tf_model_path = "input_model.pb",
    mlmodel_path = "output_model.mlmodel",
    output_feature_names = ["MobilenetV1/Predictions/Reshape_1:0"])
```

當程式執行時，我們會看到每一層的每一個運算都被轉換成 Core ML 中對應的相同運算。結束後，我們應該會看到被匯出到目錄中的 *.mlmodel* 檔。

我們的 Core ML 模型已經準備好了。把它拖進 Xcode 來測試它吧！

動態模型部署

作為開發人員，我們會想要一直改善我們的模型。畢竟我們都想要讓使用者能愈快存取到最新且最好的模型。有一種作法是，當每次我們想要部署一個新模型時，都發送更新給 App Store。這樣的作法不是很好，因為我們每次都必須花上大約兩天來等待 Apple 的核准，這可能會造成明顯的延遲。

另一種推薦的替代方案是讓應用程式動態的下載 *.mlmodel* 檔，並在使用者的裝置上進行編譯。我們想嘗試這種作法的原因有以下幾個：

- 我們想要定期更新模型，並且和我們在 App Store 的發布脫勾。

- 我們想要讓應用程式的下載大小變小，並且讓使用者實質上只下載和他們的用途相關的模型。這會降低儲存空間的需求和網路頻寬的成本。Apple 對透過行動網路下載 App Store 上的應用程式設了 200 MB 的限制，因此將大小維持在這個限制之下是很重要的，以免流失了可能的下載需求。

- 我們想要對不同的使用者進行不同模型的 A/B 測試，以進一步改善模型的品質。

- 我們想要對不同的使用者族群、區域及地區使用不同的模型。

要達成這件事的程序十分簡單：將 *.mlmodel* 檔託管到一個伺服器上，並將我們的應用程式設計成以動態下載這個檔案。當模型到達使用者的裝置後，我們可以在那個檔案上執行 MLModel.compileModel 來產生一個模型的編譯版本：

```
let compiledModelUrl = try MLModel.compileModel(at: downloadedModelUrl)
let model = try MLModel(contentsOf: compiledModelUrl)
```

請記住，compiledModelUrl 是一個指向暫時位置的位址。如果您想要讓模型在裝置上的存在時間超過一個通信期（session），您必須將它移到永久儲存空間去。

 雖然我們可以用 Core ML 來手動直接管理模型，但仍然會涉及到在後端與裝置上撰寫一堆模組化程式碼。我們必須手動的管理每個模型的各種版本、檔案儲存及設置的基礎架構，還有程序中出現的任何錯誤。這就是 ML Kit 和 Fritz 發光發熱之處，因為它們提供了立即可用版本的這些功能。我們會在第 13 章更詳細的討論這點。

裝置上訓練

到目前為止，我們已看到使用「一體適用」類神經網路就可以服務得很好的情境。然而，有些案例若不使用客製化的模型就沒辦法做得很好。例如，藉由辨識照片中的人臉來組織使用者相簿的應用程式。即使一般使用者的手機中幾乎都塞滿了朋友和家人的照片，用丹尼狄維托（Danny DeVito）和湯姆漢克（Tom Hanks）的臉所訓練的通用模型對使用者來說大概也沒什麼用（當然，除非他們屬於狄維托或漢克家族）。

舉一個真實案例是 iOS 的系統鍵盤，它會持續學習使用者的語言樣式並給出和使用者愈來愈相關的建議。尤其是當那人使用俚語、暱稱、領域特定詞彙等可能不會在一般字典中出現的字詞時更明顯。依據這樣的資料所得到個人化的建議對其他人可能毫無用處。

在這些案例中，我們都想要蒐集和使用者相關的資料並只為那個人訓練個人化的模型。有一種作法是蒐集資料並將它送往雲端、在那裡訓練新的模型，並將更新後的模型送回給使用者。這種作法對可擴展性、價格，以及隱私議題是不好的。

取而代之的作法是，Core ML 提供了裝置上訓練的功能，因此使用者的資料就不用離開裝置了。當 Core ML 的 isUpdatable 屬性被設成 true 時，我們就可以修改它了。此外，需要被重新訓練的網路層集合（通常在網路的尾端）也必須將同樣的屬性設成 true。其他的訓練參數，像是學習率和優化器也可以被設定。

即使訓練會消耗 GPU 和神經處理器單元（Neural Processor Unit，NPU；第 13 章會介紹更多）的計算週期，不過訓練可以被排程在背景進行（使用 BackgroundTasks 框架），甚至裝置處於晚上待機或充電時也可以。這對使用者經驗的衝擊最小。

要進行裝置上訓練，我們可以使用新的資料來呼叫 MLUpdateTask 函數。我們也要傳遞新修正模型的路徑給函數。當訓練完成後，在那路徑中的模型就可以使用了：

```
let modelUrl = bundle.url(forResource: "MyClassifier",
                          withExtension: "mlmodelc")!
let updatedModelUrl = bundle.url(forResource: "MyClassifierUpdated",
                                 withExtension: "mlmodelc")!

let task = try MLUpdateTask(
    forModelAt: modelUrl,
    trainingData: trainData,
    configuration: nil,
    completionHandler: { [weak self] (updateContext) in
        self.model = updateContext.model
        updateContext.model.write(to: updatedModelUrl)
    })

task.resume()
```

聯合學習

裝置上學習很棒——除了一個缺點之外：這個通用全域模型沒有機會改善。但如果開發人員可以利用每個使用者產生的資料來改善全域模型，而不用將他們的資料傳出裝置之外，這不是很棒嗎？這正是**聯合學習**（*federated learning*）可以發揮的時候。

聯合學習是一種協同式分散訓練程序。實質上，它將裝置上學習往前推進了一步，所使用的方法是將增量更新（用於使用者裝置中的個人化模型上）送至雲端並集合許多來自於不同使用者的更新，最終豐富了為所有人所用的全域模型。請記住，這裡並不會傳輸任何使用者資料，而且也不可能從聚積後的特徵集合進行反向工程來得到使用者資料。藉由這種方式，我們可以保護使用者隱私的同時，又可以透過集體參與來嘉惠所有的人。

裝置上訓練是聯合學習的重要墊腳石。即使現在我們還沒有到達那個地步，但這仍然是產業前進的方向。我們可以預見隨著時間推進會有更多對聯合學習的支援出現。

TensorFlow Federated 是聯合學習的一種實作方式，它增強了 Google 的鍵盤應用程式 GBoard 的訓練。訓練會在使用者的裝置充電時於背景中進行。

效能分析

撰寫原型是一回事。建立產出等級的應用程式又是完全另一回事。有一些因素會影響使用者的體驗，了解其中的取捨是很重要的。其中包括所支援的裝置模型、最小作業系統（operating system，OS）版本、圖框處理速率，以及深度學習模型的選擇。在本節中我們將探討其中一些因子對產品的品質和效能的影響。

在 iPhones 上評測模型

在評測時，最好使用可以輕鬆下載並能動手實作的公開模型來進行實驗！

首先，我們在介於 2013 年到 2018 年間製造的多台 iPhone 上執行我們的即時物件分類應用程式。表 11-3 顯示了這些實驗的結果。

表 11-3　在不同的 iPhone 版本上評測不同模型的推論時間

裝置型號	iPhone 5s	iPhone 6	iPhone 6s	iPhone 7+	iPhone X	iPhone XS	iPhone 11 Pro
發表年份	2013	2014	2015	2016	2017	2018	2019
RAM	1 GB	1 GB	2 GB	2 GB	2 GB	4 GB	4GB
處理器	A7	A8	A9	A10	A11	A12	A13

模型	準確度 (%)	大小 (MB)	FPS	FPS	FPS	FPS	FPS	FPS	FPS
VGG-16	71	553	0.1	0.2	4.2	5.5	6.9	27.8	34.5
InceptionV3	78	95	1.4	1.5	9	11.1	12.8	35.7	41.7
ResNet-50	75	103	1.9	1.7	11.6	13.5	14.1	38.5	50
MobileNet	71	17	7.8	9	19.6	28.6	28.6	55.6	71.4
SqueezeNet	57	5	13.3	12.4	29.4	33.3	34.5	66.7	76.9

2014 年和 2015 年間的推論時間差異特別引人注目。2015 年發生了什麼事？如果您的猜測是 GPU，那您猜對了。iPhone 6S 中第一次採用一顆特製的 GPU，增強了像是「Hey Siri」功能的威力。

評測方式

要進行可重現的評測，我們採用本章稍早所使用的範例應用程式的程式碼，並且只將 Xcode 中的 *.mlmodel* 檔換成其他在 Apple 中可用的預訓練模型。在每個模型上我們都執行那個應用程式一定的時間，並在除錯控制台中蒐集執行時間的量測結果。在不同的 iPhone 執行它後，我們將每次執行的預測結果中的第 6 名到第 20 名進行平均，並用表格來呈現結果。

另一方面，讓我們看一下在 iPhone XS 發表月份（2018 年 9 月）時美國各種 iPhone 的市佔率，如表 11-4 所示。請注意，公開發表通常是在每年的 9 月。

表 11-4　美國在 2018 年 9 月（iPhone XS 發表月份）時各種 iPhone 的市佔率（資料來自 Flurry Analytics（*https://oreil.ly/L47c0*），排除了 iPhone XS、XS Plus 及 XS Max）

發表年份	iPhone 型號	百分比
2017	8 Plus	10.8%
2017	X	10.3%
2017	8	8.1%
2016	7	15.6%
2016	7 Plus	12.9%
2016	SE	4.2%
2015	6S	12.5%
2015	6S Plus	6.1%
2014	6	10.7%
2014	6 Plus	3.3%

發表年份	iPhone 型號	百分比
2013	5S	3.4%
2013	5C	0.8%
2012	5	0.8%
2011	4S	0.4%
2010	4	0.2%

將表 11-4 的百分比累積後可以得到表 11-5。這張表格說明我們選擇要支援的舊款裝置的市佔率。例如，在 2016 年 9 月（2018 年 9 月的兩年前）之後發表的 iPhone 共佔據了 61.9% 的市佔率。

表 11-5　iPhone 的逐年累積市佔率

幾年內	百分比
1	29.2%
2	61.9%
3	80.5%
4	94.5%
5	98.7%
6	99.5%

將評測結果與市佔率結合後，我們可以有幾種設計選項與優化作法：

使用更快的模型

在 iPhone 6 上，VGG-16 的執行速度比 MobileNet 慢了 40 倍。它在 iPhone XS 上還是慢了大約兩倍。僅僅選擇了較有效率的模型就會對效能產生劇烈的影響，而且常常不用犧牲掉等量的準確度。值得注意的是，MobileNetV2 以及 EfficientNet 提供了更好的速度與準確度的組合。

決定要支援的最小 FPS

要把過濾器應用在即時的攝影機輸入時，需要能夠在每秒之內處理來自於攝影機的大量圖框，以確保有一個流暢的體驗。相反地，根據使用者的動作而一次處理一張影像的應用程式就無須過度擔心效能。很多應用是介於這兩者之間。決定必要的 FPS 並以和表 11-5 類似的方式進行評測，對於在不同世代的 iPhone 上選出最佳模型是很重要的。

批次處理

GPU 很擅長平行處理。這也難怪，一次處理一堆資料會比一個一個處理更有效率。Core ML 發布了批次處理 API 來善用這個事實。有些使用者經驗可以因為這些批次 API 而受惠，尤其是那些非同步且／或記憶體密集的任務。例如對相簿中的照片進行任何處理動作。不再一次處理一張影像，我們可以將一串影像送給批次 API，以讓 Core ML 可以優化在 GPU 上的效能。

動態模型選擇

根據使用案例的不同，比起更流暢的體驗（對於某個最小 FPS 閾值而定）來說，我們可能還不會那麼重視準確度的高低。在這些情境下，我們可能會在一台較慢、較老的裝置上選擇一個較小、較不準確的模型，而在較快、較新的裝置上選擇較大、較準確的模型。這件事可以和使用雲端來部署模型相結合，因此其實不一定會增加應用程式的大小。

使用 *Sherlocking* 來得好處

「Sherlocking」這個字是用在當第一方供應商（在此為 Apple）藉由使用它們自己的功能而淘汰了第三方軟體。一個好的例子是，當 Apple 在 iPhone 中發佈了 Flashlight 功能而淘汰了所有的第三方手電筒應用程式（不論付費或免費的）。為了說明，在此我們採用了一個 2017 年發佈的具有臉部追蹤功能的假定應用程式作為範例。一年後，Apple 在 iOS 12 版的 Core ML 中加入一個更準確的臉部追蹤 API。因為用於臉部追蹤的類神經網路內建在作業系統內，應用程式就可以使用內建的 API 來更新程式碼。然而，因為這個 API 無法用於 iOS 11，應用程式可以採取混合的作法，就是對 iOS 11 使用舊的程式碼路徑以維持向下相容（backward compatible）。應用程式的開發者就可以不用再將類神經網路和應用程式綁在一起，因而縮減了大小，可能好幾個 MB，並且可以動態的載入較舊的模型以供 iOS 11 的使用者使用。

從容退化（*graceful degradation*）

有時較舊的電話可能因為效能需求的因素而無法處理較新的深度學習模型。這是完全可能發生的，尤其是對最先進功能來說。在那些情境下，有兩種可接受的作法。第一種是將運算移往雲端。這顯然要付出互動性和隱私的成本。另一種作法是對那些使用者關閉這個功能，並用訊息通知他們為何這個功能不能使用。

量測能源的衝擊

在前一章中，我們聚焦於將分類器託管至伺服器上。雖然有幾個因素會影響設計的決策，但能源消耗常常不在其中。然而在客戶端中，電池電量是有限的，因此最小化耗電量會成為優先事項。使用者對產品的感受和它消耗了多少能源有很大的關係。還記得 GPS 曾經是吃電大戶的美好時光嗎？很多需要存取位置的應用程式曾經因為耗了太多的電量而得到一星評等。我們絕對不想要如此。

 當人們發現一個應用程式的耗電速度比他們預期的還快時，絕不會吝於給予差評的，就如圖 11-13 中的評論所示。

 25/03/2019

Glitches & Battery!!!
Recently, I haven't been able to watch videos properly at ALL. The video glitches within the first few seconds, freezing. Then the only way for me to actually get the video to get out of my screen is the skip thee video. If this app's "a way to keep connected with friends", then at least let me see what my friends are saying!! Also, it's a mega battery drainer and using it while I'm on trips usually ends up being a pain for me.

 31/10/2017

Burning through my battery
Your space-time continuum update broke the app. Watching videos burns through the battery and the phone gets very hot. Lost 20% battery watching a 10min video on my iPhone 7 Plus. Other video streaming apps work as usual.

圖 11-13　App Store 中對 YouTube 和 Snapchat 抱怨高耗電量的評論

在此我們使用 Xcode 的除錯導覽器（Debug Navigator）中的能源衝擊（Energy Impact）頁籤（圖 11-14）來產生圖 11-15。

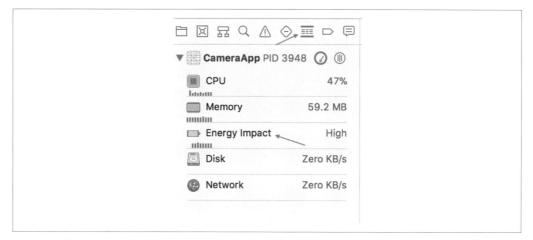

圖 11-14 Xcode 除錯導覽器頁籤

圖 11-15 在 iPad Pro 2017 上的 Xcode 能源衝擊圖表（注意：這張圖的截取時間和圖 11-14 不同，這也是為何數字有些微差異的原因）

圖 11-15 顯示在 iPad Pro 2017 上運行那個程序的能源衝擊是高的。很大的原因是因為在我們的程式碼中，我們會處理來自於攝影機的每一張圖框。這代表從攝影機傳來的每一張圖框都會送給 GPU 處理，因而造成高耗能。在許多真實世界的應用程式中，其實不

需要對每張圖框都進行分類。即使每兩張圖框中只處理一張,也可以節省大量能源消耗而不致於會影響使用者經驗。在下一節中,我們會探討圖框處理速率和能源衝擊間的關係。

CPU 和 GPU 使用率間的比例是受到模型架構的影響,特別是捲積運算的數量。這裡我們分析一下不同模型間的 CPU 和 GPU 使用率(圖 11-16)。這些數字是從 Xcode 的能源衝擊圖表中抓出來的。請注意,在理想情況下,我們比較偏好使用較高 GPU 使用率的模型來提高效能。

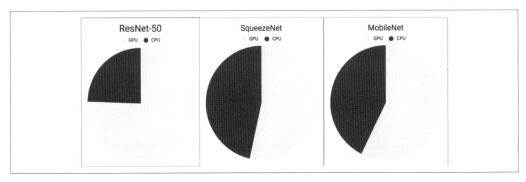

圖 11-16　在 iOS 11 上比較不同模型的 CPU 和 GPU 使用率

評測負載

就如您所預期的,對每一張圖框即時的執行 CNN 模型會導致高 GPU / CPU 使用率,也就會快速的吃掉電量。使用者也會注意到手機溫度升高了。

若不再對每張圖框進行分析而是跳過幾張圖框呢?在 iPad Pro 2017 上,MobileNet 要花 20 毫秒來分析一張圖框。因此它的分類速度大約是 50 FPS。如果我們以 1 FPS 的速度執行的話,GPU 的使用率會從 42% 降到只有 7% ──降低了超過 83%!對於許多應用而言,1 FPS 的速度可能就夠用了,同時還可以讓裝置保持涼爽。例如,保全攝影機即使幾秒鐘才處理一張圖框,也還是可以合理的運作。

透過改變每秒所處理的圖框數並量取 GPU 使用率的百分比,我們觀察到一個令人驚嘆的趨勢。從圖 11-17 中很明顯的可以看出如果 FPS 愈高的話,GPU 使用率也會愈高,那對能源消耗就會有很顯著的衝擊。因此對於想要長時間執行的程式來說,最好的做法就是降低每秒鐘推論的數量。

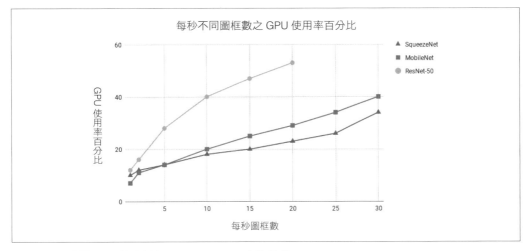

圖 11-17　改變 FPS 並分析在 iPad Pro 2017 上的負載

圖表中的數值來自於 Xcode Instruments 的 Core Animation Instrument。以下是我們用來產生這些結果的程序：

1. 在 Xcode 中點擊 Product，然後選擇 Profile。

2. 當 Instruments 視窗出現後，選擇 Core Animation Instrument，如圖 11-18 所示。

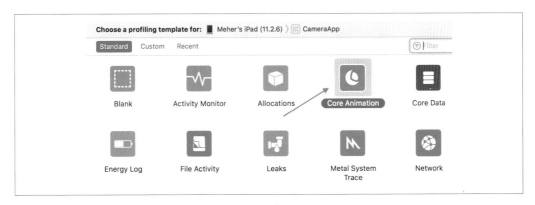

圖 11-18　Xcode Instruments 中的 Instruments 視窗

3. 按下 Record 按鈕以在 Profiling 模式中開始執行應用程式。

4. 等待幾秒鐘以開始蒐集儀表資料。

5. 量取在 GPU Hardware Utilization 欄位的數值（圖 11-19）。

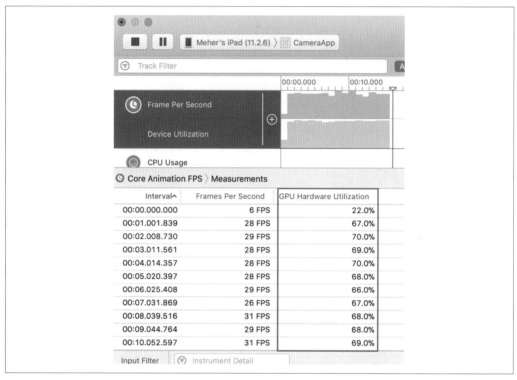

圖 11-19　在 Core Animation 儀器中即時的分析一個應用程式

目前為止，在本章中我們已經探討了使用 Core ML 來建立值得生產的應用程式的技術。在下一節中，我們會討論真實世界中的一些範例。

縮減應用程式大小

應用程式大小對某些市場的開發人員來說可能非常重要。Apple 不允許透過行動網路來下載超過 200 MB 的應用程式。這對隨時會被使用的應用程式來說會成為重要的考量因素，像是 Uber 和 Lyft。有個有趣的花絮：Uber 必須進行嚴格的優化，例如大量降低 Swift Optional、Struct 及 Protocol 的數量（它們有助於程式碼的管理性），以使可執行檔的大小低於 App Store 的限制（那時是 150 MB）。不這麼做的話，公司就會損失許多新使用者。

我們在應用程式中增加的任何新的人工智慧功能，都會造成額外的儲存空間需求。不過，有一些作法可以降低這件事的衝擊。

位於舊金山的資料分析公司 Segment，想要知道應用程式的大小對安裝
數量有多大的影響。為了進行實驗，這家公司買了一個已經有穩定下載數
（大約每天 50 次下載）的抵押貸款計算器應用程式。它對原來的 3 MB
大小的應用程式一直重複的灌水…嗯，用的是泰勒絲（Taylor Swift）的照
片（嘿，這是為了科學研究！）。工程師發現，當應用程式大小增加時，
每天下載的數量會明顯地下降。例如，當應用程式超過 100 MB（那時候
的 App Store 能夠透過行動網路下載的上限），每天下載的次數下降了驚
人的 44%！此外，這個應用程式也收到了一些負評，其中有部分使用者
對應用程式的大小提出了質疑。

這個故事告訴我們，應用程式大小比我們想的更重要，而我們在發布應用
程式前應該要好好考慮一下它所佔的空間。

避免綁定模型

如果可能，我們應該避免將模型和 App Store 上的應用程式綁在一起。反正都要下載同
樣的資料量，只要使用者經驗不受影響的話，我們應該延後到實際要使用那個功能的
時候才下載模型。此外，我們也應該偏好使用無線網路來下載模型以節省行動網路的頻
寬。微軟翻譯（Microsoft Translator）和 Google 翻譯（Google Translate）都做了類似的
事情，也就是進行基於雲端的翻譯。深知旅行者經常會使用這些應用程式（而且他們可
能沒辦法使用快速的網路），它們也提供了離線模式，會根據使用者的要求在背景中下
載需要的語言模型。

使用量化

就如我們在第 6 章所討論的，量化是降低模型大小卻又能維持效能的好方法。實質上，
它會將 32 位元浮點數權重降低到 16 位元浮點數，再降低為 8 位元整數，最後一路降低
到 1 位元。我們絕不推薦使用低於 8 位元的表達法，因為會降低準確度。我們可以使用
用於 Keras 模型的 Core ML Tools，以幾行程式碼來完成量化：

```
import coremltools

model_spec = coremltools.utils.load_spec("MyModel.mlmodel")

# 16 位元轉換
model_fp16_spec =
coremltools.utils.convert_neural_network_spec_weights_to_fp16(model_spec)
coremltools.utils.save_spec(model_fp16_spec, "MyModel_FP16.mlmodel")

# 8 位元以下的量化
```

```
num_bits = 8
model_quant_spec =
coremltools.models.neural_network.quantization_utils.quantize_weights(model_spec,
num_bits, "linear")
coremltools.utils.save_spec(model_quant_spec, "MyModel_Quant.mlmodel")
```

為了展示量化的影響力,我們選擇使用 Keras 建立了一個牛津的 102 Category Flower Dataset 的分類器(大約 14 MB),將它以不同的位元表達法來量化並且量測它的準確度以及大小。為了測量預測結果的變化,我們會比較全精準模型和量化模型間的匹配百分比。

- 我們在第 6 章談過的簡單 linear 量化。在這個策略中的間距(interval)是平均分布的。

- 使用查找表(lookup table)的線性量化,即 linear_lut。在這個技術中,間距的分布是不平均的,較密集的區域會有較小且較多的間距,而較稀疏的區域則會有較少且較大的間距。因為間距是不相等的,它們必須被儲存在一張查找表中,而不能只用簡單的算術計算出來。

- 以 k-means 產生的查找表,即 kmeans_lut,它常被用在最近鄰分類器上。

表 11-6 顯示了我們的觀察結果。

表 11-6　不同位元大小以及不同量化模式的量化結果

量化成	大小縮減百分比(約)	與 32 位元結果的匹配百分比		
		linear	linear_lut	kmeans_lut
16 位元	50%	100%	100%	100%
8 位元	75%	88.37%	80.62%	9.45%
4 位元	88%	0%	0%	81.4%
2 位元	94%	0%	0%	10.08%
1 位元	97%	0%	0%	7.75%

我們發現:

- 降低到 16 位元對準確度沒有任何影響。實質上我們降低模型一半的大小並不會在準確度上感受到差異。

- 用 k-means 來建立查找表比簡單的線性分割表現得更好。即使只用 4 位元來量化也只會損失 20% 的準確度,實在令人驚嘆。

- 8 位元的量化模型可以省下四倍的大小且只損失些微的準確度（尤其對 kmeans_lut 模式而言）。

- 量化到 8 位元以下時準確度會急遽的降低，尤其是 linear 模式。

使用 Create ML

Create ML 是來自 Apple 的工具，它可以讓我們將資料拖放至 Mac 上的圖形化使用者介面來訓練模型。它提供了好幾種模版，包括物件分類 / 偵測、聲音分類及文字分類等，讓不具有任何領域專業知識的新手都可以訓練人工智慧。它使用遷移學習來調整對任務必要的那幾層。因此訓練程序可以在幾分鐘內完成。作業系統中就包含了一堆網路層（可以用在好幾個任務上），而與任務相關的網路層就可以和應用程式包裝在一起。這樣所產出的模型非常小（晚一點我們就會看到它可以小到 17KB）。我們會在下一章用 Create ML 來動手實作。

案例探討

讓我們看幾個使用 Core ML 來進行行動推論的真實世界範例。

Magic Sudoku

2017 年發布 iOS 版的 ARKit（*https://developer.apple.com/arkit*）後不久，來自遊戲與行動應用的新創公司 Hatchlings 的 Magic Sudoku（*https://magicsudoku.com*）成為熱門下載的應用程式。只要將手機指向一個數獨謎題，應用程式就會在那張紙上顯示解答。現在您可能已經猜到了，此系統使用 Core ML 來運行一個基於 CNN 的數字辨識器。它的處理步驟如下：

1. 使用 ARKit 來取得攝影機圖框。

2. 使用 iOS Vision Framework 來找出矩形。

3. 決定它是否為數獨格柵。

4. 從數獨影像中萃取出 81 個方格。

5. 使用 Core ML 辨識每一個方格中的數字。

6. 使用數獨解答器來填入空的方格。

7. 使用 ARKit 來將完成的數獨投影至原來的紙張表面，如圖 11-20 所示。

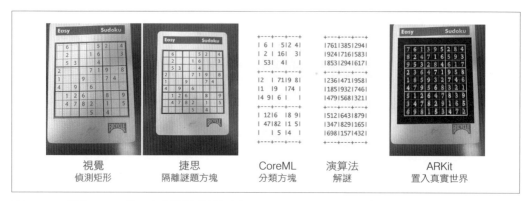

視覺	捷思	CoreML	演算法	ARKit
偵測矩形	隔離謎題方塊	分類方塊	解謎	置入真實世界

圖 11-20　解答 ARKit 的一步步過程（影像來源：*https://oreil.ly/gzmb9*）

Hatchlings 團隊開始時是使用 MNIST 數字辨識模型，它包含的大多是手寫數字。不過它對印刷字體並不夠強固。團隊再從數獨書中拍了數千頁的照片，並使用它的生產線來萃取方格直到有了各種字體的大量數字為止。為了標記這些資料，團隊要求它的粉絲將每一個項目分類成 0 到 9 以及空類別。在 24 小時之內團隊就掃描了 600,000 個數字。下一步是訓練一個客製化的 CNN，它必須很快，因為系統需要分類 81 個方格影像。使用 Core ML 部署模型後，此應用程式發表並很快就成為熱門項目。

讓大眾使用會帶來事先沒有預期到的新案例。因為大部分的使用者面前並沒有數獨謎題，他們經常在電腦螢幕前搜尋數獨，而這會讓模型很難正確的進行辨識。此外，由於 ARKit 固定焦距的限制，輸入的影像可能會有點模糊。為了改善這些，Hatchlings 蒐集了螢幕上的謎題照片、稍微的將它們模糊化，並用增加的資料訓練一個新的 CNN。在 App Store 更新後，整體的體驗變得更強固了。總而言之，當發表一個應用程式或服務時，應用程式建立者應該要隨時從以前沒有預期到的情境中學習。

Seeing AI

Seeing AI（*https://oreil.ly/hJxUE*）是 Microsoft Research 為了盲人與弱視社群所設計的語音相機應用程式。它利用電腦視覺來用語音描述人們、文字、手寫字、物件、貨幣，以及其他事物。大部分的影像處理都發生在本地端裝置上，用的是 Core ML。使用者的核心需求之一是辨識產品——這通常都是透過掃描條碼來得知的。但是對於盲人來說，他們無法知道條碼的位置，而使得大多數的條碼應用程式都無法使用。為了解決這個

問題，此團隊使用包含各種角度、大小、照明及方向的條碼影像訓練了一個客製化的 CNN。使用者現在可以在 iPhone 前面轉動物件，而當 CNN 分類出有條碼出現時（以每張圖框進行即時處理），它會發出一聲嗶聲。嗶聲的頻率和相機所拍到的條碼區域有關。當盲人使用者將條碼拿近時，它就會嗶的更快。當近到條碼讀取程式可以清楚看見條碼時，應用程式就會對它的通用產品代碼（Universal Product Code）進行解碼並讀出商品名稱。在過去盲人使用者通常必須購買並攜帶笨重的雷射條碼掃描器，一台通常要價超過 1,300 美元。事實上，有一個慈善組織募集了數百萬美元來捐贈這些硬體條碼讀取器給需要的人。現在，深度學習可以免費的解決這個問題。這是結合電腦視覺和使用者經驗來解決真實世界問題的一個很好的範例。

HomeCourt

對於生活中的任何事情來說，如果我們想要將它做好，常規練習是必要的，不論是寫作、演奏樂器，或者烹飪。然而練習的品質比數量更為重要。使用資料來支援我們的練習並監控我們的進度，會對我們獲得技能的速度產生令人驚訝的結果。這就是加州聖荷西的新創公司 NEX Team 想要讓它的 HomeCourt 應用程式為籃球練習所做的。執行這個應用程式很容易：把它放在地上或三腳架上，讓相機對準籃球場，然後按下錄影。

應用程式會執行一個建構在 Core ML 之上的物件偵測器來即時的追蹤籃球、人們，以及籃框。在這群人中最大的問題是：是誰射籃了？當球快到籃框時，應用程式會倒轉視訊以偵測射籃的球員。接著，它會對此球員進行人類姿勢預估以追蹤此球員的動作。如果這樣還不夠讓您印象深刻，它會使用幾何轉換將這個 3D 的球場景象轉換成 2D 地圖（如圖 11-21 右上所示）以追蹤射籃的球員的位置。這裡要注意的是，同一時間內有多個模型在運行。根據被追蹤的物件以及球員的身體位置、關節等資訊，此應用程式會提供球員每次投擲的高度、角度、位置、時間、球員速度等資訊的統計與視覺化。這些統計資訊很重要，因為它們和能否進籃息息相關。球員們可以錄下整場比賽，回家後再分析每一次的射籃以找出他們的弱點並進行改善。

不到兩年的時間，這個小型新創公司就靠口耳相傳吸引了數十萬的使用者，從業餘到職業球員都有。甚至連 National Basketball Association（NBA）都和 NEX Team 結盟，使用 HomeCourt 來幫忙改善球員的表現。會發生這樣的事是因為他們看到了一個尚未被滿足的需求，並使用深度學習來找出具有創意的解決方案。

圖 11-21　HomeCourt 應用程式即時的追蹤球員的投籃

InstaSaber + YoPuppet

您知道《星際大戰（*Star Wars*）》中最大的利潤來自什麼嗎？不是票房收入，更不是 DVD 銷售。這裡給一點提示：它和商品押韻。盧卡斯影業（Lucas Film）（目前是迪士尼）藉由銷售 R2D2 玩具以及丘巴卡（Chewbacca）的服裝而賺了一大筆錢。不過總冠軍還是最受人歡迎的光劍。然而，不像在電影中看起來那麼酷，光劍商品通常都是塑膠做的，而且坦白說沒有那麼科幻。還有，在您揮動它幾次後會很有可能打到某個人的臉。

2020CV 的創辦人 Hart Woolery 決定用 InstaSaber 這個應用程式將好萊塢等級的特效帶進手機中來改變此事。只要捲一張紙、抓著它，並且將您手機的相機指向它，就能看到它變成了一把發光的光劍，如圖 11-22 所示。揮動您的手不只會看到它即時又真實的追蹤它，也可以聽到路克（Luke）和他的父親（小心劇透！）達斯維達（Darth Vader）作戰時的音效。

再將這種追蹤魔法往前推進一層，他建立了 YoPuppet 來即時的追蹤手部關節以建立模仿手部動作的虛擬玩偶。它是即時且沒有停滯的、準確的，而且看起來很逼真。

除了逼真之外，這些應用程式也很好玩。難怪 InstaSaber 很快就成為具有數百萬則評論並被新聞報導的熱門項目。這個人工智慧潛力新秀甚至獲得了億萬富翁投資人 Mark Cuban 的一句「you've got a deal」並且投資了 2020CV。

圖 11-22　InstaSaber 和 YoPuppet 的截圖

創造者的話

來自 Hart Woolery，2020CV 創辦人與總裁

自從幾年前創辦 2020CV 之後，我已經建立了幾個應用程式來探索特效的極限。在此我會談其中的兩個：InstaSaber 以及 YoPuppet。InstaSaber 將一個紙捲變成虛擬光劍，而 YoPuppet 則將使用者的手變成虛擬手偶。在這兩個應用中我都使用即時的相機圖框作為模型的輸入，並且傳回影像中特徵位置的正規化後的 x-y 座標。開發 InstaSaber 的想法來自於想要追蹤手持的標誌，因為那時我正為如何追蹤手部而困擾。和大多數機器學習模型一樣，一開始的挑戰在於蒐集資料、標記資料，以及確保有足夠多的資料來建立通用的解決方案。

對機器學習模型而言，要有多少標記後的影像才能夠可靠的解碼具有多重變數——像是照明、膚色及遮蔽——的物件？我想答案會和問題息息相關，不過最少大概是 10,000 張。假設正確的標記一張影像得花 30 秒以上，那要花上一大堆時間。最簡單的作法是擴增您的資料（也就是進行仿射轉換（affine transform）、裁切及顏色／照明操縱）。雖然這樣可以將有限的資料轉成幾乎無限的變形，不過您的模型還是受限於初始集合的品質。當我為 InstaSaber 手動的標示影像時，我發現為 YoPuppet 自動的合成不同位置和環境中的手部影像會

有效率多了（圖 11-23）。一旦您能夠訓練和運轉您的模型之後，下一個挑戰會是在行動裝置的限制下讓它們運行得很好。

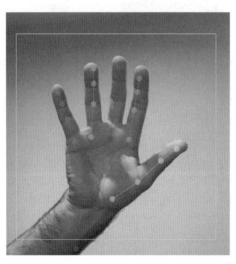

圖 11-23　在 YoPuppet 內進行即時手部姿勢預估

透過像是 Core ML 這類框架的幫助，要在行動裝置上運行機器學習模型變得很容易。然而，要讓模型即時運行並且讓使用者有好的體驗——而不會燒掉他們的手機——是一件具有挑戰性的事情。在 YoPuppet 和 InstaSaber 中，我也必須找出物件的初始位置並即時的追蹤它們，以使我能夠從整張影像中裁切出一個方塊後、進行縮小，再傳給模型。為了維持平滑的圖框率，我所用的技巧之一是將影像進行緩衝以使 CPU 和 GPU 可以分別的同時進行前置處理以及運行推論。

一旦您的應用程式發布後，來自真實世界的回饋常會讓您了解到您從來沒有考慮到的一些議題（真的會有偏見！）。例如，有一位使用者說塗上指甲油後好像會對手部偵測造成影響。幸運的是，這類的回饋只會幫您進一步的通用化您的模型並讓它在物件的不同變化下維持強固。可以肯定的是，讓所有使用者滿意的過程是永不終止的挑戰，不過回報是您將成為一名新興技術領域的先鋒。

總結

在本章中我們旋風式的造訪 Core ML 的世界，它提供了 iOS 裝置上的推論引擎以運行機器學習以及深度學習演算法。藉由分析運行一個 CNN 所需要的最少量程式碼，我們建立了一個即時物件辨識應用程式來分類 1,000 個 ImageNet 類別。在過程中我們也討論了一些有關模型轉換的有用事實。在下一個階段中，我們學到了一些實用的技術，像是動態模型部署以及裝置上訓練，並且也評測了不同的深度學習模型在不同的 iOS 裝置上的表現，對它們的電池以及資源限制有了更深入的了解。我們也介紹了怎麼使用模型量化來優化應用程式的大小。最後，為了從業界借用一些靈感，我們探討了實際使用 Core ML 的一些真實生活範例。

在下一章中，我們會用 Create ML 來訓練出一個端到端的應用、部署我們訓練後的模型，以及使用 Core ML 來運行它。

## 第十二章

使用 Core ML 與 Create ML 建立 iOS 上的 Not Hotdog

靳陽（Jian-Yang，《*矽谷群瞎傳*》中的虛擬人物）說「我是有錢人」，他是一位正在接受彭博新聞訪問的百萬富翁（圖 12-1）。他做了什麼事？他建立了 Not Hotdog 應用程式（圖 12-2）並讓世界成為「更美好的地方」。

圖 12-1　靳陽在 Periscope 收購了他的「Not Hotdog」技術後接受彭博新聞的訪問（影像來源：來自 HBO 的《*矽谷群瞎傳*》）

因為有些人覺得疑惑（包含本書三分之一的作者），所以我們參照了 HBO 的《*矽谷群瞎傳（Silicon Valley）*》節目，其中一位角色的任務是創造 SeeFood ——「食物界的 Shazam」。它是用來分類食物的照片以提供食譜以及營養資訊。好笑的是，這個應用程式最終只能辨識熱狗。其他的食物都被分類成「不是熱狗（Not Hotdog）」。

我們有一些理由來參考這個幻想的應用程式。它是大眾文化的一部分，也是人們可以輕易建立聯結的事物。它是一個典範：很容易建構，但威力又強大到足以了解深度學習在真實世界應用中所產生的魔法。它也可以很容易的擴展到能夠辨識超過一個以上的類別。

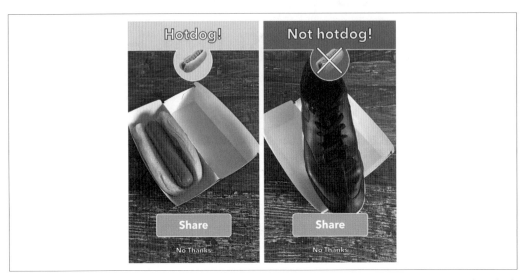

圖 12-2　使用中的 Not Hotdog 應用程式（影像來源：Apple App Store 中 Not Hotdog 應用程式列表）

本章中我們將會以不同方法建構一個 Not Hotdog 的仿製品。以下是端到端程序的一般流程：

1. 蒐集相關資料。

2. 訓練模型。

3. 轉換成 Core ML。

4. 建立 iOS 應用程式。

表 12-1 呈現了步驟 1 到 3 的不同選項。在本章中我們會一一的深入探討。

表 12-1　從頭開始建立模型的不同作法

資料蒐集	訓練機制	模型轉換
• 找尋或蒐集資料集 • Fatkun Chrome 瀏覽器擴充功能 • 使用 Bing 影像搜尋 API 爬取網路內容	• 基於 Web 之圖形化使用者介面：CustomVision.ai、IBM Watson、Clarifai、Google AutoML • Create ML • 使用像是 Keras 的框架來進行微調	• 使用 Create ML、CustomVision.ai 等圖形化使用者介面工具來產生 *.mlmodel* • 在 Keras 上使用 Core ML Tools • 在以 TensorFlow 訓練的模型上使用 `tf-coreml`

我們來深入探討一下吧！

蒐集資料

要用深度學習來開始解決任何電腦視覺任務時，首先我們需要一個影像資料集來做訓練。在本節中，我們會依所需時間來介紹三種蒐集相關影像的方法，所花的時間從幾分鐘到幾天都有。

作法 1：找尋或蒐集資料集

解決我們問題最快的方法就是使用既有的資料集。目前已經有很多和我們任務中的類別或子類別相關的資料集可供大眾使用。例如，來自 ETH Zurich 的 Food-101（*https://www.vision.ee.ethz.ch/datasets_extra/food-101/*（*https://oreil.ly/dkS6X*））包含了一堆熱狗。另外，ImageNet 也包含了 1,257 張熱狗的影像。我們可以使用其他類別的隨機影像作為「不是熱狗」。

要下載特定類別的影像，您可以使用 ImageNet-Utils（*https://oreil.ly/ftyOU*）工具：

1. 在 ImageNet 網站上搜尋相關類別；例如「Hot dog」。

2. 記下網址中的 `wnid`（WordNet ID）：*http://image-net.org/synset?wnid=n07697537*。

3. 複製 ImageNet-Utils 資料庫：

   ```
   $ git clone --recursive
       https://github.com/tzutalin/ImageNet_Utils.git
   ```

4. 透過指定 `wnid` 來下載特定類別的影像：

   ```
   $ ./downloadutils.py --downloadImages --wnid n07697537
   ```

如果找不到資料集，我們也可以用智慧型手機拍照來建立自己的資料集。重要的是，我們拍的必須能夠代表這個應用程式在真實世界中應用的情境。另外，將這個問題進行群眾外包（crowdsourcing）——例如請朋友、家人、同事幫忙——可以產生多樣化的資料集。大公司採用的另一種作法是雇用承包商來蒐集影像。例如，Google Allo 發布了一個可以將自拍照轉成大頭貼的功能。為了完成此事，他們雇用了一群藝術家來拍照並建立對應的大頭貼好用來訓練模型。

 一定要檢查影像的授權已被釋出。最好是使用像是創用 CC（Creative Commons）這種開放授權的影像。

作法 2：Fatkun Chrome 瀏覽器擴充功能

有幾種瀏覽器擴充功能可以讓我們批次下載網頁中的多張影像。例如，Chrome 瀏覽器的 Fatkun 批量下載圖片擴充功能（*https://oreil.ly/7T4JU*）。

我們可以用下列簡短又快速的步驟來準備整個資料集。

1. 將擴充功能加進我們的瀏覽器。

2. 使用 Google 或 Bing 影像搜尋來搜尋關鍵字。

3. 在搜尋設定中選擇適當的影像授權過濾器。

4. 當頁面重新載入後，捲動至底部幾次以確保所有的縮圖都已經載入了。

5. 開啟擴充功能並選擇「此選項卡（新版為當前頁面）（This Tab）」選項，如圖 12-3 所示。

6. 請注意預設上會選擇所有的縮圖。在螢幕的上方點選切換（新版為反選）（Toggle）按鈕來反選擇所有縮圖，然後再選擇其中我們需要的。我們可以將最小寬度和高度都設成 224（大部分的預訓練模型都接受 224×224 作為輸入大小）。

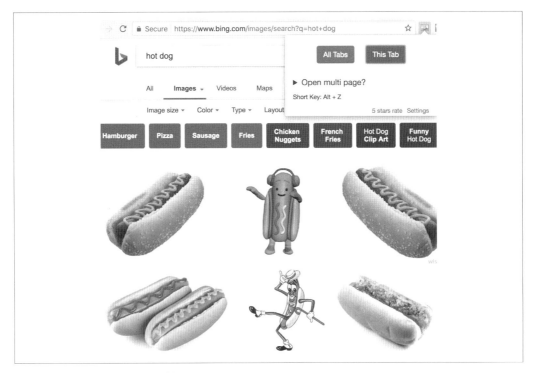

圖 12-3 「hot dog」的 Bing 搜尋結果

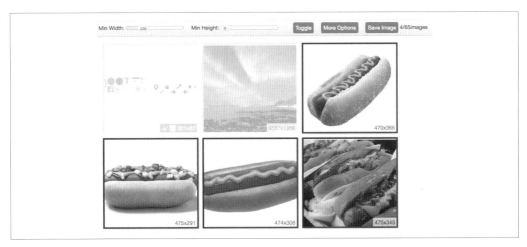

圖 12-4 透過 Fatkun 擴充功能選擇影像

7. 點擊右上角的保存圖像（Save Image）（新版為左上角的下載）將所有縮圖下載至我們的電腦。

請注意，顯示在截圖中的影像是標誌性影像（也就是主要物件出現在清晰的背景上）。在模型中只使用這種影像的話，很有可能會無法通用化至真實世界影像。例如，在白色背景的影像（像是電子商務網站上的影像）上，類神經網路可能會錯誤的認為白色背景等於熱狗。因此在進行資料蒐集時，要確保您的訓練影像在真實世界中是具有代表性的。

對於「不是熱狗」的負向類別來說，我們想要從大量的影中隨機選取。此外，也要蒐集看起來像是卻不是熱狗的東西；例如潛艇三明治、麵包、盤子、漢堡等等。

缺乏常和熱狗一起出現的東西，像是裝著食物的盤子、紙巾、蕃茄醬瓶或包等，會讓模型誤以為那些是真的熱狗。因此一定要將這些東西加入負向類別。

當您安裝像是 Fatkun 這樣的瀏覽器擴充功能時，它會要求對我們拜訪的所有網站上的資料進行讀取和修改的權限。當您不想要下載影像時，將它關閉會是一個好主意。

作法 3：使用 Bing 影像搜尋 API 爬取網路內容

用 Fatkun 來建立大型資料集會是一件很乏味的過程。此外，由 Fatkun 傳回來的影像是縮圖而不是原始大小的影像。要建立大型影像資料集，我們可以使用搜尋影像的 API，例如 Bing 影像搜尋 API，在其中我們可以設定一些限制，例如關鍵字、影像大小，以及授權。Google 本來也有影像搜尋 API，不過在 2011 年終止服務了。

Bing 的搜尋 API 結合了基於人工智慧之影像理解以及傳統的資訊檢索方法（也就是使用像是「alt-text」、「metadata」和「caption」等欄位的標籤）。在許多情況下，我們會被欄位中的標籤誤導而得到不相關的影像。結果是我們會想要手動剖析蒐集到的影像，以確保它們真的和任務相關。當資料集很大時，要手動篩選出不要的訓練範例會是一件很艱巨的任務。較容易的作法是以迭代式的方式來進行，在每一次迭代中逐漸的改善訓練資料集的品質。以下是較詳細的步驟：

1. 透過手動的方式檢閱少量的影像來建立訓練資料的子集合。例如若原始資料集中有五萬張影像，我們可能希望在第一次迭代中手動篩選出其中的 500 張好的訓練範例。

2. 用這 500 張影像訓練模型。

3. 用其餘的影像測試模型，以得到每一張影像的信賴度值。

4. 在具有最低信賴度值（通常是誤判）的影像中，檢視一部分的影像（例如 500 張）並捨棄不相關的影像。將留下來的影像加入訓練集合。

5. 重複幾次步驟 1 到 4，直到我們對模型的品質感到滿意為止。

 這是一種半監督式學習的形式。您可以把捨棄的影像當作負向訓練範例來進一步改善模型準確度。

 對於沒有標籤的大型影像集合來說，您可能會想要使用和它們一起出現的文字作為標籤；例如 # 號標籤（hashtag）、表情符號（emoji）、alt-text 等。

Facebook 使用貼文中出現的 # 號標籤作為弱標籤，建立了一個包含 35 億張影像的資料集，然後訓練它們，最後再在 ImageNet 資料集上進行微調。這個模型以 2% 的差距（85% 的前 1% 準確度）打敗了目前最先進的結果。

現在我們蒐集完影像資料集，終於要開始訓練它們了。

訓練我們的模型

前面我們已經談過如何蒐集影像資料集了，現在我們要了解一下幾個不同的訓練作法。

作法 1：使用基於網頁使用者介面之工具

就如在第 8 章所討論的，有幾種工具可以用來建立客製化的模型，它們是使用標記後的影像以及網頁使用者介面來進行訓練，例如 Microsoft 的 CustomVision.ai、Google AutoML、IBM Watson Visual Recognition、Clarifai 及 Baidu EZDL。這些方法不需要程式設計，而且很多都提供了簡單的拖放圖形化使用者介面來進行訓練。

讓我們看看要怎麼使用 CustomVision.ai 在五分鐘內建立一個對行動裝置友善的模型：

1. 造訪 *http://customvision.ai* 並創建一個新的專案。由於我們想要將訓練後的模型匯出至行動電話上，請選擇精簡（compact）模型型態。由於我們的領域和食物相關，請選擇「Food (Compact)」，如圖 12-5 所示。

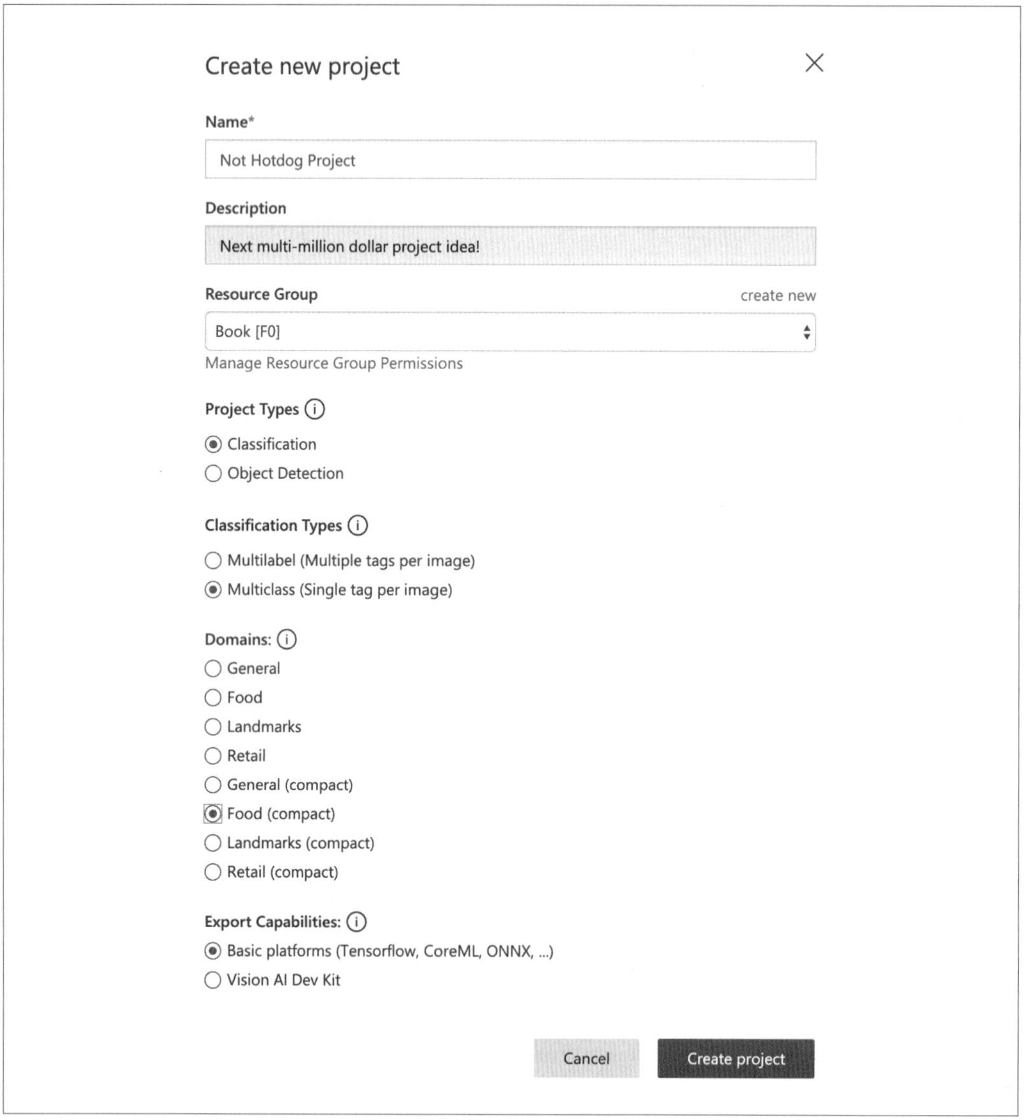

Create new project ✕

Name*

Not Hotdog Project

Description

Next multi-million dollar project idea!

Resource Group   create new

Book [F0] ⬍

Manage Resource Group Permissions

Project Types ⓘ

◉ Classification
◯ Object Detection

Classification Types ⓘ

◯ Multilabel (Multiple tags per image)
◉ Multiclass (Single tag per image)

Domains: ⓘ

◯ General
◯ Food
◯ Landmarks
◯ Retail
◯ General (compact)
◉ Food (compact)
◯ Landmarks (compact)
◯ Retail (compact)

Export Capabilities: ⓘ

◉ Basic platforms (Tensorflow, CoreML, ONNX, ...)
◯ Vision AI Dev Kit

Cancel   Create project

圖 12-5　在 CustomVision.ai 定義一個新專案

2. 上傳影像並指定標籤，如圖 12-6 所示。每個標籤至少要上傳 30 張影像。

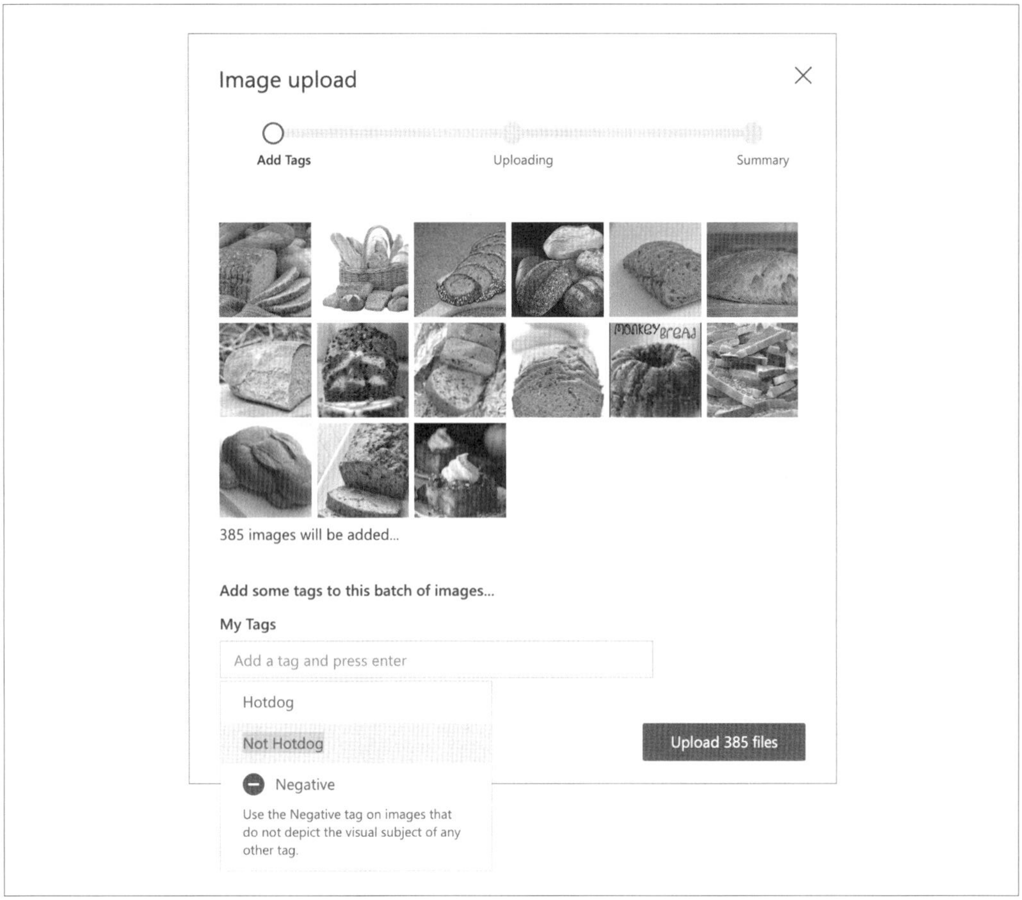

Image upload   ✕

○───○─────────────○
Add Tags   Uploading   Summary

385 images will be added...

Add some tags to this batch of images...

My Tags

Add a tag and press enter

Hotdog

Not Hotdog

⊖ Negative

Use the Negative tag on images that
do not depict the visual subject of any
other tag.

Upload 385 files

圖 12-6　在 CustomVision.ai 儀表板上傳影像。請注意，標籤已經因為之前的使用狀況而變成了 Hotdog 與 Not Hotdog

3. 點擊 Train 按鈕。會出現一個對話框，如圖 12-7 所示。快速訓練（Fast Training）實際上只有訓練最後的幾層，而進階訓練（Advanced Training）可能會調整整個網路以獲得更高的準確度（顯然會花上更多的時間和金錢）。在大部分的情況下，快速訓練應該就夠用了。

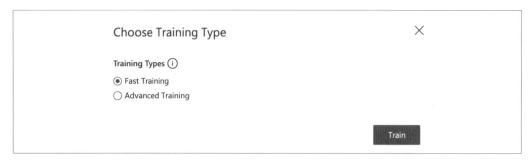

圖 12-7 訓練類型的選項

4. 不到一分鐘之內應該就會出現這個顯示了新訓練的模型對每個類別的精準度和召回率的畫面，如圖 12-8 所示。（這應該會引起您的注意，因為我們在本書的前面曾經討論過精準度和召回率。）

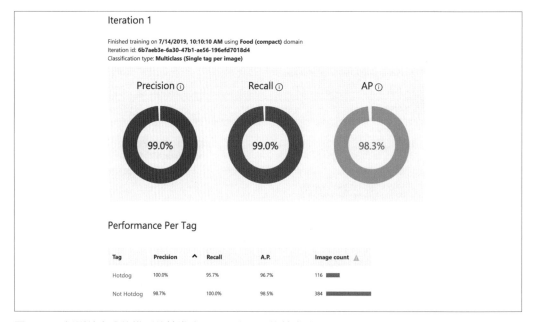

圖 12-8 新訓練完成的模型的精準度、召回率和平均精準度

5. 玩一下機率閾值來看看它會對模型的效能產生什麼樣的影響。預設的 90% 閾值達到非常不錯的結果。閾值愈高，模型就愈精準，不過代價是召回率會下降。

6. 按下匯出（Export）鈕並選擇 iOS 平台（圖 12-9）。在內部中，CustomVision.ai 會將模型轉換為 Core ML（或者是 TensorFlow Lite，如果您選擇要匯出到 Android 的話）。

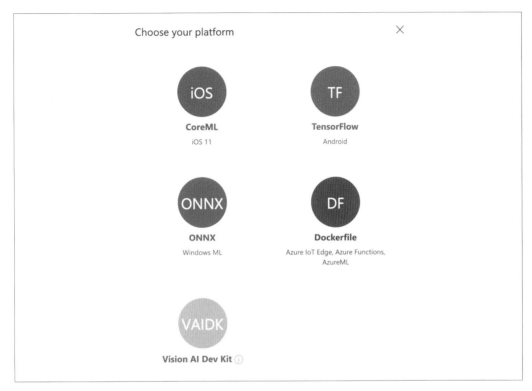

圖 12-9　CustomVision.ai 中的模型匯出器選項

完成了，而且沒有寫半行程式！現在我們再看看另一種不用寫程式的方法。

方法 2：使用 Create ML

2018 年時 Apple 發布了 Create ML 以讓 Apple 生態系的開發人員可以訓練電腦視覺模型。開發人員可以開啟一個玩樂區（*playground*）並寫幾行 Swift 程式碼來訓練影像分類器。另一種作法是，他們可以使用 CreateMLUI 在玩樂區中顯示有限的圖形化使用者介面的訓練功能。這是讓對機器學習沒什麼經驗的 Swift 開發人可以部署 Core ML 模型的不錯的作法。

一年後，在 2019 年的 Apple Worldwide Developers Conference（WWDC）中，Apple 公開了 macOS Catalina（10.15）上的 Create ML 應用程式，更進一步的降低了使用門檻。它提供了一個容易使用的圖形化使用者介面來訓練類神經網路，而完全不用寫任何程式。訓練類神經網路變成一件將檔案拖放至這個使用者介面的事情。除了支援影像分類器之外，他們也宣佈支援物件偵測、自然語言處理、聲音分類、活動分類（透過來自 Apple Watch 和 iPhone 的行動感測器資料來分類活動），以及表格化資料（包括推薦系統）。

它還很快呢！模型的訓練花不到一分鐘。這是因為它使用了遷移學習，所以不需要重新訓練整個網路。它也支援各種資料擴增方法，如旋轉、模糊化、雜訊等等。您唯一要做的事就是點擊複選框（checkbox）。

在 Create ML 出現之前，任何要在合理時間內訓練完一個嚴肅的類神經網路的人都需要擁有自己的 NVIDIA GPU。Create ML 善加利用了 MacBook 內建的 Intel 和／或 Radeon 圖形處理器來進行快速訓練，而不用再多買一些硬體設備。Create ML 讓我們可以在同一時間訓練使用了不同資料來源的多種模型。它可以藉由使用威力強大的硬體而受惠，例如 Mac Pro，甚至是外部的 GPU（eGPU）。

通常想使用 Create ML 的一個主要動機是它所輸出的模型大小。完整模型可以被切割成基底模型（展現功能）以及較輕量的任務特定分類層。Apple 把基底模型包裝進作業系統中。因此 Create ML 只需要輸出任務特定分類器。這些模型到底有多小呢？小到只有幾 KB（相較之下 MobileNet 模型的大小是 15 MB，這對 CNN 來說已經算小的）。當愈來愈多的開發人員開始在應用程式中使用深度學習時，這一點就變得很重要了。同樣的類神經網路不用被複製在不同的應用程式中而佔用了寶貴的儲存空間。

簡單來說，Create ML 容易使用、很快、又很小。聽起來好到令人難以置信。完全垂直整合的缺點是開發人員被 Apple 生態系綁住。Create ML 只能匯出 *.mlmodel* 檔，它只能用在 Apple 的作業系統上，像是 iOS、iPadOS、macOS、tvOS，以及 watchOS。令人難過的是，和 Android 的整合對 Create ML 來說還無法實現。

本節中，我們會使用 Create ML 來建立 Not Hotdog 分類器：

1. 開啟 Create ML 應用程式，點擊 New Document，並從可用的選項（包括 Sound、Activity、Text、Tabular）中選擇 Image Classifier 樣板，如圖 12-10 所示。請注意這只有在 macOS 10.15（或以上）的 Xcode 11（或以上）中才有提供。

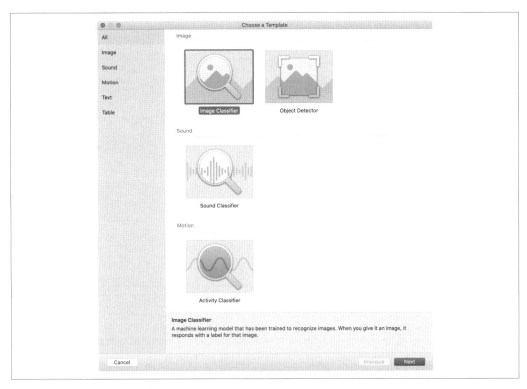

圖 12-10　為新專案選擇樣板

2. 在下一個畫面中輸入專案名稱，然後選擇 Done。

3. 我們必須將資料放進正確的目錄結構中。就如圖 12-11 所示，我們將資料放入和它們的標籤相同名稱的目錄中。在對應的目錄中區分訓練和測試資料集是很有用的作法。

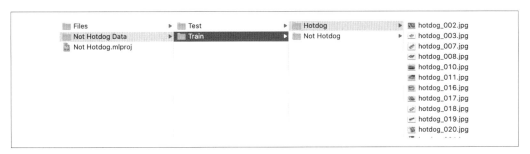

圖 12-11　將訓練與測試資料放在不同目錄

4. 讓使用者介面指定訓練和測試資料的目錄,如圖 12-12 所示。

圖 12-12　Create ML 中的訓練介面

5. 圖 12-12 顯示了當您選完訓練和測試資料目錄的畫面。Create ML 會自動選出驗證資料,請注意可用的擴增選項。此時,我們就可以按下 Play 鈕(向右的三角形;參見圖 12-13)來開始訓練過程。

圖 12-13　載入訓練和測試料後所開啟的 Create ML 畫面

當您進行實驗時，您很快就會發現每次進行擴增後訓練就會變慢。為了快速的建立基線效能量度，第一次執行時應該要避免使用擴增。之後我們就可以加入愈來愈多的擴增，以評估它們對模型品質的影響。

6. 當訓練完成後，我們可以看到模型在訓練資料、（自動挑選的）驗證資料及測試資料上的表現，如圖 12-14 所示。在畫面的最下方也可以看到訓練過程花了多久的時間以及最終模型的大小。在不到兩分鐘內達到 97% 的測試準確度，而且大小只有 17 KB。還不壞。

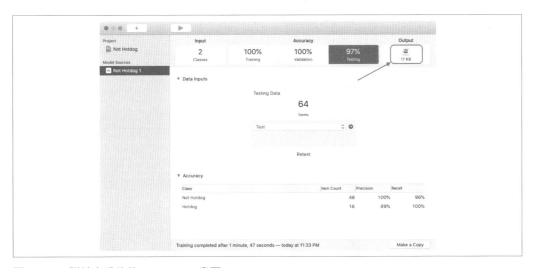

圖 12-14　訓練完成後的 Create ML 畫面

7. 快好了——只需要將最終模型匯出就好了。拖曳 Output 鈕（如圖 12-14 所示）到桌面上以建立 *.mlmodel* 檔案。

8. 我們可以雙擊新匯出的 *.mlmodel* 檔來檢視輸入以及輸出層，也可以將影像拉到模型中去測試它，如圖 12-15 所示。

這個模型已經準備好要被插入到任何 Apple 裝置的應用程式裡了。

Create ML 使用遷移學習，只訓練最後的幾層。根據您的使用案例不同，Apple 所提供的模型可能無法產生高品質的預測結果。這是因為您無法訓練模型中更前面的網路層，因而限制了模型可以發揮的潛力。對於大部分日常生活中的問題來說，這應該不是什麼太大的問題。然而，對像是 X 光這樣的領域特定應用，或者細節十分重要的應用（例如分辨紙鈔）來說，完整的訓練 CNN 會是比較好的作法。我們在下一節中就會這樣做。

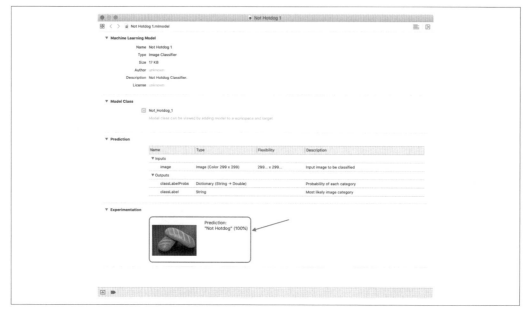

圖 12-15　Xcode 內的模型檢視使用者介面

作法 3：使用 Keras 進行微調

現在我們已經是使用 Keras 的專家了。這個選項可以讓我們得到更高的準確度，如果我們喜歡實驗又想要花更多的時間在訓練模型上。讓我們重新利用第 3 章的程式碼並修改像是目錄和檔名、批次大小及影像數量等參數。您可以在本書的 GitHub 網站上（參見 *http://PracticalDeepLearning.ai*）的 *code/chapter-12/1keras-custom-classifier-with-transfer-learning.ipynb* 中找到這段程式碼。

模型的訓練會花上幾分鐘來完成，實際情形根據所使用的硬體而定。訓練結束後，我們的磁碟上應該就有一個 *NotHotDog.h5* 檔可以用了。

使用 Core ML Tools 進行模型轉換

就如第 11 章所討論過的，有幾種方式可以將我們的模型轉成 Core ML 格式。

從 CustomVision.ai 產生的模型可以直接存成 Core ML 格式,因此不需要轉換。用 Keras 訓練的模型可以依以下的作法使用 Core ML Tools 幫忙轉換。請注意,因為我們用的 MobileNet 模型使用了一個名稱為 relu6 的客製化網路層,所以需要匯入 CustomObjectScope:

```
from tensorflow.keras.models import load_model
from tensorflow.keras.utils.generic_utils import CustomObjectScope
import tensorflow.keras

with CustomObjectScope({'relu6':
tensorflow.keras.applications.mobilenet.relu6,'DepthwiseConv2D':
tensorflow.keras.applications.mobilenet.DepthwiseConv2D}):
    model = load_model('NotHotDog-model.h5')

import coremltools
coreml_model = coremltools.converters.keras.convert(model)
coreml_model.save('NotHotDog.mlmodel')
```

現在我們有一個 Core ML 模型可用了,剩下要做的就是建立應用程式了。

建立 iOS 應用程式

我們可以使用第 11 章的程式碼並將那個 .mlmodel 換成新產生的模型檔,如圖 12-16 所示。

圖 12-16　將 .mlmodel 載入到 Xcode

編譯並執行應用程式後,您的任務就完成了!圖 12-17 呈現了令人驚嘆的結果。

圖 12-17　我們的應用程式辨識出熱狗

進一步探索

能不能將這個應用變得更有趣呢？我們可以用 Food-101 資料集中的所有類別來進行訓練並建立一個真的「食物界的 Shazam」，下一章我們就會這樣做。此外，我們可以加強使用者介面，讓它不只顯示最基本的百分比。此外，為了讓它像「Not Hotdog」一樣熱門，將它分享到社群媒體平台。

總結

本章中我們介紹了一個端到端生產線，包括蒐集資料、訓練與轉換模型，以及在真實世界的 iOS 裝置上使用它。對於生產線的每一個步驟我們都探討了一些不同的選項。另外，我們還要將前幾章所涵蓋的概念放入真實世界的應用中。

現在就像靳陽一樣，去賺您的百萬大鈔吧！

## 第十三章

食物界的 Shazam：使用 TensorFlow Lite 與 ML Kit 開發 Android 應用程式

在開發了熱門的 Not Hotdog 應用程式（我們在第 12 章中看到過的）之後，靳陽本來應該要建立一個可以辨識所有食物的分類器。事實上，那個應用程式原本應該叫作 SeeFood ——可以「看見」食物並立即知道它是什麼的應用程式（圖 13-1）。也可以說是「食物界的 Shazam」。然而，這個應用程式太過成功了以至於被 Periscope 併購。他的投資者 Erlich Bachman 的原始遠見並未實現。因此在本章中，我們的任務是完成這個夢想。

圖 13-1　列在 Apple App Store 中的 Not Hotdog 應用程式

這樣的功能在哪裡會有用呢？對健康魔人來說，它可以找出一道菜並提供營養資訊，包括有多少卡路里；或者它可以掃描一些食材，並根據它們來推薦食譜；又或者它可以看見市場中的產品，並且檢查是否包含任何被列入黑名單的成份，例如過敏原。

由於一些原因，這會是一個很有趣的待解問題，因為它代表了幾項挑戰：

資料蒐集挑戰

世界上有超過百種料理方式，每種都包含了成百甚至上千的菜色。

準確度挑戰

它應該在絕大多數的情況下都是正確的。

效能挑戰

它應該要能立即執行完畢。

平台挑戰

只有 iPhone 應用程式是不夠的。許多開發中國家的使用者用的是功能較弱的智慧型手機，尤其是 Android 裝置。跨平台開發是必要的。

為某種料理建立一個食物分類器應用程式就夠棘手了。想像您要為所有存在的食物做這件事──還是在兩個平台上！而個人或小團隊很快就會在嘗試解決這個問題時面臨擴展性的問題。在本章中，我們會以此範例作為動機來探索第 11 章關於行動人工智慧開發生命週期中的不同部分。

這裡所探討的題材不一定也要被限制在智慧型手機上。我們可以將所學應用在像是 Google Coral 和 Raspberry Pi 這類的邊緣裝置上，本書稍後會再對此進行討論。

食物分類器應用程式的生命週期

那麼，我們想要建立一個全球性多料理、多平台的食物分類器。聽起來像是很艱巨的任務，不過我們可以將它切成可管理的步驟。就像在一生中，我們首先要會爬，然後能走，之後才能跑。以下是可以考慮的作法：

1. 為單一料理（例如義大利菜）蒐集一小組初始影像。

2. 將這些影像用它們的菜名（例如 margherita_pizza）來標記。

3. 訓練分類器模型。

4. 將模型轉換為行動框架相容的格式（例如 *.tflite*）。

5. 整合模型和不錯的使用者經驗來建立一個行動應用程式。

6. 招募 alpha 使用者並和他們分享應用程式。

7. 蒐集活躍的使用者詳細的使用情況度量以及回饋，包括攝影機的圖框（可以反映真實世界使用情況）以及相對的代理人標籤（指出分類是對還是錯的）。

8. 使用新蒐集的影像作為額外的訓練資料來改善模型。這個過程必須是迭代式的。

9. 當模型的品質到達最低標準時，將應用程式或功能發給更多或所有的使用者。持續的監控並改善此料理模型的品質。

10. 對每一種料理重複上述步驟。

> 對步驟 7 來說，我們可以交錯的將回饋整合進使用者經驗中。例如，應用程式可以顯示某一張照片其預測結果的排行（依機率）。如果我們的模型做得不錯，使用者在大多數情況下都會選擇第一個選項。選擇排行較低的預測結果絕對會被看成預測錯誤。在最差的情況下，如果所有選項都不正確，就允許使用者新增一個標籤。這張照片以及它的標籤（在全部三種情境下）可以成為訓練資料。

我們不需要一大堆資料才能上路。雖然前面提到的很多步驟聽起來都很累人，其實我們可以大量的自動化這個過程。這個方法最酷的一點是，應用程式用的愈多，它就會愈好，而且這是自動完成的。它就像有生命一樣。我們從現在一直到本章結束都會探索這個自我演化的作法。

> 您的應用程式 / 公司的死忠粉絲會是好的 alpha 使用者。理想上的 alpha 使用者是那些投資在您的產品上的人。對食物辨識應用程式而言，潛在的使用者族群可能是那些會注意他們所吃下的每個卡路里和食材的健身狂。這些使用者能夠了解這個應用程式的品質不會一開始就很好，不過他們也可以透過持續給予建設性的回饋來看到他們在形塑它的過程中所扮演的角色。他們會自願的同意資料分享協議以提供像是每天的使用情況和影像圖框這類的資料。我們建議您的使用者一定要知道您從他們那裡蒐集了什麼資料，並允許他們選擇退出或刪除資料。不要鬼鬼祟祟的！

本章中，我們將探討前述生命週期的不同部分以及可以幫助我們的工具。在最後我們會對整個行動開發生命週期做一個全面性的檢視，並且組合它們以探索該如何有效的使用它們來建立產出品質的真實世界應用。

我們的旅程從了解以下 Google 生態系的工具開始。

TensorFlow Lite

模型轉換與行動推論引擎。

ML Kit

具有數個內建 API 的高階軟體開發工具集（software development kit，SDK），也可以執行客製化 TensorFlow Lite 模型以及和 Google Cloud 的 Firebase 整合。

Firebase

提供產出品質行動應用程式的雲端框架，包含了分析功能、毀損回報、A/B 測試、推播通知，以及其他的功能。

TensorFlow 模型優化工具集

優化模型大小與效能的工具集合。

TensorFlow Lite 概觀

第 11 章中我們有提到 Google 發佈了一個稱為 TensorFlow Lite 的裝置上推論引擎，它將 TensorFlow 生態系的觸及面推廣到雲端與桌上型電腦之外。在那之前，TensorFlow 生態系的選項是將整個 TensorFlow 程式庫移植到 iOS 上（又重又慢），以及在其後推出一個稍微瘦身的版本稱為 TensorFlow Mobile（有改善，不過還是很笨重）。

TensorFlow Lite 從一開始就對行動裝置進行優化，它具有下列突出的功能：

小

TensorFlow Lite 所包裝的解譯器很輕量。即使包含了所有的運算子，解譯器的大小還是不到 300 KB。在使用像是 MobileNet 這種常用的模型時，我們可以預期所用的記憶體會不到 200 KB。相對地，前一代的 TensorFlow Mobile 需要佔用 1.5 MB 的空間。此外，TensorFlow Lite 使用**選擇性**登錄──它只包裝模型會用到的運算，因而將不必要的負擔最小化。

快

TensorFlow Lite 提供了顯著的速度提升，因為它可以善用裝置上的**硬體加速**（*hardware acceleration*）元件，例如 GPU 和 NPU。在 Android 生態系中，它會使用 Android Neural Networks API 來進行加速。而在 iPhone 中，它則會使用 Metal API。Google 聲稱在使用 GPU 時可以得到二至七倍的速度提升（相對於 CPU 而言）。

TensorFlow 使用協定緩衝區（Protobuf）來進行反序列化（deserialization）／序列化（serialization）。Protobuf 是一種用來表達資料的威力強大的工具，因為它具有彈性與可擴展性。然而要付出的是效能降低的代價，尤其是在像行動裝置這類低耗能的裝置上。

FlatBuffer 成為這個問題的解答。它原先是為了要求低負擔與高效能的電腦遊戲而設計的，後來證明它也是行動裝置上良好的解決方案，因為可以降低花在模型序列化和反序列化的程式碼足跡、記憶體使用，以及 CPU 週期。這也顯著的改善了啟動時間。

在網路中，有些網路層在推論時間時會進行固定的計算；例如批次正規化層是可以被預先計算的，因為它們仰賴訓練時所得到值，像是平均值和標準差。因此，批次正規化層的計算可以和前一個網路層的計算先融合（fused）（也就是組合）起來（也就是在模型轉換時進行），因而縮減了推論時間並且讓整個模型更快。這被稱為**預融合激發**（*prefused activation*），TensorFlow Lite 有支援這個功能。

解譯器使用靜態記憶體以及靜態執行規劃。這有助於降低模型載入的時間。

較少的相關性

TensorFlow Lite 程式碼庫大多是具有最少相關性的標準 C/C++。它比較容易包裝和部署，並且降低了部署的套件大小。

支援客製化運算子

TensorFlow Lite 包含了量化且是浮點數的核心運算子，其中很多都已經為行動平台調整過了，而且可以用來創建和執行客製化模型。如果 TensorFlow Lite 不支援我們模型中的某個運算，我們也可以自己撰寫客製化運算子來讓模型運行。

在我們建立初始的 Android 應用程式之前，先了解 TensorFlow Lite 的架構是很有用的。

TensorFlow Lite 架構

圖 13-2 為 TensorFlow Lite 架構的高層次觀點。

身為應用程式的開發人員，和 TensorFlow Lite API（或是 ML Kit，但它還是會使用 TensorFlow Lite）互動時我們是在最高的階層工作。TensorFlow Lite API 將我們在使用像是 Android 的 Neural Network API 這類低階 API 時所涉及的複雜性以抽象化簡化了。回想一下，這很像 Core ML 在 Apple 環境中的工作方式。

看看架構的另一端，計算可以在不同類型的硬體模組上執行。其中最常用的是 CPU，只因為它隨時可用又有彈性。現代的智慧型手機漸漸的會配備著特殊模組，包括 GPU 以及更新的 TPU（特別為在像是 iPhone X 上進行類神經網路計算而建）。此外，專門執行單一任務——像是臉部驗證、指紋驗證，以及喚醒字詞偵測（像是「Hey Siri」）——的數位訊號處理器（Digital Signal Processors，DSP）。

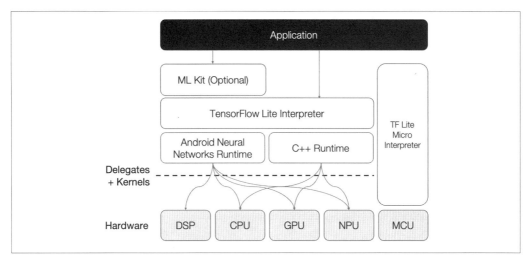

圖 13-2　TensorFlow Lite 生態系的高層次架構

在物聯網（Internet of Things，IoT）的世界中，微控制器（microcontroller，MCU）主宰了一切。在沒有作業系統、沒有處理器、只有極少量的記憶體（以 KB 為單位）的情況下，它們可以被便宜的大量製造而且容易整合進不同的應用中。藉由 TensorFlow Lite for Microcontrollers，開發人員不需要網路連線就可以在這些裸機裝置上運行人工智慧。用於 MCU 上縮減後的 TensorFlow Lite Interpreter（大約 20 KB）被稱為 TensorFlow Lite Micro Interpreter。

那麼 TensorFlow Lite 是怎麼和硬體互動的呢？藉由使用代理人（delegate），也就是一種與平台相關的物件，它能夠展現出與平台無關的一致性 API。換句話說，代理人會讓解譯器不需要知道和它正在使用的特定硬體相關的任何事情。它們負起圖形執行（graph execution）的全部或部分責任，讓本來會在 CPU 上執行的工作在更有效率的 GPU 或 NPU 上執行。在 Android 上，GPU 代理人會使用 OpenGL 來加速效能，而在 iOS 上則是使用 Metal API。

即使 TensorFlow Lite 本身與平台無關，它還是要呼叫平台限定的程式庫來實作已知的合約。這份合約就是 TensorFlow Lite Delegate API。在 Android 上，這份合約是由 Android Neural Network API（在運行 Android 8.1 以上版本的裝置上可用）來履行。Neural Network API 是設計來為高階機器學習框架提供基礎功能的。Neural Network API 在 Apple 世界中的對照版是 Metal Performance Shaders。

有了這些資訊後，我們就可以開始動手了。

轉換模型到 TensorFlow Lite

到目前為止，我們的手上應該已經有一個模型（不論是用 ImageNet 預訓練的或是用 Keras 進行客製化訓練的）可用了。在我們將這模型插入 Android 應用程式前，必須將它轉換為 TensorFlow Lite 格式（*.tflite* 檔）。tflite_convert 命令已經包裝在我們的 TensorFlow 安裝當中了：

```
# Keras 到 TensorFlow Lite
$ tflite_convert \
  --output_file=my_model.tflite \
  --keras_model_file=my_model.h5

# TensorFlow 到 TensorFlow Lite
$ tflite_convert \
  --output_file=my_model.tflite \
  --graph_def_file=my_model/frozen_graph.pb
```

這個命令的輸出是一個新的 *my_model.tflite* 檔，我們會在接下來的段落中將它插入至 Android 應用程式中。稍後我們會看看要怎麼再次使用 tflite_convert 來讓模型表現得更好。此外，TensorFlow Lite 團隊也已經建立了許多以 TensorFlow Lite 格式儲存的預訓練模型，省下了這個轉換步驟。

建立即時物件辨識應用程式

執行 TensorFlow 資料庫中的範例應用程式是使用 TensorFlow Lite API 的簡單方式。請注意，我們需要一台 Android 手機或平板來執行應用程式。以下是建立和部署應用程式的步驟：

1. 複製 TensorFlow 資料庫：

   `git clone https://github.com/tensorflow/tensorflow.git`

2. 從 *https://developer.android.com/studio* 下載並安裝 Android Studio。

3. 開啟 Android Studio，然後選擇「開啟既存的 Android Studio 專案（Open an existing Android Studio project）」（圖 13-3）。

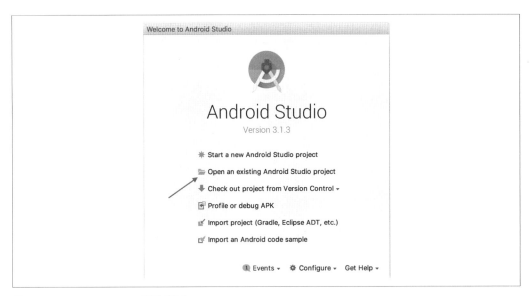

圖 13-3　Android Studio 啟動畫面

4. 移到複製的 TensorFlow 資料庫位置並進入 *tensorflow/tensorflow/contrib/lite/java/demo/*（圖 13-4）。選擇開啟（Open）。

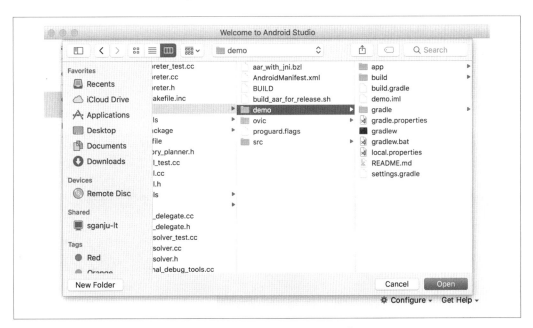

圖 13-4　在 TensorFlow 資料庫中的 Android Studio「開啟既存專案」畫面

5. 在 Android 裝置上開啟開發人員（Developer）選項。（請注意，我們用的是一台使用老舊 Android 作業系統的 Pixel 手機。如果是其他的品牌，指令可能會有點不同。）

   a. 移至設定（Settings）。

   b. 往下捲動畫面到關於手機（About Phone）或關於平板（About Tablet）選項（圖 13-5）並選擇它。

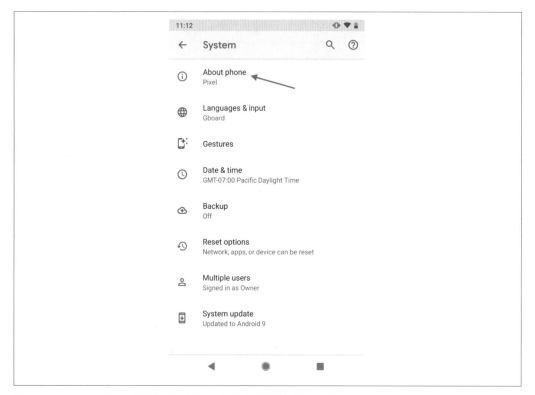

圖 13-5　Android 手機的系統資訊畫面；在此選擇關於手機選項

   c. 找到版本號碼（Build Number）列並點擊它七次。（您沒看錯，就是七次！）

   d. 您應該會看到一段訊息（圖 13-6）確認已開啟開發人員模式。

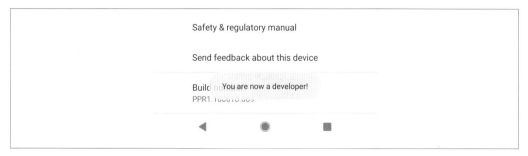

Safety & regulatory manual

Send feedback about this device

Build n You are now a developer!
PPR1.180610.009

圖 13-6　Android 裝置上的關於手機畫面

e. 如果您用的是手機，按一下退回鈕來回到前一個選單。

f. 您應該可以看到一個「開發人員選項（Developer options）」鈕，就在「有關手機」或「有關平板」選項的上面（圖 13-7）。按一下這個鈕來叫出「開發人員選項」選單（圖 13-8）。

11:13

System

About phone
Pixel

Languages & input
Gboard

Gestures

Date & time
GMT-07:00 Pacific Daylight Time

Backup
Off

Reset options
Network, apps, or device can be reset

Multiple users
Signed in as Owner

Developer options

System update
Updated to Android 9

圖 13-7　系統資訊畫面顯示了「開發人員選項」已啟用

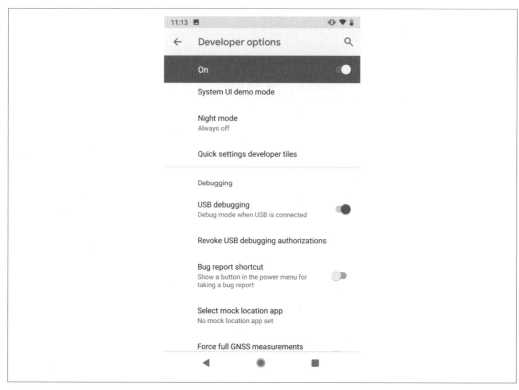

圖 13-8　Android 裝置上的「開發人員選項」畫面顯示了 USB 除錯（USB debugging）已啟用

6. 將此 Android 裝置透過 USB 纜線連接電腦。

7. Android 裝置可能會顯示訊息來詢問是否允許 USB 除錯。啟用「永遠允許在這部電腦（Always allow this computer）」並且選擇 OK（圖 13-9）。

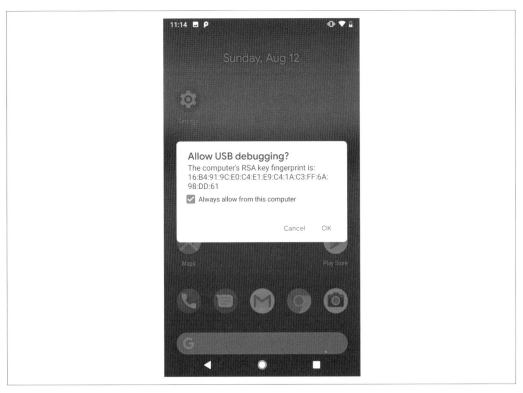

圖 13-9　在顯示的警告訊息中允許 USB 除錯

8. 在 Android Studio 的 Debug 工具列（圖 13-10），點擊 Run App 鈕（向右的三角形）。

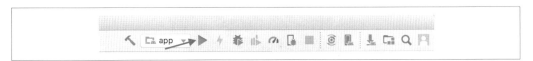

圖 13-10　Android Studio 的 Debug 工具列

9. 會出現一個顯示了所有可用的裝置和模擬器的視窗（圖 13-11）。選擇您的裝置，然後再選擇 OK。

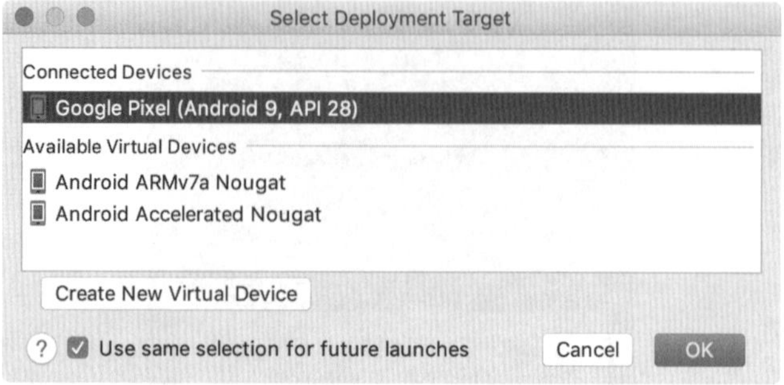

圖 13-11　從部署標的（deployment target）選擇畫面選擇手機

10. 應用程式應該已經安裝好並在我們的手機上執行了。

11. 應用程式會要求相機的使用權限，核准它。

12. 應該會出現一個直播的相機畫面、物件分類的即時預測結果，再加上它在預測時所花的秒數，如圖 13-12 所示。

圖 13-12　運行中的應用程式，顯示了即時的預測結果

您做到了！我們有了一個在手機上運行的基本應用程式，可以接收視訊圖框並且分類它們。它很簡單而且運作得還不錯。

除了物件分類外，TensorFlow Lite 資料庫中也有許多其他人工智慧問題的範例應用程式（iOS 以及 Android），包括以下這些：

- 物件偵測

- 姿勢預測

- 手勢辨識

- 語音辨識

這些範例應用程式的優點是只要使用基本指令，即使沒有行動開發背景的人也可以讓它們在手機上運行。更棒的是，如果我們有一個客製化的模型，我們可以將它插入到應用程式中並看到它為我們客製化的任務運行。

這是好的開始。然而，在真實世界中的事情複雜多了。具有數千或甚至數百萬使用者的真實世界應用程式的開發人員必須想的不只是推論而已——還有像是更新和散布模型、在部分使用者間測試不同的版本、維護在 iOS 和 Android 上的相同性，以及最終要縮減它們的工程成本。要在組織內部做到這些會很昂貴、耗時，而且坦白說是沒有必要的。當然，有提供這些功能的平台是很誘人的。這就是 ML Kit 以及 Firebase 介入之時。

ML Kit + Firebase

ML Kit 是一個行動 SDK，發布於 2018 年的 Google I/O 會議。它為新手以及進階機器學習開發人員提供了方便的 API，以進行多項常用的機器學習任務。預設上，ML Kit 包含了視覺以及語言智慧的功能集合。表 13-1 列出了一些我們可以只用幾行程式就完成的常用機器學習任務。

表 13-1　ML Kit 內建功能

視覺	語言
物件分類	語言識別
物件偵測與追蹤	裝置上翻譯
知名地標偵測	聰明回答
文字辨識	
臉部偵測	
條碼偵測	

ML Kit 也可以讓我們使用客製化訓練的 TensorFlow Lite 模型來進行推論。讓我們花點時間來讚揚這件事對開發人員的好處。想像一下我們正在建立一個名片掃描器。我們可以使用一個客製化的名片偵測模型、辨識名片的出現與否以及它的邊框（以建立良好的視覺化使用者介面）、執行內建的文字辨識功能，並且過濾掉邊框外的文字以防止多餘的字元出現。或者考慮一個語言學習遊戲，它可以以指向物件、執行物件分類，然後使用裝置上的翻譯 API 來以法語讀出標籤。用 ML Kit 來快速的建立這些是完全有可能的。雖然這裡面的許多功能也出現在 Core ML 中，不過 ML Kit 還有另一個優勢就是它是跨平台的。

ML Kit 只是拼圖裡的一塊。它和 Google 的 Firebase 整合在一起，Firebase 是一個行動與網頁應用開發平台，也是 Google Cloud 的一部分。Firebase 提供了許多產出品質應用程式所需要的基礎架構的功能，例如以下這些：

- 推播通知
- 認證
- 當機報告
- 記錄
- 效能監控
- 託管裝置測試
- A/B 測試
- 模型管理

最後一點和我們非常有關係。Firebase 最大的好處就是讓我們可以將我們的客製化模型託管在雲端上，並在有需要時下載到應用程式內。只要將模型複製到 Google Cloud 上的 Firebase，並在應用程式內部的 ML Kit 參照此模型就可以用了。A/B 測試功能讓我們可以對不同的使用者顯示相同模型的不同版本，並量取不同模型的效能。

 ML Kit 對很多內建功能提供了一個可以在雲端上處理影像的可選功能，其中的模型比裝置上模型大多了。這些較大的模型顯然需要更具威力的硬體來執行它們，好處是準確度會改善以及可能具有更大的分類架構（像是數千種而不是數百種物件類別）。事實上，像是地標辨識等一些功能只能在雲端上運作。

雲端處理選項在我們需要更高的準確度和 / 或使用者手機的處理能力低到無法運行裝置上模型時，特別有用。

以 ML Kit 進行物件分類

對於我們前面的即時物件分類任務來說，如果我們用的是 ML Kit 而不是基本的 TensorFlow Lite，我們可以將程式簡化到只有下面幾行（使用 Kotlin 語言）：

```kotlin
val image = FirebaseVisionImage.fromBitmap(bitmap)
val detector = FirebaseVision.getInstance().visionLabelDetector
val result = detector.detectInImage(image).addOnSuccessListener { labels ->
    // 印出標籤
}
```

用 ML Kit 客製化模型

除了 ML Kit 所提供的預建模型之外，我們也可以運行自己的客製化模型。這些模型必須是 TensorFlow Lite 格式。以下是載入客製化模型的簡單程式碼：

```kotlin
val customModel = FirebaseLocalModelSource.Builder("my_custom_model")
        .setAssetFilePath("my_custom_model.tflite").build()
FirebaseModelManager.getInstance().registerLocalModelSource(customModel)
```

接下來，指明模型的輸入和輸出設置（假設此模型的輸入是 224×224 大小的 RGB 影像，且會給予 1,000 種類別名稱的預測結果）：

```kotlin
val IMAGE_WIDTH = 224
val IMAGE_HEIGHT = 224
val modelConfig = FirebaseModelInputOutputOptions.Builder()
        .setInputFormat(0, FirebaseModelDataType.FLOAT32, intArrayOf(1,
IMAGE_WIDTH, IMAGE_HEIGHT, 3))
        .setOutputFormat(0, FirebaseModelDataType.FLOAT32, intArrayOf(1, 1000))
        .build()
```

接著，建立一個單張影像的陣列並將像素正規化到範圍 [−1,1]：

```kotlin
val bitmap = Bitmap.createScaledBitmap(image, IMAGE_WIDTH, IMAGE_HEIGHT, true)
val input = Array(1) {
        Array(IMAGE_WIDTH) { Array(IMAGE_HEIGHT) { FloatArray(3) } }
        }
for (x in 0..IMAGE_WIDTH) {
    for (y in 0..IMAGE_HEIGHT) {
        val pixel = bitmap.getPixel(x, y)
        input[0][x][y][0] = (Color.red(pixel) - 127) / 128.0f
        input[0][x][y][1] = (Color.green(pixel) - 127) / 128.0f
        input[0][x][y][2] = (Color.blue(pixel) - 127) / 128.0f
    }
}
```

現在根據我們的客製化模型來設置一個解譯器：

```
val options = FirebaseModelOptions.Builder()
    .setLocalModelName("my_custom_model").build()
val interpreter = FirebaseModelInterpreter.getInstance(options)
```

接著，在解譯器上執行我們的輸入批次：

```
val modelInputs = FirebaseModelInputs.Builder().add(input).build()
interpreter.run(modelInputs, modelConfig).addOnSuccessListener { result ->
    // 印出結果
}
```

沒錯，就是那麼簡單！在此我們已經了解如何將客製化模型綁進應用程式裡。我們有時會想要讓應用程式從雲端動態下載模型，其原因如下：

* 我們想要讓應用程式在 Play 商店上的預設大小變小，以使那些資料使用量受限的使用者也可以下載我們的應用程式。

* 我們想要嘗試各種不同的模型，並根據可用的量度來選出其中最好的。

* 我們想要讓使用者可以擁有最新又最好的模型，而不用經歷整個應用程式的釋出過程。

* 需要此模型的功能可以是可選的，而且我們想要保留使用者裝置上的空間。

這帶領我們來到了託管模型（hosted model）的領域。

託管模型

ML Kit 結合 Firebase 可以讓我們有能力將模型上傳和儲存於 Google Cloud，並在需要時從應用程式下載它。當模型被下載後，它的表現就會像是我們已經把它綁在應用程式中一樣。此外，它讓我們不用進行整個應用程式的發布過程就可以對模型進行更新。此外，它讓我們可以對模型進行實驗，以決定哪一個會在真實世界中表現最好。對於託管模型而言，我們必須檢視兩個層面。

存取託管模型

以下的程式碼會通知 Firebase 我們想要使用名稱為 my_remote_custom_model 之模型：

```
val remoteModel = FirebaseCloudModelSource.Builder("my_remote_custom_model")
        .enableModelUpdates(true).build()
FirebaseModelManager.getInstance().registerCloudModelSource(remoteModel)
```

請注意，我們設定了 `enableModelUpdates` 以讓我們可以將模型的更新從雲端推送到裝置上。我們也可以選擇性的設置模型在第一次以及後續每次被下載的條件——例如，裝置是否閒置、裝置目前是否正在充電，以及下載是否僅限於使用無線網路。

設置一個解譯器，就像我們對本地模型所做的一樣：

```
val options = FirebaseModelOptions.Builder()
    .setCloudModelName("my_remote_custom_model").build()
val interpreter = FirebaseModelInterpreter.getInstance(options)
```

在這之後，執行預測的程式碼看來就會和是用本地模型一模一樣。

接下來，我們要討論另一個託管模型的層面——上傳模型。

上傳託管模型

撰寫本書時，Firebase 只提供了在 GCP（Google 雲端平台）上的模型託管。本節中，我們會走一遍建立、上傳及儲存託管模型的簡單流程。本小節將假設我們已經有一個 GCP 帳號可用了。

以下列出了要讓模型託管至雲端時我們所須進行的步驟：

1. 連結至 *https://console.firebase.google.com*。選擇一個既有的專案或建立一個新專案（圖 13-13）。

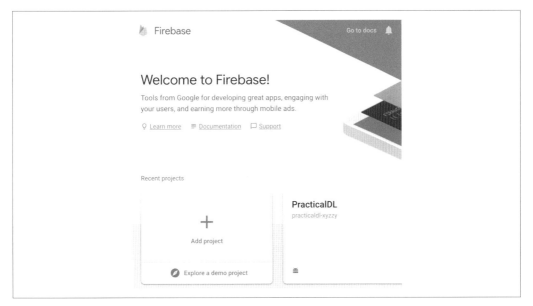

圖 13-13　Google Cloud Firebase 首頁

2. 在 Project Overview 畫面中，建立 Android 應用程式（圖 13-14）。

圖 13-14　Google Cloud Firebase 的 Project Overview 畫面

3. 使用來自 Android Studio 專案的應用程式 ID（圖 13-15）。

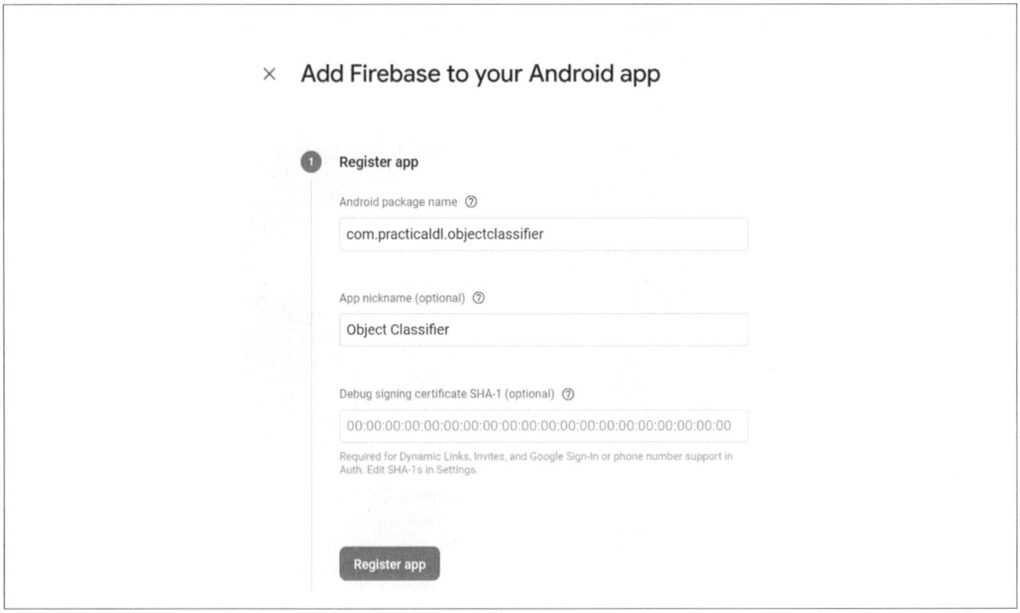

× 　Add Firebase to your Android app

1 　Register app

Android package name ⑦

com.practicaldl.objectclassifier

App nickname (optional) ⑦

Object Classifier

Debug signing certificate SHA-1 (optional) ⑦

00:00:00:00:00:00:00:00:00:00:00:00:00:00:00:00:00:00:00:00

Required for Dynamic Links, Invites, and Google Sign-In or phone number support in Auth. Edit SHA-1s in Settings.

Register app

圖 13-15　Firebase 的應用程式創建畫面

4. 點擊「註冊應用程式（Register app）」後下載設定檔。這個設定檔包含了存取我們的雲端帳號所需的認證資訊。將設定檔和 Firebase SDK 加入至 Android 應用程式中，如應用程式創建畫面所示。

5. 在 ML Kit 區段中，選擇「開始（Get Started）」，然後選擇「加入客製化模型（Add custom model）」（圖 13-16）。

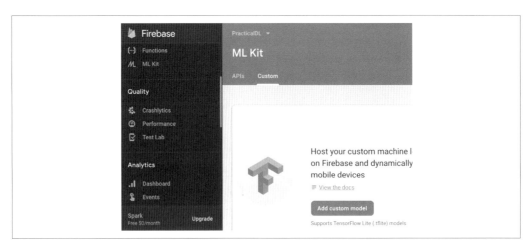

圖 13-16　ML Kit 客製化模型頁籤

6. 在名稱欄位中輸入 my_remote_custom_model 來匹配程式碼中的名稱。

7. 從您的電腦上傳模型檔（圖 13-17）。

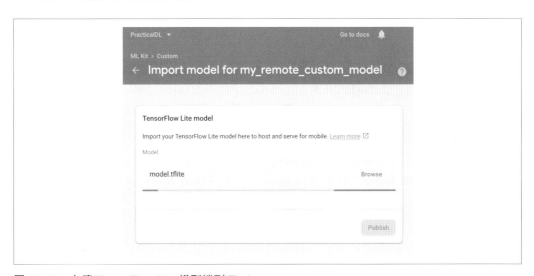

圖 13-17　上傳 TensorFlow Lite 模型檔到 Firebase

8. 上傳成功後點選「發佈（Publish）」按鈕。

就這樣！我們的模型可以從應用程式中動態存取及使用了。

接下來，我們要檢視如何使用 Firebase 來進行模型間的 A/B 測試。

對託管模型進行 A/B 測試

請設想一個情境，一開始我們部署了一個稱為 my_model_v1 的第一版模型。當使用者用過它之後，我們得到了更多可以用來訓練的資料。訓練的結果就是 my_model_v2（圖 13-18）。我們想要評估一下這個新的版本有沒有得到更好的結果。這正是使用 A/B 測試之時機。

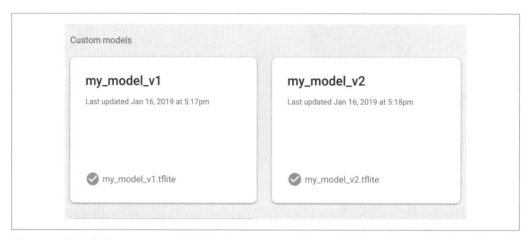

圖 13-18　目前上傳至 Firebase 的客製化模型

A/B 測試被產業界廣泛的採用，是一種統計性假設檢驗技術，它嘗試回答了「B 是否比 A 更好？」這個問題。此處的 A 和 B 可以是任何同一類的事物：網頁內容、手機應用程式的設計元素，甚至是深度學習模型。當我們積極的開發模型並想要發掘使用者對不同模型版本的反應時，A/B 測試會是很好用的功能。

現在使用者已經使用 my_model_v1 好一陣子了，而我們想要知道 v2 版本是否會得到使用者的正評。我們想要慢慢來；或許先讓 10% 的使用者獲得 v2，因此我們可以如下設定一個 A/B 測試實驗：

1. 在 Firebase 中點選 A/B Testing 區段，然後再選擇「Create experiment（創建實驗）」（圖 13-19）。

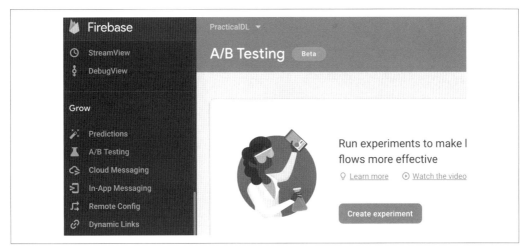

圖 13-19　在 Firebase 上建立 A/B 測試實驗的畫面

2. 選擇 Remote Config（遠端設定）選項。

3. 在 Basics（基本）區段中之「Experiment name（實驗名稱）」輸入框中，輸入實驗名稱以及其描述（圖 13-20），然後再點選「Next」。

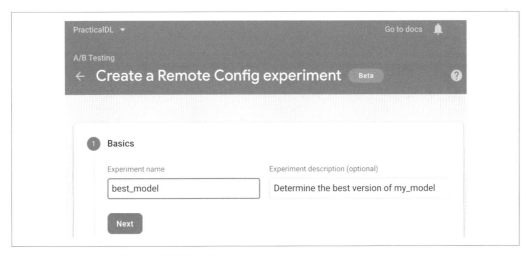

圖 13-20　畫面中創建遠端設定實驗的 Basics 區段

4. 在開啟的 Targeting（標的）區段中，從「Target users（標的使用者）」下拉式選單中選擇我們的應用程式，並輸入目標使用者的百分比（圖 13-21）。

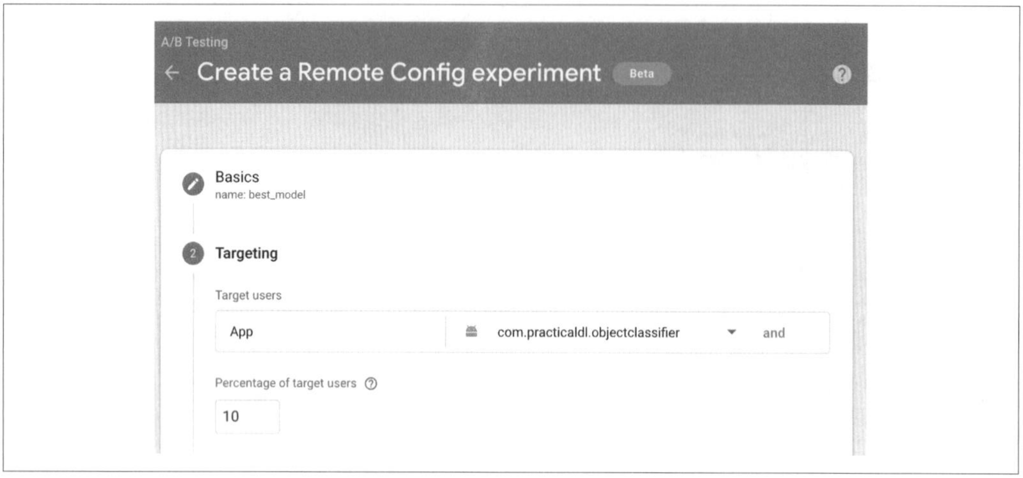

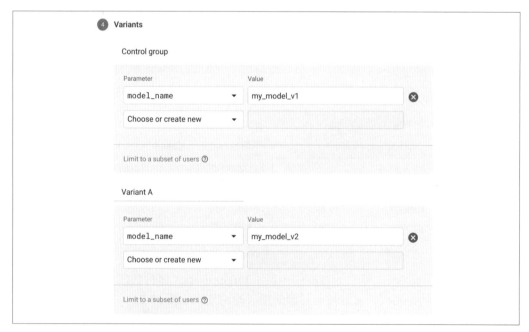

圖 13-21　Remote Config 畫面中的 Targeting 區段

5. 選擇適當的量度。我們會在下一節中更詳細的討論這個部分。

6. 在 variants（變量）區段中（圖 13-22），創建一個名稱為 model_name 的新參數，用以反映使用者所使用的模型名稱。控制組取得預設模型，也就是 my_model_v1。我們也創建另一個稱為 my_model_v2 的變量，它會傳給 10% 的使用者。

圖 13-22　Remote Config 畫面中的 Variants 區段

7. 選擇 Review（審閱），然後再選擇「Start experiment（開始實驗）」。隨著時間進行，我們可以使用變量來增加使用者的分布。

看！現在我們已經讓實驗開始運行了。

量測實驗

現在我們要怎麼進行？我們想要讓實驗運行一段時間來看看它的表現如何。根據實驗種類的不同，我們可能會想要給它幾天到幾週的時間。實驗的成功與否可以由任何的條件來決定。Google 提供我們幾個立即可用的量度，如圖 13-23 所示。

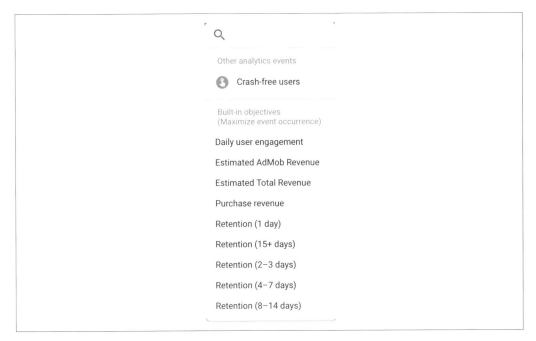

圖 13-23　設定 A/B 測試實驗時可用的 analytic

假設我們想要將我們的預估總收益最大化——畢竟我們都想要像靳陽一樣有錢。相較於基線使用者——也就是沒有開啟實驗的使用者——我們會想要量取來自於將實驗開啟的那些使用者的收益。如果每個使用者的平均收益與基線使用者相較有所增加，那麼我們會認為實驗是成功的。反之，如果每個使用者的平均收益沒有增加或甚至減少的話，我們就會認為實驗失敗。對於成功的實驗而言，我們會想要慢慢的將它們導入給所有使用者。此時實驗結束，它「畢業」了並成為一種重要的貢品。

以程式碼使用實驗

現在我們已經設置好一個實驗了，讓我們看看要如何以程式碼將它包含到我們的應用程式中。若要在我們的程式碼中使用適當的模型，只需要存取遠端設定物件（remoteConfig）並從它取得模型名稱。從遠端設定物件取得的模型名稱會和使用者是否參與實驗有關。以下的程式碼會完成此事：

```
val remoteConfig = FirebaseRemoteConfig.getInstance()
remoteConfig.fetch()
val modelName = remoteConfig.getString("current_best_model")
val remoteModel = FirebaseCloudModelSource.Builder(modelName)
        .enableModelUpdates(true).build()
FirebaseModelManager.getInstance().registerCloudModelSource(remoteModel)
```

其餘用來執行預測的程式碼和前幾節中的一模一樣。現在，我們的應用程式已經可以使用由實驗所決定的正確模型了。

iOS 上的 TensorFlow Lite

前幾章已經展示了要在 iOS 上使用 Apple 的 Core ML 有多麼容易。我們只要拖放一個模型到 Xcode 內再使用幾行程式碼，就可以開始進行推論。相反地，即使我們看到的是像在 TensorFlow Lite 知識庫中的基本 iOS 範例，我們顯然還是需要大量的模組化程式碼好讓最基本的應用程式得以運行。不過，結合 TensorFlow Lite 以及 ML Kit 是令人相當愉悅的經驗。除了可以使用乾淨又精簡的 API 之外，我們還可以得到本章稍早所提到的所有功能——包括遠端下載與更新模型、模型 A/B 測試，以及用於處理的雲端應變方案。所有的這些功能都不需要再進行額外的工作。同時為 iOS 以及 Android 撰寫深度學習應用程式的開發人員可能會認為，使用 ML Kit 是一種「只要建構一次就可以到處適用」的方法。

效能優化

在第 6 章時我們曾經探討了量化與修剪，不過主要是以理論的觀點進行探討。讓我們以 TensorFlow Lite 以及完成它們的工具的觀點來仔細的再看看它們。

使用 TensorFlow Lite 轉換器進行量化

對於 iOS，Apple 在它的 Core ML Tools 套件中提供了 quantization_utils。對於 TensorFlow Lite，對等的是我們在本章稍早用過的內建的 tflite_convert 工具。在命令行中，我們可

以指明輸入檔、模型圖、要轉換的資料型別，以及輸入和輸出的名稱（可以用 Netron 來進行檢視，如第 11 章所示）。從 32 位元變成 8 位元表達法意味著小了四倍的模型，而只會損失些微的準確度。

```
$ tflite_convert \
  --output_file=quantized-model.tflite \
  --graph_def_file=/tmp/some-graph.pb \
  --inference_type=QUANTIZED_UINT8 \
  --input_arrays=input \
  --output_arrays=MobilenetV1/Predictions/Reshape_1 \
  --mean_values=128 \
  --std_dev_values=127
```

這個命令完成後應該會產生 quantized-model.tflite 模型。

TensorFlow 模型優化工具集

TensorFlow Lite 轉換器是量化我們的模型最簡單的方式。值得注意的是，轉換器是在訓練後才量化模型。由於表達能力的降低，可能會產生微小但卻不可忽視的準確度損失。我們能做得更好嗎？量化感知訓練（*quantization-aware training*）負責在訓練期間的量化效果，並嘗試著彌補與最小化在訓練後量化時所產生的損失。

雖然兩種量化的形式都縮減了 75% 的模型大小，但實驗結果顯示了下列事實：

- 在 MobileNetV2 中，相較於準確度下降 8% 的訓練後量化而言，量化感知訓練只導致了 1% 的損失。

- 對 InceptionV3 而言，量化感知訓練將延遲時間降低了驚人的 52%，而訓練後量化只降低了 25%。

 值得注意的是，這些準確度是針對 1,000 個類別的 ImageNet 測試集所量取的。大多數的問題都沒有那麼複雜且擁有較少的類別數量。對於這類簡單的問題而言，訓練後量化應該可以導致較小的損失。

量化感知訓練可以用 TensorFlow 模型優化工具集（TensorFlow Model Optimization Toolkit）來進行實作。這個工具集還額外提供了日益增加的工具以進行模型壓縮，包括修剪。此外，TensorFlow Lite 模型庫也已經使用這個技術來提供預量化模型。表 13-2 列出不同量化策略的效果。

表 13-2　不同量化策略（8 位元）在模型上的效果（來源：TensorFlow Lite 模型優化說明文件）

模型		MobileNet	MobileNetV2	InceptionV3
前一準確度	原始	0.709	0.719	0.78
	訓練後量化	0.657	0.637	0.772
	量化感知訓練	0.7	0.709	0.775
延遲時間（毫秒）	原始	124	89	1130
	訓練後量化	112	98	845
	量化感知訓練	64	54	543
大小（MB）	原始	16.9	14	95.7
	優化後	4.3	3.6	23.9

Fritz

就如我們目前所見，Core ML 和 TensorFlow Lite 的主要目的是能快速的進行行動推論。取得一個模型、將它插入至應用程式中，並運行推論。然後 ML Kit 出現了，除了它的內建人工智慧能力之外，它還讓模型的部署以及監控（使用 Firebase）變得容易。往回倒退一步到端到端生產線上，我們會進行訓練、轉換為行動格式、優化它的速度、部署給使用者、監測效能，還有追蹤模型版本。這些步驟橫跨了許多工具。而且很有可能沒有一個人會擁有整個生產線。這是因為這些工具時常需要一定程度的熟悉度（例如，部署模型給使用者可能不在資料工程師的舒適圈中）。波士頓的新創公司 Fritz 企圖要打破這個藩籬，讓從模型開發到部署的整個過程對資料科學家以及行動開發人員來說都成為很簡單的事。

Fritz 為行動人工智慧開發提供了一個端到端的解決方案，它包含下列值得注意的特性：

* 在訓練完成後使用回呼從 Keras 直接部署模型到使用者裝置的能力。

* 不需部署至手機就可以在電腦上評測模型的能力。以下的程式碼展示了這個能力：

```
$ fritz model benchmark <path to keras model.h5>
...
-----------------------
Fritz Model Grade Report
-----------------------

Core ML Compatible:          True
Predicted Runtime (iPhone X): 31.4 ms (31.9 fps)
Total MFLOPS:                686.90
Total Parameters:            1,258,580
Fritz Version ID:            <Version UID>
```

- 加密模型的能力，可讓我們的智慧財產不被來自惡意使用者的裝置所竊取。

- 只用幾行程式碼就可以實作許多高階電腦視覺演算法的能力。它的 SDK 包含了這些演算法的立即可用、行動友善的實作版本，並可以在高圖框率下運行。例如，影像分割、風格轉換、物件偵測，以及姿勢預測等。圖 13-24 顯示了在不同 iOS 裝置上運行物件偵測的評測結果。

```
let poseModel = FritzVisionPoseModel()
guard let poseResult = try? poseModel.predict(image) else { return }
let imageWithPose = poseResult.drawPose() // 將姿勢重疊於輸入上
```

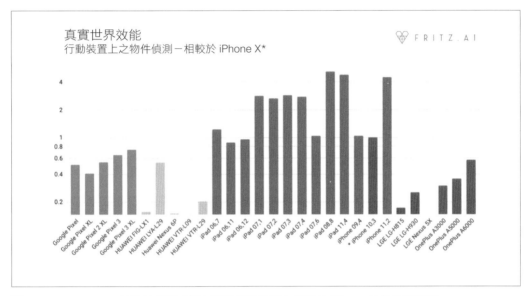

圖 13-24　Fritz SDK 的物件偵測功能在不同行動裝置上相對於 iPhone X 的效能表現

- 使用它們的 Jupyter 筆記本依客製化資料集重新訓練模型的能力。值得注意的是，這可能是一個困難的問題（即使是對專業的資料科學家來說），因為開發人員只需要確保資料的格式是正確的。

- 使用命令行來管理所有模型版本的能力。

- 使用 Fritz 稱為 Heartbeat（iOS/Android 的應用程式商店都有提供）的開源應用程式來測試我們的模型是否可在行動裝置上使用的能力。假設我們已經建好一個模型卻對行動裝置不太了解時，我們可以複製此應用程式、將既有的模型換成我們的，就可以看到它能夠在手機上執行了。

- 充滿活力的社群會在 *heartbeat.fritz.ai* 上討論行動人工智慧的最新發展。

創造者的話

來自 Dan Abdinoor，Fritz 的總裁與共同創辦人

我們建立 Fritz 的動機來自兩個有點互相衝突的感受——靈感與挫折。靈感來自於看到許多之前無解的問題已經被機器學習解決。資料、計算及模型架構的組合開啟了這些可能。同一時間，我們也因為找不到除了雲端之外的部署與維護機器學習的資源而感到挫折。由於效能、隱私與成本的因素，將推論移往進行資料蒐集的裝置應該更為合理，而不是將所有資料移往雲端環境、處理它，然後再將預測結果送回裝置。這導致我們建立了 Fritz 以作為讓開發人員可以為邊緣裝置（像是行動電話）進行蒐集、訓練、部署與管理機器學習模型的平台。

在許多層面上，使用機器學習來建立解決方案的過程就像是障礙賽跑。我們想要降低或移除那些障礙，讓工程師們——即使他們沒有深度學習或行動裝置專業知識——可以使用我們的工具來建立傑出的行動應用程式。使用者可以使用高效率的預訓練模型來快速上手，或自行訓練自己的客製化模型。我們的工具應該可以讓部署模型、了解其執行的效果，以及維持更新與受到保護等事情變得更為容易。這些事所造成的結果，就是一個可以在邊緣裝置上執行的不錯的模型。

讓在行動應用程式中實作機器學習功能變得更容易，會導致更強大且個人化的經驗，因此可以留住目前的使用者、吸引新的使用者，並且改變我們對可以做到的事的想法。最終我們相信機器學習是數十年來電腦科學界最基礎的改變，而我們想做的是幫忙建立、教育及演化社群。

行動人工智慧開發週期的整體觀點

本書到目前為止，我們已經介紹了一堆可以執行行動人工智慧開發週期中的個別任務的技巧與技術。在這裡我們會藉由探討在這個生命週期中會產生的問題，來將它們綁在一起。圖 13-25 提供了開發週期的概觀。

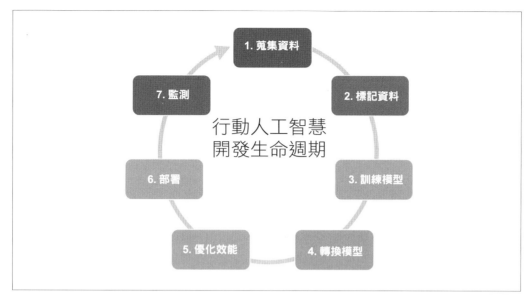

圖 13-25　行動人工智慧應用程式開發生命週期

我要如何蒐集初始資料？

我們可以應用以下幾個策略來完成此事：

- 找出目標物件並手動的在不同角度、照明、環境、圖框等條件下拍攝照片。

- 使用像是 Fatkun（第 12 章）的瀏覽器擴充功能來從網際網路上爬取資料。

- 找尋既有資料集（Google Dataset Search（*https://oreil.ly/NawZ6*））。例如 Food-101。

- 合成自己的資料集。

  1. 將物件（前景）放在綠色布幕（背景）前並拍攝它的照片。將背景替換成隨機影像以合成一個大型資料集。對它進行縮放、裁切和旋轉可以建立數百張影像。

  2. 如果沒有綠色布幕，則將物件從目前的真實世界影像中分割出來並重複前一步驟，以建立強固且多樣化的資料集。請注意，前景應該要有足夠的多樣性，否則網路可能不會真的去理解物件，而只是過度的學習某一個範例。

  3. 找出目標物件的真實 3D 模型，並使用像是 Unity 的 3D 框架來將它放入真實環境中。調整照明以及相機位置、縮放、旋轉以從不同角度拍攝物件。我們在第 7 章中提到的 AI.Reverie 以及 CVEDIA 等公司就是執行這方面的工作。我們會使用擬真模擬器來為自動駕駛章節（第 16 和 17 章）訓練模型。

我要如何標記我的資料？

上一個答案的大部分步驟應該都已經提供給您資料的標籤了。對於未標記的資料集而言，可以使用像是 Supervisely、Labelbox 及 Diffgram 等標記工具來進行標記。對於那些大到無法自己標記的資料集來說，像是 Digital Data Divide、iMerit 及 Samasource 這類提供弱勢族群收入來源的社會責任性標記服務，會是不錯的選項。

我要如何訓練我的模型？

以下是兩種訓練模型的主要方法：

- 使用程式碼：使用 Keras 和 TensorFlow（第 3 章）。
- 不使用程式碼：使用客製化分類器服務，像是 Google 的 Auto ML、Microsoft 的 CustomVision.ai 及 Clarifai（在第 8 章中有進行評測），或者是只適用於 Apple 生態系的 Create ML（第 12 章）。

我要如何將模型轉換成對行動裝置友善的格式？

以下是將模型轉換成與行動裝置相容的格式的一些方式：

- 使用 Core ML Tools（僅限 Apple）。
- 使用 iOS 和 Android 上的 TensorFlow Lite Converter。
- 在端到端生產線上使用 Fritz。

我要如何讓我的模型效能更好？

以下是可以讓模型效能更好的技巧：

- 採用有效率的模型，像是 MobileNet 家族，或者更好的 EfficientNet。
- 藉由量化與修剪讓模型變得更小以改善載入和推論的時間，同時也不影響模型的準確度（第 6、11、13 章）。在只犧牲些許準確度的情況下可以縮減 75% 的模型大小。
- 在 Apple 生態系中使用 Core ML Tools 或在 iOS 和 Android 中使用 TensorFlow Model Optimization Kit。

我要如何為我的使用者建立良好的使用者經驗？

顯然這和您要解決的問題種類有關。不過，一般的原則是在互動性、效能及資源使用（記憶體、CPU、電池等）上想辦法達到平衡。當然，如果有一個聰明的回饋機制可以不費力的蒐集資料和回饋會更好。將經驗遊戲化會將此事提升到完全不同的層次。

在食物分類器應用程式的案例中，當使用者拍照後，我們的使用者介面會顯示前五名候選預測結果（依信賴度由高至低排列）。例如，如果使用者拍了一張披薩的照片，顯示在螢幕上的候選預測結果可能是「派－ 75%」、「披薩－ 15%」、「印度式麵包－ 6%」、「麵包－ 3%」、「砂鍋菜－ 1%」。在這個案例中，使用者會選擇第二種預測結果。對一個完美的模型而言，使用者應該總是會選擇第一個預測結果。由於我們的模型並不完美，使用者所選擇的預測結果的排名會成為在未來幫助改善模型的一種信號。在所有的預測結果都不正確的最壞情況下，使用者應該要能夠自行標記資料。在使用者輸入時提供自動建議功能，可以讓資料集的標籤更整齊。

有一種更好的經驗是讓使用者無須點擊任何照片。取而代之的是即時性的顯示預測結果。

我要如何讓我的使用者得到模型？

以下是部署模型給使用者的幾種方式：

* 將模型綁入應用程式中並在應用程式商店中發布。
* 將模型託管到雲端並讓應用程式在有需要時下載模型。
* 使用模型管理服務，例如 Fritz 或 Firebase（整合至 ML Kit）。

我要如何量測我的模型是否成功？

第一步要決定成功的標準。看看以下範例：

* 「我的模型應該要能在第 90 百分位下於 200 毫秒內執行推論。」
* 「使用這個模型的使用者每天都會啟動應用程式。」
* 在食物分類器應用程式中，成功的標準可以是像「80% 的使用者選擇列在第一位的預測結果」。

這些成功標準並非恆久不變的，而是應隨著時間而演變。資料驅動是必要的。當您有了一個新的模型時，對一部分使用者執行 A/B 測試並用成功標準評估此版本來決定它是否有改善了前一個版本。

我要如何改善我的模型？

以下是一些改善我們模型品質的方式：

- 對個別的預測結果蒐集使用者的回饋：哪些是正確的，還有更重要的，哪些是不正確的。將這些影像以及它們的標籤作為下一個模型訓練週期的輸入。圖 13-26 描繪了這個過程。

- 當預測信賴度變低時，自動蒐集圖框。手動標記那些圖框並將它們餵入下一個訓練週期。

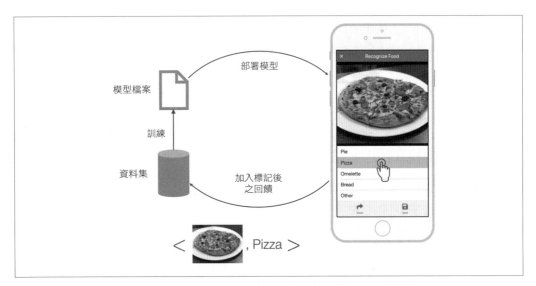

圖 13-26　不正確預測結果的回饋週期，產生更多的訓練資料、導致更好的模型

我要如何更新使用者手機上的模型？

以下是一些更新使用者手機上的模型的方法：

- 將模型綁入下一次發布的應用程式版本中。這會很慢且沒有彈性。

- 將新模型託管至雲端，並強迫世界上所存在的應用程式都載入新的模型。最好在使用者使用無線網路時進行。

- 使用像是 Firebase（並結合 ML Kit）或 Fritz 這類模型管理系統來自動化大量煩人的工作。

回答完這些問題後，讓我們來欣賞一下這個應用程式是如何自我改善的。

自我演化模型

對於只需要成熟的預訓練模型的應用程式來說，我們的工作已經做完了。只要將模型插入應用程式中就可以了。對於仰賴稀有訓練資料的客製化訓練模型來說，我們可以讓使用者投入在建立一個自我改善、持續改善的模型。

在最基礎的層次中，每次使用者使用這個應用程式時，他們就會提供必要的回饋（影像＋標籤）以進一步改善模型，如圖 13-27 所示。

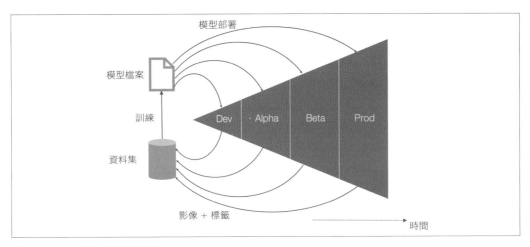

圖 13-27　自我演化模型週期

就像大學生必須畢業幾年後才會準備好踏入真實世界一樣，模型必須經歷不同的開發階段才能到達最終的使用者。以下是軟體發行的一種普遍的分階方式，對於發布人工智慧模型來說，它也是一種有用的指南。

1. Dev

這是開發的初始階段，此時應用程式的開發人員也是唯一的使用者。資料的累積很慢，使用者經驗也非常多錯，而且模型的預測結果相當不可信賴。

2. Alpha

當應用程式已經準備好給除了開發人員之外的少數使用者測試時，就可以視為進入 alpha 階段了。使用者的回饋會是極端嚴苛的，因為那是為了改善應用程式的經驗以及提供更大規模的資料給生產線使用。使用者經驗沒有那麼容易出錯了，而且預測結果也比較可以信賴。在一些組織中，這個階段也稱為**餵狗食**（*dogfooding*）（由內部員工所進行的應用測試）。

3. Beta

在 beta 階段的應用程式所擁有的使用者數量會明顯的超過 alpha 階段。此處使用者的回饋還是很重要的。資料蒐集的規模比之前更大。真實世界中有許多不同的資料蒐集裝置來幫忙快速的改善模型。使用者經驗更穩定了，而且模型的預測結果也更令人信賴了，這都要歸功於 alpha 使用者。iOS 版的 beta 應用程式一般都會託管在 Apple 的 TestFlight，Android 版則託管在 Google Play Console。像是 HockeyApp 以及 TestFairy 等第三方服務也常被用來託管 beta 程式。

4. Prod

產出階段的應用程式都是穩定且到處可用的。即使資料快速的進來，此時的版本仍然是相當穩定的，而且它並不會再進行太多的學習。然而，隨著真實世界的使用率持續增長，它仍然會因為前三個階段沒有出現的極端狀況而可能變得更好。當模型已經夠成熟時，可以在一小部分產出版本的使用者上進行小規模的版本改善的 alpha/beta 測試或 A/B 測試。

雖然許多資料科學家會假設在開始開發前資料就已經存在且可用了，但行動人工智慧的開發人員可能必須要在小型資料集上進行自我啟動（bootstrap），以漸進式的改善他們的系統。

對於食物界的 Shazam 應用程式的自我演化系統來說，開發人員要做的最困難的決定應該是要拜訪哪些餐廳以蒐集他們的初始資料。

案例探討

讓我們看看一些有趣的例子，以展示我們目前所學是如何應用在產業上的。

Lose It!

現在我們必須要坦白承認一件事。本章中我們一直在建立的應用程式其實都已經存在了。Erlich Bachman 的夢想已經在一年前由位於波士頓的公司 Fit Now 完成了。Lose It!（圖 13-28）聲稱已經藉由追蹤使用者的飲食，來幫助三千萬個使用者減掉八千五百萬磅的體重。使用者可以將手機的鏡頭指向條碼、營養成份標籤，以及他們正想要吃的食物來追蹤他們每一餐所攝取的卡路里以及巨量營養素。

這家公司先使用一個基於雲端的演算法來實作它的食物掃描系統。由於資源的要求以及網路延遲的因素，使用上無法是即時的。為了要改善使用者經驗，Fit Now 團隊將模型

移植到 TensorFlow Lite 以優化它們在行動裝置的表現，並使用 ML Kit 來將它部署給數百萬的使用者。藉由常態性的回饋循環、模型更新以及 A/B 測試，這個應用程式實質上可以自行的持續改善。

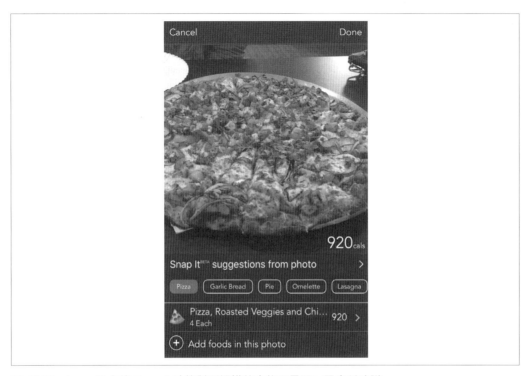

圖 13-28　Lose It! 中的 Snap It 功能對所掃描的食物項目顯示了多種建議

Pixel 3 手機的肖像模式

區分職業攝影師和業餘玩家的一種關鍵性視覺概念就是散景（bokeh），也就是將影像主角的背景模糊化。（請不要和 Python 中同名的視覺化工具搞混了。）相機離主角愈近的話，背景就會愈模糊。藉由具有低光圈值的專業鏡頭（通常要價數千美元）的幫助，任何人都可以產出令人嘆為觀止的模糊效果。

不過，如果您沒有那麼多錢的話，人工智慧可以幫您的忙。Google 的 Pixel 3 提供了一種會建立散景效果的「肖像」模式。實際上，它使用 CNN 來預估像素的景深，並決定哪些像素是前景或背景。屬於背景的像素就會被進行不同程度的模糊化以建立散景效果，如圖 13-29 所展現的。

景深預估是一種計算密集任務，因此必須執行的很快。具有 GPU 後端的 Tensorflow Lite 是此事的救星，它的速度比使用 CPU 後端快了大約 3.5 倍。

Google 藉由訓練一個專門進行景深預估的類神經網路來完成此事。它使用一個具有多個手機相機的裝置（命名為「科學怪機（Frankenphone）」）來從不同的視角拍攝同一個場景。接著使用每一像素的*視差效果*來精確的決定每一像素的景深。這張景深圖會再和影像一起餵給 CNN。

圖 13-29　Pixel 3 的肖像效果，可以用模糊化來區分前景和背景

阿里巴巴的說話者辨識

想像一下，在朋友的手機上說出「Hey Siri」或是「Hey Google」，然後再接著魔法詞「讀取最後一封簡訊」。從隱私的角度看來，如果這是可行的，那會多令人害怕。大多數的行動作業系統都會要求我們先解鎖手機再繼續。不過，這對手機的擁有者來說就不是非常好的經驗了。

阿里巴巴的 Machine Intelligence Labs 使用下列作法來解決這個問題。首先，將語音轉換成光譜圖影像（使用梅爾頻率倒頻譜（mel-frequency cepstrum）演算法）、訓練一個 CNN（使用遷移學習），最後再使用 Tensorflow Lite 將它部署到裝置上。沒有錯：CNN 能做的不只是電腦視覺！

藉由辨識說話者，他們可以為家中的許多使用者個人化裝置上的內容（例如類似 Netflix 電視應用程式上的「Talk to your TV」功能）。此外，藉由辨識聲音是否為人的聲音，

它能夠隔絕來自背景的噪音。為了要讓 Tensorflow Lite 處理效能更快，工程師保留了 USE_NEON 旗標以加速 ARM 族群 CPU 的指令集。他們的團隊報告說，使用這個優化可以提升四倍的速度。

ML Kit 的臉部輪廓

想要在不需要博士學位的情況下，就能快速的建立像是 Snapchat 的臉部過濾器功能嗎？ML Kit 也提供了完成此事的工具——一個用來偵測臉部輪廓（由點所構成的集合，這些點會遵循影像中臉部的形狀）的 API。總共有 133 個點會對映到臉部的輪廓，包含用來表達每隻眼睛的 16 個點，以及用來表達包含臉部的橢圓形的 36 個點，如圖 13-30 所示。

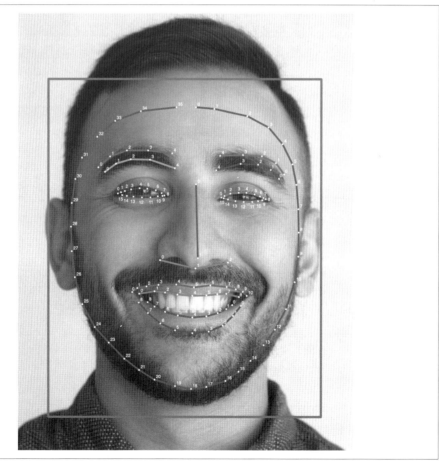

圖 13-30　ML Kit 偵測出的 133 臉部輪廓點（影像來源：*https://oreil.ly/8PMGa*）

在內部，ML Kit 使用 TensorFlow Lite 來運行一個深度學習模型。在使用新的 TensorFlow Lite GPU 後端進行實驗後，Google 發現相較於之前的 CPU 後端而言，在 Pixel 3 和 Samsung Galaxy S9 上的速度提升了四倍、在 iPhone 7 上速度提升了六倍。這樣所產生的效果是，我們可以即時的將一頂帽子或一副太陽眼鏡放在我們的臉上了。

YouTube Stories 中的即時視訊分割

綠幕是視訊製作產業的標準設備。藉由選擇一種和主角不同的顏色，我們可以在後製時使用色鍵（*chroma keying*）技術來改變背景。顯然這需要昂貴的軟體以及威力強大的機器來進行後製。許多 YouTuber 有這種需求，但卻沒有這種預算可以進行。現在他們可以在 YouTube Stories 應用程式中找到解決方案了——一個使用 TensorFlow Lite 來實作的即時視訊分割選項。

此處的關鍵需求是，首先要能快速的執行語意分割（每秒超過 30 圖框），其次要能在時間上具有一致性；例如，在邊緣上達成平滑的圖框到圖框時序連續性。如果我們想要在多張圖框上執行語意分割，那麼很快就會發現許多分割出來的遮罩的邊緣會亂跳。在此採用的關鍵技巧是，將分割出來的人類臉部遮罩傳給下一個圖框作為先驗資訊（prior）。由於傳統上我們是在三個頻道（RGB）上工作，技巧是增加第四個頻道，它實質上就是前一個圖框的輸出，如圖 13-31 所描繪的。

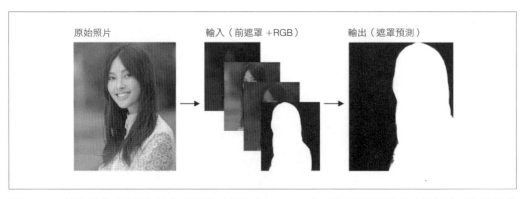

圖 13-31　輸入影像（左圖）被分成三個成份層（R、G、B）。前一個圖框的輸出遮罩會被加進這些成份之後（影像來源：*https://oreil.ly/rHNH5*）

透過針對基本 CNN 架構進行其他優化後，YouTube 團隊可以在 iPhone 7 上以每秒超過 100 張圖框的速度執行系統，比在 Pixel 2 上的每秒 40 張圖框還快。此外，當比較 TensorFlow Lite 的 CPU 和 GPU 後端時，可以觀察到 GPU 後端的速度比 CPU 後端快了 18 倍（比其他只進行影像語意分割任務的 2 到 7 倍快了許多）。

總結

在本章中我們討論了 TensorFlow Lite 的架構，而它和 Android 的 Neural Network API 有關。然後，我們在 Android 裝置上建立了一個簡單的物件辨識應用程式。我們談到了 Google 的 ML Kit 以及為何會想要使用它。另外也額外介紹了如何將 TensorFlow 模型轉換成 TensorFlow Lite 格式，以便可以在 Android 裝置上使用。最後我們討論了幾個如何利用 TensorFlow Lite 來解決真實世界問題的例子。

在下一章中，我們要看看如何使用即時深度學習來開發一個互動性的真實世界應用程式。

## 第十四章

使用 TensorFlow 物件偵測 API 建立完美的喵星人定位應用程式

Bob 常被附近的野貓拜訪。這些拜訪的結果通常不太愉快。您應該可以理解，因為 Bob 有一個維護得不錯的大花園，而這隻毛絨絨的小傢伙每天晚上都會拜訪他的花園並且啃食裡面的植物。數個月的心血在一夜之間付諸流水，對這個結果明顯不滿的他很想要為此做些事情。

和他內心裡的王牌威龍（Ace Ventura）（寵物偵探）交流後，他試著整夜不睡覺來趕走貓，不過這個作法顯然無法持久。畢竟紅牛的效果還是有極限的。到達臨界點時，他決定使用終極方案：使用人工智慧配合灑水系統來對那隻貓「打開水龍頭」。

在他毫無章法的花園裡，他架設了一部攝影機來追蹤貓的一舉一動，並打開離牠最近的灑水器來企圖嚇走牠。他有一支舊手機，而他需要的只是一個用來即時確認貓位置的方法，用來控制要開啟哪支灑水器。

希望在經歷了幾次不受歡迎的淋浴後，如圖 14-1 所示，那隻貓不會再想要突襲 Bob 的花園。

圖 14-1　建立一組人工智慧貓咪灑水系統，就像這組 Havahart Spray Away 動作偵測器一樣

敏銳的觀察者可能已經注意到，我們想要在 2D 空間中找出貓的位置，但貓卻是存在 3D 空間中。我們可以假設相機會永遠位於固定的位置來簡化問題。要確定貓的距離，我們可以量取一般大小的貓在離相機不同距離時的大小。例如，一般大小的貓距離相機兩呎時的定界框高度是 300 像素，而牠離相機三呎時可能會是 250 像素。

在本章中我們要幫 Bob 建立他的貓咪偵測器。（動物權利宣言：本章寫作過程中沒有任何一隻貓受到傷害。）我們會逐一回答下列問題：

* 電腦視覺任務有哪些不同的種類？

* 我要如何重新利用那些為了既有物件類別而預訓練的模型？

* 我可以不寫程式就訓練一個物件偵測器模型嗎？

* 我想要更精細的控制以達成更高的準確度以及速度。我要如何訓練一個客製化的物件偵測器？

電腦視覺任務的種類

在前面多數的章節中，實際上我們只介紹了一種問題：物件分類。也就是我們會知道影像中是否包含某一特定類別的物件。在 Bob 的情境中，除了知道相機是否有看到貓之外，我們也必須知道那隻貓的精確位置以啟動最近的灑水器。決定物件在影像中的位置

則是另外一種問題：**物件偵測**（*object detection*）。在進入物件偵測這個主題之前，讓我們先看看常見的電腦視覺任務的種類，以及它們想要回答的問題。

分類

本書中我們已經看過好幾個分類的例子了。簡單來說，分類任務會將影像指定成它所包含的物件類別。它回答了這個問題：「影像中是否包含類別 X 的物件？」分類是最基本的電腦視覺任務之一。在影像中可能會存在著一個類別以上的物件——這被稱為多類別分類。在此情況下，影像的標籤會是一系列影像所包含的物件類別。

定位

分類的不足之處是，它無法告訴我們物件在影像中的位置、大小，以及有多少物件。它只告訴我們有個特定類別的物件存在影像中的某個地方。**定位**（*localization*），也就是**具有定位的分類**（*classification with localization*），可以告訴我們影像中有哪些類別的物件以及它們在影像中的位置。此處的關鍵字是**類別**而不是個別物件，因為定位只能對每一類別給我們一個定界框。和分類一樣，它也不能回答「影像中有多少個類別 X 的物件？」這個問題。

我們很快就會看到，只有在每一類別都剛好有一個案例時，定位才能夠正確的運作。如果某一類別有一個以上的案例，一個定界框可能會跨越那個類別的某些或全部的物件（根據機率而定）。不過每個類別都只能有一個定界框這件事看來是個很大的限制，不是嗎？

偵測

當同一張影像中包含了多個類別的多個物件時，定位就不敷使用了。物件偵測可以給我們所有類別裡每一個物件的定界框，它也可以告訴我們偵測出來的定界框中物件的類別。例如在自駕車的案例中，物件偵測會傳回這台車所看到的每一台車、每個人、每座路燈等等物件的定界框。由於具備這個能力，我們也可以將它用在需要計數的應用程式中。例如計算一群人中的人數。

和定位不同之處是，偵測並不會限制某一類別的案例個數。這就是為何它會被使用在真實世界的應用中。

 很多人會使用「物件定位（object localization）」這個詞，不過所做的卻是「物件偵測」。請注意這兩者間的差異。

分割

物件分割（object segmentation）是對影像中的每一像素賦予類別標籤的任務。如同真實世界中孩童的塗色簿，我們會用臘筆對不同的物件進行塗色。要將影像中的每一像素都賦予一個類別是一件高度計算密集的工作。雖然物件定位與偵測都會給我們物件的定界框，而分割則會產生像素的群組——也稱為遮罩（mask）。相較於偵測，分割則明顯可以給我們更精確的物件定界框。例如，一個會即時改變使用者髮色的美粧應用程式應該要使用分割。根據遮罩的類型不同，分割也分成不同的種類。

語意分割

給定一張影像時，**語意分割**（*semantic segmentation*）會將每一類別都指定一個遮罩。如果同一類別具有多個物件時，它們都會被指定為同一個遮罩。同一個類別中的實例是沒有差別的。就像定位一樣，語意分割是無法計數的。

實例層級分割

給定一張影像時，**實例層級分割**（*instance-level segmentation*）會偵測每一類別的每一實例所佔據的區域。相同類別中不同的實例會被獨立的進行分割。

表 14-1 列出了不同的電腦視覺任務。

表 14-1　使用 MS COCO 資料集中的影像 ID 10524（*https://oreil.ly/ieJ2d*）來描繪電腦視覺任務的類型

任務	影像	簡述	輸出
物件分類		這張影像中有綿羊嗎？	類別機率
物件定位		影像中有「一頭」羊嗎？牠在哪裡？	定界框以及類別機率

任務	影像	簡述	輸出
物件偵測		這張影像中包含的「所有」物件是什麼以及在哪裡？	定界框、類別機率、類別 ID 預測結果
語意分割		影像中的哪些像素屬於不同的類別；例如「綿羊」、「狗」、「人」？	每個類別的遮罩
實例層級分割		影像中的哪些像素屬於某一類別的某一實例；例如，「綿羊」、「狗」、「人」？	每個類別的每個實例的遮罩

物件偵測的作法

根據情境、需求與技術能力的不同，有幾種不同的方法可以讓您的應用程式具有物件偵測能力。表 14-2 列出了其中一些作法。

表 14-2 物件偵測的不同作法以及它們的取捨

	客製化類別	花費	雲端或本地	優缺點
基於雲端之物件偵測 API	否	<5 分鐘	僅限雲端	+ 數千種類別
				+ 最先進
				+ 快速設定
				+ 規模可調整 API
				− 無法客製化
				− 由網路導致之延遲時間
預訓練模型	否	<15 分鐘	本地	+ 大約 100 個類別
				+ 根據速度與準確度需求選擇模型
				+ 可在邊緣裝置上運行
				− 無法客製化

	任務	影像	簡述	輸出
基於雲端之模型訓練	是	<20 分鐘	雲端與本地	+ 基於圖形化使用者介面，無須程式設計就可以訓練
				+ 可以客製化
				+ 可選擇威力強大的模型（用於雲端）與高效率模型（用於邊緣裝置）
				+ 規模可調整 API
				− 使用遷移學習，可能不允許全模型重訓練
客製化訓練模型	是	4 小時到 2 天	本地	+ 高度客製化
				+ 會有最多可用的模型以滿足不同的速度與準確度需求
				− 耗時耗力

值得注意的是，標記「雲端」的選項已經為可調整性精心設計過了。於此同時，標記為「本地」的選項也可以部署到雲端上。為了達到高度可調性，我們可以像第 9 章的分類模型一樣將它們託管到雲端上。

呼叫預建的基於雲端之物件偵測 API

就如同我們在第 8 章所看到的，呼叫基於雲端之 API 相當的簡單。整個程序涉及設定一個帳號、取得 API 鍵、閱讀文件說明，並撰寫 REST API 客戶端。要讓這個程序更為容易，這些服務很多都提供基於 Python（以及其他語言）之 SDK。基於雲端之物件偵測 API 的主要提供者為 Google 的 Vision AI（圖 14-2）以及 Microsoft 的 Cognitive Services。

使用基於雲端之 API 的主要優點是，它們可依規模調整且支援辨識數千種類別的物件。這些雲端巨人使用它們專屬且持續增長的大型資料集來建立模型，使得它們的分類架構極為豐富。考慮到具有物件偵測標籤的最大型公開資料集通常只有數百種類別，目前還沒有可以偵測數千種類別的非專屬解決方案。

基於雲端之 API 的主要限制當然是由於網路所產生的延遲時間。在這種延遲上要達成即時體驗是不可能的。在下一節中，我們會看到要如何不使用資料或訓練就可以達成即時體驗。

圖 14-2　在 Google 的 Vision AI API 上執行一張眼熟的照片來獲得物件偵測的結果

重新利用預訓練模型

在本節中，我們會探討在行動電話上使用預訓練模型來運行物件偵測器會是多麼的容易。希望您已經在前幾章中學會要如何在手機上運行類神經網路了。在 iOS 和 Android 上運行物件偵測模型的程式碼可以在本書的 GitHub 網站（參見 *http://PracticalDeepLearning.ai*）上的 *code/chapter-14* 找到。只要將既有的 *.tflite* 換成新的，就可以改變功能了。

在前幾章中，我們經常使用 MobileNet 來進行分類任務。雖然 MobileNet 家族——包含 MobileNetV2（2018）和 MobileNetV3（2019）——本身僅只是分類網路，但還是可以作為本章中所使用的 SSD MobileNetV2 這類物件偵測架構的骨幹。

取得模型

要知道這些魔術背後的秘密的最好方式就是深入地研究模型。我們必須看看 TensorFlow
Models 資料庫（*https://oreil.ly/9CsHM*），它包含了超過 50 種深度學習任務的模型，包
括音訊分類、文字摘要及物件偵測，還包含了模型以及在本章中會用到的工具腳本。廢
話不多說，我們先將這個資料庫複製到我們的機器上：

```
$ git clone https://github.com/tensorflow/models.git && cd models/research
```

然後更新 PYTHONPATH 來讓 Python 看到所有的腳本：

```
$ export PYTHONPATH="${PYTHONPATH}:`pwd`:`pwd`/slim"
```

接下來，從我們的 GitHub 儲存庫（參見 *http://PracticalDeepLearning.ai*）中將 Protocol Buffer
（protobuf）編譯器命令腳本複製到目前的目錄中，讓 *.proto* 可以被 Python 使用：

```
$ cp {path_to_book_github_repo}/code/chapter-14/add_protoc.sh . && \
chmod +x add_protoc.sh && \
./add_protoc.sh
```

最後，執行 *setup.py*：

```
$ python setup.py build
$ python setup.py install
```

是時候來下載我們的預訓練模型了。我們會使用 SSD MobileNetV2 模型。您可以在
TensorFlow 的物件偵測模型動物園（*https://oreil.ly/FwSlM*）中找到一大串模型，它們
會根據用來訓練的資料集、推論速度及平均精準度平均值（Mean Average Precision，
mAP）來整理。在這些模型中下載名稱為 ssd_mobilenet_v2_coco 的模型，顧名思義，它是
用 MS COCO 資料集所訓練的。評測結果為 22 mAP，此模型在一台 NVIDIA GeForce
GTX TITAN X 機器上使用 600×600 的輸入時執行時間為 31 毫秒。下載完模型後，我
們將它解壓縮到 TensorFlow 資料庫的 *models/research/object_detection* 目錄中。我們可以
用以下方法檢視目錄的內容：

```
$ cd object_detection/
$ ls ssd_mobilenet_v2_coco_2018_03_29
checkpoint                    model.ckpt.data-00000-of-00001  model.ckpt.meta
saved_model
frozen_inference_graph.pb     model.ckpt.index                pipeline.config
```

試行我們的模型

在將模型插入行動應用程式之前，最好先驗證一下此模型是否能夠進行預測。TensorFlow Models 資料庫包含了一個 Jupyter 筆記本，我們可以插入一張相片來對它進行預測。您可以在 *models/research/object_detection/object_detection_tutorial.ipynb* 中找到這個筆記本。圖 14-3 顯示了這個筆記本對某張您熟悉的照片的預測結果。

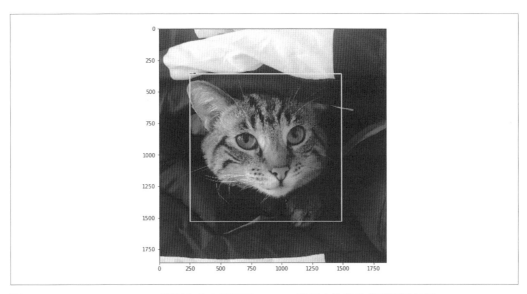

圖 14-3　TensorFlow Models 資料庫中立即可用 Jupyter 筆記本的物件偵測預測結果

部署到裝置上

目前我們已經驗證了模型是可用的，是時候將它轉換成行動友善的格式了。為了轉換到 TensorFlow Lite 格式，我們會使用第 13 章所用到的 **tflite_convert** 工具。請注意，這個工具是在 *.pb* 檔上運作，不過 TensorFlow Object Detection 模型動物園只提供模型檢查點（checkpoint）。因此，首先要從檢查點和圖來產生 *.pb* 模型，我們可以使用 TensorFlow Models 資料庫中的好用腳本來進行。您可以在 *models/research/object_detection* 中找到 *export_tflite_ssd_graph.py* 檔：

```
$ python export_tflite_ssd_graph.py \
--pipeline_config_path=ssd_mobilenet_v2_coco_2018_03_29/pipeline.config \
--trained_checkpoint_prefix=ssd_mobilenet_v2_coco_2018_03_29/
model.ckpt.data-00000-of-00001 \
--output_directory=tflite_model \
--add_postprocessing_op=true
```

如果上一個腳本的執行有成功的話，我們會在 *tflite_model* 目錄下看到以下檔案：

```
$ ls tflite_model
tflite_graph.pb
tflite_graph.pbtxt
```

我們會使用 tflite_convert 工具來將它轉換成 TensorFlow Lite 格式。

```
$ tflite_convert --graph_def_file=tflite_model/tflite_graph.pb \
--output_file=tflite_model/model.tflite
```

現在只剩下將模型插入應用程式這件事了。我們將要使用的應用程式位於本書 GitHub
網站（參見 *http://PracticalDeepLearning.ai*）的 *code/chapter-14* 中。我們已經在第 11、
12、13 章中看過要怎麼交換模型，因此這裡不再贅述。圖 14-4 顯示了物件偵測模型插
入到 Android 應用程式中的結果。

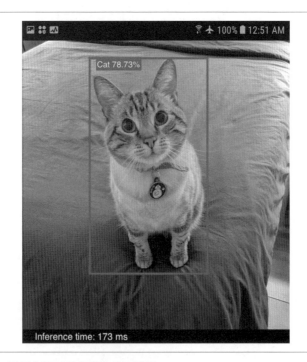

圖 14-4　在 Android 裝置上運行即時物件偵測模型

我們可以馬上看到「Cat」這個預測結果的原因是，「Cat」是我們用來訓練模型的 MS
COCO 中的 80 種類別之一。對於 Bob 來說，將這個模型部署到他的裝置應該夠用了（請
記住，雖然 Bob 可能不會使用行動電話來追蹤他的花園，但是將 TensorFlow Lite 模型部

署到邊緣硬體的程序是差不多的）。然而，Bob 可以藉由使用他的花園所產生的照片來微調模型，進而得到更好的精準度。在下一節中，我們會探討要如何使用遷移學習，只使用基於網站之工具來建立一個物件偵測器。如果您有閱讀過第 8 章，接下來的內容應該會很眼熟。

不用寫程式來建立客製化偵測器

> 我的貓的氣息聞起來像是貓食！
>
> —Ralph Wiggum

我們面對事實吧！您的作者可能會在他們的花園中四處走動並拍下一堆貓咪的照片來進行這個實驗。這會很耗時耗力，而且我們得到的可能只是多幾個百分點的精準度與召回率。或者我們可以來看一個很有趣的範例，它也會測試 CNN 的極限。我們當然就是在說辛普森家庭（The Simpsons）。由於大多數的模型都不是用卡通影像來訓練的，因此看看我們的模型在這個情況下的表現應該會覺得很有趣。

首先，我們必須取得一個資料集。還好在 Kaggle（https://oreil.ly/-3wvj）上已經有一個了。讓我們下載這個資料集並使用 CustomVision.ai（第 8 章）依下列步驟來訓練我們的辛普森分類器。非常好！（Excellent!）[1]

 事實和某些人所認為的相反，我們，也就是作者，並沒有幾百萬元可以花。這也代表我們沒有錢可以向福斯購買辛普森家庭的版權。版權法規讓我們無法在此展示任何那個節目的影像。取而代之的是，我們使用次佳的東西——來自美國國會的公眾領域影像。我們會使用和辛普森家庭中同名的國會議員的照片來替代卡通中的影像：Homer Hoch、Marge Roukema、Bart Gordon，以及 Lisa Blunt Rochester。請記住這只是為了出版而做的；我們還是用來自卡通的原始資料集來訓練。

1. 拜訪 CustomVision.ai 並開啟一個新的 Object Detection（物件偵測）專案（圖 14-5）。

2. 為荷馬（Homer）、美枝（Marge）、霸子（Bart）和花枝（Lisa）建立標籤。為每位角色上載 15 張影像並對每張影像畫出定界框。儀表板現在看起來應該會和圖 14-6 一樣。

1　此為辛普森家庭中之角色郭董（Charles Montgomery Burns）的口頭禪。

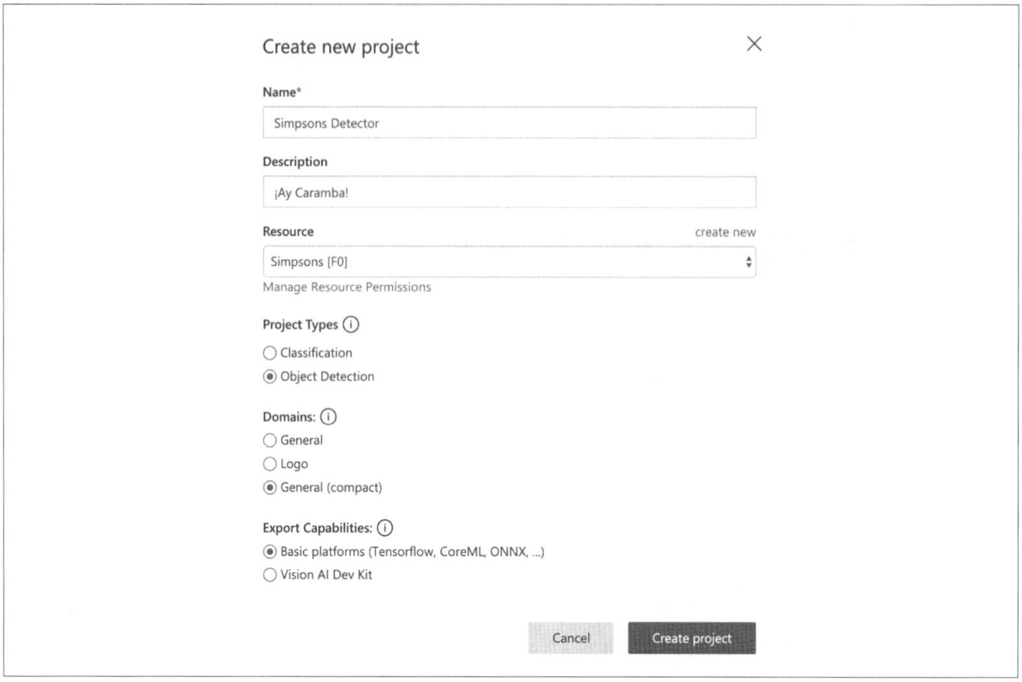

圖 14-5　在 CustomVision.ai 中創建一個新的 Object Detection 專案

圖 14-6　具有定界框和類別名稱的儀表板

3. 點擊 Train（訓練）鈕開始訓練。捲軸可以用來控制機率和重疊閾值。我們可以玩玩看並將它們調整成我們喜歡的值，以得到夠好的精準度和召回率。

4. 點擊 Quick Test（快速測試）鈕並使用任何辛普森家庭的隨機影像（沒被用於訓練）來測試模型的效能。結果可能還不是很好，不過沒關係：我們可以用更多資料進行訓練來修正這個問題。

5. 實驗看看究竟要用多少張影像才能增加精準度、召回率，以及 mAP。我們先試試為每一類別增加五張影像並重新訓練模型。

6. 重複這個過程直到得到滿意的結果。圖 14-7 顯示了我們的實驗結果。

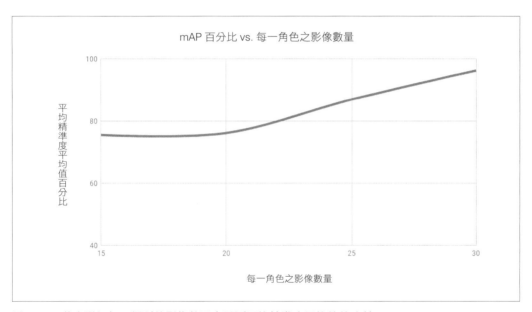

圖 14-7　藉由增加每一類別的影像數量來量測平均精準度平均值的改善

使用我們的最終模型，我們能夠從網路取得的隨機影像得到夠好的偵測結果，如圖 14-8 所示。雖然超出預期，但我們還是驚訝的發現，用自然影像預訓練的模型能夠用相對少量的資料微調成卡通版。

圖 14-8　最終模型所偵測的辛普森家庭角色，以同名的美國國會議員來代表（參見本節開始時的說明）

現在我們已經知道 CustomVision.ai 可以將模型匯出成不同的格式，包括 Core ML、TensorFlow Lite、ONNX，還有其他。我們只須將它下載成所要的格式（在此為 *.tflite*）並將這個檔案插入至應用程式即可，就像在前一節我們對預訓練模型所做的一樣。手上有了這個即時辛普森家庭偵測系統後，當下次喜金捏校長（Principal Skinner）在電視上談論清蒸漢堡（steamed hams，出現於第七季的劇情）時，我們就可以和朋友或家人炫耀一番了。

CustomVision.ai 並非唯一一個不用寫程式就可以線上進行標記、訓練，以及部署的平台。Google 的 Cloud AutoML（2019 年 10 月進行 beta 階段）和 Apple 的 Create ML（僅適用於 Apple 生態系）也提供了類似的功能。此外，Matroid 允許您從視訊饋入來建立客製化的物件偵測器，這可以讓我們不用花時間在建立資料集就可以訓練網路。

目前為止，我們已經看到了三種在使用最小限度的程式碼下快速運行物件偵測的方法。我們預估大概有九成的使用案例都可以用這三種方法來解決。如果您可以用這些方法來解決您的問題，那麼就可以直接跳到「案例探討」那一節去吧！

在少數情形下我們可能會想要完全控制像是準確度、模型大小及資源使用率這些因子。在以下的幾節中，我們會更仔細的檢視物件偵測的世界，從資料的標記一直到模型的部署。

物件偵測的演變

這些年來，隨著深度學習革命的發生，不只在分類上出現了復興，其他的電腦視覺任務也是一樣，其中也包含物件偵測。目前有好幾種物件偵測架構已被提出，通常都是建構於其他架構上。圖 14-9 顯示了其中部分的時間軸。

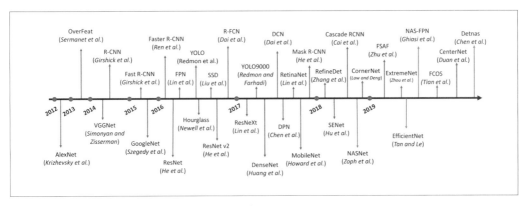

圖 14-9　不同的物件偵測架構的時間軸（影像來源：Recent Advances in Deep Learning for Object Detection by Xiongwei Wu et al.）

在物件分類上，我們的 CNN 架構會萃取影像的特徵並計算屬於特定類別的機率。這些 CNN 架構（ResNet、MobileNet）可以作為物件偵測網路的**骨幹**（*backbone*）。在物件偵測網路中，我們的最終結果是定界框（由矩形的中心點、高度和寬度所定義）。雖然要涵蓋這些內部細節可能會需要更深入的探索（您可以在本書的 GitHub 網站 *http://PracticalDeepLearning.ai* 中找到），但還是可以將它們粗分成兩類，如表 14-3 所示。

	描述	優缺點
兩階段偵測器	使用 Region Proposal Network（RPN）產生跨類別的候選定界框（引人注意的區域）。 對這些提議區域執行 CNN 來指派類別。 範例：Faster R-CNN、Mask R-CNN	＋ 高準確度 － 較慢
單階段偵測器	直接對特徵圖上每個位置的物件進行類別預測；可以用端到端訓練。 範例：YOLO、Single-Shot Detector（SSD）	＋ 速度，較適用於即時應用 － 低準確度

在物件偵測的世界裡，您在閱讀論文時會經常遇見 Ross Girshik 這個名字。他在深度學習世代前就已經開始研究了，其中一些作品包括 Deformable Part Models（DPM）、R-CNN、Fast R-CNN、Faster R-CNN、You Only Look Once（YOLO）、Mask R-CNN、Feature Pyramid Network（FPN）、RetinaNet，以及 ResNeXt。他的作品在公開評測上經常打敗自己的記錄。

> 我在 *PASCAL VOC* 物件偵測挑戰賽中獲得幾次冠軍，並因為我
> 在 *deformable part model* 的成果而獲頒「終身成就獎」。我想這是
> *PASCAL* 挑戰賽的終生成就──而不是我的！
> － Ross Girschik

效能考量

由從業人員的視角看來，主要關心的應該會是準確度和速度。這兩個因子卻經常背道而馳。我們想要找出在我們的情境下的最佳平衡。表 14-4 摘要說明了部分 TensorFlow 物件偵測模型動物園裡的立即可用之預訓練模型。其中所提到的速度是以 600×600 像素解析度的影像輸入在 NVIDIA GeForce GTX TITAN X 繪圖卡所測得的數據。

表 14-4　TensorFlow 物件偵測模型動物園網站裡的立即可用之架構的速度與平均精度均值之比較

	推論速度（毫秒）	MS COCO 上的 % mAP
ssd_mobilenet_v1_coco	30	21
ssd_mobilenet_v2_coco	31	22
ssdlite_mobilenet_v2_coco	27	22
ssd_resnet_fpn_coco	76	35
faster_rcnn_nas	1,833	43

一份由 Google 於 2017 年所做的研究（參見圖 14-10），揭露了以下的關鍵發現：

- 單階段偵測器比兩階段偵測器更快，不過較不準確。

- 分類任務的骨幹 CNN 架構（例如 ImageNet）愈準確的話，則物件偵測器的精確度也愈高。

- 較小的物件對物件偵測器是一種挑戰，產生的效能不佳（通常在 10% mAP 之下）。對單階段偵測器尤其嚴重。

- 對於大型物件，大多數的偵測器效能都差不多。

- 高解析度影像的結果較好，因為小物件在網路上會看起來較大。

- 兩階段物件偵測器內部會產生大量物件可能位置的提議。提議的數量是可調的。降低提議的數量會導致速度變快，而僅損失一點點的準確度（閾值依使用案例而定）。

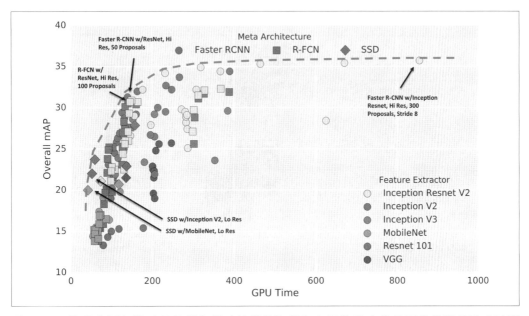

圖 14-10　物件偵測架構以及骨幹架構（特徵萃取器）在平均精度均值百分比與精確度時間上的影響（請注意，在灰階列印時顏色可能不清楚；參見本書的 GitHub 網站［參見 *http://PracticalDeepLearning.ai*］中的彩色影像）（影像來源：Speed/accuracy trade-offs for modern convolutional object detectors by Jonathan Huang et al.）

物件偵測之關鍵詞彙

經常用在物件偵測的詞彙包括交聯比（Intersection over Union）、平均精度均值（Mean Average Precision）、非極大值抑制（Non-Maximum Suppression），以及錨（Anchor）。我們來看看它們的含義。

交聯比

在物件偵測訓練生產線中，像是交聯比（Intersection over Union，IoU）這樣的量度通常是用來作為過濾特定品質之偵測結果的閾值。想要計算 IoU，我們會使用預測所得的定界框與真正的定界框來計算兩個不同的數字。第一個是預測和真實定界框重疊區域的面積——也就是交集（intersection）。第二個是由預測和真實定界框共同涵蓋的區域——也就是聯集（union）。顧名思義，我們只要將交集的面積除以聯集的面積就可以得到 IoU 了。圖 14-11 以兩個交集為 1×1 正方形的 2×2 正方形來展示 IoU 的概念。

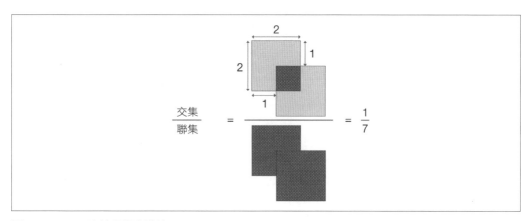

圖 14-11　IoU 比的視覺表達法

在預測所得的定界框和真實定界框完全符合的完美情況下，IoU 的值為是 1。最差的情況是預測和真實定界框完全沒有重疊，此時的 IoU 是 0。因此 IoU 的值是介於 0 到 1 之間，愈高的值代表預測品質愈好，如圖 14-12 所示。

為了要過濾和呈報結果，我們會設定一個 IoU 的最小閾值。將閾值設成一個比較高的值（例如 0.9），可能會導致我們捨棄掉一些事後被證明是重要的預測結果。反之，將閾值設得太低，則會產生許多虛假的定界框出現。通常在呈報物件偵測模型的精確度時，會將最小 IoU 閾值設成 0.5。

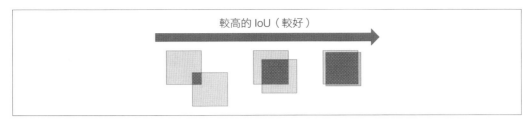

較高的 IoU（較好）

圖 14-12　描繪 IoU；較好的模型其預測結果通常會和標準重疊很多，導致較高的 IoU

值得再提一次的是，IoU 值是對類別的每一實例來計算，而不是每一影像。然而，為了計算偵測器對一大群影像的品質，我們會把 IoU 和其他量度結合，例如平均精確度（Average Precision）。

平均精度均值

當閱讀物件偵測的研究論文時，我們常會看到像是 AP@0.5 這樣的數字。這個詞彙代表在 IoU=0.5 時的平均精確度。另一個更詳盡的表達法是 AP@[0.6:0.05:0.75]，也就是 IoU=0.6 到 IoU=0.75 並以 0.05 遞增時的平均精確度。平均精度均值（Mean Average Precision，mAP）就只是所有類別的平均精確度。對 COCO 挑戰賽而言，所使用的 mAP 量度為 AP@[0.5:0.05:0.95]。

非極大值抑制

在內部，物件偵測演算法會為可能出現在影像中的物件位置提出一些提議。對於影像中的每一個物件而言，我們應期望會存在著具有不同信賴度（confidence）的多個定界框的提議。我們的任務就是要找出和物件真實位置最符合的提議。一個單純的方法是選擇具有最高信賴度的提議。如果整張影像中只有一個物件時，這個方法是可行的。不過，如果影像中存在多個類別、每個類別又有多個實例時，就不行了。

非極大值抑制（Non-Maximum Suppression，NMS）解決了這個問題（圖 14-13）。關鍵的想法是，相同物件的兩個實體並不會存在著高度重疊的定界框；例如，它們的定界框的 IoU 值會低於一個閾值（例如 0.5）。要做到此事的方法是對每一類別重複下列步驟：

1. 過濾掉所有低於最小信賴度閾值的提議。

2. 接受具有最大信賴度值的提議。

3. 將剩下的提議依其信賴度由大至小排列，檢查目前的定界框和前一個被接受的定界框間的 IoU 是否 ≥ 0.5。如果是的話，把它濾掉；否則接受它為一個提議。

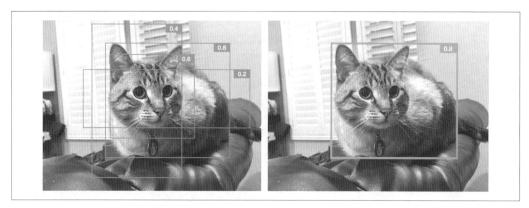

圖 14-13　使用 NMS 來找出最能表達影像中物件的定界框

使用 TensorFlow Object Detection API 來建立客製化模型

本節中我們將完整的介紹一遍建立物件偵測器的過程。我們會檢視這個過程的幾個步驟，包括蒐集、標記及前置處理資料、訓練模型，以及將它匯出成 TensorFlow Lite 格式。

首先，我們先看一下蒐集資料的幾種策略。

資料蒐集

我們現在已經知道，在深度學習的世界中，資料才是王道。要獲得我們想要偵測的物件的資料有幾個作法：

使用立即可用的資料集

　　目前已經有一些用來訓練物件偵測模型的公開資料集可用，例如 MS COCO（80 個類別）、ImageNet（200 個類別）、Pascal VOC（20 個類別），以及較新的 Open Images（600 個類別）。MS COCO 與 Pascal VOC 被多數的物件偵測評測所採用，其中基於 COCO 之評測由於使用較複雜的影像，因此在真實情境上較具真實性。

從網路上下載

　　經過第 12 章中蒐集「熱狗」與「非熱狗」類別的影像後，我們應該已經熟悉這個程序了。像是 Fatkun 這樣的瀏覽器擴充功能，對於從搜尋結果中下載大量影像是很有用的。

手動拍攝照片

這個選項最花時間（不過可能也最有趣）。對一個強固的模型而言，使用在不同設
定下所拍攝的照片來訓練是很重要的。對於想要偵測的物件，我們應該至少要拍
攝 100 到 150 張不同背景下的影像，並使用不同的構圖與角度，以及不同的照明條
件。圖 14-14 展示了要訓練一個可口可樂和百事可樂物件偵測模型所拍攝的照片。
考慮到這個模型可能會學到紅色代表可口可樂而藍色代表百事可樂這樣錯誤的關
聯，因此最好將物件和不同背景混合來混淆影像以在最終獲得更強固的模型。

圖 14-14　不同設定之下所拍攝的物件照片

為了要多樣化資料集以及改善模型的強固性，為那些不太可能用到的環境來拍攝照片是
值得的。這還有一個附加效益就是，讓這個無聊又乏味的程序變得更有趣。我們可以挑
戰自己來拍出獨特又具創意的照片。圖 14-15 顯示在建立一個貨幣偵測器時所拍攝的創
意照片。

圖 14-15　建立一個多樣性貨幣資料集時所拍攝的創意照片

因為我們想要建立一個貓咪偵測器,所以將會重新使用第 3 章中所用的「Cats and Dogs」Kaggle 資料集裡的貓咪影像。我們隨機的從中選擇影像並將它們分成訓練和測試集。

為了要維持輸入大小的一致性,我們將所有影像都調成固定的大小。我們會在網路定義中以及轉換成 .tflite 模型時使用同樣的大小,並透過 ImageMagick 工具來一次性調整所有影像的大小:

```
$ apt-get install imagemagick
$ mogrify -resize 800x600 *.jpg
```

如果目前的目錄下有一大堆影像(也就是好幾萬張影像),上面的命令可能無法列出所有的影像。解決方案之一是使用 find 命令來列出所有影像,並將輸出導至 mogrify 命令:

```
$ find . -type f | awk -F. '!a[$NF]++{print $NF}' |
xargs -I{} mogrify -resize 800x600 *.jpg
```

標記資料

有了資料之後,下一步就是標記它。不像分類那樣只要把影像放到正確目錄就好,我們必須手動的對想要偵測的物件畫出它的定界框。這項任務可以選擇的工具是 LabelImg(適用於 Windows、Linux 及 Mac),原因如下:

- 可以將註解存在 PASCAL VOC 格式（亦被 ImageNet 採用）或 YOLO 格式的 XML 檔案中。

- 它支援單類別及多類別標籤。

如果您和我們一樣具有好奇心，您會想要知道 YOLO 格式和 PASCAL VOC 格式之間的差異。YOLO 使用了簡單的 *.txt* 檔案來儲存影像中的類別以及定界框資訊，每個檔案都用來儲存同名的那張影像。以下是一個典型的 YOLO 格式的 *.txt* 檔案內容：

```
class_for_box1 box1_x box1_y box1_w box1_h
class_for_box2 box2_x box2_y box2_w box2_h
```

請注意，本範例中的 x、y、寬度和高度都使用了影像的全和與全高來正規化了。

另一方面，PASCAL VOC 格式則是以 XML 來表達的。和 YOLO 格式一樣，一個 XML 檔案用來儲存一張影像的資訊（最好是同名）。您可以在 Git 儲存庫的 *code/chapter-14/pascal-voc-sample.xml* 中檢視範例格式。

首先，從 GitHub（*https://oreil.ly/jH31E*）下載應用程式到您電腦上的某個目錄中。此目錄會包含一個可執行檔以及一個包含了樣本資料的目錄。由於我們會使用我們自己的資料，所以並不需要此目錄中的資料。您可以雙擊那個可執行檔來啟動應用程式。

現在我們應該有一組影像可以用來進行訓練了。首先，隨機的將資料切成訓練和測試集合，並將它們放在不同的目錄中。我們可以隨機的拖放影像到任一目錄來完成這個切割。當訓練和測試目錄建立完成後，可以透過點擊 Open Dir（開啟目錄）來載入訓練目錄，如圖 14-16 所示。

當 LabelImg 載入訓練影像之後，我們就可以開始標記程序了。我們必須逐一對每張影像手動畫出每一個物件（本例中只有貓）的定界框，如圖 14-17 所示。當畫出定界框後，會提示我們為此定界框提供一個標籤。對於此練習來說，輸入物件的名稱，也就是「cat」。當一個標籤被輸入後，後續的影像只需點選核取方塊就可以指明使用這個標籤了。對於具有多個物件的影像，我們可以建立多個定界框以及指定它們的標籤。如果有不同的物件時，我們可以為那個物件類別增加新的標籤。

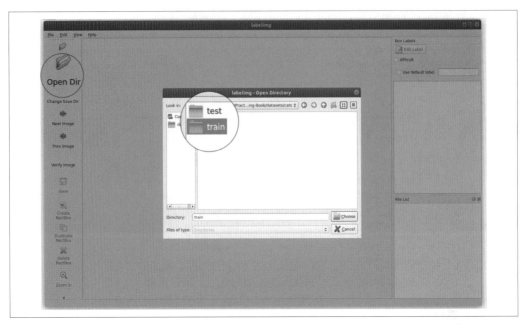

圖 14-16　點擊 Open Dir 鈕，然後再選擇包含訓練資料的目錄

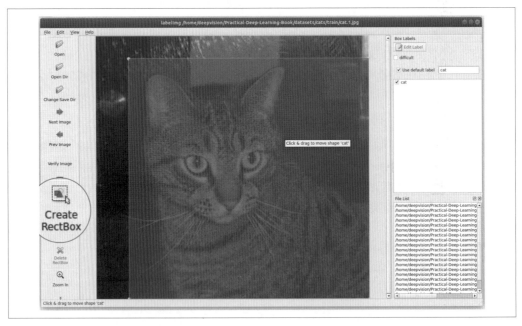

圖 14-17　在左邊的功能區中選擇 Create RectBox 以建立涵蓋貓咪的定界框

接著，為所有的訓練和測試影像都重複這個步驟。對每個物件我們都想要得到緊密的定界框，也就是物件的所有部分都會出現在框內。最後，在訓練和測試目錄中我們可以看到每個影像檔所伴隨的 .xml 檔，如圖 14-18 所示。我們可以在文字編輯器中開啟 .xml 檔並檢視其中的後設資料（metadata），例如影像檔名、定界框座標，以及標籤名稱。

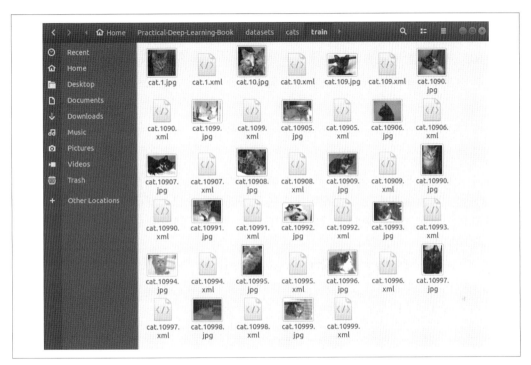

圖 14-18　每張影像都伴隨著一個包含了標籤資訊以及定界框資訊的 XML 檔案

第 1 章我們曾提到，在 MS COCO 資料集的開發過程中，要標記影像中的一個物件名稱需要花上大約 3 秒、畫出一個物件的定界框需要大約 30 秒，以及畫出一個物件的輪廓需要 79 秒。

為偵測而進行標記要比為分類而進行標記多花上 10 倍的時間。要在大型資料集上進行此事並維持高品質的代價很快就會變得很高。是什麼事情會很貴呢？就是手動的畫出定界框。比畫出它們更便宜的作法是什麼？只檢驗已經畫出的定界框的正確性。這就是我們想要最大化的部分。

與其手動的標記大量資料，不如利用半自動的標記程序。在此作法中您會進行下列事項：

1. 從資料中選擇一小部分的影像。

2. 手動標記它的物件類別以及定界框資訊。

3. 使用標記後資料來訓練模型。

4. 使用模型來為其餘的未標記資料進行預測。

5. 如果預測結果的信賴度高於所設定的閾值，則將它設為標籤。

6. 從其餘低於閾值的預測中選出一個樣本。

7. 驗證此樣本的正確性。如果預測是正確的，手動修正它。實務上，這通常代表稍微的移動定界框，這會比畫出整個定界框快多了。

8. 將手動審閱過的樣本影像加到訓練資料集中。

9. 重複以上程序，直到模型在另一驗證資料集上的效能可被接受為止。

這個程序的前幾次迭代中，您也許只能得到勉強堪用的模型。不過那是 OK 的。藉由使用這個人力介入的作法，我們可以持續教它哪裡做得不好。我們很快就會有足夠的信心讓模型可自動的標記大量資料，降低了手動標記大量資料的巨額成本。

這個作法是一種稱為**主動學習**（*active learning*）的技術的作法。知名的標記公司，像是 Figure Eight，大量的使用這個作法以降低標記的成本並增加效率，以讓大部分的時間最終是花在驗證之上。

前置處理資料

目前我們已經有了帶著所有物件的定界框之 XML 資料。然而，要使用 TensorFlow 來訓練這些資料，我們必須將資料轉換成 TensorFlow 可以了解的格式，也就是 TFRecord。在我們將資料轉為 TFRecord 之前，必須將所有 XML 檔案中的資料濃縮成單一的逗號分隔值（comma-separated value，CSV）檔。TensorFlow 提供了幫手腳本程式來幫助我們進行這些運算。

現在我們已設置好環境，是時候開始進行真正的工作了：

1. 使用由 Dat Tran 所建立的 racoon_dataset（*https://oreil.ly/k8QGl*）中的 xml_to_csv 工具，將我們的貓咪資料集目錄轉換為單一的 CSV 檔。在我們儲存庫中的 *code/chapter-14/xml_to_csv.py* 是將這個檔案稍做修改後的版本。

   ```
   $ python xml_to_csv.py -i {path to cats training dataset} -o {path to output
   train_labels.csv}
   ```

---

2. 對測試資料進行同樣的動作：

```
$ python xml_to_csv.py -i {path to cats test dataset} -o {path to
test_labels.csv}
```

3. 建立 *label_map.pbtxt* 檔。這個檔案包含了所有類別的標籤以及識別碼之對映。我們會使用這個檔來將文字標籤轉換為整數的識別碼，這會是 TFRecord 所期待的表達法。由於我們只有一個類別，所以這個檔案會很小，看起來像是：

```
item {
    id: 1
    name: 'cat'
}
```

4. 產生稍後會用來訓練和測試模型資料的 TFRecord 格式檔。這個檔案也來自 Dat Tran 所建立的 racoon_dataset（*https://oreil.ly/VNwwE*）儲存庫。在我們儲存庫中的 *code/chapter-14/generate_tfrecord.py* 是一份將這個檔案稍做修改的版本。（請注意，引數中的 image_dir 路徑應該和 XML 檔案的路徑相同；LabelImg 則使用絕對路徑。）

```
$ python generate_tfrecord.py \
--csv_input={path to train_labels.csv} \
--output_path={path to train.tfrecord} \
--image_dir={path to cat training dataset}


$ python generate_tfrecord.py \
--csv_input={path to test_labels.csv} \
--output_path={path to test.tfrecord} \
--image_dir={path to cat test dataset}
```

當準備好 *train.tfrecord* 和 *test.tfrecord* 檔案後，我們就可以開始訓練程序了。

檢視模型

（本節僅提供資訊，在訓練過程中不是必要的。您也可以直接跳至第 409 頁的「訓練」小節。）

我們可以使用 saved_model_cli 工具來檢視我們的模型：

```
$ saved_model_cli show --dir ssd_mobilenet_v2_coco_2018_03_29/saved_model \
--tag_set serve \
--signature_def serving_default
```

這個腳本的輸出如下所示：

```
The given SavedModel SignatureDef contains the following input(s):
  inputs['inputs'] tensor_info:
      dtype: DT_UINT8
      shape: (-1, -1, -1, 3)
      name: image_tensor:0
The given SavedModel SignatureDef contains the following output(s):
  outputs['detection_boxes'] tensor_info:
      dtype: DT_FLOAT
      shape: (-1, 100, 4)
      name: detection_boxes:0
  outputs['detection_classes'] tensor_info:
      dtype: DT_FLOAT
      shape: (-1, 100)
      name: detection_classes:0
  outputs['detection_scores'] tensor_info:
      dtype: DT_FLOAT
      shape: (-1, 100)
      name: detection_scores:0
  outputs['num_detections'] tensor_info:
      dtype: DT_FLOAT
      shape: (-1)
      name: num_detections:0
  outputs['raw_detection_boxes'] tensor_info:
      dtype: DT_FLOAT
      shape: (-1, -1, 4)
      name: raw_detection_boxes:0
  outputs['raw_detection_scores'] tensor_info:
      dtype: DT_FLOAT
      shape: (-1, -1, 2)
      name: raw_detection_scores:0
Method name is: tensorflow/serving/predict
```

以下說明了我們要如何解讀前一個命令中的輸出：

1. inputs 的形狀是 (-1, -1, -1, 3)，代表訓練後的模型可以接受任何包含三個顏色頻道的任意大小影像。由於這種輸入大小的彈性，轉換後的模型大小會比輸入為固定大小的模型更大。當我們在本章稍後訓練自己的物件偵測器時，會將輸入的大小固定成 800×600 以讓模型更精簡。

2. 繼續來看輸出，第一個輸出是 detection_boxes (-1, 100, 4)。這告訴我們可能會有多少個定界框，以及它們看起來的樣子。第一個數字（也就是 −1）指出我們對所有的 100 個類別（第二個數字）都可以有任意數量的定界框，而每一個定界框都包含 4 個座標（第三個數字）—— x、y、寬度、高度。換句話說，我們並沒有限制每個類別的偵測數量。

3. 對於 detection_classes 而言，我們有一個由兩個元素所構成的串列：第一個元素定義了我們偵測出多少物件，而第二個元素則是指出所偵測類別的一位有效（one-hot）編碼向量。

4. num_detections 是影像中被偵測出來的物件數量。它是一個單精準度浮點數。

5. raw_detection_boxes 定義了每個物件的定界框的座標。所有偵測出來的定界框是在應用非極大值抑制（NMS）前偵測的。

6. raw_detection_scores 是由兩個浮點數所構成的串列，第一個數字用來描述偵測的總數，第二個數字則是類別的總數，包括背景（如果它被認為是一個單獨的類別的話）。

訓練

因為我們是使用 SSD MobileNetV2，所以必須建立 *pipeline.config* 檔的複本（來自 TensorFlow 儲存庫）並根據我們的設定參數進行修改。首先，複製一份設定檔並在其內搜尋字串 PATH_TO_BE_CONFIGURED。這個參數指出在我們的檔案系統中所有需要被更新成正確路徑（最好是絕對路徑）的位置。我們也會想要編輯設定檔內的某些參數，例如類別數量（num_classes）、步驟數量（num_steps）、驗證樣本數量（num_examples），以及訓練與測試 / 驗證區段的標籤映射（label mapping）的路徑。（您可以在本書的 GitHub 網站（參見 *http://PracticalDeepLearning.ai*）中找到我們版本的 *pipeline.config* 檔案。）

```
$ cp object_detection/samples/configs/ssd_mobilenet_v2_coco.config
./pipeline.config
$ vim pipeline.config
```

在我們的範例中，我們是使用 SSD MobileNetV2 模型來訓練物件偵測器。在不同的情況下，您可能會選擇其他的模型來進行訓練。因為每個模型都有自己的生產線設定檔，所以您必須修改該設定檔而不是範例中的那個。設定檔是和模型綁在一起的。您應該使用類似的程序來找出需要修改的路徑，並利用文字編輯器來更新它們。

除了修改路徑之外，您可能也會想要修改設定檔內的其他參數，例如影像大小、類別數量、優化器、學習率及週期數。

目前為止，我們還位於 TensorFlow 儲存庫的 *models/research* 目錄中。讓我們移至 *object_detection* 目錄並執行 TensorFlow 的 *model_main.py* 腳本，它會根據剛才編輯的 *pipeline.config* 檔中的設定來訓練我們的模型：

```
$ cd object_detection/
$ python model_main.py \
--pipeline_config_path=../pipeline.config \
--logtostderr \
--model_dir=training/
```

當我們看到類似下面的輸出時，就知道訓練已經正確的進行了：

```
Average Precision (AP) @[ IoU=0.50:0.95 | area=all | maxDets=100 ] = 0.760
```

根據訓練的迭代次數不同，訓練會花上幾分鐘到幾小時的時間，所以準備一些點心、洗洗衣服、倒一下垃圾，或者做些更棒的事，像是繼續讀本章的內容。當訓練完成後，我們應該可以在 *training/* 目錄中看到最新的檢查點檔案。訓練過程也會建立下列檔案：

```
$ ls training/

checkpoint                                        model.ckpt-13960.meta
eval_0                                            model.ckpt-16747.data-00000-of-00001
events.out.tfevents.1554684330.computername       model.ckpt-16747.index
events.out.tfevents.1554684359.computername       model.ckpt-16747.meta
export                                            model.ckpt-19526.data-00000-of-00001
graph.pbtxt                                       model.ckpt-19526.index
label_map.pbtxt                                   model.ckpt-19526.meta
model.ckpt-11180.data-00000-of-00001              model.ckpt-20000.data-00000-of-00001
model.ckpt-11180.index                            model.ckpt-20000.index
model.ckpt-11180.meta                             model.ckpt-20000.meta
model.ckpt-13960.data-00000-of-00001              pipeline.config
model.ckpt-13960.index
```

我們會在下一節中將最新的檢查點檔轉換為 *.TFLite* 格式。

有時您會為了除錯、優化和 / 或資訊的目的，而想要更深入的檢視您的模型。把這想像成您最喜歡的電視劇的幕後花絮。您可以執行下列命令並提供指向檢查點檔、設定檔，以及輸入類型的參數來檢視所有的參數、模型分析報告，以及其他重要資訊：

```
$ python export_inference_graph.py \
--input_type=image_tensor \
--pipeline_config_path=training/pipeline.config \
--output_directory=inference_graph \
--trained_checkpoint_prefix=training/model.ckpt-20000
```

此命令的輸出看起來會是：

```
=========================Options=========================
-max_depth                 10000
-step                      -1
...

==================Model Analysis Report==================
...
Doc:
scope: The nodes in the model graph are organized by
their names, which is hierarchical like filesystem.
param: Number of parameters (in the Variable).

Profile:
node name | # parameters
_TFProfRoot (--/3.72m params)
  BoxPredictor_0 (--/93.33k params)
    BoxPredictor_0/BoxEncodingPredictor
    (--/62.22k params)
      BoxPredictor_0/BoxEncodingPredictor/biases
      (12, 12/12 params)
  ...
FeatureExtractor (--/2.84m params)
  ...
```

這份報告能幫您知道您有多少個參數，而這又可以幫您找出優化模型的機會。

模型轉換

現在您有了最新的檢查點檔了（字尾應該要和 *pipeline.config* 檔案中的週期數量相符），我們會將它餵入 export_tflite_ssd_graph 腳本中，就像本章稍早對我們的預訓練模型所做的一樣：

```
$ python export_tflite_ssd_graph.py \
--pipeline_config_path=training/pipeline.config \
--trained_checkpoint_prefix=training/model.ckpt-20000 \
--output_directory=tflite_model \
--add_postprocessing_op=true
```

如果前面的腳本成功執行的話，我們會在 *tflite_model* 目錄中看到下列檔案：

```
$ ls tflite_model
tflite_graph.pb
tflite_graph.pbtxt
```

現在還剩下最後一個步驟：將那個冷冰冰的圖形檔轉成 *.TFLite* 格式。我們可以使用 tflite_convert 工具來完成這件事：

```
$ tflite_convert --graph_def_file=tflite_model/tflite_graph.pb \
--output_file=tflite_model/cats.tflite \
--input_arrays=normalized_input_image_tensor \
--output_arrays='TFLite_Detection_PostProcess','TFLite_Detection_PostProcess:1','TFLi
te_Detection_PostProcess:2','TFLite_Detection_PostProcess:3' \
--input_shape=1,800,600,3 \
--allow_custom_ops
```

在這個命令中，我們用了幾個可能沒有那麼容易理解的參數：

- --input_arrays 參數只是要指出，在預測過程中所提供的影像會被正規化成 float32 張量。

- 提供給 --output_arrays 的引數指出，每筆預測結果會包含四種不同種類的資訊：定界框數量、偵測分數、偵測類別，以及定界框的座標。我們可以這麼做是因為在前一個步驟所匯出圖形腳本中我們使用了 --add_postprocessing_op=true 參數。

- 對於 --input_shape 參數來說，我們提供了和我們在 *pipeline.config* 檔中所用的相同維度值。

其餘的就比較無關緊要。現在，我們在 *tflite_model/* 目錄中應該會有一個新的 *cats.tflite* 模型檔了。是時候將它插入 Android、iOS 或邊緣裝置來進行貓咪的即時偵測了。這個模型正準備著要拯救 Bob 的花園！

在使用浮點數的 MobileNet 模型中,'normalized_image_tensor' 的值介於 [-1,1) 之間。這通常代表將每一個像素（線性的）映射至介於 [-1,1] 之間的值。介於 0 和 255 之間的輸入影像值會被乘上 (1/128)，然後再加上 -1 以確保落在 [-1,1) 的範圍內。

在量化後的 MobileNet 模型中,'normalized_image_tensor' 的值是介於 [0, 255] 之間。

一般狀況請參見定義在 TensorFlow Models 資料庫的 *models/research/object_detection/models* 目錄中的特徵萃取器（feature extractor）類別裡的 preprocess 函數。

影像分割

從物件偵測再往前一步來取得物件的精確位置後，我們可以執行物件分割。就如我們在本章稍早所看過的，這牽涉到為影像圖框中的每一個像素進行類別預測。像是 U-Net、Mask R-CNN 及 DeepLabV3+ 這類的架構常被用來進行分割的任務。和物件偵測差不多，對於能即時執行切割的網路之需求日益增加，這也包括在資源受限的裝置（例如智慧型手機）上的需求。即時性開啟了許多消費者應用程式情境，例如臉部過濾（圖 14-19），以及產業情境，例如為自駕車偵測可駕駛的道路（圖 14-20）。

圖 14-19　使用 ModiFace 應用程式來為頭髮塗上顏色，它可以準確的映射屬於頭髮的像素

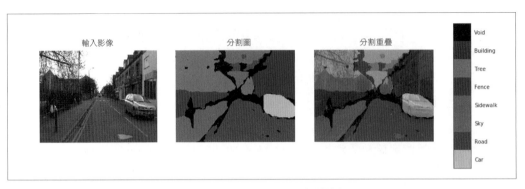

圖 14-20 在行車記錄器的圖框中進行影像分割（CamVid 資料集）

在本書中您大概已經漸漸習慣聽到這句話了：您不用寫太多的程式碼就可以完成這件事。像是 Supervisely、LabelBox 及 Diffgram 這類的標記工具不只可以幫忙標記資料，也可以載入先前已註解的資料並在預訓練的物件分割模型中進一步訓練。此外，這些工具提供了人工智慧輔助標記功能，可以大幅加速（大約 10 倍）那費力又昂貴的標記程序。如果這聽起來令人興奮，您真的走運了！在本書的 GitHub 網站（參見 *http://PracticalDeepLearning.ai*）中我們包含了一個額外的資源指南，教您如何學習和建立分割的專案。

案例探討

我們現在來看看，物件偵測是如何用來增強真實世界應用程式的威力。

智慧冰箱

智慧冰箱在近幾年來漸漸普及，因為它們的價格開始變得比較親民了。人們好像喜歡在外出後仍想要知道他們的冰箱裡有什麼。Microsoft 和瑞士家電巨人 Liebherr 進行合作，在它新一代的 SmartDeviceBox 冰箱（圖 14-21）中使用深度學習。此公司使用 Fast R-CNN 在它的冰箱中進行物件偵測，以偵測不同的食物、管理庫存，以及讓使用者得知最新的狀態。

圖 14-21　偵測 SmartDeviceBox 冰箱中的物件及其類別（影像來源：*https://oreil.ly/xg0wT*）

群眾計數

計算人數不只是貓咪會做的事。這件事在許多情況下會很有用，包括大型運動賽事的安全及後勤管理、政治性集會，以及其他的高流量區域。顧名思義，群眾計數（crowd counting）就是用來計算任何種類物件的數量，包括人和動物。野生動物觀察是一個極具挑戰性的問題，因為缺乏已標記資料以及嚴謹的資料集策略。

野生動物觀察

格拉斯哥大學（University of Glasgow）、開普敦大學（University of Cape Town）、菲爾德自然史博物館（Field Museum of Natural History），以及坦尚尼亞野生動物研究所（Tanzania Wildlife Research Institute）共同合作想要計算地表最大的動物遷徙中的動

物數量:從塞倫蓋蒂(Serengeti)到肯亞馬賽馬拉國家保護區(Masaai Mara National Reserve)的 130 萬頭牛羚以及 25 萬頭斑馬(圖 14-22)。他們雇用了 2,200 位志願科學家使用名為 Zooniverse 的平台來進行資料標記,並使用像是 YOLO 這類的自動化物件偵測演算法來計算牛羚和斑馬族群的數量。他們發現志工算的結果和物件偵測演算法算出來的結果差距不到 1%。

圖 14-22　從一架小型調查飛機所拍攝的牛羚空拍圖(影像來源:*https://oreil.ly/hTodA*)

大壺節

密集群眾數量計算的另一個例子發生在印度的普拉耶格拉吉(Prayagraj),每十二年會有大約 2 億 5 千萬人到這個城市參加大壺節(Kumbh Mela)慶典(圖 14-23)。歷史上這類大型群眾聚會的控制一直都是難題。事實上,在 2013 年由於群眾管理不良,發生了不幸的踩踏事件而造成 42 人死亡。

2019 年時,當地州政府與 Larsen & Toubro 簽約來使用人工智慧進行各種後勤任務,包括交通監控、垃圾蒐集、安全評估,還有群眾監控。當局使用了超過一千具 CCTV 攝影機來分析群眾的密度並設計了一個根據固定面積中的人群密度的預警系統。在高密度區域監控會更密集。它成為人類史上最大的群眾管理系統的金氏世界紀錄!

圖 14-23　2013 年大壺節，由與會者所拍攝（影像來源：*https://oreil.ly/Oly7N*）

Seeing AI 的臉部偵測

Microsoft 的 Seeing AI 應用程式（適用於盲人與弱視社群）提供了即時的臉部偵測功能，它會通知使用者在手機前的人的相對位置以及他們和相機的距離。典型的指引聽起來可能會像是「左上角有一張臉，距離四呎」。此外，這個應用程式還會利用臉部偵測的指引來針對已知臉孔的列表執行臉部辨識。如果發現符合的，它也會唸出那個人的名字。語音指引的範例會像是「伊莉莎白在靠近上緣的位置，距離三呎」，如圖 14-24 所示。

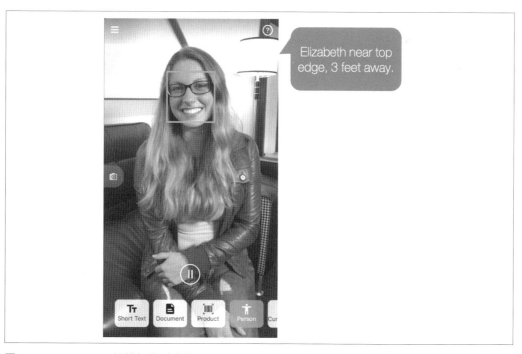

圖 14-24　Seeing AI 的臉部偵測功能

要偵測一個人的位置，系統是運行在一個快速的行動優化物件偵測器上。裁切出來的臉部會被雲端上 Microsoft 的 Cognitive Services 的年齡、情緒、髮型及其他的辨識演算法進一步處理。為了以隱私保護的方式偵測人們，應用程式會要求使用者的親朋好友自拍 3 張他們的臉並產生這些臉的特徵表達法（嵌入）以儲存在裝置上（而不是直接儲存影像）。未來偵測到相機中出現臉部時，會計算它的嵌入並和資料庫中的嵌入比較及賦予姓名。這是基於單樣本學習的概念，和我們在第 4 章看過的 Siamese 網路類似。不儲存影像的另一個優點是 ，應用程式的大小不會因為儲存大量的臉部而急邃的增加。

自駕車

許多自動駕駛汽車公司，包括 Waymo、Uber、Tesla、Cruise、NVIDIA 等都使用物件偵測、分割，以及其他深度學習技術來建造他們的自駕車。像是行人偵測、交通工具類型識別，以及速限標誌辨識等高級輔助駕駛系統（Advanced Driver Assistance Systems，ADAS）對於自駕車是很重要的。

為了自駕車中的決策程序，NVIDIA 為不同的任務使用了特製的網路。例如，WaitNet是一個用來進行快速且高階的紅綠燈、十字路口及交通號誌偵測的類神經網路。除了快之外，它也能夠抵抗雜訊並在氣候不佳的狀況下仍然可以可靠的運作，例如下雨或下雪。由 WaitNet 偵測出來的定界框會再被餵給特製網路以進行更精細的分類。例如，如果在圖框中偵測到紅綠燈，它會再被餵給 LightNet ——用來偵測紅綠燈形狀（圓形或箭頭）以及狀態（紅、黃、綠）的網路。此外，如果圖框中偵測到交通號誌，它會被餵給SignNet，它可以分類來自美國和歐洲的數百種交通號誌，包括停止號誌、禮讓號誌、方向資訊、速限資訊等。將快速網路的輸出傳給特製網路，有助於改善效能以及模組化不同網路的開發。

圖 14-25　在自駕車上使用 NVIDIA Drive Platform 來偵測紅綠燈以及號誌

總結

本章中我們探討了各種電腦視覺任務，也包括它們之間的關聯和差異。我們深入的檢視了物件偵測、了解它的生產線是如何運行，以及它會如何隨著時間演化。接著我們蒐集資料、進行標記、訓練模型（使用和不使用程式），並將模型部署至行動裝置。然後我們看看物件偵測是如何被產業、政府及非政府組織（non-governmental organization，NGO）運用在真實世界中的。最後，我們看了一下物件分割的世界。物件偵測是一個極具威力的工具，每一天在生活中的不同領域仍然被持續發掘出它的潛能。您能想出什麼物件偵測的創意用法嗎？在推特上和我們 @PracticalDLBook（*https://www.twitter.com/PracticalDLBook*）分享吧！

## 第十五章

成為自造者：探索邊緣裝置上的嵌入式人工智慧

由客座作者 *Sam Sterckval* 撰寫

您知道要如何建立一個好的人工智慧應用，不過您還會想要更多。您不想要被限制成只能在某些電腦上執行人工智慧軟體，而想要將它帶到真實世界中。您想要建造可以讓事情更有互動性、讓生活更好過、可以服務人群，或僅只是有趣的裝置。或許您想要建造一個互動式的繪畫，當您看著它時它會對您微笑。在您的門前裝一個相機，當未授權人仕想要偷取包裹時會發出巨大警示聲。也或許是一支用來分類可回收物品和垃圾的機器手臂。還是在樹上用來防止盜獵的裝置？或是可以在發生洪水時自動調查一個區域內需要幫助的人數。甚至是可以自動駕駛的輪椅。您所需要的是一個聰明的電子裝置，不過您要如何建造它、它的成本是多少，以及它的威力如何？本章中我們將開始討論這些問題。

我們會看看如何在嵌入式裝置——您可以在「自造者（maker）」專案中使用的裝置——中實作人工智慧。自造者是一群具有 DIY 精神的人，他們會發揮自己的創意來建造一些新東西。自造者一開始通常是業餘愛好者，他們是喜歡有趣事物的問題解決者、機器人學家、創新者，有時還是企業家。

本章的目標是啟發您選擇適合任務的裝置的能力（這代表您不會想要在一個微型 CPU 上執行重度 GAN，或者用一個四核心 GPU 來執行「Not Hotdog」分類器），並且能盡快設置它以進行測試。我們會探討一些市面上的知名裝置，並且看看如何使用它們來在模型上執行推論。最後，我們會看看世界各地的自造者是如何使用人工智慧來建造機器人專案。

我們的第一步是看看嵌入式人工智慧裝置的現況。

探索嵌入式人工智慧裝置的現況

本節中我們會探索一些知名的嵌入式人工智慧裝置，如表 15-1 所列。在進行測試之前，我們會先談談它們的內部運作以及它們之間的差異。

表 15-1　裝置列表

Raspberry Pi 4	本書撰寫時最有名的單板電腦（single-board computer）
Intel Movidius NCS2	使用 16 核心虛擬處理器（Visual Processing Unit，VPU）的 USB 加速器
Google Coral USB	使用客製化 Google 特定應用積體電路（Application-Specific Integrated Circuit，ASIC）的 USB 加速器
NVIDIA Jetson Nano	結合 CPU 和 128 核心 CUDA GPU 的單板電腦
PYNQ-Z2	結合 CPU 和 50k CLB 現場可程式化邏輯閘陣列（Field-Programmable Gate Array，FPGA）的單板電腦

與其說某一個比其他的更好，我們想要做的是為特定專案選出一種設置方案。我們不會經常在通勤時看到一部法拉利。較常見的是更小更精簡的車，而它們會將通勤這件事情做得和法拉利一樣好，甚至更好。同樣地，使用一台威力強大、超過 1000 美元的 NVIDIA 2080 Ti GPU 對一部使用電池的無人機來說就太誇張了。想要了解哪些邊緣裝置最適合我們的需求，我們應該先問自己幾個問題：

1. 裝置有多大（例如和一枚硬幣相比）？

2. 裝置的價格是多少？考量您是否預算有限。

3. 裝置有多快？它的處理速度是 1 FPS 還是 100 FPS？

4. 裝置一般需要耗掉多少電力（以瓦特為單位）？對於使用電池的專案，這件事很重要。

把這些問題記錄下來，我們先來逐一探索圖 15-1 中的裝置吧！

圖 15-1　嵌入式人工智慧裝置的家庭照；從最頂端開始順時針方向為：PYNQ-Z2、Arduino UNO R3、Intel Movidius NCS2、Raspberry Pi 4、Google Coral USB 加速器、NVIDIA Jetson Nano，以及放在中間用來參考的 1 歐元硬幣

Raspberry Pi

因為我們要談的是自造者的嵌入式裝置，所以就從電子專案的公認同義詞開始吧：Raspberry Pi（圖 15-2）。它很便宜、很容易使用，而且有眾多愛用者。

圖 15-2　Raspberry Pi 4

大小	85.6 mm × 56.5 mm
價格	35 美元起跳
處理器	ARM Cortex-A72 CPU
額定功率	15 W

首先，什麼是 Raspberry Pi？它是一部「單板電腦」，也就是所有的計算都在單一的印刷電路板（printed circuit board，PCB）中執行。這個單板電腦的第四版裝置了一個包含一個 ARMv8-A72 四核心 CPU、VideoCore VI 3D 單元，以及一些視訊解碼器和編碼器的 Broadcom 系統單晶片（system-on-a-chip，SoC）。它可以選配不同的記憶體大小，最高可到 4 GB。

這個版本在效能上比 Raspberry Pi 3 提升了許多，但也損失了一些能源效率。這是因為 Raspberry Pi 3 擁有的 ARMv8-A53 核心是高能源效率版，而 ARMv8-A72（用於第四版）是高效能版。我們可以由它們的電源供應器推薦看出這點，Raspberry Pi 3 是 2.5 amps，而 Raspberry Pi 4 則變成 3 amps。另一個值得注意的是 Raspberry Pi 4 具有 USB 3 插槽，而 Raspberry Pi 3 只有 USB 2 插槽。這點在未來將會是重要的資訊。

現在來介紹一些機器學習的東西吧！即使 Raspberry Pi 4 已經變成威力如此強大，它主要仍然包含四個序列 CPU 核心（它們目前支援不依序（Out of Order，OoO）執行）。它具有 VideoCore VI，不過直至本書付印時還沒有 TensorFlow 的版本。來自 Idein Inc. 的 Koichi Nakamura 建造了 py-videocore（*https://oreil.ly/AuEzr*），為一存取 Quad Processing Unit（QPU；Raspberry Pi 的 SoC 的類 CPU 核心）的 Python 程式庫。之前他在其中使用了加速後的類神經網路，不過還沒辦法用 TensorFlow 進行加速。也有存取這些核心的 C++ 程式庫。不過就如您所懷疑的，這些核心沒有那麼具有威力，因此即使使用了加速後的類神經網路，它們可能還是沒辦法產出預期的效果。為了簡單起見，我們並不會深入這些程式庫，因為挖掘這些演算法已超出本書的範圍。而且就如我們後面會看到的，其實這根本沒有必要。

結論是，Raspberry Pi 已經被證明是對無數任務來說都很有用的硬體。它經常被用於教育用途，以及為自造者所用。您會訝異於知道有多少企業在產業環境下使用 Raspberry Pi（有一個叫做 netPi 的東西，它只是一個具有強固包裝的 Raspberry Pi）。

Intel Movidius Neural Compute Stick

現在我們直接深入探討為何許多專案選擇使用 Raspberry Pi 的原因之一：Intel Movidius Neural Compute Stick 2（圖 15-3），是由 Intel 所創建的第二代 USB 加速器。

它做的事很簡單：您給它一個類神經網路以及一些資料，而它會進行推論所需的所有計算。它只能透過 USB 連接，所以您可以將它插入您的 Raspberry Pi，在此 USB 加速器上執行推論，並釋放 Raspberry Pi 上的 CPU 來做所有您想做的事情。

圖 15-3　Intel Neural Compute Stick 2

大小	72.5 mm × 27 mm
價格	87.99 美元
處理器	Myriad X VPU
額定功率	1 W

它是基於 Myriad VPU。第一代具有一顆 Myriad 2 VPU，而這代則包含一顆 Myriad X VPU。此 VPU 包含了 16 顆 SHAVE（Streaming Hybrid Architecture Vector Engine）核心，它很像 GPU，不過比較不適合圖形相關運算。特別是它有晶片上記憶體（on-chip RAM），這對類神經網路推論來說特別有用，因為這些網路在計算時常會建立一大堆資料，它們可以被儲存在核心附近，因而大幅的降低存取時間。

Google Coral USB 加速器

包含了 Google Edge TPU 的 Google Coral（圖 15-4）是我們會討論的第二個 USB 加速器。首先要解釋一下為何我們要看兩種不同的 USB 加速器。如我們所說，Intel stick 擁有數顆 SHAVE 核心，它們具有多個可用指令，就像是 GPU 核心一樣，因此被當作處理器使用。另一方面，Google Edge TPU 是一顆 ASIC（特定應用積體電路），它也會進行一些處理，不過只為單一用途服務（因此出現「特定」這個字）。ASIC 具有一些繼承自硬體的特性，有些很好，其他的就不一定了：

速度

因為 TPU 內部的所有電子電路都只有一個用途，所以不會有解碼運算所造成的額外負擔。在您提供輸入和權重時，它幾乎可以馬上給您結果。

效率

所有的 ASIC 都只有單一用途，因此不需額外的能源。ASIC 的效能瓦特比（performance/watt）在業界通常是最高的。

彈性

ASIC 只能執行其被設計的目的；在此是加速 TensorFlow Lite 類神經網路。您需要將它插入 Google Edge TPU 編譯器以及 8 位元 *.tflite* 模型。

複雜性

Google 實質上是一家軟體公司，而且它知道要怎麼讓東西容易使用。這也正是它在此所做的。要開始使用 Google Coral 十分容易。

那麼 Google Edge TPU 是如何運作的呢？有關 Edge TPU 本身的資訊並不會被分享，不過有關 Cloud TPU 的資訊則會，因此這裡假設 Edge TPU 是以和 Cloud TPU 相同的方式運作。它具有專用的硬體以進行乘法－加法、激發，以及池化運算。晶片上的所有電晶體的連接方式讓它可以以高度平行的方式接受權重以及輸入資料，還有計算輸出。晶片上的最大部分（除了晶片上記憶體外）是「矩陣相乘單元（Matrix Multiply Unit）」。它採用了一個相當聰明（雖然有點過時）的原理，稱為**收縮執行**（*systolic execution*）（*https://oreil.ly/R5VpP*）。這個執行原理可以藉由將中間結果儲存在處理器而非記憶體中，來幫忙降低記憶體頻寬。

圖 15-4　Google Coral USB 加速器

大小	65 mm × 30 mm
價格	74.99 美元
處理器	Google Edge TPU
額定功率	2.5 W

我們所討論的這兩種 USB 加速器的主要差別是什麼呢？ Google Coral 的威力比較強大，不過比 Intel Movidius NCS2 沒有彈性。即使如此，Coral 更容易設定和使用，尤其是當您擁有了已訓練和已轉換的模型後。

NVIDIA Jetson Nano

現在，我們來介紹另一種類型的硬體：NVIDIA Jetson Nano（圖 15-5），一種單板人工智慧電腦。有點像 Raspberry Pi，不過它擁有一顆 128 核心、具 CUDA 功能的 Maxwell GPU。有了 GPU 讓它很像是具有 Intel NCS2 的 Raspberry Pi，不過 NCS2 只有 16 核心，而 Jetson 則有 128 個核心。它還有哪些東西呢？一顆四核心 A57 ARMv8 CPU，它是 Raspberry Pi 4 中 ARMv8 A72 的前身（它也比 Raspberry Pi 4 早推出四個月）。它還有 4GB 的低功率雙資料率 4（Low-Power Double Data Rate 4，LPDDR4）記憶體，此記憶體可以很方便的讓 CPU 和 GPU 共享，讓您可以直接處理 GPU 上的資料而不用進行複製。

圖 15-5 NVIDIA Jetson Nano

大小	100 mm × 79 mm
價格	99 美元
處理器	ARM A57 + 128 核心 Maxwell GPU
額定功率	10 W（在高負載下可能會有更高的瞬值）

這個單板電腦的重點是這些 GPU 是具有 CUDA 功能的，所以它們可以執行 TensorFlow-GPU 或任何其他框架，這和 Raspberry Pi 十分不同，尤其當您也想要訓練網路時。此外，它比 GPU 便宜多了。目前只要花 99 美元 Jetson Nano 就是您的了，而且它還包含了一顆高效能的 ARM CPU 以及一顆 128 核心的 GPU。相較之下，具有 4GB 記憶體的 Raspberry Pi 4 賣 55 美元，Coral USB 加速器賣大約 75 美元，而 Movidius NCS2 則是大約 90 美元。後二者並不是獨立運作的，它們至少需要額外的 Raspberry Pi 才能真正的做事情，而 Pi 並沒有可以加速深度學習應用的 GPU。

Jetson Nano 還有一件值得注意的事：它可以加速 TensorFlow 預設的 32 位元浮點數運算，不過當我們使用 16 位元浮點數運算時會更有效率，而且如果您使用它自己的 TensorRT 框架時效率還會更高。幸運的是，製造商提供了一個名為 TensorFlow-TensorRT（TF-TRT）的有用的開源程式庫，可以自動的用 TensorRT 來加速適用的運算並讓 TensorFlow 負責其餘的部分。相較於 TensorFlow-GPU 來說，這個程式庫可以將速度提升大約四倍。以上這些讓 Jetson Nano 輕易的成為最具彈性的裝置。

創造者的話

來自 John Welsh 與 Chitoku Yato，NVIDIA Jetson Nano 團隊

發展 NVIDIA Jetson 平台十分令人興奮，它提供了可以趨動人工智慧機器人、無人機、智慧視訊分析（Intelligent Video Analytics，IVA）應用，以及其他自動化機器的軟、硬體功能。Jetson Nano 將現代人工智慧的威力帶進一個又小又容易使用的平台。

幾年前，我們有一組高中實習生在開發邊緣裝置上的深度學習暑期專案。他們的專案成果非常具有創意、技術令人讚賞，而且有趣。我們很興奮的將它和 Jetson Nano 一起推出，因為我們覺得這類的專案正是大眾應該用 Jetson Nano 的方式。

成為 NVIDIA 這個天才團隊的一份子太值得了，它所發展的工具讓社群可以使用人工智慧來更快的完成任務。我們一直被來自自造者、開發人員及學習者用 Jetson Nano 所建立的酷專案感到驚訝──從 DIY 機器車到家庭自動化──而這僅僅是開始而已。我們的目標是要讓所有的人都可以更容易的使用人工智慧。

FPGA + PYNQ

是時候繫上安全帶了，因為我們即將深入到電子的黑暗世界。基於 Xilinx Zynq 晶片家族的 PYNQ 平台（圖 15-6）是一個和目前所討論的其他裝置完全不同的電子世界。如果稍作調查，您會發現它有一顆驚人的 667 MHz 雙核心 ARM-A9 CPU。您想的第一件事會是「您沒有在開玩笑吧？這和 Raspberry Pi 的 1.5 GHz 四核心 A72 差太多了吧！」您說的沒錯，這顆 CPU 大部分都是沒用的。不過它的板子上還有另一個東西——一顆 FPGA。

圖 15-6　Xilinx PYNQ-Z2

大小	140 mm × 87 mm
價格	119 美元
處理器	Xilinx Zynq-7020
額定功率	13.8 W

FPGA

要了解 FPGA 是什麼東西，我們需要先看一下一些類似的概念。先從 CPU 開始：它是認識一串稱為指令集架構（Instruction Set Architecture，ISA）的裝置。這個集合定義了 CPU 可以做的所有事情，通常包含像是「Load Word」（一個字組（word）的位元數通常和 CPU 的資料通道大小一樣，一般是 32 位元或 64 位元），這會將某個數值載入到 CPU 內部的暫存器（register）中；還有「Add」會將兩個內部暫存器的內容相加後存到第三個暫存器內。

CPU 可以做到這件事的原因是它包含了一大堆的電晶體（如果您喜歡也可以將它們看作是電力開關），它們被設計成 CPU 會自動將運算轉譯並進行此運算應做的事情。軟體程式就只是一長串這類的運算，以精準的順序執行。單核心 CPU 會一一的執行這些運算，且以驚人的速度進行。

我們來看看平行性（parallelism）吧！如您所知，類神經網路包含了捲積或線性節點，它們都可以被轉譯成矩陣乘法。如果我們檢視這些運算背後的數學原理，則會發現某一網路層的輸出可以從其他輸出獨立計算而得，如圖 15-7 所示。

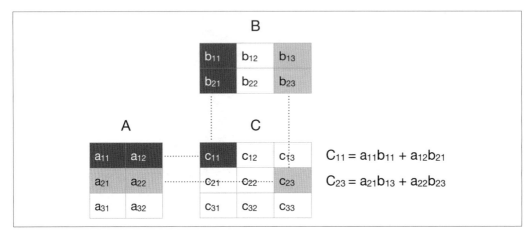

圖 15-7　矩陣乘法

現在，我們知道這些運算實際上都可以用平行的方式進行。我們的單核心 CPU 沒辦法做到這件事，因為它實際上一次只能做一個運算，不過這正是多核心 CPU 有用之處。四核心 CPU 一次可以進行四個運算，這代表理論上速度會增加四倍。Intel Movidius NCS2 中的 SHAVE 核心以及 Jetson Nano 的 CUDA 核心可能不像 CPU 核心那麼複雜，不過它們對這些乘法和加法來說夠用了。而且不只有四個核心，NCS2 有 16 個，而 Jetson Nano 有 128 個核心。像是 RTX 2080 Ti 這種較大的 GPU 甚至有 4,352 顆 CUDA 核心。因此，您很容易就可以看出為何在執行深度學習任務時 GPU 比 CPU 的效能更好了。

我們回到 FPGA 吧！由於 CPU 和 GPU 就是一大堆透過電路設計固線（hardwire）方式用來執行指令的電晶體組合，您也一樣可以把 FPGA 想成是一大堆電晶體的組合，不過並不是用固線的方式。您可以選擇要如何繞線，並依您的需求重新繞線，使它們變成可配置的。您可以將它們繞線成 CPU。您也可以發現有些人想要將它們繞線成 GPU 的圖

解和專案。不過最有趣的是，它們甚至可以被繞線成和您的深度學習類神經網路同樣的架構，這實質上會讓它們變成網路的硬體實作。在此我們刻意使用「繞線（wired）」這個詞。您也許常發現有人會在此使用「程式（program）」這個詞，但這可能會產生混淆。您真正做的是重新配置真實的硬體，而不是像 CPU 或 GPU 一樣只是下載一個程式到硬體執行而已。

PYNQ 平台

我們通常會稱呼 FPFA 的「繞線」檔為位元串流（bitstream）或位元映射（bitmap），因為您要放入晶片的基本上就只是要建立的連結的映射。就如您所想像的，要建立這些位元串列比執行 Python 腳本複雜多了。這正是 PYNQ 可以發揮之時。它的銘言是「Zynq 的 Python 等級生產力」。這家公司在晶片的 ARM 上安裝會自動執行 Jupyter 筆記本的 PYNQ 映像檔，而且它也伴隨著一些基本的位元串流；然而未來會有更多的位元串流可用。在 PYNQ 的世界中，這些串流被稱為覆蓋（overlay）。

如果您去找尋範例，應該能很快找到一個名為「BNN-PYNQ」的範例。它有一個簡單的 VGG 形態、六層的 CNN，可以在 PYNQ-Z1 和 Z2 上以 3,000 FPS 的速度執行，且在擁有 Ultrascale+ 版本的 Zynq 晶片之 ZCU104 上以接近 10,000 FPS 的速度執行。這些數字看來有點瘋狂，不過要考量它們是在 32×32 像素的影像上執行的，而不是一般的 224×224 像素的影像。而且這個網路是「二元化」的，也就是它的權重和激發都是一個位元的，而不是 TensorFlow 的 32 位元。為了更準確的比較效能，我嘗試著用 Keras 重新建立一個類似的網路。

我建造了 FP32 模型並用 CIFAR-10 資料集訓練它。CIFAR-10 可以很方便的從 Keras 中使用 keras.datasets.cifar10 來取得。FP32 模型的錯誤率大概是 17%，令人驚訝的是，這只比二元化模型好 2%。它在 Intel i9 八核心 CPU 的推論速度大約是 132 FPS。據我所知，還沒有一個簡單的方式可在 CPU 上有效率又輕鬆地使用二元網路──您必須深入挖掘某些特定的 Python 套件或 C 程式碼來發揮硬體的大部分威力。您有可能達到三到五倍的速度提升。但這還是遠低於低階的 FPGA，而且 CPU 通常會比較耗電。當然事物都有正反面，對 FPGA 而言就是設計的複雜度。目前已經有開源的框架存在，就是由 Xilinx 支援的 FINN（https://oreil.ly/CijXF）框架。其他的製造商也提供了其他的框架，不過它們在軟體套件及框架的易用性上遠遠比不上 TensorFlow。為 FPGA 設計一個類神經網路一樣會涉及大量的電子學知識，因此超出了本書的範圍。

Arduino

當您想要透過感測器（sensor）和致動器（actuator）來與真實世界互動時，Arduino（圖 15-8）會讓您的生命更輕鬆。

微控制器單元（MicroController Units，MCU）Arduino 是一個微控制器開發電路板，以 16 MHz（沒錯，所以請不要在它上面執行嚴肅的類神經網路）的 8 位元 Advanced Virtual RISC（AVR）ATMega328p 微控制器為核心。微控制器是一種每個人都會接觸到的東西──幾乎在所有的電子產品中您都能找到微控制器，從螢幕／電視到鍵盤都有，連自行車燈都可能有一個微控制器來啟動閃光模式。

這些電路板具有不同的形狀、大小和效能，雖然 Arduino UNO 中的 MCU 的效能相當低，不過還是有一些更具威力的 MCU 存在。其中最知名的應該是 ARM Cortex-M 系列。最近 TensorFlow 和 uTensor（標的是 MCU 的極輕量機器學習推論框架）共同合作，使得在這些 MCU 上執行 TensorFlow 模型成為可能。

創造者的話

來自 Pete Warden，Mobile and Embedded TensorFlow 的技術主管，*TinyML* 作者

當我在 2014 年加入 Google 時，我很驚訝地發現「Ok Google」團隊所使用的模型其大小只有 13 KB，而且在微小的 DSP（Digital Signal Processor，數位信號處理器）上執行以偵測喚醒字詞。他們是經驗豐富且重實效的工程師，因此我知道他們不是為了流行而做這件事的；他們進行了實驗，而這是他們所能找到的最佳解決方案。那時我總認為模型的大小是以百萬位元組為單位來計算的，因此發現微型模型也可以是有用的這件事著實令我大開眼界，我也不禁會猜想它們還能用在哪些問題上。從那時開始，我就致力於開放這些先端技術給更多的使用者，以使我們可以發掘這些應用。這就是為什麼我們會在 2019 年初發佈第一版的 TensorFlow Lite for Microcontrollers，而且非常開心聽到有創意的工程師使用這些新的能力來建立創新的功能，甚至是全新的產品。

圖 15-8　Arduino UNO R3

大小	68.6 mm × 53.3 mm
價格	少於 10 美元
處理器	AVR ATMega328p
額定功率	0.3 W

雖然 Arduino UNO 不是真的能執行大量計算，但它擁有的許多效益讓它成為自造者的必備工具。它很便宜、簡單、可靠，而且擁有大量社群。大部分的感測器和啟動器都為 Arduino 寫了某種程式庫，讓它成為十分容易互動的平台。AVR 架構是一種 8 位元的修正版 Harvard 架構，不過它很容易學習，尤其是當它的上面架上 Arduino 框架時。圍繞 Arduino 的社群顯然提供了大量的自學課程，因此只要搜尋您所選的感測器的任何 Arduino 自學課程，就一定可以找到適合您的專案的自學課程。

使用 Python 的序列程式庫，你可以透過通用非同步收發傳輸器（Universal Asynchronous Receiver/Transmitter，UART）使用 USB 連接線來與 Arduino 介接，以下達命令及傳輸資料。

嵌入式人工智慧裝置的質化比較

表 15-2 總結了我們所討論的平台，而圖 15-9 則描繪了每一個裝置的效能及複雜性。

表 15-2　受測平台的優缺點

嵌入裝置	優點	缺點
Raspberry Pi 4	• 容易 • 大型社群 • 立即可用 • 便宜	• 缺乏計算威力
Intel Movidius NCS2	• 容易優化 • 支援多數平台	• 速度提升十分昂貴 • 威力平平
Google Coral USB	• 易於上手 • 顯著的速度提升 • 價格 vs. 速度提升	• 只支援 *.tflite* • 需 8 位元量化
NVIDIA Jetson Nano	• 多功能 • 可進行訓練 • 便宜 • 很容易達成顯著效能 • CUDA CPU	• 可能還是缺乏效能 • 進一步的優化會很複雜
PYNQ-Z2	• 能源效率可能很高 • 實際硬體設計 • 效能可能很好 • 比 Jetson Nano 更多功能	• 十分複雜 • 設計流程很長

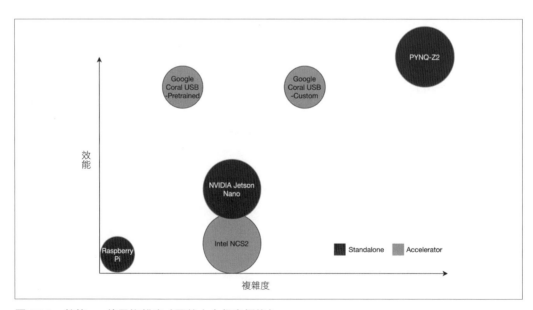

圖 15-9　效能 vs. 使用複雜度（圖的大小代表價格）

在本節中，我們將對同樣的影像使用 MobileNetV2 來執行 250 次的分類，以測試一些平台的效能。我們之所以每次都使用相同的影像是因為這會消除掉部分的資料瓶頸，它們會發生在記憶體不足以儲存所有的權重與不同影像的系統上。

好了，讓我們先找一張影像吧！誰不愛貓咪呢？我們來找一張漂亮貓咪的影像（圖 15-10），大小剛好是 224×224，這樣我們就不需要縮放影像的大小。

圖 15-10　我們用於實驗的貓咪影像

有進行評測總是好的，因此我們先在 PC 上執行模型吧！第 2 章介紹過要如何進行此操作，因此我們要直接寫一段腳本來進行 250 次預測並量取所花的時間。您可以在本書的 **GitHub** 網站（參見 *http://PracticalDeepLearning.ai*）的 *code/chapter-15* 目錄中找到完整的腳本：

```
$ python3 benchmark.py
Using TensorFlow backend.
tf version : 1.14.0
keras version : 2.2.4
input tensor shape : (1, 224, 224, 3)
warmup prediction
[('n02124075', 'Egyptian_cat', 0.6629321)]
starting now...
Time[s] : 16.704
FPS     : 14.968
Model saved.
```

現在我們已經建立了評測標準，是時候來研究該如何在嵌入式裝置中執行這個模型，並看看是否能夠以及如何將效能提升到可用的程度。

以 Raspberry Pi 動手作

我們先從最知名及最基本的裝置開始：Raspberry Pi（簡稱 RPi）。

首先安裝 Raspbian，它是為 Raspberry Pi 量身訂作的 Linux 版本。為了簡單起見，假設我們已經有一部安裝好所有東西、更新過了、已連上網路，並且已經就緒的 Raspberry Pi。我們直接在 Pi 上安裝 TensorFlow 吧！這應該可以使用 pip 安裝程式來進行：

```
$ pip3 install tensorflow
```

 由於最近切換至 Raspbian Buster，因此我們遭遇了一些問題，不過可以使用下列的 piwheel 解決：

```
$ pip3 install
https://www.piwheels.org/simple/tensorflow/tensorflow
-1.13.1-cp37-none-linux_armv7l.whl
```

用 pip 來安裝 Keras 很簡單，不過別忘了安裝 libhdf5-dev，如果您想要將權重載入到類神經網路時，將會需要它：

```
$ pip3 install keras
$ apt install libhdf5-dev
```

由於在 RPi 安裝 OpenCV（程式碼中稱其為 cv2）會是一個負擔（尤其是在最近發生作業系統更換時），我們可以用 PIL 取代 OpenCV 來載入影像。這代表要將匯入 cv2 換成匯入 PIL，並使用這個程式庫來載入影像：

```
#input_image = cv2.imread(input_image_path)
#input_image = cv2.cvtColor(input_image, cv2.COLOR_BGR2RGB)
input_image = PIL.Image.open(input_image_path)
input_image = np.asarray(input_image)
```

 與 OpenCV 不同，PIL 以 RGB 格式載入影像，因此不用再將 BGR 轉換成 RGB 了。

就這樣！一模一樣的腳本應該可以在您的 Raspberry Pi 上執行了：

```
$ python3 benchmark.py
Using TensorFlow backend.
tf version : 1.14.0
keras version : 2.2.4
input tensor shape : (1, 224, 224, 3)
warmup prediction
```

```
[('n02124075', 'Egyptian_cat', 0.6629321)]
starting now...
Time[s] : 91.041
FPS     : 2.747
```

如您所見，它的執行慢多了，下降到低於 3 FPS。是時候思考一下要如何進行加速了。

我們可以做的第一件事是檢視一下 TensorFlow Lite。如第 13 章所討論的，TensorFlow 內建了一個轉換器，讓我們可以很方便的將任何模型轉成 TensorFlow Lite（*.tflite*）模型。

我們會寫一個和原來的評測腳本非常相似的小腳本，它會進行要使用 TensorFlow Lite 的所有設定並執行 250 次預測。這個腳本當然也可以在本書的 GitHub 網站（參見 *http://PracticalDeepLearning.ai*）上找到。

我們直接執行它並評估我們對提升速度的努力成果。

```
$ python3 benchmark_tflite.py
Using TensorFlow backend.
input tensor shape : (1, 224, 224, 3)
conversion to tflite is done
INFO: Initialized TensorFlow Lite runtime.
[[('n02124075', 'Egyptian_cat', 0.68769807)]]
starting now (tflite)...
Time[ms] : 32.152
FPS      : 7.775
```

 Google Coral 網站（*https://coral.withgoogle.com*）有 8 位元量化後 CPU 模型可用，您可以使用 TensorFlow Lite 執行它。

對 Raspberry Pi 4 而言，我們觀察到速度提升了三倍（參見表 15-3）。快速嘗試的結果還不錯，不過還是只達到 7.8 FPS，雖然這對許多應用來說已經夠用了，但如果我們原先的計畫是想要進行像是直播視訊這樣的事情呢？那麼這就不夠了。量化模型可以達成更好的效能，不過效果有限，因為 Raspberry Pi 的 CPU 並未針對 8 位元整數運算進行優化。

表 15-3　Raspberry Pi 評測

設定	FPS
Raspberry Pi 4（tflite，8 位元）	8.6
Raspberry Pi 4（tflite）	7.8
Raspberry Pi 3B+（tflite，8 位元）	4.2
Raspberry Pi 4	2.7
Raspberry Pi 3B+	2.1

那麼該如何再進行加速，好讓它們可以用在像是自動駕駛賽車或自動無人機這樣的應用上呢？其實我們之前有談過了：USB 加速器。

使用 Google Coral USB 加速器進行加速

沒錯，這些加速器對目前的狀況很有用。我們所有的硬體設定都可以保留原樣，只需要東加一點西加一點就好。所以現在我們來看看：要如何讓 Google Coral USB 加速器在 Raspberry Pi 上運行，還有它真的可以把速度變快嗎？

重要的事先講。假設我們手上有一個 USB 加速器，要做的第一件事是看看廠商所提供的「使用入門」指南。拜訪一下 *https://coral.withgoogle.com/* 的 *Docs>USB Accelerator>Get Started*，幾分鐘之內您就會上手了。

在本書撰寫時，Coral USB 加速器還無法和 Raspberry Pi 4 完全相容，不過看一下 *install.sh* 腳本後，應該很容易就可以讓它運作了。您只需要增加一段安裝腳本以讓它認得 Pi 4 就可以了，如圖 15-11 所示。

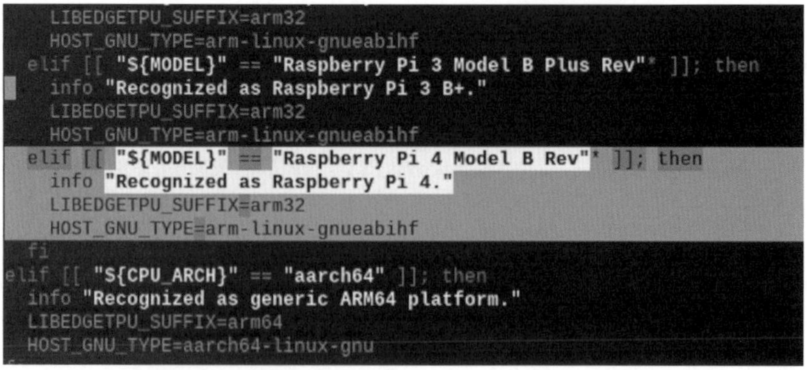

圖 15-11　Google Coral 安裝腳本修改

現在 *install.sh* 腳本可以正確運行了。接著，我們也要將一個 *.so* 重新命名以使它可以在 Python 3.7 中運作。可以使用 Unix 的複製命令：

```
$ sudo cp /usr/local/lib/python3.7/dist-
packages/edgetpu/swig/_edgetpu_cpp_wrapper.cpython-
35m-arm-linux-gnueabihf.so
/usr/local/lib/python3.7/dist-
packages/edgetpu/swig/_edgetpu_cpp_wrapper.cpython-
37m-arm-linux-gnueabihf.so
```

做完這件事後，事情應該就會很順利了，而且來自 Google 的示範程式應該可以執行了。

我們讓 Coral 運行後，再一次試著評測同樣的 MobileNetV2 模型。不過，這次必須使用量化後的版本，因為 Google 的 Edge TPU 只支援 8 位元的整數運算。Google 有提供了量化與轉換後的 MobileNetV2 模型，可以立即用於 Edge TPU 上。我們可以從 Coral 網站中的 *Resources > See pre-compiled models > MobileNetV2(ImageNet) > Edge TPU Model* 下載它。

> 如果您想創建、訓練、量化與轉換您的模型以在 Edge TPU 使用，則需要做更多的工作，並且無法使用 Keras 完成。您可以在 Google Coral 網站（*https://oreil.ly/ydoSy*）中找到有關要如何執行此操作的資訊。

我們現在有了一個可以運作的 USB 加速器和一個在其上運行的模型了。現在，我們來寫個新的腳本以測試它的效能。我們即將要製作的檔案又是和前一個非常相似，並且直接採用 Google 為 Coral 所提供的範例中的許多內容。如同之前一樣，這個檔案可以在 GitHub 網站（*http://PracticalDeepLearning.ai*）下載。

```
$ python3 benchmark_edgetpu.py
INFO: Initialized TensorFlow Lite runtime.
warmup prediction
Egyptian cat
0.59375
starting now (Edge TPU)...
Time[s] : 1.042
FPS     : 240.380
```

沒錯，這個結果是正確的。它已經完成了 250 次分類！在具有 USB3 的 Raspberry Pi 4 上它只花了 1.04 秒，也就是 240.38 FPS！這才是加速。以這個速度的話，您可以想見直播視訊是完全沒有問題的。

有許多各種用途的預編譯的模型可以使用，所以看一下它們吧！您可能會發現一個適合您的需求的模型，因此就不需要再經歷整個流程來創建、訓練、量化及轉換您自己的模型。

Raspberry Pi 3 沒有 USB3 埠，只有 USB2。在表 15-4 中我們可以看到這會對 Coral 造成資料瓶頸。

表 15-4　Google Coral 評測

設定	FPS
i7-7700K + Coral（tflite，8 位元）	352.1
Raspberry Pi 4 + Coral（tflite，8 位元）	240.4
Jetson Nano + Coral（tflite，8 位元）	223.2
RPi3 + Coral（tflite，8 位元）	75.5

轉移至 NVIDIA Jetson Nano

USB 加速器很棒，不過如果您的專案需要一個真實的利基模型，而它會用一些瘋狂且自製的資料集來訓練呢？如前面所述，要為 Coral Edge TPU 建立一個新的模型可比只建立 Keras 模型要多做許多事。那麼有沒有一個簡單的方式可以讓客製化的模型在邊緣裝置上運行，而且還能得到不錯的效能呢？有的。NVIDIA 來拯救您了！這家公司藉由 Jetson Nano 建立了 Raspberry Pi 的替代品，它具有 CUDA 功能且內建 GPU，其非常有效率，可以讓您不只是加速 TensorFlow，而是任何您喜歡的東西。

我們還是要從安裝所需的套件開始。首先，您需要下載一份 NVIDIA 的 JetPack，它是 Jetson 平台的類 Debian 作業系統版本。然後 NVIDIA 告訴了我們要如何安裝 TensorFlow 以及所需要的套件（*https://oreil.ly/d11bQ*）。

請注意 pip3 有一個已知的問題：「cannot import name 'main'」。

以下是解決方式：
```
$ sudo apt install nano
$ sudo nano /usr/bin/pip3


Replace : main => __main__
Replace : main() => __main__._main()
```

更新所有的 pip 套件會花很長的時間；如果您想要確保您的 Jetson 並沒有凍結，您可能會想要先安裝 htop：

```
$ sudo apt install htop
$ htop
```

這會讓您可以監控 CPU 的使用率。只要這個可以運作，那麼您的 Jetson 也是。

Jetson Nano 在編譯時溫度會非常高，因此我們建議您使用某種風扇。開發板有一個接頭，但請記住它會提供 5V 的電源給風扇，不過大部分的風扇都是 12V 的。

某些 12V 的電扇可以另闢蹊徑來運轉，有些則可能需要稍微推一下才能開始轉動。您需要一個 40 mm × 40 mm 大小的風扇。也可以找到 5V 版本的風扇。

可惜的是，NVIDIA 的指南不像 Google 那樣易讀。您很有可能在過程中會經歷想要翻桌的情境。

不過不要放棄；您終究會完成的。

在 Jetson 上安裝 Keras 需要 scipy，而它需要 libatlas-base-dev 以及 gfortran，所以從後者開始往前安裝吧：

```
$ sudo apt install libatlas-base-dev gfortran
$ sudo pip3 install scipy
$ sudo pip3 install keras
```

當所有事都準備完成後，我們可以選擇直接執行 *benchmark.py* 檔。由於 GPU 的緣故，它會比在 Raspberry Pi 上執行的快多了：

```
$ python3 benchmark.py
Using TensorFlow backend.
tf version : 1.14.0
keras version : 2.2.4
input tensor shape : (1, 224, 224, 3)
warmup prediction
[('n02124075', 'Egyptian_cat', 0.6629321)]
starting now...
Time[s] : 20.520
FPS     : 12.177
```

我們馬上就可以看到 Jetson Nano 的威力：它執行起來就像是任何具有 GPU 的個人電腦。不過 12 FPS 還不是很高，所以我們再看看要如何進行優化。

 您也可以將 Google Coral 連到您的 Jetson Nano 上，這樣可以讓您在 Coral 上執行一個模型，並且同時在 GPU 上執行另一個模型。

Jetson 的 GPU 事實上是針對 16 位元浮點數運算設計的，所以本質上這會是精準度和效能間的最佳取捨。之前有提到過，NVIDIA 有一個稱為 TF-TRT 的套件可以方便我們進行優化和轉換。不過它比 Coral 的範例複雜多了（請記住，Google 為我們提供了在 Coral 上可用的預編譯模型檔案）。您必須凍結 Keras 模型然後創建一個 TF-TRT 推論圖。如果您想在 GitHub 上找到所有東西的話要花上一段時間，所以我們把它附在本書的 GitHub 網站中（參見 *http://PracticalDeepLearning.ai*）。

您可以使用 *tftrt_helper.py* 檔來優化您的模型，以在 Jetson Nano 上進行推論。它真正所做的只是凍結 Keras 模型、移除訓練節點，然後使用 NVIDIA 的 TF-TRT Python 套件（包含在 TensorFlow Contrib 中）來優化模型。

```
$ python3 benchmark_jetson.py
FrozenGraph build.
TF-TRT model ready to rumble!
input tensor shape : (1, 224, 224, 3)
[[('n02124075', 'Egyptian_cat', 0.66293204)]]
starting now (Jetson Nano)...
Time[s] : 5.124
FPS     : 48.834
```

48 FPS，那僅僅用了幾行程式碼即可得到四倍加速。真是令人興奮，不是嗎？您可以在您的客製化模型中達到差不多的加速，這些效能評測的結果列於表 15-5 中。

表 15-5　NVIDIA Jetson Nano 評測

設定	FPS
Jetson Nano + Coral（tflite，8 位元）	223.2
Jetson Nano（TF-TRT，16 位元）	48.8
Jetson Nano 128CUDA	12.2
Jetson Nano（tflite，8 位元）	11.3

邊緣裝置的效能比較

表 15-6 列出了幾種運行 MobileNetV2 模型的邊緣裝置的量化比較。

表 15-6　完整的評測結果

設定	FPS
i7-7700K + Coral（tflite，8 位元）	352.1
i7-7700K + GTX1080 2560CUDA	304.9
Raspberry Pi 4 + Coral	240.4
Jetson Nano + Coral（tflite，8 位元）	223.2
RPi3 + Coral（tflite，8 位元）	75.5
Jetson Nano（TF-TRT，16 位元）	48.8
i7-7700K（tflite，8 位元）	32.4
i9-9880HQ（2019 MacBook Pro）	15.0
Jetson Nano 128CUDA	12.2
Jetson Nano（tflite，8 位元）	11.3
i7-4870HQ（2014 MacBook Pro）	11.1
Jetson Nano（tflite，8 位元）	10.9
Raspberry Pi 4（tflite，8 位元）	8.6
Raspberry Pi 4（tflite）	7.8
RPi3B+（tflite，8 位元）	4.2
Raspberry Pi 4	2.7
RPi3B+	2.1

我們可以從這些實驗中總結一些主要資訊：

1. 好的優化會造成顯著的差異。計算優化的世界仍在快速成長中，我們在這幾年中就會看到大事發生。

2. 談到人工智慧的計算單元時，愈多就是愈好。

3. 在效能／瓦特的表現上，ASIC > FPGA > GPU > CPU。

4. TensorFlow Lite 很棒，尤其是對小型的 CPU 而言。請記住，它是特別針對小型 CPU 而開發的，將它用在 x64 的機器上就沒有那麼有趣了。

案例探討

本章和自造者有關。如果沒有展示一下他們所製造的東西就不夠完整。讓我們來看一些在邊緣裝置上運行人工智慧所建立的東西。

JetBot

NVIDIA 是深度學習革命的前鋒，它讓研發人員配備了威力強大的軟硬體。而在 2019 年時他們也為自造者發佈了 Jetson Nano。我們已經知道這個硬體的威力，所以是時候用它來建造一些東西了——像是 DIY 的迷你車。還好 NVIDIA 給了我們 JetBot（圖 15-12），一個可以用內建的 Jetson Nano 來控制的開源機器人。

JetBot 的維基（*https://oreil.ly/3nExK*）為新手提供了簡單的使用指南。以下為詳細的說明：

1. 購買列在材料清單中的零件，像是馬達、輪子、相機，以及無線網路天線。大約有 30 個零件，總價約 150 美元，不含 99 美元的 Jetson Nano。

2. 是時候喚醒您的馬蓋先靈魂了，拿一組鉗子和十字起子來組合所有零件吧！最後的結果應該和圖 15-12 中的東西很像。

3. 接下來我們要設定軟體。這涉及將 JetBot 的映像檔放到一張 SD 卡中、啟動 Jetson Nano、連結至無線網路，最後再由網頁瀏覽器連到我們的 JetBot。

4. 最後，執行所提供的範例筆記本。範例筆記本讓我們只需編寫少許程式就能用瀏覽器控制機器人，而且還能用它的相機由串流視訊中蒐集訓練資料、在裝置上（畢竟 Jetson Nano 就是一顆迷你的 GPU）訓練深度學習模型，以及執行像是避開障礙物和跟隨人或球這樣的任務。

圖 15-12　NVIDIA JetBot

自造者們已經使用這個基礎框架來擴充 JetBot 的能力，像是為它安裝光學雷達以更能了解環境、將 JetBot 變成不同的形態，像是坦克、Roomba 掃地機器人（JetRoomba）、物件跟隨蜘蛛（JetSpider）等等。因為條條道路通賽車，Jetson Nano 團隊最終發佈了一個稱為 JetRacer 的賽車開源指南。它的底盤更快、相機圖框率更高，而且為了速度的處理進行優化（利用 TensorRT）。最終結果：JetRacer 已經在像是 DIY Robocars 聚會這樣的活動中比賽了。

其中最慢的步驟是⋯等待硬體到達。

創造者的話

來自 John Welsh 與 Chitoku Yato，NVIDIA Jetson Nano 團隊

我們想要開發一個參考平台來讓開發人員了解利用這個小硬體 —— Jetson Nano —— 可以做些什麼。當我們築夢於最終成為 JetBot 的專案時，我們理解到它的平台需求符合我們對於許多自造者們對下一階段人工智慧專案的需求的預見。

更精確的說，JetBot 需要一個能夠用便宜的相機進行即時影像處理以及和自造者硬體容易溝通的平台。當 Jetson Nano 的工程技術成熟時，這些需求都已被滿足了。用 Jetson Nano 作為驅動 JetBot 的大腦時，我們感覺它會成為有興趣開始使用人工智慧進行各種專案的自造者的優異平台。

我們致力於讓 JetBot 容易使用，且具有教育性以啟發開發人員來使用 Jetson Nano 開始創作。雖然 JetBot 是在全球的 NVIDIA 展示中出現，它的目光其實更深遠。它想成為一個典範，展示當自造者結合我們的技術和他們的創意及巧手時會創造出何種可能性。自從 JetBot 發佈後，已經有許多不同的衍生公司出現，我們希望它會指引人們對人工智慧進行學習、探索，以及最重要的，從中得到樂趣。

為了地鐵票半蹲

當健康這個理由已經無法推動人們去運動時，還有什麼可以呢？答案是⋯免費車票！為了提升民眾對日益成長的肥胖危機的警覺，墨西哥市在地鐵站安裝了具有相機的售票機，它只會在您運動時給您免費車票。十次的半蹲可以得到一張免費票（圖 15-13）。莫斯科也在地鐵站設置了類似的系統，不過那裡的官員們顯然對健身有更高的要求標準，每個人要做 30 下。

由這些事情引發了靈感，我們可以預見如何建立我們自己的「蹲姿追蹤器」。我們可以透過幾種方法來達成這件事，最簡單的就是用兩種類別「蹲姿」和「非蹲姿」來訓練我們自己的分類器。顯然這牽涉到建立一個包含了數千張人們蹲著和沒有蹲著的影像的資料集。

一個更好的方式是在例如 Google Coral USB 加速器上執行 PoseNet（它會追蹤人體關節，我們在第 10 章有介紹過）。利用它超過 10 FPS 的能力，我們可以追蹤膝關節降到夠低的次數並且能更準確的計數。我們需要的只有一具 Raspberry Pi、一部 Pi Camera、一具 Coral USB 加速器，以及一個可以提供印票機和無限免費車票的大眾運輸業者，這樣我們就可以開始讓我們的城市變得比以往更苗條了。

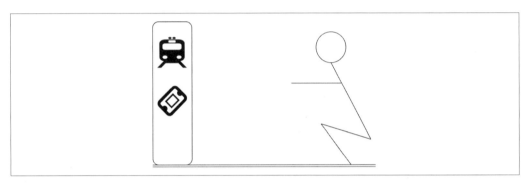

圖 15-13　為票而蹲

黃瓜分類器

日本一位黃瓜農的兒子 Makoto Koike 觀察到他的父母在採收後花了很多時間在分類黃瓜上。這個分類過程需要依據細微的特徵來將黃瓜分成九種類別，這些特徵包括微小的紋理差異、細微的刮痕、刺等。另外也根據較大的屬性，像是大小、厚度，以及曲度來進行分類。整個過程又因為雇用了一些無法發揮作用的兼職工作者而變得更複雜，因為沒有時間訓練他們。他無法對父母每天花上八個小時進行勞力密集的工作卻坐視不管。

我們還沒有提到的一件事是，Koike 先生之前是豐田汽車的嵌入式系統設計師。他意識到很多視覺檢視都可以運用深度學習來自動化。他在三個月期間拍攝了他的母親手動分類過的 7,000 張黃瓜的照片。然後，他訓練了一個可以準確的預測所看到的照片中的黃瓜屬於什麼類別的分類器。不過分類器本身無法自己運作，對吧？

運用他在嵌入式系統中的經驗,他將分類器部署在一部 Raspberry Pi 上,它會連結至相機、輸送帶系統,以及一具會根據 Raspberry Pi 的預測結果將黃瓜推到某個箱子中的分類機器手臂(圖 15-14)。在第一階段中,Raspberry Pi 執行了一個小的黃瓜 / 非黃瓜分類器。若影像被分類為黃瓜,Raspberry Pi 會將此影像送到伺服器以進行更複雜的多類別黃瓜分類。請記住這是 2015 年,只在 TensorFlow 發佈後不久(遠在 TensorFlow Lite、MobileNet,以及目前功能更為強大的 Raspberry Pi 4 甚至是 3 之前)。有了這樣的機器之後,他的父母可以花更多的時間在實際的農耕上,而不是用在分類已經收成的黃瓜上。

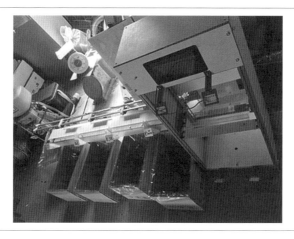

圖 15-14　Makoto Koike 的黃瓜分類機(影像來源:*https://oreil.ly/0cSOp*)

雖然近來的新聞中常爭論人工智慧搶走了工作機會,Koike 先生的故事真實的點明了人工智慧所提供的真正價值:讓人類更具生產力並擴增我們的能力,並且讓他父母以他為傲。

進一步的探討

成為自造者之際有兩個同樣重要的課題須注意:硬體以及軟體。兩者缺一不可。有比您一生中所能建造的還多的 DIY 專案可以探索。不過關鍵是找到您具有熱情的事、端到端的建立它們,並且在它們可以運作時感受那種興奮。漸漸地,您會發展出知識與技能,因而在下次當您看到一個專案時,就可以猜到要如何來建立它。

最好的開始方式是取得指引並且建立更多的專案。部分優秀的靈感來源包括 *Hackster. io*、*Hackaday.io* 及 *Instructables.com*，它們提供了多種不同的專案主題、平台及技能等級（從新手到進階），而且常常提供逐步的指導。

市面上有幾種工具包可以降低新手在組裝硬體的負擔。舉例來說，給 Raspberry Pi 用的 AI Kits 就包含了 AIY Vision Kit（Google）、AIY Speech Kit（Google）、GoPiGo（Dexter Industries）及 DuckieTown 平台（MIT）等，這只是其中一部分。它們降低了電子硬體專案的門檻，讓新領域更為可親，不論是學生還是快速原型機。

在軟體方面，在低耗能裝置上更快地運行人工智慧代表模型的效能更好了。例如量化和修剪（如第 6 章所述）有助於達成此事。要能更快（而付出損失準確度的代價）的話，使用一個位元而非 32 位元來表達模型的 BNN 是具有潛力的解決方案。像是 XNOR.ai 以及 Microsoft 的 Embedded Learning Library 這類公司讓我們可以建立這樣的模型。要在像是記憶體小於 100 KB 的微控制器這種更低耗能的裝置上運行人工智慧的話，Pete Warden 的書 *TinyML* 便是優秀的學習資源。

總結

本章中我們介紹了一些知名的嵌入式人工智慧裝置，並探討如何讓它們運行 Keras 模型。我們提供了它們內部作業的高層次觀察，以及它們如何達到執行類神經網路所需的計算能力。最後依據大小、成本、延遲時間及耗能來進行評測，以了解哪種才適合我們的專案。從平台一直談到機器人專案，我們檢視了世界各地的自造者使用它們來建造電子專案的一些方式。本章所討論的裝置顯然只是所有可用裝置的一部分。新的裝置會一直出現，因為邊緣裝置會成為人工智慧想要進駐之所在。

藉由邊緣人工智慧的威力，自造者可以想像並實踐他們的夢想專案，這在僅僅幾年前還只會被認為是科幻小說的情節。在這條 DIY 人工智慧的路上，請記住有許多人願意分享他們的開放性和善意。討論區十分活躍，所以如果您被卡在某個地方，您永遠可以呼叫並找到願意幫忙的人。也期待藉由您的專案，可以啟發更多人也成為自造者。

第十六章

使用 Keras 進行端到端深度學習模擬自駕車

客座作者：*Aditya Sharma* 與 *Mitchell Spryn*

從蝙蝠車到霹靂車，從機器軸到自動匹薩外送，自駕車已經抓住了現代流行文化以及主流媒體的想像。怎麼說呢？科幻概念有多少會在現實世界中成真？重點是，自駕車似乎能解決以往都會區所長期面臨的問題，例如：交通意外、污染、城市變得更擁擠、在交通上浪費數小時的生產力，甚至其他一大堆。

製造全自駕車的難度無庸置疑，而且我們勢必無法在一個章節內聊完它。就像洋蔥一樣，任何複雜的問題都是由可以剝開的層級所構成。在本章的案例中，我們想要先克服一個基礎問題：要如何駕駛。幸好，我們不需要一部真的車子來做到這件事。我們會訓練一個類神經網路以在模擬環境中自動的駕駛汽車，並使用真實的實體以及視覺資訊。

不過先來談一小段歷史吧！

SAE 駕駛自動化等級

「自動駕駛（autonomous driving）」是一個包羅萬象的詞，可以用來描述從您的克萊斯勒 200 型汽車的主動式巡航控制（Adaptive Cruise Control，ACC）技術到未來的無輪車的操控。為了要對自動駕駛（或是歐洲所用的詞：自動化駕駛（automated driving））提供一些定義的結構，國際汽車工程師學會（Society of Automotive Engineers International，SAE International）提案將自駕車的自動化能力區分成六個等級，從第 0 級的「無自動化」一直到第 5 級的「全自動

化」。圖 16-1 是這些等級定義的概觀。這些等級在解釋上有點主觀，不過它們讓業界在談論自動駕駛時有了一個參考點。ACC 是等級 1 自動化的一個例子。特斯拉的車落在等級 2 和 3 之間。雖然有很多的新創企業、科技公司及汽車廠致力於等級 4 的車，不過我們還沒看到任何成品出現。在實現我們的等級 5 汽車夢之前，還需要一段時間。

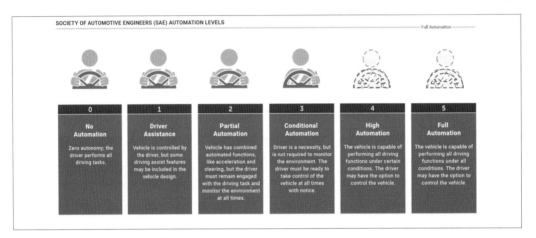

圖 16-1　SAE 駕駛自動化等級（影像來源：*https://oreil.ly/RHKUt*）

自動駕駛簡史

即使自動駕駛聽起來像是最近才發展出來的技術，但這個領域的研究其實 30 年前就開始了。卡內基美隆大學的研究人員遠在 1984 年時就嘗試進行這個不可能的任務，那時他們所進行的就是所謂的 Navlab 1。「Navlab」是卡內基美隆的 Navigation Laboratory 的簡稱，對於這個邁入人類美好未來的第一步來說，這個名稱就沒那麼炫了。Navlab 1 是一部雪佛蘭廂型車（圖 16-2），它架設了研究團隊的工作站和一部昇陽（Sun Microsystems）超級電腦等硬體。當時它被認為是最先進的、一部有輪子的自給自足計算系統。那時還沒有遠程無線通訊這種東西，就連雲端計算概念也都還沒出現。將整個研究團隊放在一部高度實驗性的自動駕駛廂型車看來是很危險的想法，不過還好 Navlab 的極速只有 20 英哩且只有在無人的道路上行駛，多少確保了在上面工作的科學家們的安全。不過令人印象深刻的是，用在這部車上的技術已成為今日自駕車所用的技術的基

礎。例如，Navlab 1 使用視訊攝影機和一部測距儀（光學雷達的早期版本）來觀察周圍環境。為了導航，他們使用了單層的類神經網路來根據感測資料預測轉向角度。夠接近了，不是嗎？

圖 16-2　閃耀的 NavLab 1（影像來源：*https://oreil.ly/b2Bnn*）

談談這個機器人記錄創造者

還有更多版本的 Navlab 1 存在。在 1995 年時 Navlab 5 就可以自動的從匹茲堡開到聖地牙哥，全程 2,850 英哩中只有 50 英哩不是自己開的。因為這個成就，Navlab 5 被列入機器人名人堂（Robot Hall of Fame）。在機器人的世界中，被列入名人堂就像是讓您成為精英貴族。如果您到匹茲堡去並且想要見見這個令人尊敬的群體的其他成員，一定要前往卡內基科學中心（Carnegie Science Center）參觀 Roboworld 展覽。

深度學習、自動駕駛及資料問題

遠在 35 年前科學家們就知道，在讓自駕車成真這件事上，類神經網路會扮演關鍵的角色。當然，那時我們並沒有所需的技術（GPU、雲端運算、FPGA 等）來訓練和部署能讓自駕車成真的深度類神經網路。今日的自駕車使用深度學習來執行各種任務。表 16-1 列出了其中一些範例。

表 16-1　自駕車使用的深度學習應用範例

任務	範例
感知	偵測可行駛區域、道路標線、交叉路口、人行道等
	偵測其他交通工具、行人、動物、路上的物件等
	偵測交通號誌和信號
導航	根據感測資料預測轉向角、油門等
	進行超車、變換車道、迴轉等
	進行併入車流、移出車流、圓環繞行等
	在地下道、橋上駕駛
	對違反交通規則者、逆向駕駛、無法預期的環境變化進行反應
	走走停停駕駛

我們都知道深度學習需要資料。事實上，眾所周知的經驗法則告訴我們，愈多資料就愈能得到更好的模型效能。在前面的章節中我們曾經看到，要訓練一個影像分類器會需要數以百萬計的影像。想像一下要訓練一台能夠自動駕駛的車會需要多少資料。對於自駕車來說，用來驗證和測試的資料也和一般情況不同。車子不但是要能開，還必須安全地開。因此測試和驗證模型的效能是十分要緊的事，而且所需要的資料還超過訓練所需的資料，這和傳統的深度學習問題不同。不過我們很難準確的預測所需要的資料量，而且預估結果也會因情況而異。根據一份 2016 年的研究（*https://oreil.ly/mOUeJ*）顯示，一部車需要行駛 110 億英哩才能表現的和人類駕駛一樣好。如果用 100 部自駕車以時速 25 英哩、一天 24 小時不間斷的蒐集資料的話，這會花上超過 500 年！

當然，要派一個車隊實際上路來蒐集 110 億英哩的資料是不實際且成本高昂的。這也是為什麼這個領域的工作者——不論是大型汽車製造商或新創公司——都會使用模擬器來蒐集資料並且驗證訓練後的模型。例如 Waymo（*https://waymo.com/tech*）（Google 的自駕車團隊）直到 2018 年末為止就已經開了大約 1000 萬英哩。即使這個成果已經超過任何其他公司了，但對於 110 億英哩來說這還不到百分之一。另一方面，Waymo 已經在模擬中行駛了 70 億英哩。雖然大家都使用模擬來作為驗證之用，也有些公司已經建立了自己的模擬工具，不過其他的則使用來自像 Cognata、Applied Intuition 及 AVSimulation 的授權工具。坊間也有一些很棒的開源模擬工具：Microsoft 的 AirSim（*https://github.com/Microsoft/AirSim*）、Intel 的 Carla（*http://carla.org/*，還有百度的 Apollo Simulation（*https://oreil.ly/rag7v*）。幸好有了這些工具，我們就不需要連結到我們車子的控制器區域網路（CAN bus）來讓它學習能夠自己開車背後的科學。

本章中我們會使用一種客製化版本的 AirSim，它是為 Microsoft 的 Autonomous Driving Cookbook（*https://oreil.ly/uzOGl*）而特製的。

模擬與自動駕駛產業

模擬在自動駕駛中扮演十分重要的角色。在真實世界的交通工具可以自動化之前，必須在可以準確地表達這些交通工具所行駛環境的模擬世界中進行無數小時的測試和驗證。模擬器可以進行演算法的閉環（closed-loop）驗證。模擬中的車會接收感測器資料並據以進行動作，這會直接影響到它的環境以及下一次的感測器讀數；也就是說，封閉了環路。

根據所測試的自動化層次不同，我們會使用不同類型的模擬器（圖 16-3）。對於像是感知層測試這類需要能真實表達環境的任務而言，我們會使用實感（photorealistic）模擬器。這些模擬器也會試圖準確的模仿感測器的物理特性、材料動力學等等。AirSim 與 Carla 是開源實感模擬器的範例。另一方面，對於不需要視覺實感也能進行的任務來說，我們可以使用後感知（post-perception）模擬器來省下大量的 GPU 資源。這些任務中大部分都是使用感知系統的結果來進行路徑規劃和導航。百度的 Apollo 是此類別的開源模擬器的一個範例。

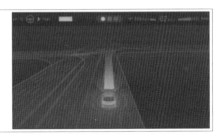

圖 16-3　AirSim 的實感模擬 vs. Apollo 後感知模擬（影像來源：*https://oreil.ly/rag7v*）

以色列的自動駕駛模擬新創公司 Cognata（*https://oreil.ly/zAWNh*）因其基於雲端的實感模擬平台而成為業界的領導者。Cognata 以非常具有創意的方式使用 DNN（深度類神經網路）來解決這個產業的一些關鍵問題。「在基於電腦視覺的 ADAS（Advanced Driver Assistance Systems，高級駕駛人輔助系統）工作近十年後我進入這個領域」，Cognata 的執行長以及創辦人 Danny Atsmon 說。「我發現使用基於 OpenGL 的渲染技術無法產生訓練或驗證深度類神經網路所需的特徵品質，因此決定應該要有一個新的渲染技術。我們的渲染引擎使用 DNN 來從真實的錄製資料中學習它們的分佈，並用模仿真實感測器的方式來渲染模擬資料。」

我們活在一個令人驚嘆的時代中，硬體和軟體創新結合後解決了我們前所未見也最複雜的技術挑戰之一：自駕車。

自動駕駛的「Hello, World!」：在模擬環境中駕駛

在本節中，我們將實作自動駕駛的「Hello, World!」問題。自駕車非常複雜，具有數十個感測器並串流了數 GB 的資料，並且會在路上行駛時進行多項決策。就像程式設計一樣，對於自駕車的「Hello, World!」問題，我們會將需求細分如下：

- 車子總是要行駛在路上。

- 對於外部感測器的輸入，車子使用來自架設在引擎蓋前端的一部相機的單一影像圖框。不使用其他的感測器（光學雷達、雷達等）。

- 在定速行駛下，這部車會根據單一影像輸入預測它的輸出轉向角。不會預測其他的任何輸出（煞車、油門、換檔等）。

- 在路上和週邊環境中沒有任何其他的交通工具、行人、動物或其他東西。

- 車子行駛的路是單線道，沒有標線或交通號誌和信號，也沒有規定要靠左或靠右行駛。

- 道路主要是依據轉彎（會需要改變轉向角）變化，而不是依據速度變化（會需要改變油門和煞車等）。

設定和需求

我們會在 AirSim 的 Landscape 地圖（圖 16-4）上實作「Hello, World!」問題。AirSim 是一個開源的實感模擬平台，也是基於深度學習的自動化系統模型開發中蒐集與驗證訓練資料的常用研究工具。

圖 16-4　AirSim 中的 Landscape 地圖

您可以從 GitHub 的 *Autonomous Driving Cookbook*（*https://oreil.ly/uF5Bz*）中的端到端深度學習教程（*https://oreil.ly/_IJl9*）找到本章中 Jupyter 筆記本形式的程式碼。在那食譜倉庫中，跳至 *AirSimE2EDeepLearning/*（*https://oreil.ly/YVKPp*）資料夾。我們可以執行下列指令完成這件事：

```
$ git clone https://github.com/Microsoft/AutonomousDrivingCookbook.git
$ cd AutonomousDrivingCookbook/AirSimE2EDeepLearning/
```

我們會使用已熟知的 Keras 來實作我們的類神經網路。除了本書前面章節介紹過的概念之外，我們不需要學習任何新的深度學習概念來解決這個問題。

為了本章的用途，我們在 AirSim 四處駕駛並建立了一個資料集。此資料集未壓縮時的大小是 3.25 GB。這比我們之前所用過的資料集大了一點，但請記住，我們是為了一個高度複雜的問題實作「Hello, World!」。相較之下，汽車製造商每天在路上蒐集好幾 PB 的資料是家常便飯。您可以拜訪 *aka.ms/AirSimTutorialDataset* 來下載這個資料集。

我們可以在 Windows 或 Linux 機器上運行所提供的程式碼並訓練我們的模型。我們為了本章建置了一個獨立運行的 AirSim 版本，您可以從 *aka.ms/ADCookbookAirSimPackage* 下載它。當您下載完畢後，將它解壓縮至您選擇的位置。記住此路徑，因為稍後您會需要它。請注意，這個版本只能在 Windows 上運行，不過我們只會在讓訓練後的模型運作時才會需要使用它。如果您是使用 Linux 的話，可以將模型檔帶到具有這模擬器套件的 Windows 機器中。

AirSim 為一高度實感的環境，這意味著它能夠產生用以訓練模型的擬真環境圖片。您可能在玩高解析度電腦遊戲時看過相似的圖形。由於資料的大小以及模擬器套件的圖形解析度的關係，用 GPU 來執行程式碼以及模擬器一定是比較理想的。

最後，執行程式碼時還需要一些額外的工具以及 Python 依附元件（dependency）。您可以在程式碼儲存庫的 README 檔案（*https://oreil.ly/RzZe7*）中找到這些環境設定（Environment Setup）的細節。要安裝的高層次套件包括 Python 3.5（或更高版本）下的 Anaconda、TensorFlow（作為 Keras 的骨幹），以及 h5py（用於儲存與讀取資料與模型檔案）。當我們有了自己的 Anaconda 環境設定之後，就可以用 root 或管理者身分執行 *InstallPackages.py* 檔案以安裝所需的 Python 依附元件。

表 16-2 總結了我們剛才定義的所有需求。

表 16-2　設定與需求總結

項目	需求／連結	注意事項／註解
程式碼儲存庫	*https://oreil.ly/_IJl9*	可在 Windows 或 Linux 機器運行
使用的 Jupyter 筆記本	*DataExplorationAndPreparation.ipynb*（*https://oreil.ly/6yvCq*） *TrainModel.ipynb*（*https://oreil.ly/rcR47*） *TestModel.ipynb*（*https://oreil.ly/FE-EP*）	
資料集下載	*aka.ms/AirSimTutorialDataset*	大小 3.25 GB；訓練模型時需要
模擬器下載	*aka.ms/ADCookbookAirSimPackage*	訓練時不需要，只用來部署和執行模型；只能在 Windows 上運行
GPU	建議在訓練時使用，必須用於執行模擬器	
其他工具 + Python 依附元件	儲存庫的 README 檔案（*https://oreil.ly/RzZe7*）中的環境設定	

處理了所有的項目後，我們開始吧！

資料探索與準備

當我們深入探索類神經網路和深度學習的世界時，您會發現機器學習的魔法大多不是來自類神經網路是如何建立和訓練的，而是來自於資料科學家對問題、資料及領域的了解。自動駕駛也一樣。就如您即將看到的，對我們想要解決的問題的資料與問題本身進行深入了解，是教導我們的車怎麼自己開車的關鍵。

這裡所描述的所有步驟細節可以在 Jupyter 筆記本 *DataExplorationAndPreparation.ipynb*（*https://oreil.ly/6aE7z*）找到。我們先從匯入此練習所需要的模組開始：

```
import os
import random

import numpy as np
import pandas as pd
import h5py

import matplotlib.pyplot as plt
from PIL import Image, ImageDraw

import Cooking # 這個模組包含了幫手程式碼。請勿改變這個檔案的內容
```

接著，我們要確保程式可以找到解壓縮後的資料集的所在位置。同時，我們也提供一個位置給它以儲存處理後（或「烹調過」）的資料：

```
# << 將這指向包含原始資料的目錄 >>
RAW_DATA_DIR = 'data_raw/'

# << 將這指向烹調過 (.h5) 的資料的輸出目錄 >>
COOKED_DATA_DIR = 'data_cooked/'

# 要搜尋 RAW_DATA_DIR 下的資料時之資料夾
# 例如，第一個要搜尋的資料來會是 RAW_DATA_DIR/normal_1
DATA_FOLDERS = ['normal_1', 'normal_2', 'normal_3', 'normal_4', 'normal_5',
        'normal_6', 'swerve_1', 'swerve_2', 'swerve_3']

# 所用的圖形和描繪的大小
FIGURE_SIZE = (10,10)
```

查看所提供的資料集，我們會發現它包含了九個資料夾：*normal_1* 到 *normal_6* 以及
swerve_1 到 *swerve_3*。稍後我們再討論其命名原則。每個資料夾內包含了影像還有 *.tsv*
（*.txt*）檔。我們看一下其中一個影像：

```
sample_image_path = os.path.join(RAW_DATA_DIR, 'normal_1/images/img_0.png')
sample_image = Image.open(sample_image_path)
plt.title('Sample Image')
plt.imshow(sample_image)
plt.show()
```

我們應該會看到以下的輸出。我們可以看到這張影像是由架設在引擎蓋（可以在圖 16-5
的底部稍微看得到）中央的相機所拍攝，也可以看到模擬器中的 Landscape 環境。請注
意，路上並沒有其他的交通工具或物件，這和我們的需求相符。即使在我們的實驗中路
上看來有積雪，不過這片雪只是看得到卻摸不到的；也就是說，它不會影響車子的物理
特性以及移動。當然在真實世界中，能夠精準的複製雪、雨等事物的物理特性是十分重
要的，因此我們的模擬器可以產生真實世界的高度精確版本。這是非常複雜的任務，而
有許多公司投入大量資源在這個任務上。幸好對於我們的目的而言，我們可以安心的忽
略所有這些問題，而只把雪看作是影像中的白色像素。

圖 16-5　檔案 normal_1/images/img_0.png 的內容描繪

我們也展示一個 *.tsv* / *.txt* 檔的內容來預覽一下其他資料的樣子：

```
sample_tsv_path = os.path.join(RAW_DATA_DIR, 'normal_1/airsim_rec.txt')
sample_tsv = pd.read_csv(sample_tsv_path, sep='\t')
sample_tsv.head()
```

我們應該會看到下列輸出：

	Timestamp	Speed (kmph)	Throttle	Steering	Brake	Gear	ImageName
0	93683464	0	0.0	0.000000	0.0	N	img_0.png
1	93689595	0	0.0	0.000000	0.0	N	img_1.png
2	93689624	0	0.0	-0.035522	0.0	N	img_2.png
3	93689624	0	0.0	-0.035522	0.0	N	img_3.png
4	93689624	0	0.0	-0.035522	0.0	N	img_4.png

這裡有許多資訊，我們一項一項來看。首先，我們可以看到表格中的每一列對應到一張影像圖框（此處只顯示前五張圖框）。由於這是我們所蒐集的資料的最前面，因此可以看到車子還沒有移動：速度（speed）和油門（throttle）都是 0，而且檔位（gear）在空檔（neutral）。因為在我們的問題中只想預測轉向角，並不會預測速度、油門、煞車（brake）或檔位的值。然而這些數值還是會被用來當作輸入資料的一部分（稍後會再多談）。

識別感興趣區域

現在回到範例影像。目前為止我們所有的觀察都來自於人類的眼睛。現在讓我們再看一次影像，只是這次是以汽車的鞋子（或輪胎）的角度來看，而這部車正開始學習如何自己開車並且試圖了解它所看到的事物。

如果我是那部車，看著相機提供給我的影像，我可以將它分成三個不同的部分（圖 16-6）。首先，下面三分之一看來蠻一致的。這部分主要是由直線（道路、分隔線、路邊圍籬等）所構成，而且顏色是一致的白、黑、灰和褐色。在最下面也有一條詭異的黑色曲線（那是車子的引擎蓋）。影像的上面三分之一也很一致。它主要是灰色和白色（天空和雲）。最後，中間的三分之一有很多東西。有大片的褐色和灰色的形狀（高山），而它們並不是很一致的。也有四個又高又綠的東西（樹木），它們的形狀及顏色和我所看到的其他東西都不一樣，因此它們應該是超重要的。當我看了更多影像後，上面和下面的三分之一都沒有多大的改變，不過中間三分之一變化很大。因此我的結論是這部分才是我應該要最注意的。

圖 16-6　自駕車所看到的三個部分影像

您是否有看出我們的車子所面臨的挑戰？它沒辦法知道影像中哪個部分才是重要的。它可能會想要將轉向角的改變和景色的改變連結在一起，而不是路上的轉彎，而這個才是比其他東西更重要的資訊。景色的變化不只會令它混淆，它們也和我們目前正要解決的問題無關。上面的天空雖然一成不變，也不能為汽車的操縱提供任何相關的資訊。最後，拍到的引擎蓋也是無關的。

我們可以聚焦在影像中的相關部分來修正上述問題，因此我們要建立影像中的感興趣區域（region of interest，RO 的）。我們可以預期並沒有明確又快速的規則來決定 RO 的應該長怎樣。它的確和我們的使用案例相關。對我們來說，因為相機的位置是固定的且路面的高度也不變，所以 RO 的就會是一個聚焦於路面和路邊的簡單矩形。我們可以執行下列程式碼片段來看到 ROI：

```
sample_image_roi = sample_image.copy()

fillcolor=(255,0,0)
draw = ImageDraw.Draw(sample_image_roi)
points = [(1,76), (1,135), (255,135), (255,76)]
for i in range(0, len(points), 1):
    draw.line([points[i], points[(i+1)%len(points)]], fill=fillcolor, width=3)
del draw

plt.title('Image with sample ROI')
plt.imshow(sample_image_roi)
plt.show()
```

我們應該可以看到圖 16-7 中的輸出。

圖 16-7　我們的車子在訓練時所要注意的 ROI

我們的模型現在只會聚焦於道路，而不會被其他環境中的東西所混淆。這也會將影像的
大小減半，使得訓練我們的網路更為容易。

資料擴增

之前曾提過，訓練深度學習模型時資料愈多愈好。在前幾章中我們已經看到資料擴增的
重要性，以及它不但可以增加訓練資料也能避免過度擬合。不過，之前為了影像分類用
途所討論的影像擴增技術，對於目前的自動駕駛問題來說並沒有多大的幫助。我們以
旋轉為例。對於智慧型手機的相機而言，將影像隨機旋轉 20 度對於分類器的訓練很有
用。不過我們車子的相機是固定在引擎蓋上，而且永遠不會看到旋轉的影像（除非我們
的車在翻轉，不過那時我們有更重要的事要關心）。對於隨機移位也一樣；我們在駕駛
中絕不會碰到這樣的事。不過我們的確還是有其他可以用來擴增資料的方法。

再仔細看一下我們的影像就會發現，將它對 y 軸翻轉會產生一張可能來自另一次試駕的
影像（圖 16-8）。把翻轉影像和正規影像結合後，我們可以有效的放大資料集的大小成
二倍。將影像這樣的翻轉會需要相對修正它的轉向角。由於新的影像是原始影像的鏡
射，我們只需要改變對應的轉向角的正負號即可（例如從 0.212 改成 –0.212）。

圖 16-8　對 y 軸翻轉影像

要擴增資料還有一件事可以做。自駕車不只要能應付道路狀況的變化，也要應付外界狀況的改變，例如天氣、時間及可用照明。目前大部分的模擬器都可以讓我們合成這些狀況。我們所有的資料都是在明亮照明的情況下蒐集的。我們不用再回到模擬器去蒐集不同照明情況下的資料，而是藉由調整手上影像的明暗度來產生隨機的照明變化。圖 16-9 展示了一個範例。

圖 16-9　將影像亮度降低 40%

資料集不平衡與駕駛策略

深度學習模型只能和用來訓練它們的資料一樣好。不像人類一樣，今日的人工智慧不能自行思考與推理。因此，當面臨全新的情況時它會回到它之前所看過的情況，並依據訓練它的資料集來進行預測。此外，深度學習的統計天性會讓它忽略不常出現的案例，即使它們很重要。這被稱為資料集不平衡（*dataset imbalance*），這對資料科學家來說是很常見的搗蛋鬼。

想像一下，我們正想要訓練一個分類器來檢視皮膚影像以偵測一個病灶是良性或惡性的。假設我們的資料集有一百萬張影像，其中 10,000 張包含了惡性的病灶。我們的模型很有可能會一直預測影像為良性的，而絕不會預測它為惡性的。會發生這種狀況是因為深度學習演算法在訓練時是被設計用來將誤差最小化（或將準確度最大化）。如果把所

有的影像都分類成良性，我們的模型可以達到 99% 的準確度並且結束任務，不過這會嚴重偏離它被訓練用來執行的任務：偵測可能為癌的病灶。要解決這個問題的作法通常是用更平衡的資料集來訓練。

自動駕駛對於資料集不平衡問題並不是免疫的。讓我們來看轉向角預測模型。從我們日常的駕駛經驗中可以得知哪些是和轉向角有關？當我們開車在路上時，大多數都是直線行進的。如果我們的模型只用正常駕駛資料來訓練的話，它永遠不會學到轉彎，因為訓練資料集裡面很少出現這種資料。要解決這個問題，很重要的是我們的資料集不只要包含正常的駕駛策略資料，也要包含在統計上數量足夠顯著的「急轉彎（swerved）」駕駛策略資料。為了說明是什麼意思，讓我們回到 *.tsv* / *.txt* 檔。本章稍早時曾提到資料夾的命名原則。顯然我們的資料集有來自正常駕駛策略的六個資料集以及來自急轉彎策略的三個資料集。

我們會將所有的 *.tsv* / *.txt* 檔內的資料聚合成單一的 DataFrame 以讓分析更容易些：

```
full_path_raw_folders = [os.path.join(RAW_DATA_DIR, f) for f in DATA_FOLDERS]

dataframes = []
for folder in full_path_raw_folders:
    current_dataframe = pd.read_csv(os.path.join(folder, 'airsim_rec.txt'),
                                    sep='\t')
    current_dataframe['Folder'] = folder
    dataframes.append(current_dataframe)
dataset = pd.concat(dataframes, axis=0)
```

接著，用散佈圖來畫出兩種駕駛策略的一些轉向角：

```
min_index = 100
max_index = 1500
steering_angles_normal_1 = dataset[dataset['Folder'].apply(lambda v: 'normal_1'
in v)]['Steering'][min_index:max_index]
steering_angles_swerve_1 = dataset[dataset['Folder'].apply(lambda v: 'swerve_1'
in v)]['Steering'][min_index:max_index]

plot_index = [i for i in range(min_index, max_index, 1)]
fig = plt.figure(figsize=FIGURE_SIZE)
ax1 = fig.add_subplot(111)
ax1.scatter(plot_index, steering_angles_normal_1, c='b', marker='o',
label='normal_1')
ax1.scatter(plot_index, steering_angles_swerve_1, c='r', marker='_',
label='swerve_1')
plt.legend(loc='upper left');
plt.title('Steering Angles for normal_1 and swerve_1 runs')
plt.xlabel('Time')
```

```
plt.ylabel('Steering Angle')
plt.show()
```

圖 16-10 展示了結果。

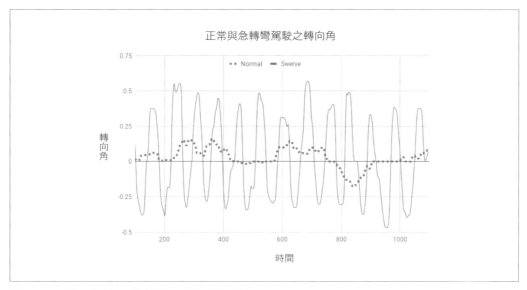

圖 16-10　展示來自兩種駕駛策略的轉向角的圖

再畫出每種策略所蒐集的資料點數量：

```
dataset['Is Swerve'] = dataset.apply(lambda r: 'swerve' in r['Folder'], axis=1)
grouped = dataset.groupby(by=['Is Swerve']).size().reset_index()
grouped.columns = ['Is Swerve', 'Count']

def make_autopct(values):
    def my_autopct(percent):
        total = sum(values)
        val = int(round(percent*total/100.0))
        return '{0:.2f}% ({1:d})'.format(percent,val)
    return my_autopct

pie_labels = ['Normal', 'Swerve']
fig, ax = plt.subplots(figsize=FIGURE_SIZE)
ax.pie(grouped['Count'], labels=pie_labels, autopct =
make_autopct(grouped['Count']), explode=[0.1, 1], textprops={'weight': 'bold'},
colors=['lightblue', 'salmon'])
plt.title('Number of data points per driving strategy')
plt.show()
```

圖 16-11 展示了結果。

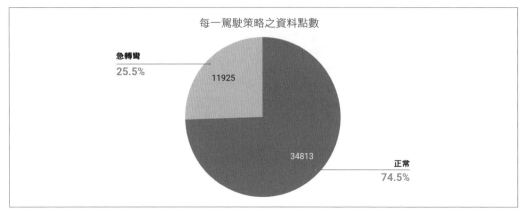

每一駕駛策略之資料點數

急轉彎
25.5%

11925

34813

正常
74.5%

圖 16-11　兩種駕駛策略之資料分割

如圖 16-10 所示，就如我們所預期的，我們看到了正常駕駛策略會產生在日常駕駛時所觀察到的轉向角度，即大多是直線行駛，偶爾才轉彎。相反地，急轉彎駕駛策略大多聚焦於急轉彎，因此產生較高的轉向角。如圖 16-11 所示，這兩種策略的 75/25 分割的組合提供了訓練時良好的分佈，儘管在真實生活中這是不切實際的。這也進一步鞏固了自動駕駛模擬的重要性，因為我們不太可能在真實生活中駕駛一部真車並使用急轉彎策略來蒐集資料。

在結束資料前置處理與資料集不平衡的討論之前，讓我們藉由直方圖最後再來看一次兩種策略的轉向角分布（圖 16-12）：

```
bins = np.arange(-1, 1.05, 0.05)
normal_labels = dataset[dataset['Is Swerve'] == False]['Steering']
swerve_labels = dataset[dataset['Is Swerve'] == True]['Steering']

def steering_histogram(hist_labels, title, color):
    plt.figure(figsize=FIGURE_SIZE)
    n, b, p = plt.hist(hist_labels.as_matrix(), bins, normed=1, facecolor=color)
    plt.xlabel('Steering Angle')
    plt.ylabel('Normalized Frequency')
    plt.title(title)
    plt.show()

steering_histogram(normal_labels, 'Normal driving strategy label distribution',
'g')
steering_histogram(swerve_labels, 'Swerve driving strategy label distribution',
'r')
```

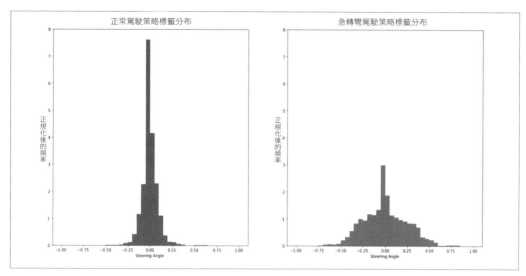

圖 16-12　兩種駕駛策略的轉向角分佈

如先前所提過的，急轉彎駕駛策略的轉向角範圍比正常駕駛策略寬多了，如圖 16-12 所示。這些角度可以幫助類神經網路在發現車子偏離道路時做出適當反應。我們的資料庫內的不平衡問題在某個程度上已經解決了，但還沒有完全解決。在這兩種策略中還是有一堆零存在。為了進一步平衡我們的資料集，我們可以在訓練時忽略其中的一部分。雖然這樣會給我們一個非常平衡的資料集，不過它大幅的降低了可用的資料點數量。當我們建立和訓練我們的類神經網路時要記住這件事。

在繼續之前，讓我們先確認資料是適合用來訓練的。首先將所有資料夾中的原始資料取出，再將它切成訓練、測試及驗證資料集，並且壓縮成 HDF5 檔案。HDF5 格式允許我們用切塊的方式存取資料，而不用一次將整個資料集讀入記憶體。這很適合用於深度學習問題上。它也可以和 Keras 無縫接軌。以下的程式碼會花上一些時間執行。當執行完畢後，我們會有三個資料檔：*train.h5*、*eval.h5* 及 *test.h5*。

```
train_eval_test_split = [0.7, 0.2, 0.1]
full_path_raw_folders = [os.path.join(RAW_DATA_DIR, f) for f in DATA_FOLDERS]
Cooking.cook(full_path_raw_folders, COOKED_DATA_DIR, train_eval_test_split)
```

每個資料集檔案包含四個部分：

Image（影像）

包含影像資料的 NumPy 陣列。

Previous_state（前一狀態）

包含了汽車的最後已知狀態的 NumPy 陣列。這是一個（轉向，油門，煞車，速度）
元組。

Label（標籤）

包含我們要預測的轉向角的 NumPy 陣列（正規化到範圍 –1..1）。

Metadata（後設資料）

包含檔案的後設資料（它們來自哪個資料夾等）的 NumPy 陣列。

現在，我們已經準備好將來自資料集的觀察和學習成果帶入並開始訓練我們的模型了。

訓練我們的自動駕駛模型

本節所有步驟的細節都在 Jupyter 筆記本 *TrainModel.ipynb*（*https://oreil.ly/ESHVS*）中。
和之前一樣，我們先從匯入程式庫和定義路徑開始：

```
from keras.preprocessing.image import ImageDataGenerator
from keras.models import Sequential, Model
from keras.layers import Conv2D, MaxPooling2D, Dropout, Flatten, Dense, Lambda,
Input, concatenate
from tensorflow.keras.optimizers import Adam, SGD, Adamax, Nadam
from tensorflow.keras.callbacks import ReduceLROnPlateau, ModelCheckpoint,
        CSVLogger
from tensorflow.keras.callbacks import EarlyStopping
import tensorflow.keras.backend as K
from tensorflow.keras.preprocessing import image
from tensorflow.keras.models import Sequential, Model, load_model
from tensorflow.keras.preprocessing.image import ImageDataGenerator
from tensorflow.keras.layers import Conv2D, MaxPooling2D, Dropout, Flatten, Dense,
from tensorflow.keras.layers import Lambda, Input, concatenate, BatchNormalization

from keras_tqdm import TQDMNotebookCallback
import json
import os
import numpy as np
import pandas as pd
from Generator import DriveDataGenerator
from Cooking import checkAndCreateDir
import h5py
from PIL import Image, ImageDraw
import math
import matplotlib.pyplot as plt
```

```
# << 此目錄內包含了前一步驟的烹調後資料 >>
COOKED_DATA_DIR = 'data_cooked/'
# << 模型輸出要放的目錄 >>
MODEL_OUTPUT_DIR = 'model'
```

接著設定我們的資料集：

```
train_dataset = h5py.File(os.path.join(COOKED_DATA_DIR, 'train.h5'), 'r')
eval_dataset = h5py.File(os.path.join(COOKED_DATA_DIR, 'eval.h5'), 'r')
test_dataset = h5py.File(os.path.join(COOKED_DATA_DIR, 'test.h5'), 'r')

num_train_examples = train_dataset['image'].shape[0]
num_eval_examples = eval_dataset['image'].shape[0]
num_test_examples = test_dataset['image'].shape[0]

batch_size=32
```

駕駛資料產生器

在前面的章節中，我們介紹過 Keras 資料產生器的概念。資料產生器會在資料集中重複的從磁碟中讀入資料區段。這會讓 CPU 和 GPU 都很忙，進而增加了產能。為了實作前一節所討論的概念，我們建立了自己的 Keras 產生器，稱為 DriveDataGenerator。

先複習一下前一節中的觀察：

- 我們的模型應該只聚焦在影像中的 ROI。

- 我們可以藉由水平翻轉影像以及改變轉向角的正負號來擴增資料集。

- 我們可以導入隨機亮度變化來進一步擴增資料集。這可以模擬不同的照明條件並讓我們的模型更強固。

- 我們可以隨機的捨棄一部分轉向角為零的資料點，以使訓練時的資料更平衡。

- 平衡處理後的資料點總數會大幅下降。

我們來看一下 DriveDataGenerator 是怎麼處理前四個項目的。當我們開始設計我們的類神經網路時會再回到最後一個項目。

ROI 就是簡單的影像裁切。[76,135,0,255]（顯示在下面的程式碼中）就是用來表達 ROI 的矩形的 [x1,x2,y1,y2] 值。產生器會從每張影像中萃取出這個矩形。我們可以使用 roi 參數來修改 ROI。

水平翻轉很直接容易。當產生批次資料時，如果 horizontal_flip 參數被設成 True 的話，則隨機影像會延著 y 軸翻轉並將其轉向角的值的正負號反轉。

對於隨機亮度的變化，我們加入了一個參數 brighten_range。將這個參數設成 0.4 會將批次內的影像亮度以最高 40% 的幅度做隨機調整。我們不建議將這個值設成比 0.4 還高。為了計算亮度，我們將影像由 RGB 轉換到 HSV 空間，上下調整「V」座標後再轉換回 RGB。

要藉由捨棄零值來平衡資料集，我們加入了 zero_drop_percentage 參數。將這個值設成 0.9 會隨機捨棄某一批次中 90% 的標籤為 0 的資料點。

我們用這些參數來初始化產生器：

```
data_generator = DriveDataGenerator(rescale=1./255., horizontal_flip=True,
brighten_range=0.4)



train_generator = data_generator.flow\
    (train_dataset['image'], train_dataset['previous_state'],
    train_dataset['label'], batch_size=batch_size, zero_drop_percentage=0.95,
    roi=[76,135,0,255])
eval_generator = data_generator.flow\
    (eval_dataset['image'], eval_dataset['previous_state'],
    eval_dataset['label'],
batch_size=batch_size, zero_drop_percentage=0.95, roi=[76,135,0,255]
```

藉由在資料點所對應的影像上畫出標籤（轉向角）來視覺化資料點：

```
def draw_image_with_label(img, label, prediction=None):
    theta = label * 0.69 #汽車的轉向角範圍為 +-40 度時 -> 0.69
# 弧度
    line_length = 50
    line_thickness = 3
    label_line_color = (255, 0, 0)
    prediction_line_color = (0, 255, 255)
    pil_image = image.array_to_img(img, K.image_data_format(), scale=True)
    print('Actual Steering Angle = {0}'.format(label))
    draw_image = pil_image.copy()
    image_draw = ImageDraw.Draw(draw_image)
    first_point = (int(img.shape[1]/2), img.shape[0])
    second_point = (int((img.shape[1]/2) + (line_length * math.sin(theta))),
int(img.shape[0] - (line_length * math.cos(theta))))
    image_draw.line([first_point, second_point], fill=label_line_color,
width=line_thickness)

    if (prediction is not None):
```

```
        print('Predicted Steering Angle = {0}'.format(prediction))
        print('L1 Error: {0}'.format(abs(prediction-label)))
        theta = prediction * 0.69
        second_point = (int((img.shape[1]/2) + ((line_length/2) *
math.sin(theta)))), int(img.shape[0] - ((line_length/2) * math.cos(theta))))
        image_draw.line([first_point, second_point], fill=prediction_line_color,
width=line_thickness * 3)

    del image_draw
    plt.imshow(draw_image)
    plt.show()

[sample_batch_train_data, sample_batch_test_data] = next(train_generator)
for i in range(0, 3, 1):
    draw_image_with_label(sample_batch_train_data[0][i],
        sample_batch_test_data[i])
```

我們應該會看到類似圖 16-13 的輸出。請注意，目前我們在訓練時只會看 ROI 的區域，
因而忽略原始影像中所有無關的資料。那條線指出真實的轉向角，也就是在資料蒐集過
程中，這張影像被拍攝時汽車正在駕駛的角度。

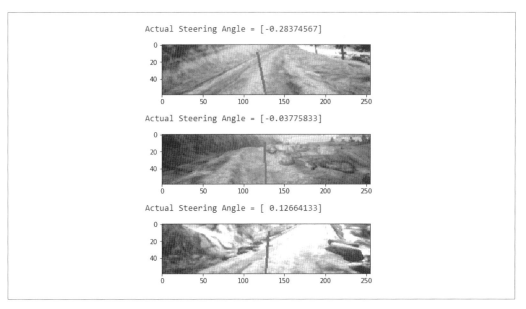

圖 16-13　在影像上畫出轉向角

模型定義

現在我們準備要定義我們的類神經網路的架構了。此處我們必須考量一個問題，就是我們的資料集在去掉零值之後其實大小是很有限的。由於這個限制的緣故，我們無法建立一個太深的網路。因為我們處理的是影像，所以會需要一些捲積／最大池化配對來萃取特徵。

然而，只靠影像可能還不足以讓我們的模型收斂。只靠影像來訓練也無法和真實世界中的駕駛決策比齊。在路上駕駛時，我們不只會感知周圍的環境，也會注意我們開車有多快、轉向了多少，還有汽油和煞車踏板的狀態。來自攝影機、光學雷達、雷達等感測器的輸入只是駕駛人在真實世界中進行駕駛決策時所用的一部分資訊。呈現給我們的類神經網路的影像可能來自於靜止的車或是以時速 60 英哩行駛的車；類神經網路無法分辨來自於哪部車。在時速 5 英哩的情況下將方向盤往右轉動兩度的結果和在時速 50 英哩的情況下轉動的結果會有很大的差異。簡言之，試圖預測轉向角的模型不應只仰賴感測器的輸入。它也需要目前車子狀態的資訊。幸好我們是有這些資訊可用的。

前一節的結尾時曾提到我們的資料集有四個部分。對每張影像，我們除了記錄轉向角標籤和後設資料外，也會記錄對應於這張影像的汽車狀態。這些資訊是以（轉向、油門、煞車、速度）元組的形式儲存，而我們會使用這些資訊及影像作為類神經網路的輸入。請注意，這並沒有違反我們的「Hello, World!」要求，因為我們還是只以一部攝影機作為唯一的外部感測器。

將我們所討論的內容結合後，您可以在圖 16-14 中看到即將用來解決這個問題的類神經網路。我們會使用三層分別具有 16、32、32 個過濾器的捲積層，以及一個 (3,3) 捲積窗口。我們會將影像特徵（來自捲積層的輸出）和提供汽車前一狀態的輸入層合併。組合後的特徵集合會再傳遞給兩個分別具有 64 和 10 個神經元的完全連接層。我們的網路所使用的激發函數是 ReLU。請注意，和之前的分類問題不一樣，我們的網路的最後一層是一個沒有激發函數的單一神經元。這是因為我們要解決的是一個迴歸問題。網路的輸出是一個浮點數轉向角，而不是之前所要預測的離散類別。

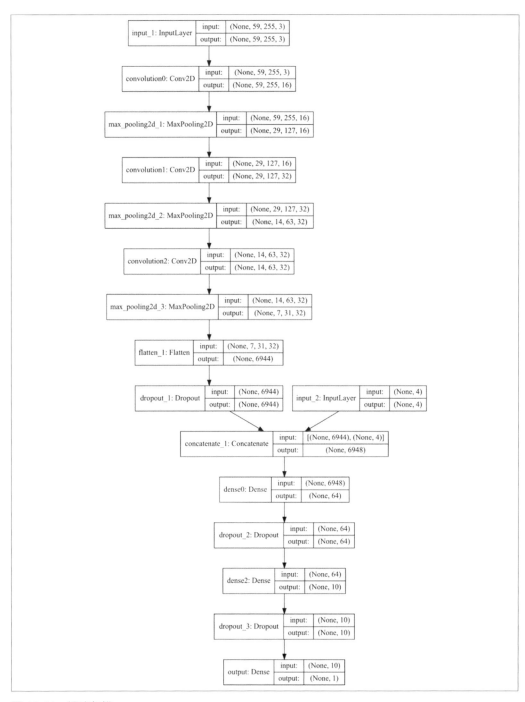

圖 16-14　網路架構

現在來實作我們的網路吧!我們可以使用 model.summary():

```
image_input_shape = sample_batch_train_data[0].shape[1:]
state_input_shape = sample_batch_train_data[1].shape[1:]
activation = 'relu'

# 建立捲積堆疊
pic_input = Input(shape=image_input_shape)

img_stack = Conv2D(16, (3, 3), name="convolution0", padding='same',
activation=activation)(pic_input)
img_stack = MaxPooling2D(pool_size=(2,2))(img_stack)
img_stack = Conv2D(32, (3, 3), activation=activation, padding='same',
name='convolution1')(img_stack)
img_stack = MaxPooling2D(pool_size=(2, 2))(img_stack)
img_stack = Conv2D(32, (3, 3), activation=activation, padding='same',
name='convolution2')(img_stack)
img_stack = MaxPooling2D(pool_size=(2, 2))(img_stack)
img_stack = Flatten()(img_stack)
img_stack = Dropout(0.2)(img_stack)

# 輸入狀態
state_input = Input(shape=state_input_shape)
merged = concatenate([img_stack, state_input])

# 加入一些緊密層來完成模型
merged = Dense(64, activation=activation, name='dense0')(merged)
merged = Dropout(0.2)(merged)
merged = Dense(10, activation=activation, name='dense2')(merged)
merged = Dropout(0.2)(merged)
merged = Dense(1, name='output')(merged)

adam = Nadam(lr=0.0001, beta_1=0.9, beta_2=0.999, epsilon=1e-08)
model = Model(inputs=[pic_input, state_input], outputs=merged)
model.compile(optimizer=adam, loss='mse')
```

回呼

Keras 有一個優秀功能是能夠宣告回呼(*callback*)。回呼是在每個訓練週期後執行的函數,可以幫我們深入了解訓練過程並在某個程度上控制超參數。它們也讓我們可以在訓練進行時定義執行某些動作的條件;例如在損失不再下降時提早停止訓練。我們的實驗中會使用一些回呼:

ReduceLROnPlateau

如果模型已經接近最小值而學習率又太高的話，模型會在最小值附近繞圈而無法到達那裡。這個回呼可以讓模型在驗證損失不再下降時縮減學習率，進而允許我們到達最佳點。

CSVLogger

這可以讓我們在每一週期結束時將輸出記錄在一個 CSV 檔案內，而不需使用主控台就可以追蹤進度。

ModelCheckpoint

一般而言，我們會想要使用對驗證資料集產生最低損失的模型。這個回呼會在每次損失有改善時儲存當時的模型。

EarlyStopping

當驗證損失不再改善時，我們會想要停止訓練。否則，我們就有過度擬合的風險。這個選項會偵測驗證損失是否已經停止改善了，並在偵測到這個情況時停止訓練過程。

我們繼續向前並實作這些回呼吧：

```
plateau_callback = ReduceLROnPlateau(monitor='val_loss', factor=0.5, patience=3,
min_lr=0.0001, verbose=1)

checkpoint_filepath = os.path.join(MODEL_OUTPUT_DIR, 'models', '{0}_model.{1}
-{2}.h5'.format('model', '{epoch:02d}', '{val_loss:.7f}'))
checkAndCreateDir(checkpoint_filepath)
checkpoint_callback = ModelCheckpoint(checkpoint_filepath, save_best_only=True,
verbose=1)

csv_callback = CSVLogger(os.path.join(MODEL_OUTPUT_DIR, 'training_log.csv'))

early_stopping_callback = EarlyStopping(monitor='val_loss', patience=10,
                                            verbose=1)

nbcallback = TQDMNotebookCallback()
setattr(nbcallback, 'on_train_batch_begin', lambda x,y: None)
setattr(nbcallback, 'on_train_batch_end', lambda x,y: None)
setattr(nbcallback, 'on_test_begin', lambda x: None)
setattr(nbcallback, 'on_test_end', lambda x: None)
setattr(nbcallback, 'on_test_batch_begin', lambda x,y: None)
setattr(nbcallback, 'on_test_batch_end', lambda x,y: None)

callbacks=[plateau_callback, csv_callback, checkpoint_callback,
early_stopping_callback, nbcallback]
```

我們已經準備好要訓練了。這個模型會花上一段時間來訓練,所以剛好是一段可以好好享受 Netflix 的休息時間。訓練過程會在驗證損失大約是 .0003 時中止:

```
history = model.fit_generator(train_generator,
steps_per_epoch=num_train_examples // batch_size, epochs=500,
        callbacks=callbacks, validation_data=eval_generator,
        validation_steps=num_eval_examples // batch_size, verbose=2)


Epoch 1/500
Epoch 00001: val_loss improved from inf to 0.02338, saving model to
model\models\model_model.01-0.0233783.h5
 - 442s - loss: 0.0225 - val_loss: 0.0234
Epoch 2/500
Epoch 00002: val_loss improved from 0.02338 to 0.00859, saving model to
model\models\model_model.02-0.0085879.h5
 - 37s - loss: 0.0184 - val_loss: 0.0086
Epoch 3/500
Epoch 00003: val_loss improved from 0.00859 to 0.00188, saving model to
model\models\model_model.03-0.0018831.h5
 - 38s - loss: 0.0064 - val_loss: 0.0019
.................................
```

現在,我們的模型已經訓練好並且準備好要上路了。在實際動作之前,我們先進行全性測試(sanity check)並畫出一些影像的預測結果:

```
[sample_batch_train_data, sample_batch_test_data] = next(train_generator)
predictions = model.predict([sample_batch_train_data[0],
sample_batch_train_data[1]])
for i in range(0, 3, 1):
    draw_image_with_label(sample_batch_train_data[0][i],
                          sample_batch_test_data[i], predictions[i])
```

我們應該會看到類似圖 16-15 的輸出。在這張圖中,粗線是預測的輸出,細線則是標籤輸出。看來我們的預測蠻準的(我們也可以在影像上方看到實際和預測的值)。是時候來部署我們的模型並進行實際操作了。

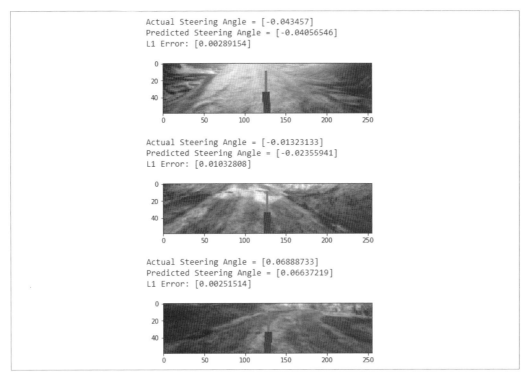

```
Actual Steering Angle = [-0.043457]
Predicted Steering Angle = [-0.04056546]
L1 Error: [0.00289154]
```

```
Actual Steering Angle = [-0.01323133]
Predicted Steering Angle = [-0.02355941]
L1 Error: [0.01032808]
```

```
Actual Steering Angle = [0.06888733]
Predicted Steering Angle = [0.06637219]
L1 Error: [0.00251514]
```

圖 16-15　在影像上畫出實際與預測的轉向角

部署我們的自動駕駛模型

本節中的所有步驟細節可以在 Jupyter 筆記本 *TestModel.ipynb*（*https://oreil.ly/5saDl*）中找到。現在我們已經訓練好模型，是時候運轉模擬器並使用我們的模型來開車到處晃晃了。

和之前一樣，先從匯入程式庫和定義路徑開始：

```
from tensorflow.keras.models import load_model
import sys
import numpy as np
import glob
import os

if ('../../PythonClient/' not in sys.path):
    sys.path.insert(0, '../../PythonClient/')
from AirSimClient import *
```

```
# << 將此設為模型的路徑 >>
# 如果設成 None，則會使用訓練時產生最低驗證損失的那個模型
MODEL_PATH = None

if (MODEL_PATH == None):
    models = glob.glob('model/models/*.h5')
    best_model = max(models, key=os.path.getctime)
    MODEL_PATH = best_model

print('Using model {0} for testing.'.format(MODEL_PATH))
```

接著，載入模型並連結至 AirSim 的 Landscape 環境。要在 Windows 機器上啟動模擬器的話，在我們將模擬器套件解壓縮的位置中開啟一個 PowerShell 命令視窗並執行下列命令：

```
.\AD_Cookbook_Start_AirSim.ps1 landscape
```

再回到 Jupyter 筆記本，執行下列程式碼以將模型連結至 AirSim 客戶端。請在開始前確保模擬器已在執行中了：

```
model = load_model(MODEL_PATH)

client = CarClient()
client.confirmConnection()
client.enableApiControl(True)
car_controls = CarControls()
print('Connection established!')
```

當連結建立後，我們要設定汽車的初始狀態以及一些用來儲存模型輸出的緩衝區：

```
car_controls.steering = 0
car_controls.throttle = 0
car_controls.brake = 0

image_buf = np.zeros((1, 59, 255, 3))
state_buf = np.zeros((1,4))
```

下一步是設置好模型，以接受來自模擬器的 RGB 影像作為輸入。我們必須為此定義一個輔助函數：

```
def get_image():
    image_response = client.simGetImages([ImageRequest(0, AirSimImageType.Scene,
False, False)])[0]
    image1d = np.fromstring(image_response.image_data_uint8, dtype=np.uint8)
    image_rgba = image1d.reshape(image_response.height, image_response.width, 4)

    return image_rgba[76:135,0:255,0:3].astype(float)
```

最後，我們設置一個無窮迴圈來從模擬器讀取一張影像並配合汽車目前的狀態後預測轉向角，再將結果送回模擬器。由於我們的模型只會預測轉向角，所以必須提供一個控制信號來自己維護速度。讓我們對其進行設置，使汽車會以每秒 5 公尺的定速行駛：

```
while (True):
    car_state = client.getCarState()

    if (car_state.speed < 5):
        car_controls.throttle = 1.0
    else:
        car_controls.throttle = 0.0

    image_buf[0] = get_image()
    state_buf[0] = np.array([car_controls.steering, car_controls.throttle,
car_controls.brake, car_state.speed])
    model_output = model.predict([image_buf, state_buf])
    car_controls.steering = round(0.5 * float(model_output[0][0]), 2)

    print('Sending steering = {0}, throttle = {1}'.format(car_controls.steering,
car_controls.throttle))

    client.setCarControls(car_controls)
```

我們應該會看到類似下面的輸出：

```
Sending steering = 0.03, throttle = 1.0
Sending steering = 0.03, throttle = 1.0
Sending steering = 0.03, throttle = 1.0
Sending steering = 0.03, throttle = 1.0
Sending steering = 0.03, throttle = 1.0
Sending steering = -0.1, throttle = 1.0
Sending steering = -0.12, throttle = 1.0
Sending steering = -0.13, throttle = 1.0
Sending steering = -0.13, throttle = 1.0
Sending steering = -0.13, throttle = 1.0
Sending steering = -0.14, throttle = 1.0
Sending steering = -0.15, throttle = 1.0
```

我們做到了！車子在路上平穩的行駛著，大部分時間都保持在路的右側，並且小心的處理急轉彎以及可能會讓它跑出道路外的狀況。很高興我們完成了訓練第一個自動駕駛模型的任務了！

圖 16-16 訓練後的模型駕駛著汽車

在我們結束前，有幾件事要注意一下。首先，我們注意到車子的行動不是那麼平穩。這是因為我們所處理的是一個迴歸問題，並對車子看到的每一張影像預測轉向角。有一個修正的方式是將連續影像的預測結果進行平均。另一個想法是將這個問題轉成分類的問題。也就是說，我們可以定義轉向角的儲存區（bucket）(..., –0.1, –0.05, 0, 0.05, 0.1, ...)、將標籤分類至儲存區，並預測每一影像的正確儲存區。

如果我們讓模型執行一陣子（略超過五分鐘），我們將發現車子會隨機的偏離道路並墜毀。這是發生在路上一處陡峭的斜坡處。還記得我們在問題設定時的最後一個要求嗎？高度改變需要處理油門與煞車。由於我們的模型只能控制轉向角，它在險峻的道路上表現的不太好。

進一步探索

經過「Hello, World!」情境的訓練後，我們的模型很明顯不是一個完美的駕駛，不過還不用沮喪。請記住，這只是我們稍微的搔動一下深度學習和自駕車的交集所產生的可能性。我們可以使用一個非常小的資料集來讓車子以幾乎完美的方式行駛，光這件事就足以令人引以為傲了！

真實世界中自駕車的端到端深度學習！

在 2016 年初，端到端深度學習受到機器人專家的歡迎。此時的假說是只要給了夠多的視覺資料，DNN 應該就能以「端到端」的方式學習一個任務，將輸入直接映射至動作。因此，只使用來自攝影機的影像輸入給 DNN 來訓練機器人執行複雜的任務應該是可能的。

在自動駕駛界中最受囑目的作品之一是 NVIDIA 的 DAVE-2 系統。不像傳統系統一樣，DAVE-2 根據影像像素使用單一的 DNN 來輸出駕駛控制信號（圖 16-17）。NVIDIA 展示了只用不到一百個小時的少量駕駛資料，就足以訓練汽車在變化多端的條件下運作，不論是在高速公路還是地方道路，不論在晴天、陰天甚至是下雨天。您可以在 *https://devblogs.nvidia.com/deep-learning-self-driving-cars* 中找到更多的細節。

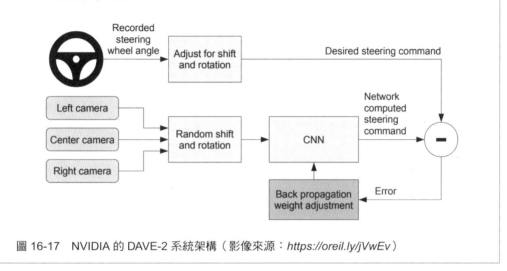

圖 16-17　NVIDIA 的 DAVE-2 系統架構（影像來源：*https://oreil.ly/jVwEv*）

以下是一些可以架在我們於本章所學到的東西上的新想法。您可以用本章中已完成的設定來實作所有的想法。

擴展我們的資料集

一般的通則是使用愈多的資料愈能改善模型的效能。現在我們已讓模擬器開始運作，藉由進行更多次的資料蒐集試駕來擴展我們的資料集，會是一個有用的習題。我們甚至可以嘗試將來自 AirSim 中不同環境的資料組合起來，看看用這些資料訓練的模型在不同環境下的表現如何。

在本章中，我們只用了來自單一攝影機的 RGB 資料。AirSim 允許我們做得更多。例如說，我們可以蒐集深度視角（depth view）、分割視角（segmentation view）、曲面正規視角（surface normal view），以及來自其他更多攝影機的資料。因此，對每個案例我們可能會有 20 張不同的影像（來自五部攝影機的所有四種模式）。我們可以用這些額外的資料來改善我們剛才訓練的模型嗎？

以循序資料訓練

我們的模型目前是以單一影像和單一汽車狀態來進行每一次的預測。不過這和我們在真實生活中的駕駛方式不太一樣。我們的動作永遠會考量最近的一系列事件。在我們的資料集中，每張影像都有時間戳記，我們可以據此建立序列。我們可以修改模型以使用前 N 張影像和狀態來進行預測。例如，根據過去的 10 張影像和過去的 10 個狀態來預測下一個轉向角。（提示：這可能需要使用 RNN。）

增強式學習

當我們在下一章學到增強式學習之後，就可以回來嘗試 *Autonomous Driving Cookbook*（*https://oreil.ly/bTphH*）中的 Distributed Deep Reinforcement Learning for Autonomous Driving（*https://oreil.ly/u1hoC*）教程了。使用本章所下載 AirSim 中的 Neighborhood 環境，我們會學到如何調整深度增強式學習訓練工作，並使用遷移學習與雲端將訓練時間從一週縮短到一小時。

總結

本章讓我們可以一窺深度學習是如何推動自動駕駛產業的。藉由前面幾章內容所獲得的技能的幫助，我們使用了 Keras 來實作自動駕駛的「Hello, World!」問題。探索手上的原始資料後，我們學到了如何對它進行前置處理以適合用於訓練一個高效能模型。而且我們能夠以一個非常小的資料集來完成這件事。我們也可以採用訓練後的模型並將其部署在模擬世界中來駕駛汽車。您是否也覺得就像有魔法一樣，令人感到神奇呢？

一小時內建造一部自駕車：在 AWS DeepRacer 使用增強式學習

客座作者：*Sunil Mallya*

如果您有在關注科技新聞的話，大概會注意到有關電腦會統治世界的辯論又再一次興起了。雖然那是一個有趣的思考運動，不過是什麼再次激發了這些辯論？大部分可以歸究於電腦在決策任務上打敗人類的新聞——贏了西洋棋、在 Atari 電腦遊戲中獲得高分（2013 年）、在複雜的圍棋中打敗人類（2016 年），最後在 2017 年的 Defence of the Ancients (Dota) 2 中打敗人類隊伍。這些成就最令人震驚的是，「機器人」會藉由彼此對抗並加強它們在成功時所使用的策略來學習遊戲。

如果對這個概念進行更廣泛的思考，這和人類教導寵物的方式是一樣的。為了訓練狗狗，當牠每次有好的表現時，人們就會以食物或擁抱來當作獎勵以強化這種好的表現；而當不好的行為出現時，人們就會以「狗狗壞壞」來阻止牠。這種強化好的表現或阻止壞的表現，其概念實質上就構成了**增強式學習**（*reinforcement learning*）的核心。

而電腦遊戲或一般的遊戲需要進行一系列的決策，所以傳統的監督式方法不太適合，因為它們常常只聚焦於進行單一決策（例如，這張影像是貓還是狗？）。增強式學習社群內部的一個笑話是說我們整天都在玩遊戲（劇透警告：那是真的！）。目前增強式學習被應用在各種產業，包括優化股票交易、管理大型建築物以及資料中心的溫度、執行廣告的即時出價、優化視訊串流品質，甚至是優化實驗室內的化學反應。基於這些生產系

統的範例，我們強烈推薦在序列決策以及優化問題上使用增強式學習。本章中我們將聚焦於學習這個機器學習範例並將其應用於一個真實世界的問題：在一小時內建造一台十八比一的自駕車。

增強式學習簡介

和深度學習一樣，增強式學習因為打破了之前人類所保持的電腦遊戲記錄，而在過去幾年中獲得復興。增強式學習理論早在 1990 年代就有了，但當時因為計算需求和訓練的難度使得它無法打入大型生產系統。傳統的增強式學習被認為是需要大量計算的；相反地，類神經網路則是需要大量資料的。不過，深度類神經網路的進展也嘉惠了增強式學習。現在類神經網路被用來表達增強式學習模型，因而催生了深度增強式學習。本章中我們會交替使用增強式學習和深度增強式學習，不過在大部分的情況下，如果我們沒有特別提出的話，我們在談的就是深度增強式學習。

撇開最近的進展不談，增強式學習的情境對開發人員並不友善。訓練深度學習模型的介面持續的簡化，不過對增強式學習界來說並非如此。增強式學習的另一個挑戰是大量的計算需求以及模型收斂（完成學習）的時間——要建立一個收斂模型一般要好幾天，甚至是幾個星期。現在假設我們已經具備了等待的耐心、類神經網路的知識以及資金來源，然而和增強式學習相關的教育資源仍然相當有限。大部分資源的目的是想要推進資料科學家，而有時開發人員根本無法觸及。我們剛談到的十八比一的自駕車呢？那就是 AWS 的 DeepRacer（圖 17-1）。AWS DeepRacer 背後的主要動機之一是想要讓增強式學習對開發人員來說是比較容易親近的。它是由 Amazon SageMaker 增強式學習來趨動的，那是一個通用用途的增強式學習平台。而且坦白說，誰不喜歡自駕車呢？

圖 17-1　AWS DeepRacer 十八比一的自駕車

為何要用自駕車來學習增強式學習？

近年來自動駕駛技術已經獲得大量的投資與成功。DIY 自動駕駛與無線電控制（radio-controlled，RC）賽車社群也因而變得普及。一些開發人員用真實硬體來建造小型自駕車並在真實情境下進行測試，他們的無比熱情引發我們使用一部「交通工具」以教導開發人員有關增強式學習的知識。雖然已經存在其他的演算法可建立自駕車，例如使用傳統電腦視覺或監督式學習（行為複製），不過我們相信增強式學習還是有優勢的。

表 17-1 總結了一些可供開發人員使用的常見自動駕駛工具組及推動它們的技術。增強式學習的關鍵益處之一是模型可以只在模擬器中進行訓練。不過增強式學習系統有它自己的挑戰，最大的問題是模擬到真實（simulation-to-real，sim2real）問題。將完全在模擬器中訓練的模型部署到真實世界環境總會是一個挑戰。DeepRacer 以一些簡單卻有效的方案來克服這個問題，我們會在本章稍後討論。在 2018 年 11 月 DeepRacer 發佈後的前六個月，就有將近 9,000 位開發人員在模擬器中訓練他們的模型並且成功的在真實世界賽道中完成測試。

表 17-1　自駕車的現況

	硬體	組合方式	技術	價格	
AWS DeepRacer	具有 100 GFLOPS GPU 的 Intel Atom	預先組裝	增強式學習	399 美元	
OpenMV	OpenMV H7	DIY（2 小時）	傳統電腦視覺	90 美元	

硬體		組合方式	技術	價格	
Duckietown	Raspberry Pi	預先組裝	增強式學習、行為複製	279-350 美元	
DonkeyCar	Raspberry Pi	DIY（2~3 小時）	行為複製	250 美元	
NVIDIA JetRacer	Jetson Nano	DIY（3~5 小時）	監督式學習	大約 400 美元	

創造者的話

來自 Chris Anderson，3DR 總裁與 DIY Robocars 創辦人

DIY 社群的機器車未來會是：

更快

機器車一直在各種條件下打敗人類，從直線速度開始到賽道競賽的攻擊與防守策略都是。我們想要讓我們的車變成真實世界中馬利歐賽車裡荒謬級（ludicrous）難度的非玩家角色。：）

更容易

和偉大的遊戲都是「容易上手，難以精通」一樣，我們希望我們的車可以立即行駛得很好，不過需要聰明的軟體方案才能贏。

更便宜

進入 DIY 賽車聯盟的成本和機器學習門檻會大幅降低。

使用 DeepRacer 進行實用的深度增強式學習

現在是本章中最令人興奮的部分：建造我們第一個基於增強式學習的自動賽車模型。在旅程開始之前，讓我們先建一張名詞說明表來幫您熟悉重要的增強式學習術語：

目標

在軌道上跑完一圈，而且沒有開出道路外。

輸入

人類在駕車時會看著環境，並運用駕駛知識來進行決策和在路上行駛。DeepRacer 也是一個以視覺趨動的系統，所以我們會使用一張攝影機影像作為系統的輸入。具體來說，我們會使用一張灰階 120×160 影像作為輸入。

輸出（動作）

在真實世界中，我們使用油門、煞車及方向盤來開車。DeepRacer 是建構在 RC 車頂上的，它有兩個控制信號：油門和轉向，兩者都是由傳統的脈寬調變（pulse-width modulation，PWM）信號。將駕駛對應至 PWM 信號不是那麼的直覺，因此我們將汽車能採取的駕駛動作離散化。還記得我們在電腦上玩的那些老式賽車遊戲嗎？其中最簡單的是使用方向鍵——左、右、上——來開車。同樣地，我們可以定義車子可以接受的固定動作，不過在油門和轉向上多些微調控制。我們的增強式學習模型在訓練完成後會決定要採取哪個動作，以成功的完成賽事。我們在建立模型時可以自由的定義這些動作。

 RC 玩具車的伺服馬達通常是由 PWM 信號控制的，也就是一連串不同寬度的脈波。伺服馬達要停止的位置，是藉由送出特定寬度的脈波信號來達成的。脈波的參數有最小脈波寬度、最大脈波寬度，以及重複率。

代理人

進行學習和決策的系統。在我們的案例中，是車子在學習如何在環境（賽道）上行駛。

環境

代理人透過與動作互動來進行學習之處。在 DeepRacer 中，環境包含一條賽道，定義了代理人能去和應在之處。代理人會探索環境來蒐集資料，以訓練底下的深度增強式學習類神經網路。

狀態

用來表達代理人在環境中的位置。它是一個代理人的時空快照。對於 DeepRacer 而言，我們是使用影像來作為狀態。

動作

代理人可以進行的決策。

步驟

從一個狀態到下一個狀態的離散轉換。

場景

汽車想要達成目標的一次嘗試；也就是在賽道上跑一圈。因此，一個場景就是一序列的步驟或經驗。不同的場景可以有不同的長度。

獎賞（r）

代理人對一輸入狀態所採取的動作而獲得的值。

政策（π）

決策策略或函數；從狀態到動作的一種映射。

值函數（V）

從狀態到值的映射，其中值代表對給定的狀態所採取的行動的獎賞。

重播或經驗緩衝區

儲存經驗的暫時儲存區，此處的經驗是形式為（s，a，r，s'）之元組，其中「s」代表由攝影機所拍攝的一個觀察（或狀態）、「a」代表汽車所採取的行動、「r」代表此行動所得到的獎賞、「s'」則是採取行動後的新觀察（或新狀態）。

獎賞函數

任何的增強式學習系統都需要一個指引，它可以告訴模型在某個狀況下什麼是好的或壞的動作。獎賞函數扮演了這個指引的角色，它會評估汽車採取的動作並根據想不想要進行這個動作來給予獎賞（一個純量數值）。例如，在該左轉時採取了「左轉」動作會被認為是最佳的（例如獎賞＝1；獎賞值介於 0-1 之間），不過若採取「右轉」則是不好的（獎賞＝0）。增強式學習系統最終會根據獎賞函數蒐集這個指引並訓練模型。這是訓練汽車最重要的一部分，也是我們會聚焦的部分。

最後，當我們把系統組合起來之後，概略流程看起來像是：

輸入 (120x160 灰階影像) → (增強式學習模型) → 輸出 (左轉，右轉，直行)

在 AWS DeepRacer 中，獎賞函數是模型建立過程中重要的部分。當訓練我們的 AWS DeepRacer 模型時，我們必須提供這個函數。

在一個場景中，代理人會與賽道進行互動，以學習要將它所期望的累積獎賞最大化所需採取的最佳動作集合。不過，單一場景並無法提供我們訓練這個代理人的足夠資料。在每 *n* 個場景的結尾，我們會週期性的啟動訓練程序以產生出增強式學習的一個迭代。我們會執行多次迭代以產出我們所能獲得的最佳模型。這個過程會在下一節中詳細說明。訓練完成後，代理人會根據輸入的影像在模型中進行推論，以採取最佳的動作來執行自動駕駛。模型的評測可以用虛擬代理人在模擬環境中進行，也可以用一部實體的 AWS DeepRacer 汽車在真實世界環境中進行。

終於到建立我們第一個模型的時候了。由於汽車的輸入是固定的，也就是來自攝影機的一張影像，我們只需要聚焦在輸出（動作）以及獎賞函數。我們可以依循下列步驟開始訓練模型。

模擬至真實傳輸問題（Sim2Real）

機器人應用的資料蒐集過程可能會很困難而且耗時。因此在模擬環境中訓練這些應用會有很大的好處。然而，在真實世界中建立特定的情境可能是很不實際的，例如模擬撞到另一部車或一個人。因此在模擬器中會出現現實鴻溝——感知差異與模擬逼真度（影像品質、採樣率等）、物理差異（摩擦力、質量、密度等），以及錯誤的實體模型（模擬器中的實體物件的互動與碰撞）。這些因素會導致模擬環境和真實世界的極大差異。

建立我們的第一個增強式學習

要完成這個練習，您必須先擁有一個 AWS 帳號。使用您的帳號登入 AWS 主控台，如圖 17-2 所示。

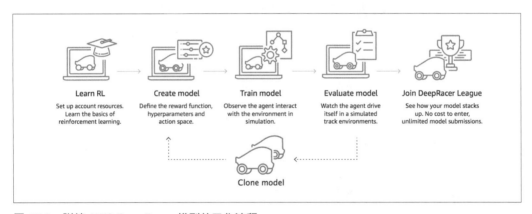

圖 17-2　AWS 登入主控台

首先讓我們先確定我們位於北維吉尼亞區域，因為這個服務只在這個區域中可用，然後再導覽到 DeepRacer 主控台頁面：*https://console.aws.amazon.com/deepracer/home?region=us-east-1#getStarted*。

在您選擇了「Reinforcement learning（增強式學習）」之後會開啟模型頁面。這個頁面會顯示一串已經建立的模型以及它們的狀態。從這裡開始建立模型的過程。

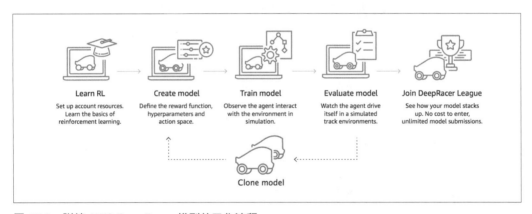

圖 17-3　訓練 AWS DeepRacer 模型的工作流程

步驟 1：建立模型

我們即將要建立一個讓 AWS DeepRacer 汽車可以用來在賽道上自動駕駛（採取行動）的模型。我們必須選擇特定的賽道、提供模型可以選擇的動作、提供可以激勵我們想要的結果的獎賞函數，以及設定在訓練中所要使用的超參數。

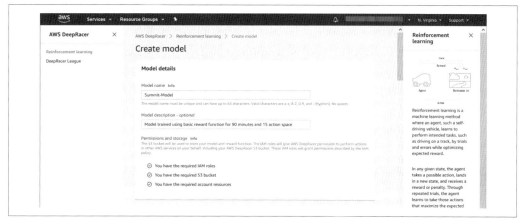

圖 17-4 在 AWS DeepRacer 主控台建立模型

步驟 2：設定訓練

在這個步驟中，我們會選擇訓練環境、設定動作空間、撰寫獎賞函數，以及在訓練工作啟動前調整其他的相關設定。

設定模擬環境

我們的增強式學習模型的訓練是發生在模擬賽道上，而我們可以選擇用來訓練模型的賽道。我們將使用 AWS RoboMaker 來運轉模擬環境，它是一種能輕鬆建立機器人應用程式的雲端服務。

訓練模型時，我們會選擇和我們最後想要競賽的跑道最相似的賽道來訓練。直至 2019 年 7 月為止，AWS DeepRacer 提供了七條賽道供訓練之用。雖然用這類免費的環境來進行設定並不是必要的，而且也不能保證會產生好的模型，但它還是可以讓模型在賽道上得到最好表現的機會最大化。此外，如果我們在直線賽道上訓練的話，模型大概很難學會要如何轉彎。就像監督式學習中的模型很難學會不是訓練資料中的事物一樣，增強式學習中的代理人也不太可能會學會訓練環境之外的事物。針對我們第一個練習來說，我們選擇了 re:Invent 2018 賽道，如圖 17-5 所示。

我們必須選擇一個學習演算法來訓練增強式學習模型。AWS DeepRacer 主控台目前只支援近端政策優化（proximal policy optimization，PPO）演算法。雖然團隊隨後還會支援更多的演算法，但會選擇 PPO 是因為它的學習速度快且具有極佳的收斂特性。訓練增強式學習是一個循環的過程。首先，為在某個環境中的代理人一次就定義了所有重要行為

的獎賞函數，會是一個挑戰。其次，我們必須調整超參數以確保能獲得令人滿意的訓練結果。這兩者都需要實驗。謹慎的作法是由一個簡單的獎賞函數開始，然後逐漸的加強它。這也是本章中所採取的作法。AWS DeepRacer 藉由讓我們可以複製已訓練的模型來促進這個循環過程，在其中我們可以處理先前被忽略的變數來加強獎賞函數，或者也可以系統化的調整超參數直到結果收斂為止。最簡單的收斂偵測方式是查看記錄檔並看看車子有沒有通過終點線；換句話說，進度有沒有到達 100%。另一種作法是，我們可以用肉眼觀察車子的行為並確認它是否有通過終點線。

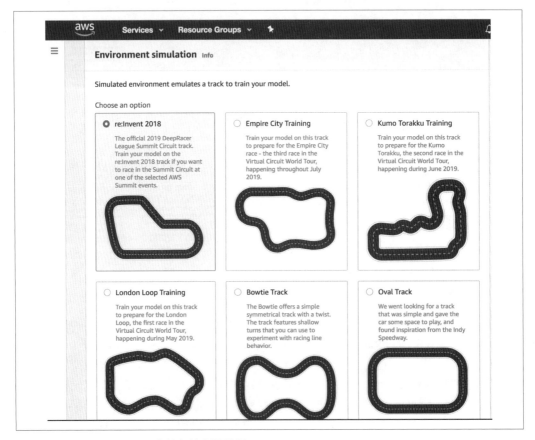

圖 17-5　AWS DeepRacer 主控台的賽道選擇

設定動作空間

接著，我們要設定模型會在訓練中和訓練後都要選擇的動作空間。動作（輸出）是速度和轉向角的組合。目前在 AWS DeepRacer 中，我們是使用離散動作空間（一組固定的

動作）而不是連續動作空間（在速度 y 之下轉 x 度，其中 x 和 y 為實數）。這是因為這樣比較容易映射到實體汽車的值上，我們將會在第 512 頁的「用 AWS DeepRacer 汽車來賽車」小節中進一步討論。為了要建立這個離散空間，我們會指定最大速度、速度層級、最大轉向角及轉向層級，如圖 17-6 所示。

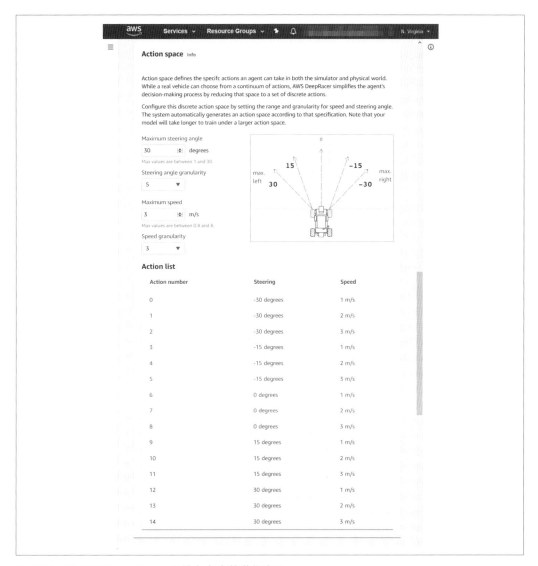

圖 17-6　在 AWS DeepRacer 主控台上定義動作空間

以下是動作空間的參數設定：

最大轉向角（*Maximum steering angle*）

這是車子的前輪可以往左和往右轉動的最大角度，以度為單位。輪子可以轉動的範圍是有限制的，所以最大轉向角是 30 度。

轉向角粒度（*Steering angle granularity*）

代表兩個方向的最大轉向角間的轉向區間數量。因此，如果我們的最大轉向角是 30度，也就是左邊最大為 +30 度以及右邊最大為 –30 度。當轉向粒度為 5 時，轉向角從左到右分別為 30 度、15 度、0 度、–15 度及 –30 度，如圖 17-6 所示。轉向角永遠會對稱於 0 度。

最大速度（*Maximum speed*）

代表汽車在模擬器中能開的最大速度，以每秒公尺數（m/s）為單位。

速度粒度（*Speed granularity*）

代表最大速度（含）與零（不含）之間的速度層級。因此，如果最大速度是 3 m/s 而我們的速度粒度是 3 的話，我們的動作空間會包含 1 m/s、2 m/s 及 3 m/s 之速度設定。簡單的算法是 3 m/s ÷ 3 = 1 m/s，因此從 0 m/s 到 3 m/s 之幅度為 1 m/s。0 m/s 不包含在動作空間中。

根據前面的範例，動作空間會包含 15 個離散動作（3 種速度 ×5 種轉向角），這會列在 AWS DeepRacer 的服務中。請自行嘗試其他選項，只要記得愈大的動作空間會需要更多時間來訓練。

根據我們的經驗，以下是設定動作空間的一些提示：

- 我們的實驗顯示出，將最大速度設成較快的模型會比將最大速度設成較慢的模型收斂時間較長。在某些情況下（和獎賞函數以及賽道相關），一個 5 m/s 的模型要花上超過 12 小時來收斂。

- 我們的模型不會執行不在動作空間內的動作。同樣地，如果模型是在從不需要使用此動作的賽道上訓練的——例如在直線賽道上絕不會用到轉彎——那麼模型也不會知道要如何使用這個動作，因為沒有人叫它學習轉彎。當您開始想要建立一個強固的模型時，請務必記得您的動作空間以及訓練賽道。

- 將速度設定很快或將轉向角設的很寬是很棒的事，不過我們還是要思考一下獎賞函數，以及在全速下轉彎或在直線賽道上蛇行是否合理。

- 我們也要時時記得物理特性。如果我們想要訓練一部速度超過 5 m/s 的車，可能會看到車子在轉彎時甩出去，這可能會增加模型收斂的時間。

設定獎賞函數

如同先前所解釋的，獎賞函數會根據某狀況所對應的行動品質來獎賞這個動作。實務上獎賞是在訓練過程中每一個動作完成後計算的，它構成了會被用來訓練模型的過往經驗的關鍵部分。我們會再將元組（狀態，動作，下個動作，獎賞）存放在記憶體緩衝區中。我們可以藉由模擬器所呈現的一些變數來建立獎賞函數的邏輯。這些變數代表了汽車的狀態，例如轉向角和速度；車子相對於賽道的位置，例如 (x, y) 座標；以及賽道，例如定位點（賽道上的哩程標誌）。我們可以透過 Python 3 語法來使用這些量度，以建立我們的獎賞函數邏輯。

所有的參數都是以字典的形式提供給獎賞函數使用。它們的鍵值、資料型別及描述都在圖 17-7 中說明，其中一些更細微的細節則進一步在圖 17-8 中描繪。

```
{
    "all_wheels_on_track": Boolean,      # flag to indicate if the vehicle is on the track
    "x": float,                          # vehicle's x-coordinate in meters
    "y": float,                          # vehicle's y-coordinate in meters
    "distance_from_center": float,       # distance in meters from the track center
    "is_left_of_center": Boolean,        # Flag to indicate if the vehicle is on the left side to the track center or not.
    "heading": float,                    # vehicle's yaw in degrees
    "progress": float,                   # percentage of track completed
    "steps": int,                        # number steps completed
    "speed": float,                      # vehicle's speed in meters per second (m/s)
    "steering_angle": float,             # vehicle's steering angle in degrees
    "track_width": float,                # width of the track
    "waypoints": [[float, float], … ],   # list of [x,y] as milestones along the track center
    "closest_waypoints": [int, int]      # indices of the two nearest waypoints.
}
```

圖 17-7　獎賞函數之參數（這些參數的更深入介紹可以在文件說明中找到）

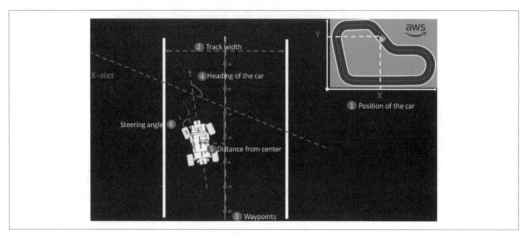

圖 17-8 一些獎賞函數參數的視覺化解釋

為了建立我們的第一個模型,我們要選一個獎賞函數並開始訓練我們的模型。我們會使用預設樣板,如圖 17-9 所示。在其中,汽車會想要依循中間的虛線。這個獎賞函數背後的直覺是在賽道中採用最安全的行駛路徑,而開在中間可以避免汽車離開賽道。獎賞函數會做下列事情:在賽道上建立三個層級、使用那三個記號,然後給行駛在第二層級而不是中間或最後層級的汽車多一點獎賞。也請注意獎賞的大小。我們會給留在中間狹窄層級的汽車 1 的獎賞、給留在第二(偏離中心)層級的汽車 0.5 的獎賞,以及給留在最後一個層級的汽車 0.1 的獎賞。如果我們降低給中間層級的獎賞或增加第二層級的獎賞,實質上我們就是激勵汽車去使用較大的車道路面。還記得您考駕照的時候嗎?主考官大概也會做同樣的事情,在您接近路邊或邊線時扣您的分數。這種作法很有用,尤其是有急轉彎時。

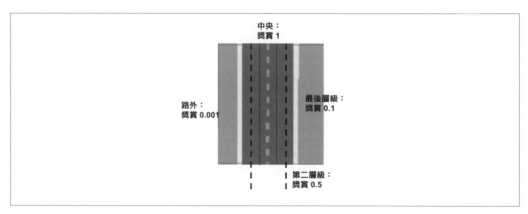

圖 17-9 獎賞函數範例

以下是設定的程式碼：

```python
def reward_function(params):
    '''
    獎賞代理人遵循中線的範例
    '''

    # 讀入輸入參數
    track_width = params['track_width']
    distance_from_center = params['distance_from_center']

    # 計算從中線起算不同距離的 3 個記號
    marker_1 = 0.1 * track_width
    marker_2 = 0.25 * track_width
    marker_3 = 0.5 * track_width

    # 給靠近中線汽車較高的獎賞，反之亦然
    if distance_from_center <= marker_1:
        reward = 1.0
    elif distance_from_center <= marker_2:
        reward = 0.5
    elif distance_from_center <= marker_3:
        reward = 0.1
    else:
        reward = 1e-3 # 可能撞毀 / 快要開出路面

    return float(reward)
```

因為這是第一次訓練，所以我們先聚焦在了解建立和評估基本模型的流程，然後再把重心放在如何優化它。在這個案例中，我們跳過演算法設定和超參數的部分，並使用預設值。

FAQ：獎賞應該要設定範圍嗎？我能給負的獎賞嗎？

對於我們可以給或不給獎賞並沒有實際的限制，但如果獎賞範圍是在 0 ～ 1 或 0 ～ 100 之間會比較容易了解。比較重要的是，獎賞的範圍要能對動作給出適當的相對獎賞。例如在右轉時，我們應該給右轉動作高獎賞、給左轉動作接近 0 的獎賞，也許給直行動作一個居中的獎賞或比左轉較高的獎賞，因為它不見得是一個不好的動作。

設定停止條件

這是在我們開始訓練前的最後一節。此處我們要設定模型於訓練的最大時間。萬一我們要依訓練的時間來付費，這就提供了一個方便的機制來終止我們的訓練。

設定為 60 分鐘，然後選擇「Start training（開始訓練）」。如果有錯的話，我們會被帶到錯誤位置。當我們開始訓練後，可能會需要多達六分鐘來啟動訓練時所需要的服務（例如 Amazon SageMaker、AWS Robomaker、AWS Lambda、AWS Step Function）。請記住，我們永遠可以在覺得模型已經收斂（下一節中會解釋）時點擊「stop（停止）」鈕來停止訓練。

步驟 3：模型訓練

當模型開始訓練後，我們可以從 DeepRacer 主控台列出的模型中選擇它，藉由檢視總獎賞 vs. 時間圖來以量化的方式觀看訓練的進展，並在模擬器中用第一人稱視角以質性的方式觀看訓練的進展（參見 17-10）。

圖 17-10　AWS DeepRacer 主控台之訓練圖形與模擬視訊串流

一開始，我們的車沒辦法在直線道路上行駛，但它會學到更好的駕駛習慣，我們會看到它的表現漸漸改善，並且獎賞圖形會上升。此外，當我們的車駛離賽道時，它會重設賽道。此時我們會在獎賞圖形中看到凸起的狀態。

FAQ：為何獎賞圖形會有凸起？

代理人一開始會是高度探索性的，然後漸漸地開始開發訓練模型。因為代理人會在部分決策中採取隨機動作，有時它會做錯決定並跑出賽道之外。這種情況常會發生在訓練初期，不過當模型開始學習後這些凸起會降低。

要了解我們模型訓練時的細節資訊，記錄檔永遠是最佳來源。在本章的後面，我們會檢視要如何以寫程式的方式來使用記錄檔，藉此更深入的了解模型的訓練。同時，我們會看看 Amazon SageMaker 以及 AWS RoboMaker 的記錄檔。記錄檔被輸出至 Amazon CloudWatch 上。要觀看記錄檔，只要將您的滑鼠滑到獎賞圖形上並點選在更新畫面（refresh）按鈕下的三個圓點圖示，然後再選擇「View logs」。由於模型的訓練會花上一個小時，或許這是跳到下一節並學習更多有關增強式學習知識的好時機。

步驟 4：評估模型的效能

在增強式學習中，判定模型能力的最好方式就是執行它並看它的表現是否合宜──也就是它不會採取隨機動作。在我們的案例中，先在與用來訓練它的賽道相似的賽道上測試，以看看它是否會複製受訓的行為。接著，在不同的賽道上測試它的通用性。當模型訓練完畢後，就可以進行模型評估。從模型詳細資訊頁面，也就是我們觀察訓練過程的地方，選擇「Start evaluation（開始評估）」。現在，我們可以選擇要用來評估模型效能的賽道以及圈數。選擇「re:Invent 2018」賽道以及 5 圈，然後再選擇 Start。完成後，我們應該會看到和圖 7-11 類似的介面，這裡總結了我們的模型嘗試跑完圈數的結果。

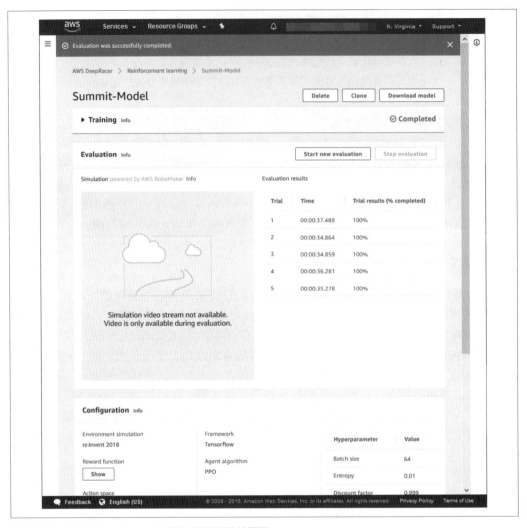

圖 17-11　AWS DeepRacer 主控台的模型評估頁面

做得好！我們已經成功建立了我們的第一個使用增強式學習的自駕車了。

FAQ：當我執行評估時，我只會有時才能看到 100% 完成率？

當模型運行推論並在模擬器的賽道上行駛時，由於模擬器的精確度的關係，汽車在進行同樣的動作後，位置可能會有些微不同——換句話說，左轉 15 度可能只會轉 14.9 度。實務上，我們在模擬器中只觀察到非常小的偏差，不過這些小偏差可能會隨著時間而累積。訓練良好的模型能夠從接近路邊的位置修正回來，不過沒有好好訓練的模型就不太可能在緊急狀況下拉回來。

現在我們的模型已經成功的進行評估了，接下來我們要繼續改善它並學習達成更好的單圈時間。不過在那之前，您必須了解更多增強式學習背後的理論及深入學習過程。

我們可以用 AWS DeepRacer 主控台服務來免費的建立我們的第一個模型、訓練它（最多六個小時）、評估它，並將它提交到 AWS DeepRacer League。

實際運行增強式學習

我們將更仔細的檢視增強式學習的運作。此處我們會討論一些理論、內部運作，以及許多和我們的自駕車相關的實務洞察。

增強式學習系統是如何學習的？

首先，我們必須區分*探索*（*explore*）以及*利用*（*exploit*）的不同。就像孩童在學習一樣，增強式學習系統會藉由*探索*還有找出何謂對錯來學習。以孩童的案例來說，家長會指引或告知孩童發生錯誤了、評判所下的決策是好的或壞的，或者是好壞的程度。孩童會記住在這個狀況下所做的決定，並在適當的時機試著重演或者*利用*那些決定。實質上，孩子是想要最大化來自父母的讚賞或喝采。在童年早期，他們會傾聽來自父母的建議，因而建立了學習的機會與習慣。但在成年後，多半變得愈來愈少聽從父母的話了，會轉為利用他們已經學到的概念來進行決策。

如圖 17-12 所示，在時間戳記「t」時，DeepRacer 汽車（代理人）接收到目前的觀察結果，也就是狀態（S_t），並基於此來選擇動作（A_t）。當代理人做了那個動作後，它會得到獎賞 R_{t+1} 並移往狀態 S_{t+1}，而這個過程會在整個場景中持續進行。

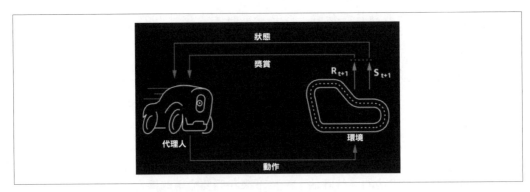

圖 17-12　增強式學習理論基礎簡單說明

在 DeepRacer 的語境中，代理人會藉由採取隨機動作來探索，而獎賞函數——實質上就是扮演父母的角色——會告訴車子它在那種狀態下所採取的動作是好的還是壞的。通常動作的「好壞程度」是由一個數字來表達，最高的數字代表接近完美，而較低的數字則代表並非如此。系統會記錄每一步驟的這項資訊，也就是：**目前狀態、採取的動作、動作的獎賞及下個狀態 (s,a,r,s')**，在此我們稱之為經驗重現緩衝區（experience replay buffer），其實就是一個暫時的記憶體緩衝區。這整體的概念就是，汽車可以從好的決策以及不好的決策來學習。關鍵點是我們**先進行多一點的探索，然後慢慢的增加利用的部分**。

在 DeepRacer 模擬器中，我們以每秒 15 張圖框的速度來採樣輸入影像。每抓進一張圖框後，汽車會由一個狀態轉換至另一個狀態。每張影像代表汽車所在的狀態，而在增強式學習模型訓練後，它會藉由推論所應採取的動作來進行利用。要進行決策時，我們可以採取隨機動作或使用模型來進行推薦應該採取的動作。當模型訓練時，訓練程序會在探索和利用上取得平衡。剛開始時我們會多進行探索，因為模型不太可能已經很好了。不過隨著它透過經驗的累積學習，我們會讓模型有更多的控制而轉向利用。圖 17-13 顯示了這個流程。這種轉換可以是線性的衰減、指數衰減或任何類似的策略，通常它們會是根據我們假設的學習程度來調整的。一般在實務上的增強式學習訓練會使用指數衰減。

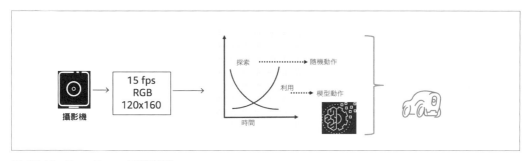

圖 17-13　DeepRacer 訓練流程

當我們採取隨機選擇或模型的預測結果來進行動作時，車子會轉移到新的狀態。獎賞函數會計算這個動作的獎賞並指定給動作的結果。這個流程會對每個狀態持續進行，直到到達終止狀態為止；也就是車子跑出賽道或完成繞圈時，此時車子會被重設然後重複進行。所謂的步驟就是由一個狀態轉移至另一狀態，每一狀態都會記錄一個（狀態，動作，新狀態，獎賞）元組。從重設點到終止狀態間的狀態集合稱為一個**場景**（*episode*）。

要描繪一個場景，我們先來看一下圖 17-14 中的迷你賽車範例，其中獎賞函數會激勵車子跟著中線跑，因為那是從起點到終點最短又最快的路徑。這個場景包含了四個步驟：步驟 1 和 2 時車子是跟著中線跑，然後它在步驟 3 時左轉 45 度，接著一直往那個方向前進直到在步驟 4 時撞毀為止。

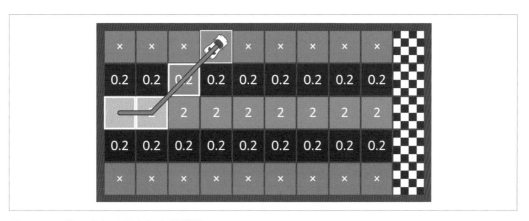

圖 17-14　代理人在場景中探索的描繪

我們可以把這些場景類比成經驗，或者是模型的訓練資料。增強式學習系統會週期性的、隨機的從記憶體緩衝區中取出這些記錄的一部分來訓練一個 DNN（我們的增強式學習模型），以產出一個可以根據我們獎賞函數的「指引」好在環境中行駛得最好的模型；換句話說，也就是可以得到最大的累積獎賞的模型。隨著時間的進行或有更多的場景出現後，我們就會看到一個隨著時間改善的模型。當然，這裡的假定是獎賞函數的定義是良好的且會指引代理人往目標前進。如果我們的獎賞函數不佳的話，那麼模型就不會學到正確的行為。

我們稍微轉向一下，來了解何謂不好的獎賞函數。在我們設計系統之初，車子可以往任何方向前進（左、右、前、後）。最簡單的獎賞函數不會區分方向，結果是模型學到要累積獎賞最好的方式就是忽前忽後的前進。這個情況可以藉著激勵車子往前進而克服。幸好 DeepRacer 團隊讓車子只能向前來簡化了這個問題，因此我們根本不用考慮這個狀況。

現在回到增強式學習。**我們要如何知道模型正在變好？** 讓我們回到探索和利用的概念。請記住，我們開始時會採取高探索、低利用的作法，並且漸漸的增加利用的比率。這意味著在訓練過程中的任一時間點，增強式學習會花特定百分比的時間在進行探索；也就是採取隨機動作。對任何的特定狀態來說，隨著經驗緩衝區愈來愈滿，它裡面會儲存著各種決定（動作），其中包含了會產生最高獎賞以及最低獎賞的決定。模型在實質上會使用這些資訊來學習和預測在某個狀態下所要採取的最佳動作。假設模型一開始時為狀態 S 且採取了「直走」這個動作並收到 0.5 的獎賞，當下次又到達狀態 S 時，它採取了「往右」的動作並得到 1 的獎賞。如果記憶體緩衝區中有好幾個在狀態 S 時採取「往右」動作且得到「1」獎賞的樣本，那麼模型最終就會學到「往右」才是這個狀態的最佳動作。隨著時間進展，模型就比較不會進行探索而是進行利用，並且這個百分比配置會以線性或指數方式改變，以得到最佳的學習成果。

此處的關鍵是，如果模型採取了最佳動作，系統會學到要一直選擇這些動作；而如果它選的不是最佳動作的話，那麼系統會繼續想要學到那個狀態下的最佳動作。實務上會有許多到達目標的路徑，不過對圖 17-13 中的迷你賽道範例而言，最快的路徑是一直往中間前進，因為實際上任何轉彎都會拖慢車子的速度。在訓練過程較早的場景中，我們觀察到它會到達終點線（目標）但卻不會採取最佳路徑。如圖 17-15（左圖）所示，車子因為蛇行而導致花上更多時間才到達終點線，得到的獎賞也只有 9 而已。不過因為系統還會繼續探索一定比例的時間，所以代理人還是有機會找到最好的路徑。隨著更多的經驗累積，代理人會找到一條最佳路徑並收斂出一個到達目標的最佳策略，其累積獎賞會達到 18，如圖 17-15（右圖）所示。

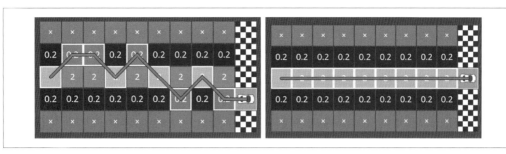

圖 17-15　描繪到達目標的不同路徑

從量化的角度來看，對於每個場景而言，您應該會看到獎賞增加的趨勢。如果模型做了最佳的決定，車子一定會留在路上且依賽道行駛，導致獎賞的累積。然而您可能會在高獎賞場景之後看到圖形有下降的狀況，這可能會發生在早期場景，因為車子那時可能還在進行大量的探索，就如前面所提過的。

增強式學習理論

現在，我們已經了解了增強式學習系統是如何學習和運作的，特別是在 AWS DeepRacer 的語境下。我們再來看看一些正規的定義以及一般性的增強式學習理論。這樣的背景知識，對於我們使用增強式學習來解決其他問題時是很有用的。

馬可夫決策過程

馬可夫決策過程（Markov decision process，MDP）是一種離散隨機狀態轉換過程框架，用來為控制程序的決策建立模型。馬可夫特性的定義是每個狀態都只和前一個狀態相關。這樣的特性很方便，因為它代表要建立狀態轉換時，所有必要的資訊都必須存在於目前的狀態中。增強式學習的理論結果仰賴著問題要能表達成一個 MDP，因此了解如何將問題轉換成一個能以增強式學習解決的 MDP 是很重要的。

無模型 vs. 基於模型

此處的模型代表環境經過學習後的表達法。這是很有用的，因為我們可能會學到環境中的動力學並使用模型來訓練我們的代理人，而不需要每次都使用真實的環境。不過在現實中要學習環境不容易，比較容易的是在模擬中建立真實世界的表達法，然後再同時學習感知與動力學作為代理人的導航系統的一部分，而不是先學一個再學另一個。本章我們只會聚焦於無模型增強式學習。

基於值

對於代理人所採取的每個動作，都會有一個由獎賞函數所指定的對應獎賞。對於任一組狀態－動作配對而言，知道它的值（獎賞）是很有用的。如果存在這樣的函數，我們會計算任一狀態所能得到的最大獎賞，然後就會選擇對應的動作以在環境中導航。例如，在 3×3 井字遊戲中，遊戲的解是有限的，所以我們可以建立一張查找表以列出指定狀態的最佳解法。不過在西洋棋中，由於棋盤的大小以及遊戲的複雜度的關係，要建立這樣的查找表會很費計算時間和記憶體空間。因此在複雜環境中很難表列出狀態－動作值的配對，或定義出一個可以將狀態－動作配對映射至值的函數。所以，取而代之的是我們會嘗試使用類神經網路來參數化值函數，以及使用類神經網路來預測在某一狀態下採取某一動作所獲得的值。基於值的演算法的一個例子是 Deep Q-Learning。

基於政策

政策（policy）是一組代理人學來在環境中導航的規則。簡單來說，政策函數會告訴代理人，對於當下的狀態而言，採取哪個動作才是最好的。基於政策的增強式學習演算法，像是 REINFORCE 以及 Policy Gradients，可以在不需要將值映射至狀態的情況下找出最佳政策。在增強式學習中我們會將政策參數化。換句話說，我們會讓類神經網路學習什麼是最佳的政策函數。

基於政策或基於值──為何不能同時？

對於要使用基於政策或基於值的增強式學習，一直以來都有爭議。較新的架構嘗試要同時學習值函數和政策函數，而不是將其中之一固定。這種增強式學習的作法被稱為**演員評論家**（*actor critic*）方法。

您可以把演員當作是政策，而把評論家當作是值函數。演員負責做出動作，評論家則負責估計「好壞程度」或那些動作的值。演員會將狀態映射至動作，而評論家則將狀態－動作配對映射至值。在演員評論家方法中，兩個網路（演員和評論家）會使用梯度爬升法來分別訓練以修正我們的深度類神經網路的權重。（請記住，我們的目標是最大化累積的獎賞；因此，我們必須找到全域最大值。）隨著場景變換，演員變得更能採取會導致較高獎賞狀態的動作，評論家也變得更能預測動作的值了。演員和評論家用來學習的信號純粹來自獎賞函數。

一個狀態－動作配對的值被稱為 Q 值（*Q value*），以 Q(s,a) 表示。我們可以將 Q 值分解成兩個部分：預估的值以及用來決定哪個動作較好的因子的量化量度。這個量度被稱為**優勢**（*Advantage*）函數。我們可以將優勢看作是某個狀態──動作配對的實際獎賞與期望獎賞間的差異。差異愈高，離最佳動作就愈遠。

由於要預估狀態的值可能會很困難，因此我們可以聚焦在優勢函數的學習上。這讓我們可以不只以它有多好來評估動作，也可以依據它還能變得多好來評估。比起其他基於梯度的方法來說，這會使我們更容易地收斂到最佳政策，因為一般來說，政策網路會有較高的變異數。

延遲獎賞與折扣因子（γ）

獎賞是根據所採取的行動賦予每個狀態轉換的。不過，這些獎賞的影響可能是非線性的。對於某些特定問題來說，立即的獎賞可能比較重要，而在某些情況下，則是未來的獎賞會比較重要。舉例來說，如果我們想要建立一個股票交易演算法，未來的獎賞可能會有較高的不確定性；因此我們需要適當的折扣。折扣因子（discount factor）（γ）是一個介於 [0,1] 間的乘法因子，靠近零代表立即的獎賞是比較重要的。對於接近 1 的高值而言，代理人會聚焦於採取會將未來的獎賞最大化的動作。

AWS DeepRacer 的增強式學習演算法

我們先來看一個政策優化增強式學習演算法的最簡單範例：普通政策梯度（vanilla policy gradient）。

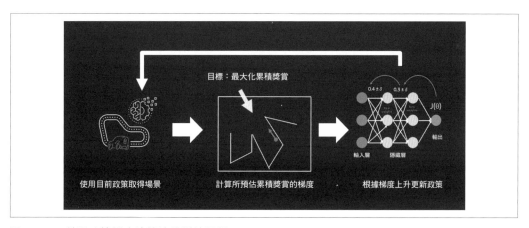

圖 17-16　普通政策梯度演算法的訓練過程

我們可以將深度增強式學習模型看成是包含兩個部分：輸入嵌入器（input embedder）和政策網路（policy network）。輸入嵌入器會從輸入影像中萃取特徵並傳遞給政策網路，它會進行決策；例如去預測對所給定的輸入狀態而言，哪個動作才是最佳的。由於我們的輸入是一張影像，所以會使用捲積層（CNN）來萃取特徵。由於政策是我們想要學的東西，因此會將政策函數參數化，最簡單的作法就是運用完全連接層來學習。CNN

的輸入層接受影像後，政策網路會再使用影像特徵作為輸入並輸出一個動作。因此，可以將狀態映射到動作。當模型訓練時，我們會變得更能映射輸入以及萃取相關特徵，並且能優化政策以獲得每個狀態的最佳動作。我們的目標是蒐集最大的累積獎的。要做到這件事，我們的模型權重的修正會將累積的未來獎賞最大化，在此同時，我們會給能增加未來的累積獎賞的動作較高的發生機率。在先前訓練類神經網路時，我們使用了隨機梯度下降（stochastic gradient descent）或者它的變形；在訓練增強式學習系統時，我們想要最大化累積獎賞；所以不再進行最小化，而是使用最大化。因此，我們使用梯度爬升來把權重移往最陡峭的獎賞信號的方向。

DeepRacer 使用一種政策優化的進階變形，稱之為近端策略優化（Proximal Policy Optimization，PPO），摘要說明於圖 17-17 中。

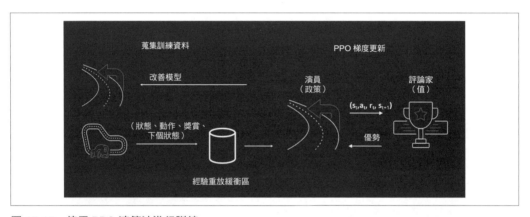

圖 17-17　使用 PPO 演算法進行訓練

在圖 17-17 的左側，我們讓模擬器使用最新的政策（模型）來取得新的經驗 (s,a,r,s')。這個經驗會被餵入經驗重現緩衝區，使我們在有了一些場景後餵入我們的 PPO 演算法。

在圖 17-17 的右側，我們使用 PPO 來更新模型。雖然 PPO 是一種政策優化方法，但它還是使用了優勢演員－評論家方法，如我們之前所述。我們計算 PPO 梯度並將政策往會得到最高獎賞的方向移動。盲目的往這個方向大步前進可能會導致訓練中的過多變異；步伐太小又會讓訓練時間無限延長。PPO 藉由限制在每一訓練步驟中政策可以更新的數量，來改善政策（演員）的穩定度。這件事是由使用一個修剪後的代理目標函數（surrogate objective function）來完成，它會防止政策修正太多，因而解決政策優化方法常見的過大變異的問題。一般來說，對於 PPO 我們會讓新和舊政策的比率保持在 [0.8, 1.2] 之間。評論家會告訴演員它所採取的動作有多好，以及演員要如何調整它的網路。當政策修正後，新的模型會被送往模擬器以取得更多的經驗。

以 DeepRacer 為例總結深度增長式學習

要用增長式學習來解決任何問題，我們必須透過下列步驟進行：

1. 定義目標。

2. 選擇輸入狀態。

3. 定義動作空間。

4. 建構獎賞函數。

5. 定義 DNN 架構。

6. 選擇增強式學習優化演算法（DQN、PPO 等）。

增強式學習模型訓練的基礎方式都是一樣的，不論我們要建立的是自駕車還是機器手臂。這是這種方法的好處，因為它讓我們可以專注於更高層次的抽象化。用增強式學習來解決問題所要處理的主要任務是將問題定義成一個 MDP，接著定義輸入狀態以及代理人在環境中所能採取的動作，還有獎賞函數。實務上，獎賞函數是最難定義的部分，常常也是最重要的部分，因為它會影響代理人所學到的政策。當所有與環境相關的因子都定義完成後，我們就能聚焦在能夠將輸入映射到動作的深度類神經網路架構上，接著是挑選要用來學習的增強式學習演算法（基於值的、基於政策的、基於演員－評論者的）。當我們挑選演算法之後，就可以聚焦在控制演算法行為的高階控制機制。當我們開車時，我們會聚焦在控制上，對於內燃引擎的了解並不會對我們的駕駛方式有太大的影響。同樣地，只要我們了解每個演算法的控制方式，就可以訓練一個增強式學習模型。

回到正題。我們來整理一下 DeepRacer 的賽車問題：

1. 目標：使用最少的時間完成一圈賽道

2. 輸入：灰階 120×160 影像

3. 動作：結合速度和轉向角值的離散動作

4. 獎賞：對留在賽道上的車給予獎賞，激勵它們跑得更快，還有防止過多的修正或者蛇行的行為

5. DNN 架構：三層 CNN + 完全連接層（輸入→ CNN → CNN → CNN → 完全連接層 → 輸出）

6. 優化演算法：PPO

步驟 5：改善增強式學習模型

現在我們可以看看要如何改善我們的模型，以及得到有關模型訓練的洞察。首先，聚焦在主控台的訓練改善。我們擁有改變增強式學習演算法設定和類神經網路超參數的能力。

演算法設定

本節會設定增強式學習演算法訓練時所使用的超參數。超參數是用來改善訓練效能的。

類神經網路之超參數

表 17-2 呈現了可以用來調校類神經網路的超參數。雖然預設值都已經透過實驗來證明是有效的，但實務上，開發人員應該聚焦於批次大小、週期數量及學習率上，因為它們被認為對產出高品質模型最具影響力；也就是說，從我們的獎賞函數中獲得最佳的結果。

表 17-2 　深度類神經網路的可調整超參數描述與指引

參數	描述	提示
批次大小	從經驗緩衝區隨機採樣的汽車經驗數量，用於修正深度學習類神經網路之權重。如果緩衝區中有 5,120 個經驗，而且我們將批次大小設為 512，則我們可以得到 10 批次的經驗。每個批次在訓練時會輪流修正類神經網路的權重。	使用較大的批次大小以促進類神經網路進行較穩定且平緩的修正。不過要小心訓練可能會較慢。
週期數量	一個週期代表所有批次都輪過一次，在每個批次後類神經網路權重都會修正一次，然後再進行下一個批次。10 個週期即代表我們將類神經網路權重使用所有批次一次次的進行修正，並重複這個過程 10 次。	使用較大的週期數量來促進更穩定的修正，不過預期訓練會較慢。當批次大小很小時，我們可以使用較小的週期數量。
學習率	學習率控制了類神經網路權重的修正幅度。簡單說，當我們想要改變政策的權重以最大化累積獎賞時，我們要將政策移動多少。	較大的學習率會導致較快的訓練，不過在收斂時可能會很掙扎。較小的學習率會導致穩定的收斂，不過可能要花較長的時間訓練。
探索	代表用來決定探索和利用之間取捨的方法。換句話說，我們要用什麼方法來決定何時應該停止探索（隨機的選擇動作），以及何時要利用已經建立的經驗。	由於我們會使用離散的動作空間，所以應該選擇「CategoricalParameters（類別參數）」。
熵 （Entropy）	不確定性或亂度的程度，會被加入到動作空間的機率分佈中。這有助於選擇出能夠更廣泛的探索狀態／動作空間的隨機動作。	

參數	描述	提示
折扣因子	指明未來的獎賞對期望累積獎賞的貢獻程度的因子。折扣因子愈大，模型在決定期望累積獎賞時就看得愈遠，訓練也愈慢。把折扣因子設成 0.9 時，車子會使用 10 個後續步驟的獎賞來進行移動。當折扣因子為 0.999 時，車子會考慮未來的 1,000 個步驟的獎賞來進行移動。	折扣因子的推薦值為 0.99、0.999 及 0.9999。
損失類型	損失類型指明了用來修正網路權重的目標函數（成本函數）的類型。Huber 以及平均方誤差（mean squared error）損失類型對小的修正而言表現得差不多。不過當修正變大時，Huber 損失的增量會比平均方誤差損失小。	當我們沒辦法收斂時，使用 Huber 損失類型。當收斂得很好並且想要訓練的快點時，則使用平均方誤差損失類型。
訓練間的週期數	這個參數控制了在每個模型訓練循環之間車子應該獲得多少經驗。對於具有許多區域極大值的複雜問題來說，較大的經驗緩衝區是必要的，以提供更多無關聯的資料點。在這種狀況下，訓練會比較慢，但較穩定。	推薦值為 10、20 及 40。

模型訓練的洞察

當模型訓練完成後，以巨觀的角度來觀察獎賞隨著時間推移的分佈時，可以讓我們對訓練的進行過程和模型開始收斂的時間點有些概念，如圖 17-10 所示。不過它並無法給我們有關收斂後政策的指示、我們的獎賞函數表現的洞察，或者車子的速度可以改善的區域。為了能獲得更多洞察，我們開發了一個 Jupyter 筆記本（*https://oreil.ly/OWw_E*）來分析訓練記錄並提供建議。在本節中，我們將探討一些有用的視覺化工具，可以用來獲得模型訓練的洞察。

記錄檔記錄了車子所採取的每一個步驟。在每個步驟中，它記錄了車子的 x,y 位置、偏航（yaw）（旋轉）、轉向角、油門、自開始線後的進度、所採取的動作、獎賞、最接近的定位點等等資訊。

熱圖視覺化

對於複雜的獎賞函數，我們可能想要了解賽道上的獎賞分佈；也就是說，獎賞函數會在賽道上的哪些地方給予車子獎賞，以及給了多少。要將這個資訊視覺化，我們可以產生一張熱圖（heatmap），如圖 17-18 所示。由於我們所使用的獎賞函數會給接近賽道中央的區域最大的獎賞，因此可以看到那個區域是明亮的，而在中線兩旁的帶狀區域是紅色的，代表較少的獎賞。最後，賽道其他的區域是暗的，代表車子在那些區域時是沒有獎賞的或獎賞會接近於 0。我們可以使用程式碼（*https://oreil.ly/n-w7G*）來產生自己的熱圖並檢視我們的獎賞分佈。

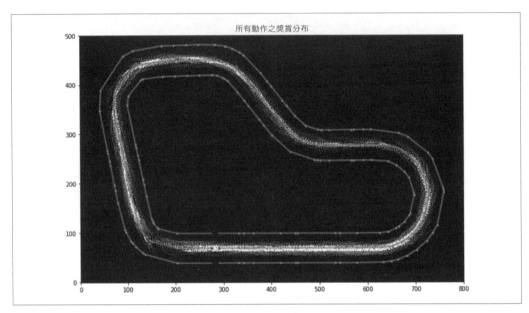

圖 17-18　範例中線獎賞函數的熱圖視覺化

改善我們模型的速度

每當我們執行評估後，就可以得到繞圈時間的結果。在這時我們可能會對車子跑的路徑、失敗的地點，或是慢下來的地點感到好奇。要了解這些事情，我們可以用這個筆記本（*https://oreil.ly/tLOtk*）中的程式碼來畫出一張競賽熱圖。在以下的範例中，我們可以觀察車子在賽道上行駛的路徑，也可以將它通過賽道中不同地點時的速度進行視覺化。這使我們能夠洞察可以優化的部分。簡單的看一下圖 17-19（左圖）就會發覺，車子在直線賽道上並沒有跑很快；而這正好提供了我們一個機會。我們可以給予在這段賽道上開更快的動作及更多的獎賞來激勵模型。

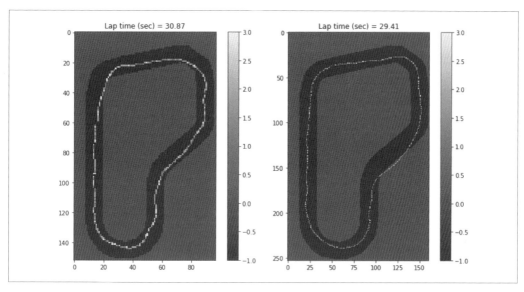

圖 17-19　評估試駕的速度熱圖；（左圖）使用基本範例獎賞函數來評估，（右圖）使用修正獎賞函數得到更快的繞圈速度

在圖 17-19（左圖）中，看起來車子有時會有小小的蛇行，所以對此情況的一種可能的改善方式是去懲罰汽車的過大轉彎。在下面的程式碼範例中，如果車子的轉向超過一個閾值時，我們會將獎賞乘上 0.8。當車子的速度超過 2 m/s 時，我們也會給予額外的 20% 獎賞以激勵它開得更快。當以這個新的獎賞函數訓練後，則可以看到車子跑得比訓練前的獎賞函數還快。圖 17-19（右圖）顯示出更高的穩定性；車子幾乎完美地跟著中線行駛，而且比我們第一次的嘗試快了大約兩秒來完成比賽。這只是改善模型的一小步。我們可以利用這些工具來持續地改善我們的模型，並以更快的時間完成繞圈。以上所有的建議都整合在下面的獎賞函數範例中：

```
def reward_function(params):
    '''
    懲罰轉向的範例，有助於消除蛇行的行為並激勵加速
    '''

    # 讀入輸入參數
    distance_from_center = params['distance_from_center']
    track_width = params['track_width']
    steering = abs(params['steering_angle']) # 只需要絕對轉向角
    speed = params['speed'] # 單位為公尺 / 秒

    # 計算離中線不同距離的三個標記
    marker_1 = 0.1 * track_width
```

```
marker_2 = 0.25 * track_width
marker_3 = 0.5 * track_width

# 當代理人接近中線時給予較高的獎賞，反之亦然
if distance_from_center <= marker_1:
    reward = 1
elif distance_from_center <= marker_2:
    reward = 0.5
elif distance_from_center <= marker_3:
    reward = 0.1
else:
    reward = 1e-3 # 可能撞毀 / 快要跑出賽道外

# 轉向懲罰閾值，根據您的動作空間設定來改變它的數值
ABS_STEERING_THRESHOLD = 15

# 當代理人轉向太多時懲罰獎賞
if steering > ABS_STEERING_THRESHOLD:
    reward *= 0.8

# 激勵開更快
if speed >= 2:
    reward *= 1.2
```

用 AWS DeepRacer 汽車來賽車

是時候將我們目前所學的從虛擬世界帶到實體世界，並用一台真的自駕車來賽車了。當然那是玩具車囉！

如果您有一台 AWS DeepRacer 汽車，請依照所提供的指示來在實體汽車上測試您的模型。對有興趣買部車子的人，AWS DeepRacer 可以在 Amazon 上購買到。

建立賽道

現在我們有了一個訓練後的模型，我們可以在真實賽道上用一部實體的 AWS DeepRacer 汽車來評估這個模型。首先，讓我們在家裡先建一個暫用的賽道來測試模型。為了簡化問題，我們只會建立部分的賽道，不過我們在此網頁（*https://oreil.ly/2xZQA*）有提供如何建立完整賽道的指引。

要建立一個賽道，您需要下列材料：

賽道邊界：

我們可以用大約兩英吋寬的白色或乳白色膠帶在暗色賽道路面上建立一條賽道。在虛擬環境中，賽道標誌的厚度是設成兩英吋。對於暗色的路面而言，要使用白色或乳白色的膠帶。例如 1.88 吋寬的珍珠白膠帶（*https://oreil.ly/2x6dl*）或 1.88 吋（低黏性）美紋膠帶（*https://oreil.ly/Hn0AD*）。

賽道路面：

我們可以在暗色的硬質地板上建立賽道，例如硬木、地毯、水泥地，或者柏油路（*https://oreil.ly/7Q1ae*）。後者模仿了反射最小的真實世界路面。

AWS DeepRacer 單轉彎賽道樣板

這個基本賽道樣板包含了由一段彎曲賽道路段所連接的二條直線賽道路段，如圖 17-20 所示。用這個賽道訓練的模型應該會讓我們的 AWS DeepRacer 汽車開在直線上或以固定方向轉彎。在此所指明的轉彎的角度維度是建議性的；當裝置賽道時我們可以使用近似的量度。

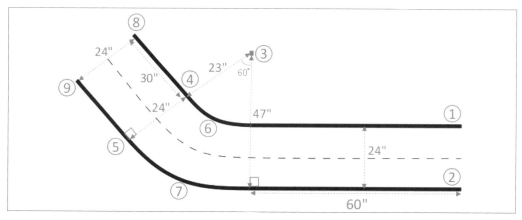

圖 17-20　測試賽道佈局

在 AWS DeepRacer 上運行模型

要讓 AWS DeepRacer 開始自動駕駛，我們必須上傳至少一個 AWS DeepRacer 模型到 AWS DeepRacer 汽車上。

要上傳一個模型，可以從 AWS DeepRacer 主控台選擇我們所訓練的模型，然後從它的 Amazon S3 儲存空間下載模型到一個電腦可以存取的（本地或網路的）磁碟上。在模型頁面上有一個簡單的下載模型按鈕可以使用。

要上傳訓練後的模型到汽車上，請進行下列步驟：

1. 從裝置主控台的主導覽框上，選擇 Models（模型），如圖 17-21 所示。

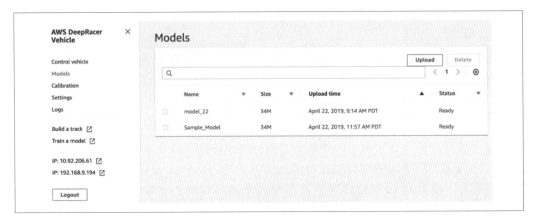

圖 17-21　AWS DeepRacer 汽車網頁主控台上的模型上傳功能表

2. 在 Models 頁面上的模型列表上，選擇 Upload（上傳）。

3. 在檔案選擇視窗上，導覽至您下載模型的磁碟或共享空間，並選擇要上傳的模型。

4. 當模型上傳成功後，它會被列入模型列表中並且可以載入至汽車的推論引擎中。

自動駕駛 AWS DeepRacer 汽車

要開始自動駕駛，請將車子放在實體賽道上並進行下列事項：

1. 依據指令（*https://oreil.ly/OwzSz*）來登入汽車的裝置主控台，然後進行下列事項以開始自動駕駛：

    a. 在 Controls 區段中的「Control vehicle（控制汽車）」頁面，選擇「Autonomous driving（自動駕駛）」，如圖 17-22 所示。

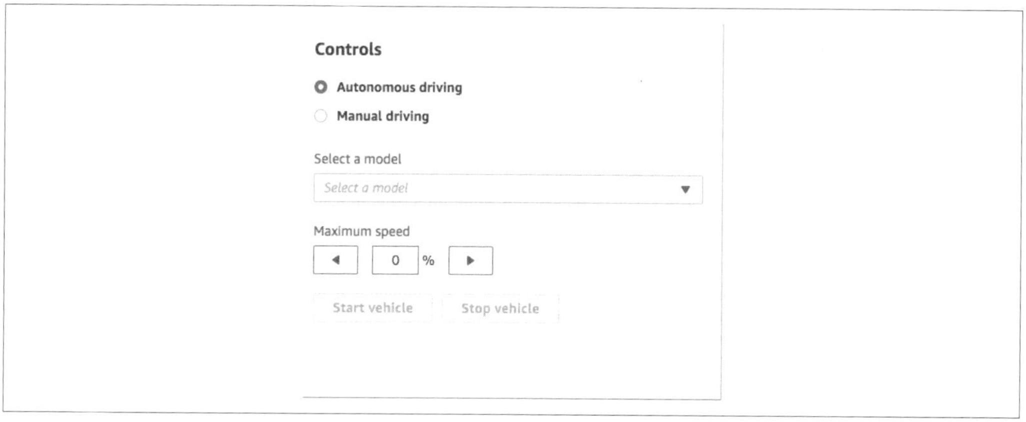

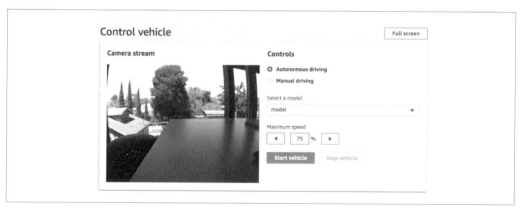

圖 17-22　AWS DeepRacer 汽車網頁主控台之駕駛模式選單

2. 在「Select a model（選擇模型）」下拉式選單（圖 17-23）中，選擇一個上傳的模型，然後選擇「Load model（載入模型）」。這樣會開始將模型載入到推論引擎中。整個過程會花費大約 10 秒來完成。

3. 將汽車的「Maximum speed（最大速度）」設定成在訓練時所使用的最大速度的某個百分比。（實體賽道上的路面摩擦力等因素會降低車子在訓練時的最大速度。您必須進行實驗來找出最佳的設定。）

圖 17-23　AWS DeepRacer 汽車網頁主控台的模型選擇功能表

4. 選擇「Start vehicle（啟動汽車）」來讓車子開始自動駕駛。

5. 在實體賽道或者在裝置主控台上的視訊串流播放器上觀看車子行駛。

6. 選擇「Stop vehicle（停止汽車）」來停止車子的行駛。

Sim2Real 轉移

用模擬器來訓練會比實體世界更方便。在模擬器中很容易建立特定的場景；例如，撞到人或其他車子——我們才不想在真實世界中發生這種事呢 :)。然而，模擬器在多數情形下並無法呈現出真實世界中的視覺真實性。還有，它也可能無法抓出真實世界的物理特性。這些因素可能會影響模擬器中的環境模型，所造成的結果是，即使代理人在模擬中獲得極大的成功，在真實世界中仍然可能會遭遇失敗。以下是處理模擬器限制的常用作法：

系統識別

建立真實環境的數學模型，並盡可能校正實體系統的真實性。

領域適應

使用像是正則化（regularization）、GAN 或遷移學習將模擬領域映射至真實環境，反之亦然。

領域隨機化

使用隨機特性來建立不同的模擬環境，並使用來自所有環境中的資料來訓練模型。

在 DeepRacer 的語境中，模擬真實度（simulation fidelity）即為真實世界的近似表達法，而物理特性引擎可以使用一些改善方法來適度的建立汽車的所有可能物理特性的模型。不過，深度增強式學習的美妙之處在於，我們並不用什麼事都要求完美。為了緩和會影響車子的重大感知變化，我們會進行兩件重要的事情：a) 不再使用 RGB 影像，我們會將影像灰階化以使模擬器和真實世界中的感知差異變小，b) 我們刻意地使用輕度的特徵嵌入器；例如，我們只使用少數 CNN 網路層；這有助於不完全的學習模擬器環境。取而代之的是它強迫網路只學習重要的特徵。例如在賽道上車子只會聚焦在使用賽道邊界標誌來行駛。看一下圖 17-24，它使用了一個稱為 GradCAM 的技術來產生影像中最具影響力的區域的熱圖，以了解車子在行駛時是在看什麼地方。

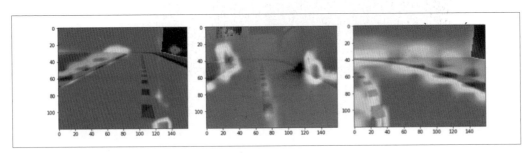

圖 17-24　AWS DeepRacer 行駛之 GradCAM 熱圖

進一步探索

要繼續進行冒險，您可以參與不同的虛擬和實體賽車聯盟。以下是一些可以探索的選項。

DeepRacer League

AWS DeepRacer 在 AWS 高峰會和每月會進行的虛擬聯盟上有一個實體聯盟。要在目前的虛擬賽道上賽車並贏得獎品，您可以拜訪聯盟的網頁：*https://console.aws.amazon.com/deepracer/home?region=us-east-1#leaderboards*。

Advanced AWS DeepRacer

我們了解有些進階的開發人員可能想要對模擬環境有更多的控制，並且有能力來定義不同的類神經網路架構。為此，我們提供了一個基於 Jupyter 筆記本（*https://oreil.ly/Xto3S*）的設定，讓您可以用來訓練客製化 AWS DeepRacer 模型的元件。

AI 駕駛奧林匹克

在 NeurIPS 2018 中，啟動了 AI 駕駛奧林匹克（AI Driving Olympics，AI-DO），其焦點就是運用人工智慧在自駕車上。在第一版中，這項全球性的競賽的重點是在 Duckietown 平台（圖 17-25）上的路徑跟隨與車隊管理挑戰。這個平台有兩個元件，Duckiebots（迷你自動計程車）以及 Duckietowns（具有道路、標誌的迷你城市）。Duckiebots 的工作是運輸 Duckietown 裡的公民（the duckies）。具有迷你攝影機和在 Raspberry Pi 執行運算的 Duckiebots，配備了容易使用的軟體，能夠幫助從高中生到大學研究人員快速的運行他們的程式碼。從 AI-DO 的第一版以來，此競賽已經擴展至其他的頂尖學術會議，而現在同時包含了 Duckietown 和 DeepRacer 平台的挑戰。

圖 17-25　AI 駕駛奧林匹克中的 Duckietown

DIY Robocars

源起於奧克蘭（加州）的 DIY Robocars Meetup（*https://oreil.ly/SJOfT*）現在已經擴展成在全世界舉辦超過 50 場聚會的盛事。這些是可以和其他自動駕駛以及自駕車領域的同好一起嘗試和工作的有趣且迷人的社群。其中許多會舉行每月的賽車，並且是可以實際上讓您的機器汽車賽車的極佳場所。

Roborace

是時候聯繫我們內在的麥可舒馬克（Michael Schumacher）了。賽車通常被認為是一種馬力的競賽，而現在 Roborace 把它變成腦力的競賽。Roborace 是全電力自駕車的競賽，就像是由 Daniel Simon（以像是「創：光速戰記」中的光輪（Tron Legacy Light Cycle）這樣的設計聞名）所設計的酷炫 Robocar，如圖 17-26 所示。我們不再只是談論迷你汽車了。這些是全尺寸、1,350 公斤重、4.8 公尺長、極速每小時 200 英哩（320 公里）的怪物。最棒的部分是什麼呢？我們不需要難以理解的硬體知識，就可以用它們來賽車。

這裡真正的明星是人工智慧的開發人員。每一個團隊都會取得同樣的車，所以獲勝的關鍵在於參賽者所寫的自動化人工智慧軟體。他們可以使用來自感測器的輸出，例如攝影機、雷達、光學雷達、聲納，以及超音波感測器等。對於高效能計算的需求，車子也配備了每秒可以計算數萬億次浮點運算（teraflops）的強力 NVIDIA DRIVE 平台。我們唯一要建造的就是讓車子留在賽道上、避開意外，還有盡快完成比賽的演算法。

為了要在這裡開始比賽，Roborace 提供了一個賽車模擬環境，其中包含了一些實體汽車的精準虛擬模型可用。同時還伴隨著虛擬資格賽，獲勝者可以參加真實的賽事，其中包括 Formula E 賽車。直至 2019 年止，領先的賽車隊伍和人類的最佳表現間的差距已經落在 5–10% 之間。很快地，開發人員就會因為打敗職業賽車手而站上領獎台。像是這樣的比賽最終將會導致創新，而且希望這樣的學習可以轉移回自駕車產業，使得它們更安全、更可靠，同時也更具效率。

創造者的話

來自 Anima Anandkumar，NVIDIA 研究主任，加州理工學院 Bren 教授

增強式學習的未來與演變

當學習被假設是來自沒有先驗知識或結構的片段時，我們不會看到一般認知的增強式學習。反之，我喜歡使用涵義較廣的「互動式學習（interactive

---

learning）」這個詞。這也包含了主動式學習（active learning），其中的資料蒐集是基於目前正在訓練的模型的限制來主動完成的。我可以預見到機器人學中會使用加入物理特性的學習方式，在其中，我們將物理特性和傳統控制整合並加上學習，以能在維持穩定性和安全性之下改善效能。

圖 17-26　來自 Roborace 由 Daniel Simon 所設計的 Robocar（感謝 Roborace 提供影像）

總結

在前一章中我們藉由在模擬器中手動駕駛來看看要怎麼訓練一個自動駕駛模型。本章中我們則探討有關增強式學習的概念，並學習如何公式化每個人心目中的終極問題：如何讓自駕車學習如何開車。我們使用了增強式學習的魔法來移除人類的參與，在模擬器中教導汽車如何自己開車。不過，為何要將它限制在虛擬世界中呢？我們將學習成果帶進實體世界中並用真的車來賽車。而這只花了一個小時的時間！

深度增強式學習是一個相對新的領域，不過也是一個值得進一步探索且令人興奮的領域。最近增強式學習的一些擴展開啟了新的問題領域，而其應用可以帶來大規模的自動化。例如說，階層式增強式學習讓我們可以建立細緻的決策模型。Meta-RL 讓我們可以為跨環境的一般性決策建立模型。這些框架讓我們離模仿人類的行為更近了。這也難怪許多機器學習的研究人員相信增強式學習具有可以讓我們更接近人工一般智慧（artificial general intelligence）的潛力，並開啟了通往以往被認為是科幻小說情節的大道。

捲積類神經網路速成

在維持本書標題中的「實務」這個詞的同時,我們主要聚焦在深度學習的真實世界層面。本附錄的目標是想要作為參考素材,而不是深度學習理論的完整探討。想要進一步了解某些主題,我們推薦您細讀第 528 頁的「進一步探索」來參考其他的素材。

機器學習

* 機器學習幫助我們從資料中學習樣式來對未曾見過的資料進行預測。

* 有三種機器學習:監督式學習(supervised learning)(由具標籤的資料來學習)、非監督學習(unsupervised learning)(由不具標籤的資料來學習),以及增強式學習(透過動作以及來自環境的回饋來學習)。

* 監督式學習的任務包括分類(輸出是一個類別)和迴歸(輸出是一個數值)。

* 有許多不同的監督式學習技術,包括單純貝氏(naive Bayes)、SVM、決策樹、k 最近鄰、類神經網路,甚至更多。

感知機

* 感知機(perceptron)是類神經網路的最簡單形式,它是只包含單一神經元的單層網路,如圖 A-1 所示。

* 感知機會計算它的輸入的加權總和;也就是說,它會接受輸入值、再將每一個輸入乘上一個對應的權重、再加上一個偏差項(bias term),並且產生一個數值輸出。

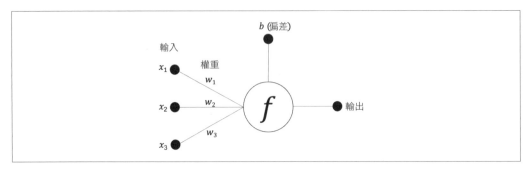

圖 A-1　感知機範例

- 因為感知機是由一個線性方程式來管控的，它只在建立線性或接近線性的模型時表現比較好。對於迴歸任務來說，預測結果可以表達成一條直線。對分類任務來說，預測結果可以表達成將一個平面分成兩部分的直線。

- 大部分的實際任務本質上都是非線性的，因此感知機無法良好的建立資料的模型，導致不佳的預測效能。

激發函數

- 激發函數（activation function）會將線性輸入轉換為非線性輸出。S 形（sigmoid）函數（圖 A-2）是一種激勵函數的類型。圖 A-3 中的雙曲正切（hyperbolic tangent）函數以及 ReLU 都是其他常見的激勵函數。

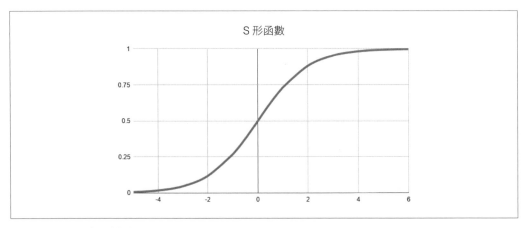

圖 A-2　S 形函數的描繪

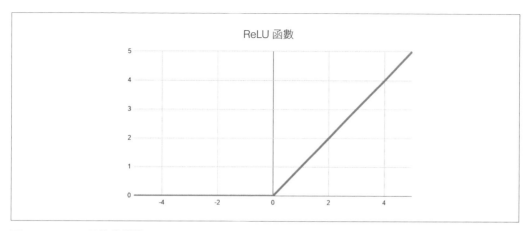

圖 A-3　ReLU 函數的描繪

- 對於分類來說，我們通常會想要預測某個類別發生的機率。這可以透過在感知機尾端的 S 形函數（用於二元分類任務）來達成，它會將值轉換到 0 到 1 之間的範圍，因此很適合用於表達機率。

- 激發函數複製了生物學裡神經元發射的概念，最簡單的情況下就是開或關；也就是說，輸入會激發神經元。階梯函數（step function）是激發函數的一種，當神經元被激發時其值為 1，否則為 0。階梯函數的一個缺點是會喪失大小幅度。另一方面，ReLU 會在激發時輸出激發的大小，否則為 0。由於它的簡單性以及低計算需求，所以是非機率性輸出的偏好作法。

類神經網路

- 將感知機和非線性激發函數結合後，可以改善它的預測能力。將好幾個感知機和非線性激發函數結合後，則可以獲得進一步的改善。

- 如圖 A-4 中所示的類神經網路包含了多個層級，每一層級又包含多個感知機。層級以序列方式連結，將前一層級的輸出傳遞為下一層級的輸入。這樣的資料傳輸被表達為連結（connection），其中每一神經元（neuron）都會連接至前一層以及下一層的所有神經元（因此這些層級被命名為完全連接層（fully connected layer））。這些連結都被賦予一個乘數因子，也稱為權重（weight）。

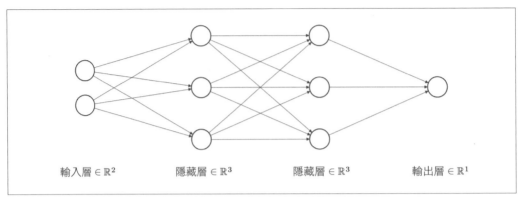

輸入層 $\in \mathbb{R}^2$　　隱藏層 $\in \mathbb{R}^3$　　隱藏層 $\in \mathbb{R}^3$　　輸出層 $\in \mathbb{R}^1$

圖 A-4　多層類神經網路的範例

- 每一個神經元都會儲存所賦予的權重以及偏差（bias），而且在它尾端可以有一個可選的非線性激發函數。

- 由於資訊只往一個方向流動而不存在循環，因此這個網路結構也被稱為前饋類神經網路（feedforward neural network）或多層前饋網路（multilayer feedforward network）。

- 介於輸入和輸出間的層級不會被使用者看見，故被稱為隱藏層（hidden layer）。

- 類神經網路非常擅長於建立資料中的樣式模型（例如表達資料和標籤間的隱含關聯）。通用近似定理（*The Universal Approximation Theorem*）指出，具有單一隱藏層的類神經網路可以表達任何在特定範圍內的連續性函數，扮演通用近似器的角色。所以在技術上，一個單層網路就可以為任何存在的問題建立模型。這在實務上不太可行的主要原因是，要能建立任意問題的模型所需的驚人神經元數量。另一種作法是使用多個層級，每個層級只包含少量的神經元，這樣的作法在實務上運作得很好。

- 單一隱藏層的輸出是在它的輸入的線性組合上應用非線性函數的結果。第二隱藏層的輸出是在它的輸入的線性組合上應用非線性函數的結果，而它的輸入又是在它們的輸入的線性組合上應用非線性函數的結果。每一層都會進一步的建構在前一層的預測威力之上。因此層數愈高，類神經網路在表達真實世界的非線性問題的能力就愈好。這使得網路愈來愈深，因此這種具有許多隱藏層的網路也被稱為**深度類神經網路**（*deep neural networks*）。

倒傳遞

- 訓練網路涉及迭代式的修改權重以及偏差，直到網路可以用最小的誤差來進行預測為止。

- 倒傳遞（backpropagation）可以用來訓練類神經網路。它涉及進行一個預測、量取預測結果離真實結果有多遠，並將其誤差回傳給網路來修正權重，以在後續迭代中降低誤差的大小。這個過程會一直重複到網路的誤差不再下降為止。

- 類神經網路的初始權重通常都是以亂數設定的。

- 模型的效能會用損失函數（loss function）來量測。對於迴歸任務（使用數值預測結果）而言，平均平方誤差（mean squared error，MSE）是常用的損失函數。由於將誤差的大小進行平方，使用 MSE 會偏好許多小誤差，而不是少數幾個大誤差。對於分類任務（使用類別預測結果）而言，交叉熵（cross-entropy）是常用的損失函數。雖然準確度是人類可以了解的常用效能量度，但交叉熵損失還是被用來訓練網路，因為它比較細緻。

類神經網路的缺點

- 具有 n 個神經元以及 i 個輸入的類神經網路需要 n × i 個權重與計算，因為每個神經元都連接至它的輸入。影像通常有大量的像素作為輸入。對一張寬 w、高 h、色彩為 c 每頻道的影像，會需要 w × h × c × n 次計算。對一張標準的智慧型手機的相機影像（通常是 4032 × 3024 並使用紅、綠、藍 3 個頻道）來說，如果第一隱藏層有 128 個神經元的話，則會產生超過 40 億個權重與計算，使得類神經網路無法實際應用於大多數的電腦視覺任務上。我們想要完美的將影像轉換成較小的可用表達法，以供類神經網路分類之用。

- 影像中的像素通常會和附近的其他像素相關。若能抓取這樣的關係，可以對影像的內容有更深入的了解。不過在餵入類神經網路時，像素間的關係會不見，因為影像被扁平化成 1 維陣列。

影像分類器所想要的特性

- 計算上要很有效率。

- 能夠抓取影像不同部分間的關係。

- 可以容忍影像中出現的物件之位置、大小及角度上的差異,以及像是雜訊這樣的其他因子。也就是說,影像分類器應能對幾何轉換具有不變性(經常用像是位移不變性、旋轉不變性、位置不變性、移動不變性、尺度不變性等詞彙描述)。

- CNN 在實務上可以滿足許多這些想要的特性(部分來自於設計、其他的來自於資料擴增)。

捲積

- 捲積過濾器(convolutional filter)是一個會滑過影像(一列一列的由左到右)的矩陣,並且乘上那個區塊的像素以產生輸出結果。這樣的過濾器是以被用於 Photoshop 中來進行模糊化、銳化、亮化、暗化影像等動作而為人所知。

- 捲積過濾器的作用之一是偵測垂直、水平及對角的邊緣。也就是說,當邊緣出現時,它們會產生較高的數字作為輸出,否則會產生較低的輸出值。另一種說法是,它們會「過濾」掉輸入,除非它包含一個邊緣。

- 以往捲積過濾器都是手工建構的,用以執行某種任務。在類神經網路的語境中,這些捲積過濾器可以被用來當作構成要素,而它們的參數(矩陣權重)可以透過訓練生產線來自動的推導出來。

- 捲積過濾器在每次偵測到它被訓練來偵測的輸入樣式時,就會激發一次。由於它會尋訪整張影像,這個過濾器能夠找出影像中任何位置的樣式。結果就是,捲積過濾器可以讓分類器成為具有位置不變性。

池化

- 池化(pooling)運算會降低輸入的空間大小。它會將輸入的一小部分進行總合(aggregation)運算來將輸出減少至一個單一數字。典型的總合運算包括找出最大值或平均值,它們也分別被稱為**最大池化**(*max pooling*)和**平均池化**(*average pooling*)。例如一個 2 × 2 最大池化運算會將每一個 2 × 2 輸入的子矩陣(沒有重疊)換成輸出中的一個值。和捲積一樣,池化也會尋訪整張輸入影像,並將多個區塊值總合成單一的數值。如果輸入矩陣的大小是 2N × 2N 的話,則產生的輸出大小會是 N × N。

- 在上述範例中,不論最大值是出現在 2 × 2 矩陣中的哪裡,所產生的輸出都是相同的。

- 最大池化比平均池化更常用,因為它可以作為雜訊抑制器。由於它只會取出運算中的最大值,所以它會忽略較小的值,而這是雜訊的典型特性。

CNN 的結構

- 以較高的層次來看，CNN（如圖 A-5 所示）包含兩個部分——一個特徵萃取器（featurizer），後面跟著一個分類器。特徵萃取器會將輸入影像縮減成可行大小的特徵（也就是影像的較小表達法），分類器會在其上進行運作。

- CNN 的特徵萃取器是由捲積、激發和池化層重複構成的。輸入會一次一層的依序經過這個重複的結構。

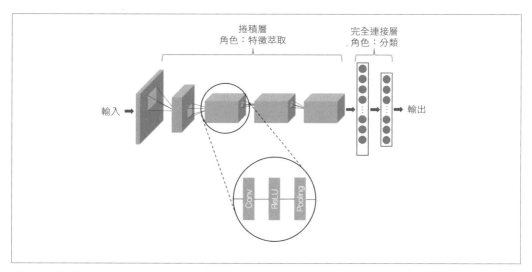

圖 A-5　捲積網路的高層次概觀

- 轉換後的輸入最終會傳入分類層，其實就真的只是類神經網路而已。在此語境下，分類類神經網路一般被稱為完全連接層（fully connected layer）。

- 和在類神經網路中很像，由激發函數所提供的非線性特性幫助 CNN 學習複雜的特徵。ReLU 是最常被使用的激發函數。

- 根據經驗，較前面的網路層（也就是接近輸入層的那些網路層）會偵測像是曲線和邊緣這類的簡單特徵。如果偵測到相符的特徵，這個網路層會被激發並且將信號傳遞到後續的網路層。後面的網路層會將這些信號組合以偵測更複雜的特徵，像是人類的眼睛、鼻子和耳朵。最終，這些信號有可能會加總並且能偵測整個物件，例如人臉。

- CNN 和多層感知機網路一樣使用倒傳遞演算法來訓練。

- 和傳統機器學習不同，CNN 將特徵選擇自動化了。此外，將輸入縮減成較小的特徵會使得在計算上更有效率。這兩個因素是深度學習的大賣點。

進一步探索

本書所涵蓋的主題應該是足以自我參考了，不過如果您選擇要在基礎上更進一步，我們高度推薦您檢視一下以下的素材：

https://www.deeplearning.ai

這組來自吳恩達（Andrew Ng）的深度學習課程涵蓋了廣泛主題的基礎介紹，包含理論知識和每個概念的深入洞察。

https://course.fast.ai

這個由 Jeremy Howard 和 Rachel Thomas 所製作的課程採用動手作的方式來介紹深度學習，它使用 PyTorch 作為主要的深度學習框架。本課程中使用的 fast.ai 程式庫已經幫助許多學生只使用幾行程式碼就能以最先進的效能來執行模型。

Hands-On Machine Learning with Scikit-Learn, Keras, and TensorFlow，第二版

由 Aurélien Géron 所著作，涵蓋了機器學習並深入像是支撐向量機、決策樹（decision tree）、隨機森林（random forest）等主題，然後再跨越至深度學習的主題，像是捲積和循環（recurrent）類神經網路。它同時解釋了理論以及這些技術的一些動手做的方法。

索引

※ 提醒您：由於翻譯書排版的關係，部分索引名詞的對應頁碼會和實際頁碼有一頁之差。

E

關於作者

主要作者

Anirudh Koul 為知名的人工智慧專家、聯合國／TEDx 講者及 Microsoft AI & Research 前資深科學家，他在那裡創建了 Seeing AI，常被認為是盲人社群中除了 iPhone 之外最常被使用的技術。Anirudh 目前為 Aira 的人工智慧與研究部門主管，他們的產品被*時代雜誌*認定為 2018 年最佳發明之一。他們的功能已經被用在 10 億個使用者身上，他在 petabyte 等級的資料庫上已具有 10 年以上的產出導向應用研究經驗。他使用了人工智慧技術來開發技術，像是擴增實境、機器人、語音，以及生產力與存取性。他被 IEEE 稱為「改變生活的」作品 AI for Good 已經獲得來自多個單位的獎項，像是消費電子展（CES）、聯邦通信委員會（FCC）、麻省理工學院（MIT）、坎城廣告節（Cannes Lions），以及美國盲人委員會（American Council of the Blind）；並且在多項活動中展示，像是聯合國、世界經濟論壇、白宮、上議院、Netflix，以及國家地理頻道；且被像是賈斯汀·杜魯道（Justin Trudeau，加拿大總理）與德蕾莎·梅伊（Theresa May，英國首相）等世界領袖所讚揚。

Siddha Ganju 是一位人工智慧研究者，她被*富比士雜誌*列為「傑出青年」（「30 under 30」）之一，也是 Nvidia 的自動駕駛設計師。身為美國航空暨太空總署先進開發實驗室（NASA FDL）的顧問，她幫 NASA 的 CAMS 計畫建立了一個自動化流星偵測生產線並用其偵測到一顆慧星。她之前在 Deep Vision 時，為資源受限的邊緣裝置開發深度學習模型。她的作品涵蓋了從視覺問題解答到用以從 CERN 的 petabyte 等級資料來獲取洞察的生成對抗網路，並且在 CVPR 與 NeurIPS 等頂級會議上發表。她曾擔任數個國際技術競賽的評審，包括 CES。作為科技多樣性與包容性的倡議者，她在學校和大學內演講以激勵來自各種背景的新一代技術人員成長。

Meher Kasam 是一位經驗老到的軟體開發人員，他所寫的應用程式每天都被數千萬的使用者使用。他目前是 Square 的 iOS 開發人員，並且曾經任職於微軟及亞馬遜，他開發了各種應用程式，從 Square Point of Sale 到 Bing iPhone 應用程式。在微軟時，他是 Seeing AI 應用程式的行動開發主管，此應用程式獲得來自世界行動通訊大會（Mobile World Congress）、消費電子展、聯邦通信委員會、美國盲人委員會等機構之廣泛認可與獎勵。他的內心是具有快速原型設計天賦的駭客，他贏得了數個黑客松（hackathon）並將它們轉換為廣被使用產品中的功能。他也是包括全球行動獎（Global Mobile Awards）與愛迪生獎（Edison Awards）等國際競賽的評審。

客座作者

第十七章

Sunil Mallya 是 AWS 的主要深度學習科學家，專精 AWS 上的深度學習與增強式學習。Sunil 藉由為最先進的機器學習應用建立模型，來和 AWS 的客戶一起在不同轉換與創新方案中工作。他也領導了 AWS DeepRacer 的科學發展。在加入 AWS 之前，Sunil 共同創辦了基於神經科學與機器學習之影像分析與視訊縮圖推薦公司 Neon Labs。他也曾在 Zynga 建立大型低延遲時間系統，並對無伺服器計算有無比的熱情。他是布朗大學的電腦科學碩士。

第十六章

Aditya Sharma 是微軟的程式經理，他屬於 Azure 自動駕駛團隊。他的工作是幫忙自動駕駛公司藉由雲端的力量來調整他們的運作，因而大幅縮短了產品準備上市的時間。他是 Project Road Runner 的主任專案經理，也就是 Autonomous Driving Cookbook（*https://oreil.ly/CUU1v*）背後的團隊。他也帶領了微軟 Garage 的深度學習與機器人學分會。Aditya 獲得卡內基美隆大學機器人學院的碩士學位。

第十六章

Mitchell Spryn 畢業於阿拉巴馬大學，並獲得電機工程與物理學雙學位。在大學時，Mitchell 參與各種研究計畫，涵蓋從無線電力傳輸到自動機器人等範圍。他目前是微軟的資料科學家，專精分散式關聯式資料庫。除了資料庫之外，Mitchell 也持續的在機器人相關計畫上貢獻心力，例如 AirSim 模擬器與 Autonomous Driving Cookbook（*https://oreil.ly/CUU1v*）。

第十五章

Sam Sterckval 是比利時的一名電子工程師，他在大學時期發掘了他的第二種熱情（除了電子學外）──人工智慧。畢業後，Sam 共同創辦了 Edgise 這家公司來結合這兩種熱情──藉由設計可以有效率的運行複雜的人工智慧模型的客製化硬體，來將人工智慧帶入邊緣裝置。常被認為是比利時邊緣人工智慧中的代表人物，Sam 幫忙各種公司建立與低延遲時間、穩私與成本效率等高度相關的認知解決方案。

第十章

Zaid Alyafeai 以他受歡迎的部落格以及 TensorFlow.js 的 Google Colab Notebooks，在瀏覽器中使用深度學習來為各種有趣情境增添威力而聞名。他也是 Medium 上 TensorFlow 官方部落格的作者，他有許多的 GitHub 專案，總共獲得超過 1000 顆星。當他不建立花俏的網頁應用時，他在沙烏地阿拉伯的 KFUPM 中攻讀人工智慧的博士學位。他懷著傳授學子的心情，寫了一本有關進階整合技術的參考書（*https://oreil.ly/TW_kA*）。

出版記事

本書封面上的動物是美國遊隼（American peregrine falcon）（學名 *Falco peregrinus anatum*）或遊隼（duck hawk），牠是遊隼（peregrine falcon）的亞種，出沒於洛磯山。此亞種在東北美洲已滅絕，不過透過有組織的再度引入，目前也存在健康的混種族群了。

世界上的遊隼，不論屬於哪個亞種，都是大型、飛行速度快的猛禽，牠們具有深色的頭和翼；白色具花紋的腹部；黃色的喙與腳；以及與眾不同的豎黑眼瞼的大眼睛。獵鷹可以透過牠們「彎曲」但輪廓鮮明的翅膀而在遠處被辨別出。母鳥體型明顯比雄鳥還大，不過兩者的平均大小大概和美國烏鴉差不多，而且在保衛領地或雛鳥時會發出與眾不同的尖銳「咔咔咔」叫聲。

遊隼（因在築巢季節之外的遠處徘徊行為而命名）在除了南極洲之外的大陸都能被發現蹤影。牠們物種的成功在於能適應狩獵許多鳥類，以及牠們能夠適應不同的築巢環境與獵物。遊隼最著名的習性是牠的高速俯衝，可以從一個很高的地方衝向在地面或接近地面的鳥類，到達獵物時的時速高達 200 英哩，通常會立即殺死獵物。這讓牠們不但成為世界上飛得最快的鳥類，也是動物王國中速度最快的，這也是為何遊隼成為世上鷹類愛好者最喜歡的鳥類的原因。

遊隼在 1960 年代成為美國環境保護運動的視覺圖騰，因為在禁止使用 DDT 農藥前，該化學品的廣泛使用已使此種鳥類在許多地方絕種（這種鳥從獵物中攝取到 DDT，會對牠們的蛋殼造成致命性的變薄）。美國環保署在 1970 年宣告這種隼類為瀕臨絕種。然而由於 DDT 的禁用，以及實施了讓此物種回到牠們先前在美國東部的圈養繁殖計劃，這種鳥的數量已有所回復。隨著將巢箱放在城市中摩天大樓的頂層，牠們的族群很快的就建立起來了，因為遊隼像鴿子和其他許多城市鳥類一樣會扶養牠們的雛鳥。遊隼在 1999 年時被從瀕臨絕種物種中移除了。雖然目前美國遊隼的保育狀態被設定為低關注度物種（Least Concern），但歐萊禮的書封面中的許多鳥類還是瀕臨絕種的；牠們全部都對世界很重要。

本書封面是由 Karen Montgomery 根據 *British Birds* 中的黑白雕刻所繪。

深度學習實務應用 | 雲端、行動與邊緣裝置

作　　者：Anirudh Koul, Siddha Ganju, Meher Kasam
譯　　者：楊新章
企劃編輯：蔡彤孟
文字編輯：江雅鈴
設計裝幀：陶相騰
發 行 人：廖文良

發 行 所：碁峰資訊股份有限公司
地　　址：台北市南港區三重路 66 號 7 樓之 6
電　　話：(02)2788-2408
傳　　真：(02)8192-4433
網　　站：www.gotop.com.tw
書　　號：A606
版　　次：2021 年 08 月初版
建議售價：NT$880

國家圖書館出版品預行編目資料

深度學習實務應用：雲端、行動與邊緣裝置 / Anirudh Koul, Siddha Ganju, Meher Kasam 原著；楊新章譯. -- 初版. -- 臺北市：碁峰資訊, 2021.08
　　面；　公分
譯自：Practical Deep Learning for Cloud, Mobile and Edge
ISBN 978-986-502-606-6(平裝)
1.人工智慧　2.機器學習　3.電腦程式設計
312.83　　　　　　　　　　　　　　　109012804